BIM 技术与应用系列教程

基于 BIM 的 Revit 装配式建筑设计实例教程

胡仁喜　刘昌丽　编著

電子工業出版社
Publishing House of Electronics Industry
北京•BEIJING

内容简介

本书以某多层建筑装配式设计实例为主线重点介绍了利用 Autodesk Revit 2020 中文版进行装配式建筑设计的各种基本操作方法和技巧。全书共 9 章，内容包括 Autodesk Revit 2020 简介、金属构件、预制混凝土构件、标高和轴网、柱和梁、楼板和楼梯、墙体设计、其他构件、工程量统计等知识。在介绍该软件的过程中，本书注重由浅入深、从易到难，各章节既相对独立又前后关联。编者根据自己多年经验及读者的心理，及时给出总结和相关提示，帮助读者快速掌握所学知识。

本书内容翔实、图文并茂、语言简洁、思路清晰、实例丰富，可以作为相关院校的教材，也可作为初学者的自学指导书。

未经许可，不得以任何方式复制或抄袭本书之部分或全部内容。
版权所有，侵权必究。

图书在版编目（CIP）数据

基于 BIM 的 Revit 装配式建筑设计实例教程 / 胡仁喜，刘昌丽编著. —北京：电子工业出版社，2021.11

ISBN 978-7-121-42296-6

Ⅰ. ①基… Ⅱ. ①胡… ②刘… Ⅲ. ①装配式构件－建筑工程－计算机辅助设计－应用软件－高等学校－教材 Ⅳ. ①TU3-39

中国版本图书馆 CIP 数据核字（2021）第 226224 号

责任编辑：王昭松　　　　特约编辑：田学清
印　　刷：三河市鑫金马印装有限公司
装　　订：三河市鑫金马印装有限公司
出版发行：电子工业出版社
　　　　　北京市海淀区万寿路 173 信箱　　　邮编：100036
开　　本：787×1092　1/16　印张：16.5　字数：443.5 千字
版　　次：2021 年 11 月第 1 版
印　　次：2021 年 11 月第 1 次印刷
定　　价：56.00 元

凡所购买电子工业出版社图书有缺损问题，请向购买书店调换。若书店售缺，请与本社发行部联系，联系及邮购电话：（010）88254888，88258888。

质量投诉请发邮件至 zlts@phei.com.cn，盗版侵权举报请发邮件到 dbqq@phei.com.cn。

本书咨询联系方式：（010）88254015，wangzs@phei.com.cn，QQ83169290。

前言

随着现代工业技术的发展，建造房屋可以像生产机器那样，成批成套地制造。只要把预制好的房屋构件运到工地装配起来，房屋就建成了，这就是“装配式建筑”。

装配式建筑自20世纪初开始引起人们的注意，到20世纪60年代终于被应用于实践中。英国、法国等国家首先进行了尝试。装配式建筑因建造速度快且生产成本较低，迅速在世界各地推广开来。

2015年8月，中华人民共和国住房和城乡建设部（简称住建部）发布《工业化建筑评价标准》，决定于2016年在全国全面推广装配式建筑，并取得突破性进展；2015年11月14日，住建部出台《建筑产业现代化发展纲要》，计划到2020年装配式建筑占新建建筑的比例达到20%以上，到2025年装配式建筑占新建建筑的比例达到50%以上；2016年9月27日，国务院出台《关于大力发展装配式建筑的指导意见》，要求因地制宜发展装配式混凝土结构、钢结构和现代木结构等装配式建筑，力争用10年左右的时间，使装配式建筑占新建建筑面积的比例达到30%；2016年3月5日，政府工作报告提出要大力发展钢结构和装配式建筑，提高建筑工程标准和质量；2016年7月5日，住建部出台《住房城乡建设部2016年科学技术项目计划——装配式建筑科技示范项目》，并公布了2016年科学技术项目建设装配式建筑科技示范项目名单；2016年9月14日，国务院召开国务院常务会议，提出要大力发展装配式建筑，推动产业结构调整升级；2016年9月27日，国务院出台《国务院办公厅关于大力发展装配式建筑的指导意见》，对大力发展装配式建筑和钢结构重点区域、未来装配式建筑占新建建筑的比例、重点发展城市进行了明确。

2020年8月28日，住建部、教育部、科技部、工业和信息化部等九部门联合印发《关于加快新型建筑工业化发展的若干意见》。意见提出：要大力发展钢结构建筑，推广装配式混凝土建筑，培养新型建筑工业化专业人才，壮大设计、生产、施工、管理等方面人才队伍，加强新型建筑工业化专业技术人员继续教育；培育技能型产业工人，深化建筑用工制度改革，完善建筑业从业人员技能水平评价体系，促进学历证书与职业技能等级证书融通衔接；打通建筑工人职业化发展道路，弘扬工匠精神，加强职业技能培训，大力培育产业工人队伍；全面贯彻新发展理念，推动城乡建设绿色发展和高质量发展，以新型建筑工业化带动建筑业全面转型升级，打造具有国际竞争力的“中国建造”品牌。

建筑信息模型（Building Information Modeling，BIM）是一种用于设计、建造、管理的数字化方法，这种方法支持建筑工程的集成管理环境，可以提前预演工程建设，提前发现问题并解决，能够显著提高效率、减少风险。在一定范围内，建筑信息模型可以模拟实际的建筑工程建设行为。

Autodesk Revit软件是专为建筑信息模型而构建的，建筑信息模型是以从设计、施工到运营的协调及可靠的项目信息为基础而构建的集成流程。Autodesk Revit可以用于装配式建筑设计和施工模拟。

本书是一本针对 Autodesk Revit 2020 装配式建筑设计的教、学相结合的指导书，内容全面、具体，可以满足不同读者的需求。为了在有限的篇幅内提高知识的集中程度，编者对所讲述的知识点进行了精心剪裁。通过实例操作驱动知识点讲解，读者可以在实例操作过程中牢固掌握软件功能。本书实例的种类非常丰富，有知识点讲解的小实例，也有几个知识点或全章知识点讲解的综合实例，各种实例交错讲解，从而达到巩固理解的目的。

本书以某多层建筑装配式设计实例为主线重点介绍了利用 Autodesk Revit 2020 中文版进行装配式建筑设计的各种基本操作方法和技巧。书中 Revit 软件图单位默认为 mm。全书共 9 章，内容包括 Autodesk Revit 2020 简介、金属构件、预制混凝土构件、标高和轴网、柱和梁、楼板和楼梯、墙体设计、其他构件、工程量统计等知识。

本书除利用传统的纸面讲解外，随书配有电子资料包（可登录 www.hxedu.com.cn 免费领取），包含全书实例源文件（原始文件和结果文件）和操作过程视频。为了增强教学效果，进一步方便读者学习，编者亲自对视频进行了配音讲解，通过扫描书中的二维码，观看总时长约 4 小时的操作过程视频文件，读者可以像看电影一样轻松愉悦地学习本书。

本书由河北交通职业技术学院的胡仁喜博士和石家庄三维书屋文化传播有限公司的刘昌丽老师编写。其中胡仁喜编写了第 1～6 章，刘昌丽编写了第 7～9 章。另外，张亭、康士廷、解江坤、李志红、杨雪静、井晓翠、万金环、卢园、孟培等也在本书的编写过程中做了大量的工作，保证了书稿内容系统、全面和实用，在此向他们表示感谢！

由于编者水平有限，书中难免有疏漏之处，恳请读者批评指正。读者在学习过程中有任何问题，请通过邮箱 714491436@qq.com 与编者联系。也欢迎加入三维书屋图书学习交流群（QQ：725195807）进行交流探讨，编者将在线提供问题咨询解答及软件安装服务。需要授课 PPT 文件和模拟试题的老师也可以联系编者索取。

编　者

2021.10

目录

第 1 章

Autodesk Revit 2020 简介

知识导引

Autodesk Revit 是一个设计和记录平台，它支持建筑信息建模所需的设计、图纸和明细表。在 Autodesk Revit 中，所有的图纸、二维视图、三维视图及明细表都是同一个虚拟建模模型的信息表现形式。在对建筑模型进行操作时，Autodesk Revit 将收集相关建筑项目的信息，并在项目的其他所有表现形式中协调该信息。

1.1 建筑信息模型概述

1.1.1 BIM 简介

建筑信息模型（Building Information Modeling，BIM）是以建筑工程项目的各项相关信息数据作为基础建立的三维建筑模型，通过数字信息仿真模拟建筑物所具有的真实信息。

BIM 涵盖几何学、空间关系、地理资讯、各种建筑元件的性质及数量。BIM 可以用来展示整个建筑的生命周期，包括兴建过程及运营过程。借助 BIM 提取建筑内材料的信息十分方便，建筑内各个部分、各个系统都可以呈现出来。

简单来说，BIM 可被视为数码化的建筑三维几何模型，在这个模型中，所有建筑构件包含的信息，除了几何，还有建筑或工程的数据。这些数据为程式系统提供充分的计算依据，使这些程式能根据构件的数据自动计算出查询者所需要的准确信息。此处所指的信息可能具有很多表达形式，如建筑平面图、立面图、剖面图、详图、三维立体视图、透视图、材料表或计算每个房间自然采光的照明效果、需要的空调通风量、冬季和夏季需要的空调电力消耗等。

1.1.2 BIM 的特点

BIM 具有可视化、协调性、模拟性、优化性、可出图性、一体化性、参数化性和信息完备性 8 大特点。

1．可视化

可视化就是“所见即所得”，对于建筑行业来说，可视化的作用非常大。例如，建筑行业人员拿到的施工图纸通常只是各个构件的信息在图纸上的线条表达，其真正的构造形式需要人们自行想象，对于简单的构造形式，这种想象也未尝不可，但是近几年建筑行业的建筑物形式各异，复杂造型被不断地推出，这种光靠想象的方式未免有点不太现实。所以，BIM 提供了可视化的思路，将以往线条式的构件以一种三维的立体实物图形展示在人们的面前。以前，建筑效果图通常被分包给专业的效果图制作团队进行识读和设计，并不是通过构件的信息自动生成的，缺少了与构件之间的互动性和反馈性，而 BIM 的可视化是一种能够与构件之间形成互动性和反馈性的可视，在 BIM 中整个过程都是可视化的，不仅可以用来展示效果图及报表的生成，连项目设计、建造、运营过程中的沟通、讨论、决策等都可以在可视化的状态下进行。

2. 协调性

协调性是建筑行业中的重点内容，不管是施工单位还是业主及设计单位，都在做着协调及配合的工作。一旦在项目的实施过程中遇到了问题，就要将有关人士组织起来召开协调会，找出施工问题发生的原因并给出解决方法。那么，问题协调真的就只能在出现问题后再进行协调吗？在设计时，往往由于各专业设计师之间沟通不到位，而出现各种专业之间的碰撞问题。例如，在布置暖通管道时，由于施工图纸是各自绘制在各自的施工图纸上的，在施工过程中，可能在布置管线时正好此处有结构设计的梁等构件妨碍管线的布置，这就是施工中经常遇到的碰撞问题，这种碰撞问题只能在问题出现之后进行解决吗？答案是否定的。BIM 的协调性服务可以帮助处理这种问题，也就是说，BIM 可以在建筑物建造前期对各专业的碰撞问题进行协调，生成协调数据。当然，BIM 的协调性服务并不是只能解决各专业间的碰撞问题，它还可以解决如电梯井布置与其他设计布置及净空要求之间的协调、防火分区与其他设计布置之间的协调、地下排水布置与其他设计布置之间的协调等问题。

3. 模拟性

BIM 不仅能模拟设计出建筑物模型，还可以模拟不能够在真实世界中进行操作的事物。在设计阶段，BIM 可以对设计上需要模拟的一些东西进行模拟实验，如节能模拟、紧急疏散模拟、日照模拟、热能传导模拟等；在招投标和施工阶段，可以进行四维模拟（三维模型加项目的发展时间），也就是根据施工的组织设计模拟实际施工，从而确定合理的施工方案，还可以进行五维模拟（基于三维模型的造价控制），从而实现成本控制；在后期运营阶段，可以进行日常紧急情况处理方式的模拟，如发生地震时人员逃生模拟及发生火灾时人员疏散模拟等。

4. 优化性

事实上，整个设计、施工、运营的过程是一个不断优化的过程，虽然优化和 BIM 不存在实质性的必然联系，但在 BIM 的基础上可以更好地做优化。优化受三种因素的制约：信息、复杂程度和时间。没有准确的信息做不出合理的优化结果，BIM 不仅提供了建筑物实际存在的信息，包括几何信息、物理信息、规则信息，还提供了建筑物变化以后的实际存在。当建筑物的复杂程度高到一定程度时，参与人员依靠自身的能力无法掌握所有信息，必须借助一定的科学技术和设备，现代建筑物的复杂程度大多超过参与人员自身的能力范围，BIM 及与其配套的各种优化工具提供了对复杂项目进行优化的可能。基于 BIM 的优化可以完成如下工作。

（1）项目方案优化。把项目设计和投资回报分析结合起来，设计变化对投资回报的影响可以实时计算出来，这样业主就知道哪种项目设计方案更能满足自身的需求。

（2）特殊项目的设计优化。裙楼、幕墙、屋顶、大空间这些结构经常有异形设计，这些结构看起来占整个建筑物的比例不大，但是占投资和工作量的比例和前者相比却往往大得多，并且这些结构通常是施工难度大和施工问题比较多的地方，对这些结构的设计施工方案进行优化，可以明显缩短工期和降低造价。

5. 可出图性

BIM 不是为了出大家日常多见的建筑设计图纸及一些构件加工的图纸，而是通过对建筑物进行可视化展示、协调、模拟、优化，帮助业主出如下图纸。

（1）综合管线图（经过碰撞检查和设计修改，消除了相应的错误以后）。

（2）综合结构留洞图（预埋套管图）。

（3）碰撞检查侦错报告和建议改进方案。

6．一体化性

基于 BIM 技术可进行从技术到施工再到运营贯穿工程项目的全生命周期的一体化管理。BIM 的技术核心是一个由计算机三维模型形成的数据库，它不仅包含建筑物的设计信息，而且可以容纳从设计到建成使用，甚至到使用周期终结的全过程信息。

7．参数化性

参数化建模是指通过参数而不是数字建立和分析模型，简单地改变模型中的参数值就能建立和分析新的模型。BIM 中的图元是以构件的形式出现的，这些构件之间的不同是通过参数的调整反映出来的，参数保存了图元作为数字化建筑构件的所有信息。

8．信息完备性

信息完备性体现在 BIM 可对工程对象进行三维几何信息和拓扑关系的描述，以及完整的工程信息描述。

1.2 装配式建筑概述

装配式建筑是指把传统建造方式中的大量现场作业工作转移到工厂进行，在工厂加工制作好建筑用构件和配件（如楼板、墙板、楼梯、阳台等），将其运输到建筑施工现场，通过可靠的连接方式在现场装配安装而成的建筑。

装配式建筑主要包括预制装配式混凝土结构、钢结构、现代木结构建筑等，因为采用标准化设计、工厂化生产、装配化施工、信息化管理、智能化应用，所以装配式建筑是现代工业化生产方式的代表之一。

装配式建筑主要有以下特点。

（1）大量的建筑部品由车间生产加工完成，构件种类主要有外墙板、内墙板、叠合板、阳台、空调板、楼梯、预制梁、预制柱等。

（2）现场有大量的装配作业，比原始现浇作业大大减少。

（3）采用建筑、装修一体化设计、施工，理想状态是装修可随主体施工同步进行。

（4）设计标准化和管理信息化，构件越标准，生产效率越高，相应的构件成本就会下降，配合工厂的数字化管理，整个装配式建筑的性价比会越来越高。

（5）符合绿色建筑的要求。

（6）节能环保。

目前，装配式建筑在日本和欧美国家非常流行，我国的装配式建筑还处于起步阶段，根据住建部的要求，到 2025 年，我国装配式建筑占新建建筑的比例应达到 50%以上。

1.2.1 装配式建筑的优缺点

装配式建筑的优点如下。

（1）可以标准化大量生产装配式建筑构件，不受天气等其他一切不确定因素的影响，质量更高。

（2）既减少了在建设过程中的物料浪费，又大大减少了建筑垃圾的产生。

（3）预制构件在工厂加工完成，减少了对人力的需求，降低了施工人员的劳动强度。

（4）预制构件加工完成之后，直接拉到施工现场进行组装，减少了其中的供需，大大加快了施工进度。

装配式建筑的缺点如下。

（1）和普通建筑相比，装配式建筑的构造价格相对较高。

（2）由于生产设备的限制，尺寸较大的构件在生产上有一定的困难。

（3）装配式建筑在高度上有一定的限制。

（4）如果生产的工厂距离施工现场比较远，那么运输成本就会相应增加。

对比以上装配式建筑的优点和缺点可知，虽然装配式建筑可以节能环保，但是受各种条件的限制，它无法取代传统建筑。随着装配式建筑的技术越来越成熟，装配式建筑会成为未来建筑的主流。

1.2.2 装配式体系介绍

1. 单面叠合剪力墙结构

单面叠合剪力墙结构是指将工厂预制墙体部分与现场浇注部分叠合成整体的一种剪力墙结构体系。

（1）主要预制构件内容：预制外墙、预制内墙。

（2）其他预制构件内容：阳台、楼梯、凸窗、空调板、叠合楼板。

（3）预制率：一般为 15%～35%，目前基本为 15%～25%（未做叠合楼板）。

（4）主要特点：主体结构现浇，外墙叠合构件作为外饰面及外墙模板，需设置连接钢筋与内侧现浇部分的连接。

（5）主要问题：①外墙模板全部或部分不参与受力，墙体利用率低；②与现浇部分连接钢筋较多，现场施工复杂，工期优化不明显；③构件较薄，易开裂，施工效率低，成本高，外墙厚度较厚。

2. 现浇外挂体系

现浇外挂体系是指外围围护部分（非结构受力构件）采用预制构件现场装配的结构体系。

（1）预制构件内容：外围填充墙板、阳台、楼梯、凸窗、空调板、叠合楼板。

（2）主要特点：主体结构现浇，外围非抗侧力构件部分采用预制构件，单体预制率较低，通常在 20%以下。

3. 装配整体式剪力墙结构

装配整体式剪力墙结构是指剪力墙结构中全部或部分剪力墙采用预制构件现场装配的结构体系。

（1）预制构件内容：剪力墙、外围护墙板、梁、阳台、楼梯、叠合楼板等。

（2）主要特点：这种结构适用于住宅、旅馆等，布置灵活，技术成熟，施工效率较高，单体预制率范围广，通常为 25%～80%。

4．装配整体式框架结构

装配整体式框架结构是指全部或部分框架采用预制构件现场装配的结构体系。

（1）预制构件内容：框架柱、梁、阳台、楼梯、叠合楼板、外挂墙板等。

（2）主要特点：这种结构适用于办公、商业、公寓等，布置灵活，技术成熟，施工效率较高，单体预制率范围广，通常为 15%～80%。

5．装配整体式框架—现浇剪力墙（核心筒）结构

装配整体式框架—现浇剪力墙（核心筒）结构是指框架—现浇剪力墙（核心筒）结构中全部或部分框架构件采用预制构件现场装配的结构体系。

（1）预制构件内容：框架柱、梁、外围护墙板、阳台、楼梯、叠合楼板等，该体系中剪力墙一般采用浇注形式。

（2）主要特点：这种结构适用于办公、商业等，布置灵活，技术成熟，施工效率较高，单体预制率范围广，通常为 25%～80%。框架部分受力较大，配筋较多，需要提前考虑节点钢筋排布，灌浆连接工艺存在隐患。

1.3　Autodesk Revit 概述

Autodesk Revit 软件是专为 BIM 而构建的，可以帮助建筑设计师设计、建造和维护质量更好、能效更高的建筑。通过采用 BIM，建筑公司可以在整个流程中使用一致的信息设计和绘制创新项目，并且可以通过精确实现建筑外观的可视化来支持更好的沟通，模拟真实性能以便让项目各方了解成本、工期与环境影响。

1.3.1　软件介绍

Autodesk Revit 软件提供支持建筑设计、MEP 工程设计和结构工程的工具。

1．Architecture

Autodesk Revit 软件可以按照建筑师和设计师的思考方式进行设计，因此，可以提供更高质量、更加精确的建筑设计。它通过使用专为支持 BIM 工作流而构建的工具，可以获取并分析概念，并可通过设计、文档和建筑拓宽建筑师和设计师的视野。强大的建筑设计工具可以帮助建筑师和设计师捕捉和分析概念，以及保持从设计到建筑的各个阶段的一致性。

2．MEP

Autodesk Revit 软件为暖通、电气和给排水（MEP）工程师提供工具，使他们可以设计最复杂的建筑系统。它支持建筑信息建模，可帮助导出更高效的建筑系统从概念到建筑的精确设计、分析和文档。它使用信息丰富的模型在整个建筑生命周期中支持建筑系统。为暖通、电气和给排水工程师构建的工具可帮助工程师设计和分析高效的建筑系统，并为这些系统编档。

3．Structure

Autodesk Revit 软件为结构工程师和设计师提供了工具，使他们可以更加精确地设计和建造高效的建筑结构。

1.3.2 软件特性

BIM 支持建筑师在施工前更好地预测竣工后的建筑，使他们在日益复杂的商业环境中保持竞争优势。

Autodesk Revit 软件能够帮助设计师在项目设计流程前期探究最新颖的设计概念和外观，并能在整个施工文档中忠实传达设计师的设计理念。Autodesk Revit 软件支持可持续设计、碰撞检测、施工规划和建造，同时帮助工程师、承包商与业主更好地进行沟通协作。设计过程中的所有变更都会在相关设计与文档中自动更新，从而实现更加协调一致的流程，获得更加可靠的设计文档。

Autodesk Revit 软件全面创新的概念设计功能带来了易用工具，不仅可以帮助设计师进行自由形状建模和参数化设计，还能够让设计师对早期设计进行分析。借助这些功能，设计师可以自由绘制草图，快速创建三维形状，交互地处理各个形状。设计师可以利用内置的工具进行复杂形状的概念澄清，为建造和施工准备模型。随着设计的持续推进，Autodesk Revit 软件能够围绕最复杂的形状自动构建参数化框架，并提供更高的创建控制能力、精确性和灵活性，使从概念模型到施工文档的整个设计流程都在一个直观环境中完成。

1.4 Autodesk Revit 2020 界面

单击桌面上的 Autodesk Revit 2020 图标，进入如图 1-1 所示的 Autodesk Revit 2020 主视图，此时“主视图”按钮高亮显示，再次单击按钮可关闭主视图。如果在绘图界面中单击“主视图”按钮，则可以打开主视图并切换到主视图界面，单击“后退”按钮（快捷键：Ctrl+D），可以显示活动模型或族。

在主视图中单击“新建”按钮，打开如图 1-2 所示的“新建项目”对话框，采用默认设置，单击“确定”按钮，进入 Autodesk Revit 2020 绘图界面，如图 1-3 所示。

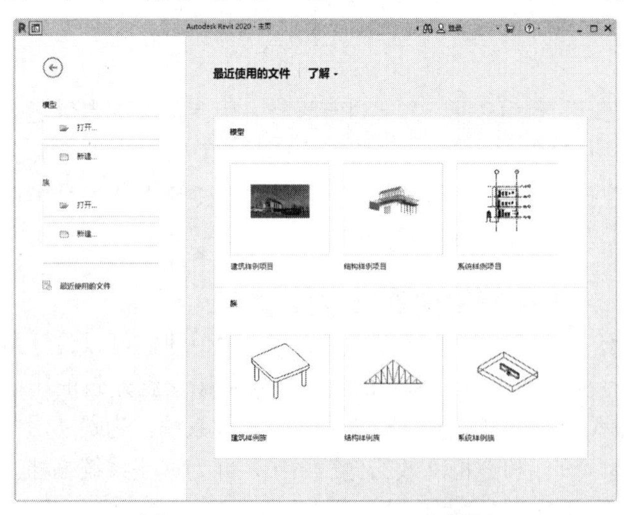

图 1-1 Autodesk Revit 2020 主视图

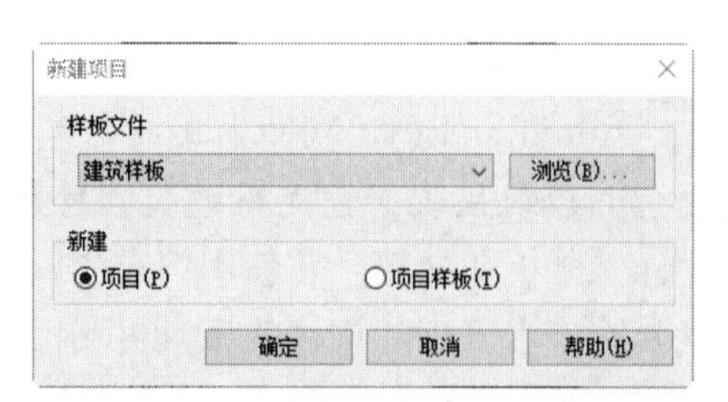

图 1-2 “新建项目”对话框

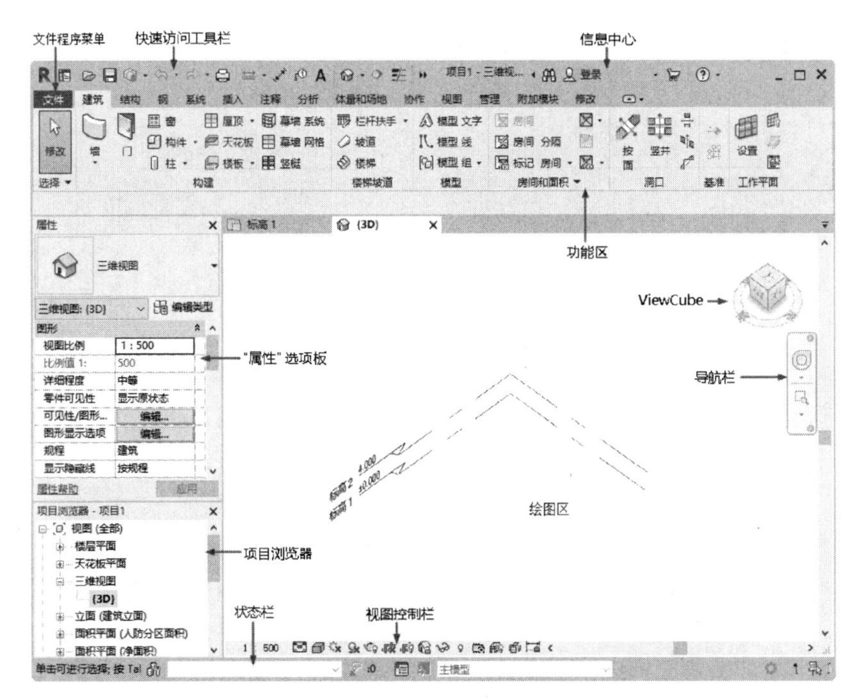

图 1-3　Autodesk Revit 2020 绘图界面

1.4.1　文件程序菜单

文件程序菜单提供了常用文件操作，如“新建”“打开”“保存”等，还允许使用更高级的工具（如“导出”）来管理文件。单击“文件”打开程序菜单，如图 1-4 所示。“文件”程序菜单无法在功能区中移动。

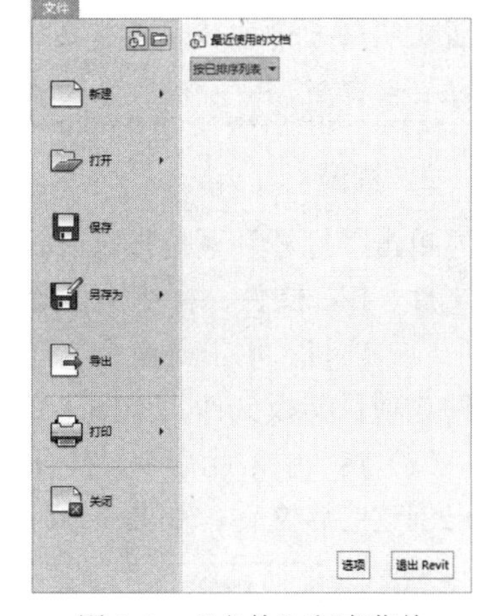

图 1-4　“文件”程序菜单

1. 新建

单击“新建”下拉按钮，打开“新建”菜单，如图 1-5 所示，该菜单用于创建项目文件、族文件、概念体量等。

下面以新建项目文件为例介绍新建文件的步骤。

（1）执行“文件”→“新建”→“项目”命令，打开“新建项目”对话框，如图 1-6 所示。

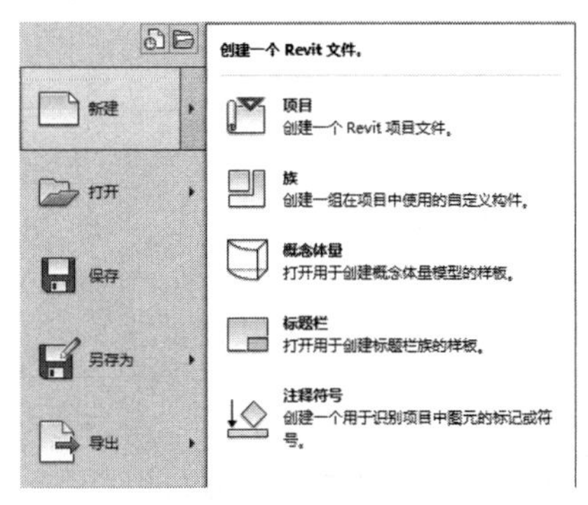

图 1-5　“新建”菜单

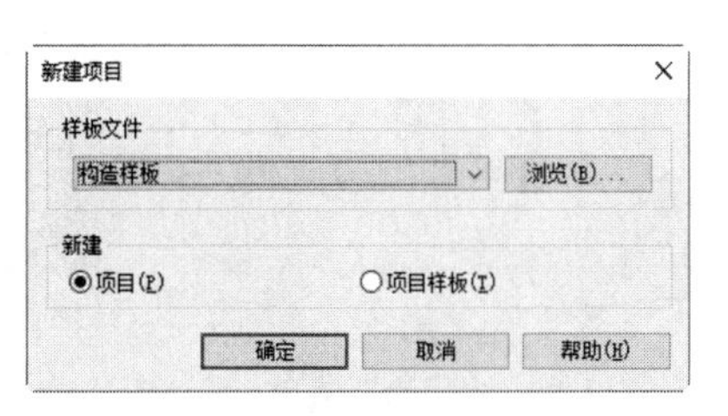

图 1-6　“新建项目”对话框

（2）在“样板文件”下拉列表中选择样板（包括构造样板、建筑样板、结构样板和机械样板），也可以单击“浏览”按钮，打开如图 1-7 所示的“选择样板”对话框，选择需要的样板，单击“打开”按钮，打开样板文件。

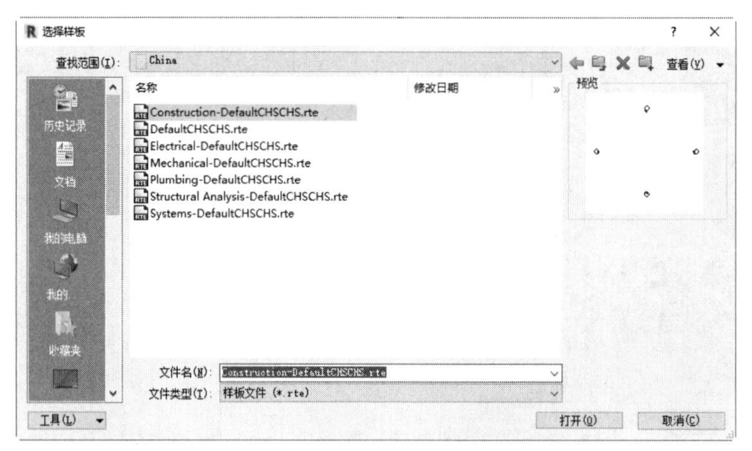

图 1-7　“选择样板”对话框

（3）选择“项目”选项，单击“确定”按钮，创建一个新项目文件。

注意：

在 Autodesk Revit 中，项目是整个建筑物设计的联合文件。建筑的所有标准视图、建筑设计图及明细表都包含在项目文件中，只要修改模型，所有相关的视图、施工图和明细表都会随之自动更新。

2. 打开

单击“打开”下拉按钮，打开“打开”菜单，如图 1-8 所示，该菜单用于打开项目文件、族文件、IFC 文件、样例文件等。

（1）项目：单击此命令，打开“打开”对话框，在对话框中可以选择要打开的 Revit 项目文件或项目样板文件，如图 1-9 所示。

（2）族：单击此命令，打开“打开”对话框，可以打开软件自带族库中的族文件，或用户自己创建的族文件，如图 1-10 所示。

图 1-8　“打开”菜单

图 1-9　“打开”对话框（1）

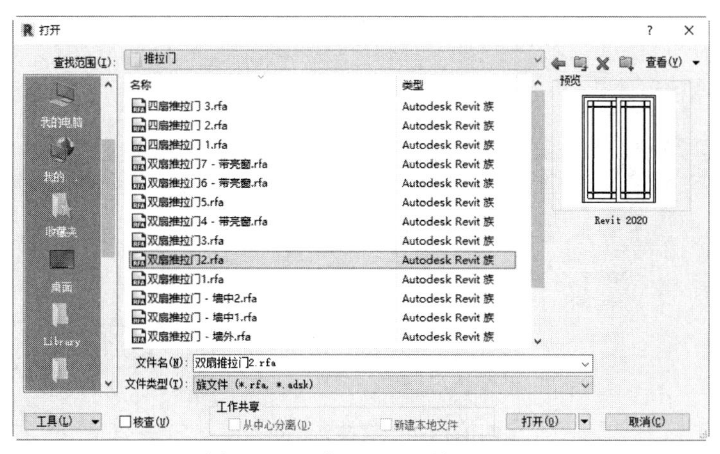

图 1-10　“打开”对话框（2）

（3）Revit 文件：单击此命令，可以打开 Revit 支持的文件，如项目文件（.rvt）、族文件（.rfa）、Autodesk 交换文件（.adsk）和样板文件（.rte）。

（4）建筑构件：单击此命令，在对话框中选择要打开的 Autodesk 交换文件（.adsk）。

（5）IFC：单击此命令，在对话框中可以打开 IFC 类型文件，如图 1-11 所示。IFC 文件格式含有模型的建筑物或设施，也包括空间的元素、材料和形状。IFC 文件通常用于 BIM 工业程序之间的交互。

（6）IFC 选项：单击此命令，打开“导入 IFC 选项”对话框，在该对话框中可以设置 IFC 类型名称对应的 Revit 类别，如图 1-12 所示。此命令只有在打开 Revit 文件的状态下才可以使用。

（7）样例文件：单击此命令，打开“打开”对话框，可以打开软件自带的样例项目文件和族文件。

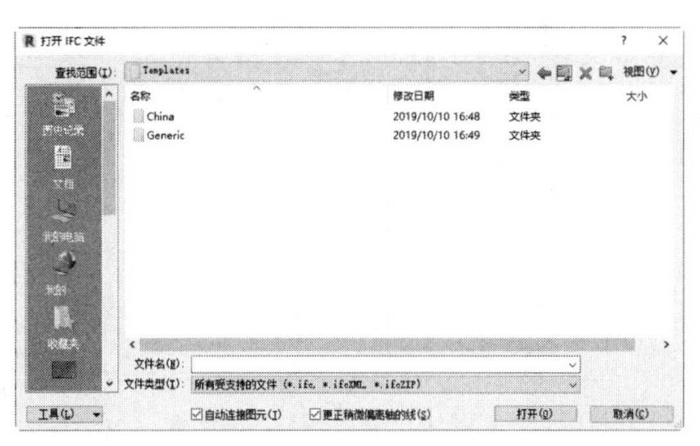

图 1-11　“打开 IFC 文件”对话框

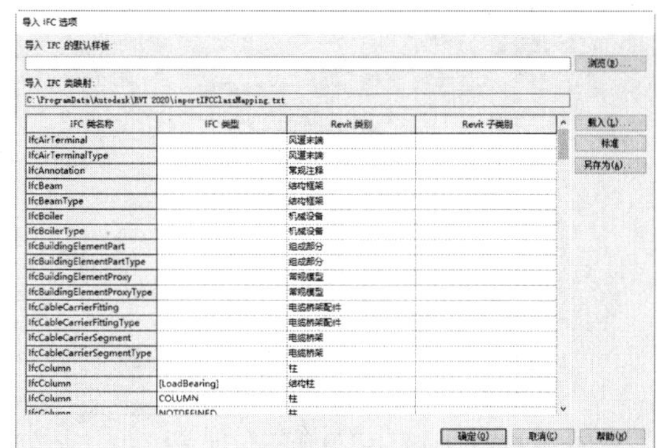

图 1-12　“导入 IFC 选项”对话框

3．保存

单击此命令，可以保存当前项目、族文件、样板文件等。若文件已命名，则 Revit 自动保存。若文件未命名，则系统打开“另存为”对话框，如图 1-13 所示，用户可以命名保存。在“保存于”下拉列表中可以指定保存文件的路径；在“文件类型”下拉列表中可以指定保存文件的类型。为了防止意外操作或计算机系统故障导致正在绘制的图形文件丢失，可以对当前图形文件设置自动保存。

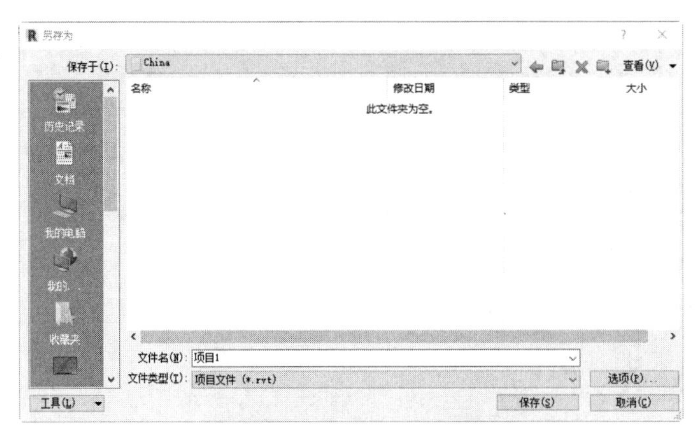

图 1-13 “另存为”对话框

4．另存为

单击“另存为”下拉按钮，打开“另存为”菜单，如图 1-14 所示，可以将文件保存为项目、族、样板和库四种类型的文件。

执行其中一种命令后打开图形“另存为”对话框（见图 1-13），Revit 用另存名保存，并把当前图形更名。

5．导出

单击“导出”下拉按钮，打开“导出”菜单，如图 1-15 所示，可以将项目文件导出为其他格式文件。

图 1-14 “另存为”菜单

图 1-15 “导出”菜单

（1）CAD 格式：单击此命令，可以将 Revit 模型导出为 DWG/DXF/DGN/ACIS（SAT）四种格式，如图 1-16 所示。

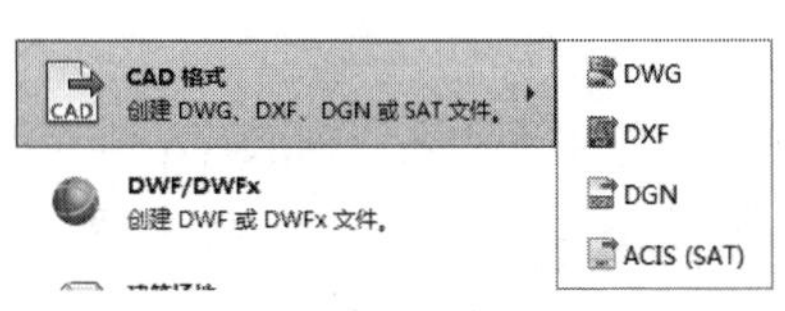

图 1-16 “CAD 格式”菜单

（2）DWF/DWFx：单击此命令，打开“DWF 导出设置”对话框，可以设置需要导出的视图和模型的相关属性，如图 1-17 所示。

（3）FBX：单击此命令，打开“导出 3ds Max（FBX）”对话框，将三维模型保存为 FBX 格式供 3ds Max 使用，如图 1-18 所示。只有在三维视图中才能使用此命令。

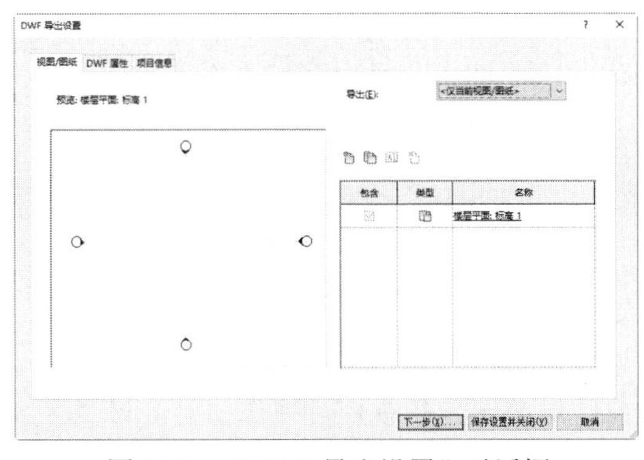
图 1-17　“DWF 导出设置”对话框

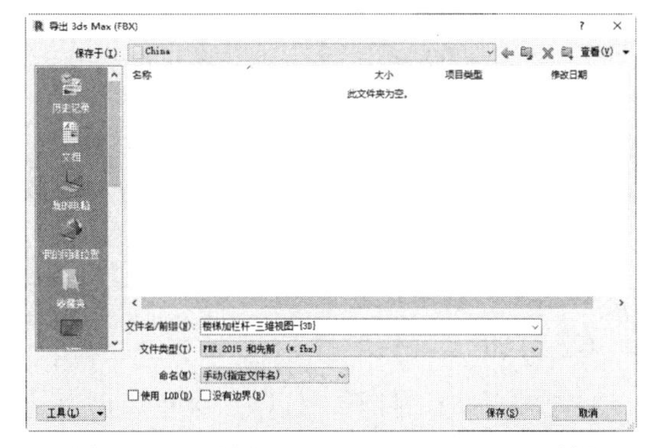
图 1-18　“导出 3ds Max（FBX）”对话框

（4）族类型：单击此命令，打开“另存为”对话框，将族类型从当前族导出到文本文件。

（5）gbXML：单击此命令，打开“导出 gbXML”对话框，将设计导出为 gbXML，选择“使用能量设置”或“使用房间/空间体积”，然后单击“确定”按钮生成文件，如图 1-19 所示。

（6）IFC：单击此命令，打开“导出 IFC”对话框，将模型导出为 IFC 文件，如图 1-20 所示。

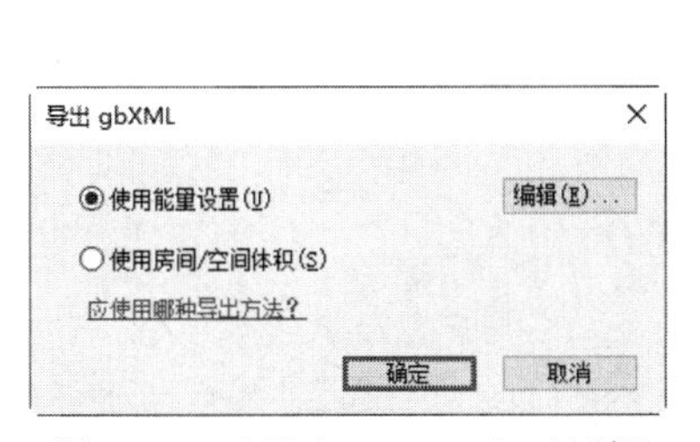

图 1-19　“导出 gbXML”对话框

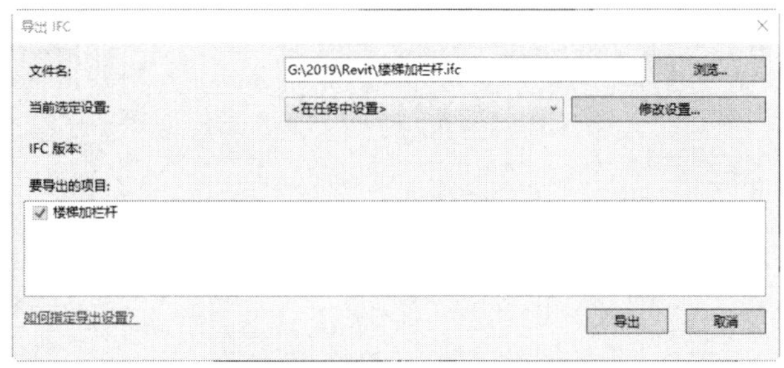

图 1-20　“导出 IFC”对话框

（7）ODBC 数据库：单击此命令，打开“选择数据源”对话框，将模型构件数据导出到 ODBC 数据库中，如图 1-21 所示。

（8）图像和动画：单击此命令，打开下拉菜单，如图 1-22 所示，将项目文件中所制作的漫游、日光研究及图像以相对应的文件格式保存。

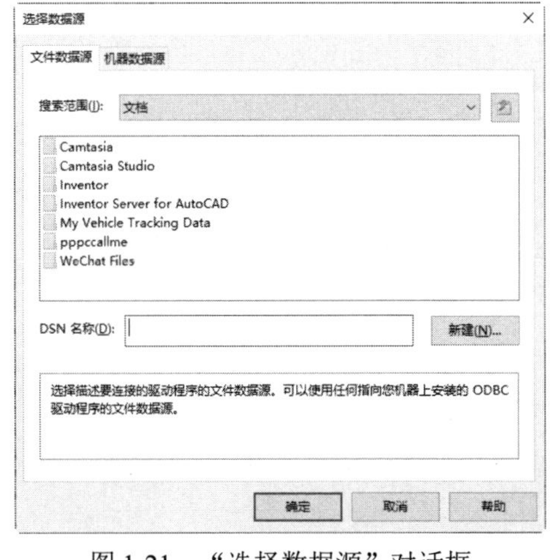

图 1-21　“选择数据源”对话框

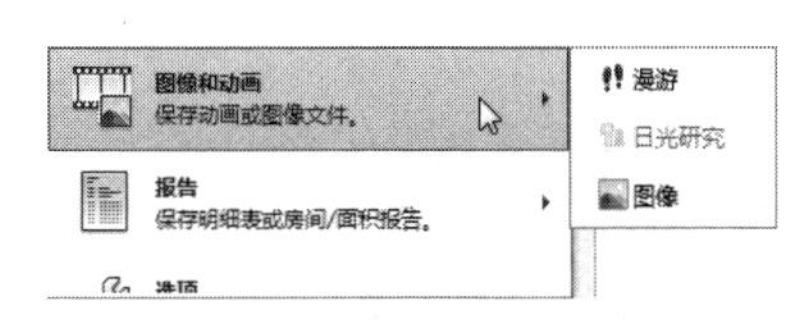

图 1-22　“图像和动画”菜单

（9）报告：单击此命令，打开下拉菜单，如图 1-23 所示，将项目文件中的明细表和房间/面积报告以相对应的文件格式保存。

（10）选项：单击此命令，打开下拉菜单，如图 1-24 所示，导出文件的参数设置。

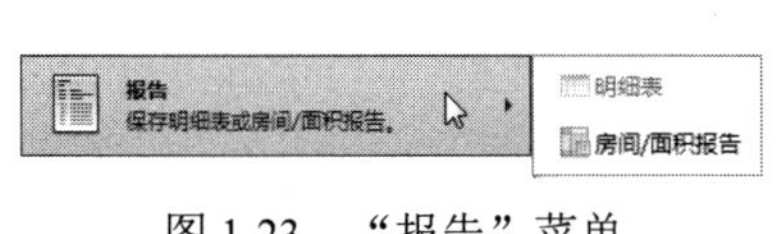

图 1-23 “报告”菜单

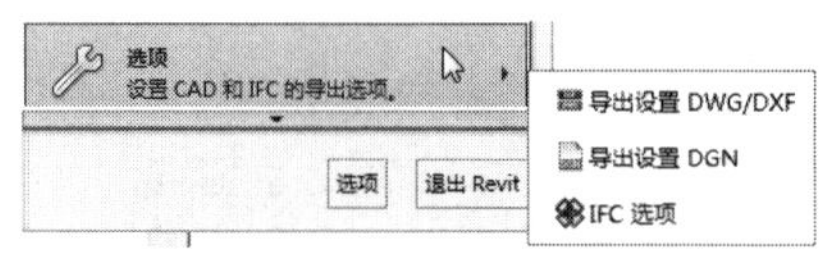

图 1-24 “选项”菜单

6. 打印

单击此命令，打开“打印”菜单，可以将当前区域或选定的视图和图纸进行打印并预览，如图 1-25 所示。

（1）打印：单击此命令，打开“打印”对话框，设置打印属性，如图 1-26 所示。

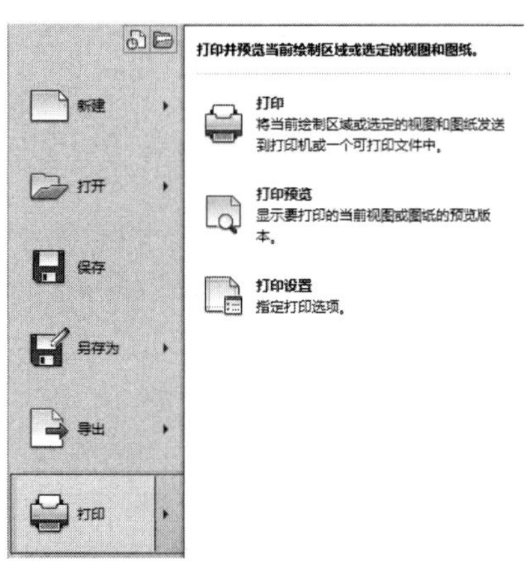

图 1-25 “打印”菜单

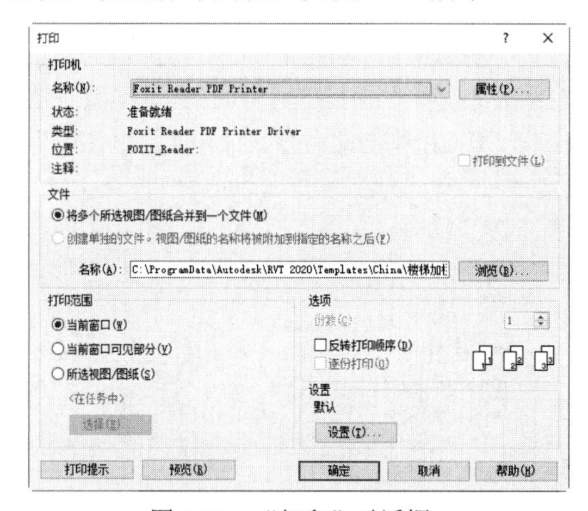

图 1-26 “打印”对话框

（2）打印预览：单击此命令，可以预览视图打印效果，若查看没有问题，则可以直接单击“打印”按钮进行打印。

（3）打印设置：单击此命令，打开“打印设置”对话框，定义从当前模型打印视图和图纸时或创建 PDF、PLT、PRN 文件时使用的设置，如图 1-27 所示。

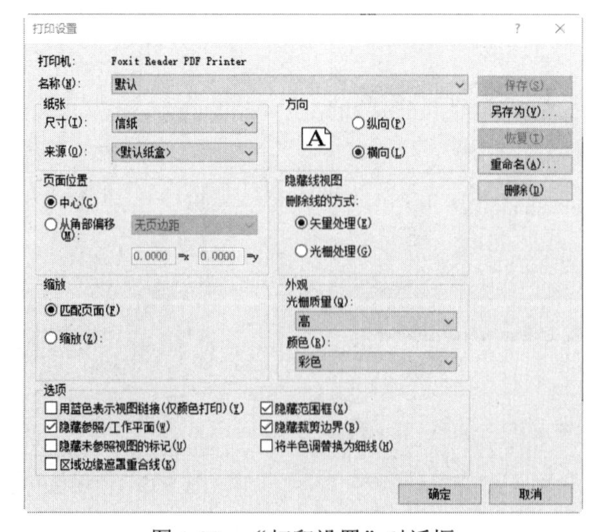

图 1-27 “打印设置”对话框

7．最近使用的文档

在菜单的右侧默认显示最近打开文件的列表。使用该下拉列表可以修改最近使用的文档的排列顺序。

1.4.2　快速访问工具栏

快速访问工具栏默认放置一些常用的工具按钮。

单击快速访问工具栏上的“自定义快速访问工具栏”按钮，打开如图 1-28 所示的下拉菜单，可以对该工具栏进行自定义，勾选命令则在快速访问工具栏上显示该工具按钮，取消勾选命令则隐藏该工具按钮。

在快速访问工具栏的某个工具按钮上单击鼠标右键，打开如图 1-29 所示的快捷菜单，选择“从快速访问工具栏中删除”命令，将删除选中的工具按钮。选择“添加分隔符”命令，在工具的右侧添加分隔符。单击“在功能区下方显示快速访问工具栏”命令，快速访问工具栏可以显示在功能区的上方或下方。单击“自定义快速访问工具栏”命令，打开“自定义快速访问工具栏”对话框，如图 1-30 所示，可以对快速访问工具栏中的工具按钮进行排序、添加或删除分隔符等操作。

在功能区上的任意工具按钮上单击鼠标右键，打开快捷菜单，然后选择“添加到快速访问工具栏”命令，将工具按钮添加到快速访问工具栏中。

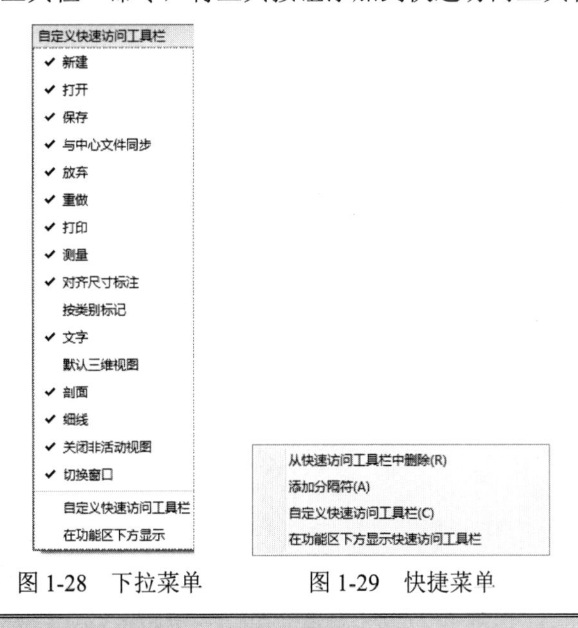

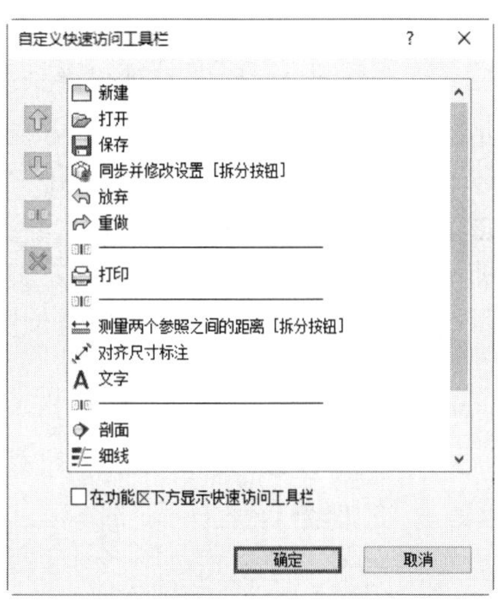

图 1-28　下拉菜单　　图 1-29　快捷菜单　　图 1-30　“自定义快速访问工具栏”对话框

注意：

选项卡中的某些工具无法被添加到快速访问工具栏中。

1.4.3　信息中心

该工具栏包括一些常用的数据交互访问工具，如图 1-31 所示，利用该工具栏可以访问许多与产品相关的信息源。

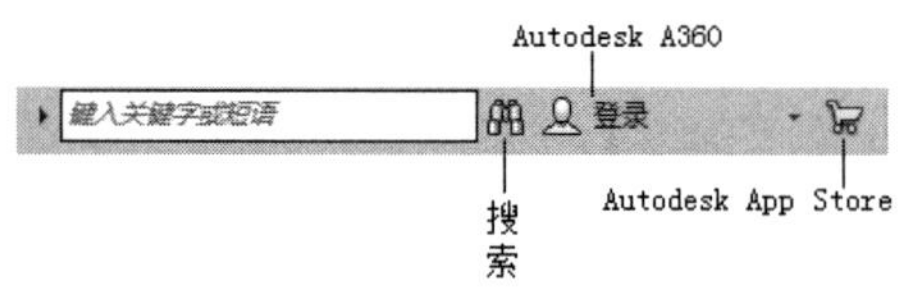

图 1-31　信息中心

（1）搜索：在搜索框中输入要搜索信息的关键字，然后单击“搜索”按钮，可以在联机帮助中快速查找信息。

（2）Autodesk A360：使用该工具可以访问与 Autodesk Account 相同的服务，但增加了 Autodesk 360 的移动性和协作优势。个人用户通过申请的 Autodesk 账户，可以登录自己的云平台。

（3）Autodesk App Store：单击此按钮，可以登录 Autodesk 官方的 App 网站下载不同系列软件的插件。

1.4.4　功能区

创建或打开文件时，功能区会显示系统提供的创建项目或族所需的全部工具，如图 1-32 所示。

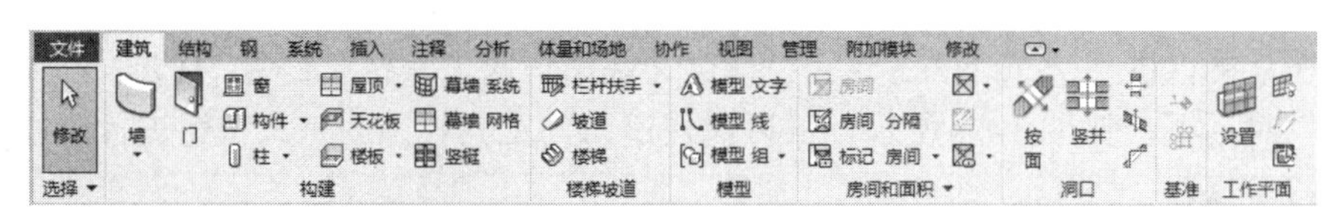

图 1-32　功能区

在调整窗口的大小时，功能区中的工具会根据可用的空间自动调整大小。每个选项卡集成了相关的操作工具，方便用户的使用。用户可以单击功能区选项后面的按钮控制功能的展开与收缩。

（1）修改功能区：单击功能区选项卡右侧的向下箭头，可以看到系统提供了三种功能区的显示方式：“最小化为选项卡”“最小化为面板标题”“最小化为面板按钮”，如图 1-33 所示。

（2）移动面板：面板可以在绘图区“浮动”，在面板上按住鼠标左键并拖动（见图 1-34），将其放置到绘图区域或桌面上即可。将光标放到浮动面板的右上角位置，显示“将面板返回到功能区”，如图 1-35 所示。用鼠标左键单击此处，使它变为固定面板。将光标移动到面板上以显示一个夹子，拖动该夹子到所需位置，移动面板。

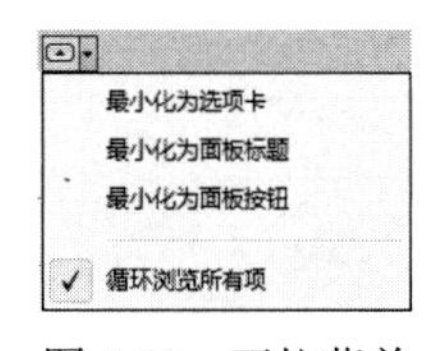

图 1-33　下拉菜单

图 1-34　拖动面板

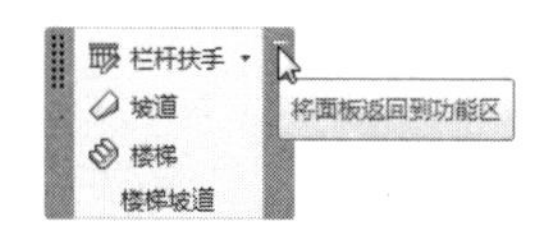

图 1-35　固定面板

（3）展开面板：单击面板标题旁的箭头展开面板，显示相关的工具和控件，如图 1-36 所示。在默认情况下，单击面板以外的区域时，展开的面板会自动关闭。单击图钉按钮，面板在其功能区选项卡显示期间始终保持展开状态。

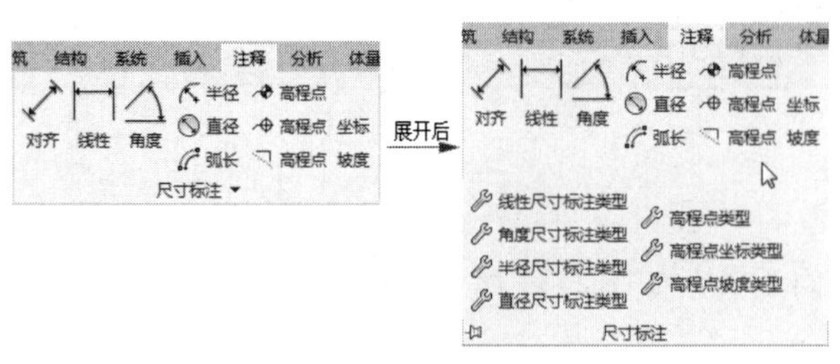

图 1-36　展开面板

（4）上下文功能区选项卡：使用某些工具或者选择图元时，在上下文功能区选项卡中会显示与该工具或图元的上下文相关的工具，如图 1-37 所示。当退出该工具或清除选择时，该选项卡将关闭。

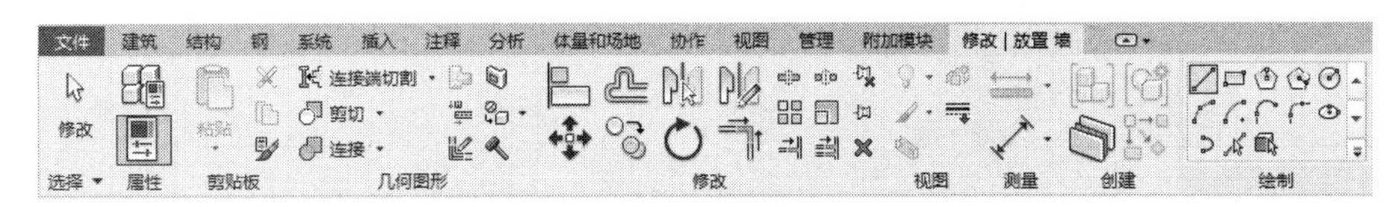

图 1-37　上下文功能区选项卡

1.4.5 “属性”选项板

“属性”选项板是一个无模式对话框，通过该对话框，可以查看和修改用来定义图元属性的参数。

第一次启动 Autodesk Revit 软件时，“属性”选项板处于打开状态并固定在绘图区域左侧“项目浏览器”的上方，如图 1-38 所示。

1. 类型选择器

在类型选择器中可以显示当前选择的族类型，并提供一个可从中选择其他类型的下拉列表，如图 1-39 所示。

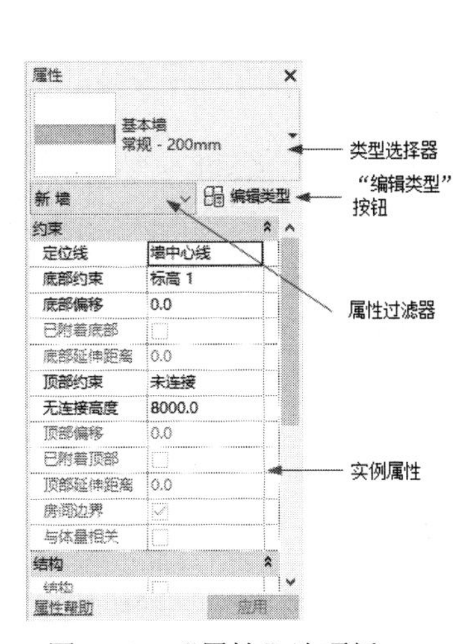

图 1-38　“属性”选项板

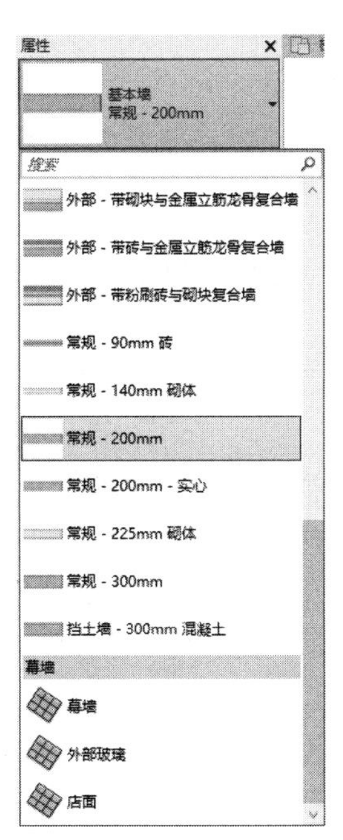

图 1-39　“类型选择器”下拉列表

2. 属性过滤器

该过滤器用来标识将由工具放置的图元类别，或者标识绘图区域中所选图元的类别和数量。如果选择了多个类别或类型，则选项板上仅显示所有类别或类型共有的实例属性。当选择了多个类别时，使用过滤器的下拉列表只可以查看特定类别或视图本身的属性。

3. “编辑类型”按钮

单击此按钮，打开“类型属性”对话框，该对话框用于查看和修改选定图元或视图的类型属性，如图 1-40 所示。

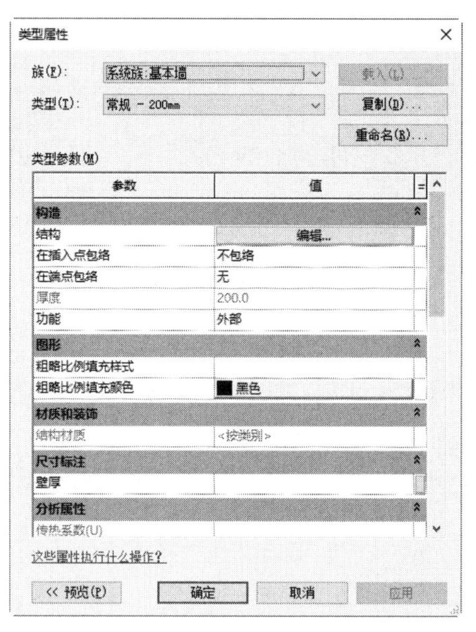

图 1-40 “类型属性”对话框

4. 实例属性

在大多数情况下，“属性”选项板中既显示可由用户编辑的实例属性，又显示只读实例属性。当某属性的值由软件自动计算或赋值，或者取决于其他属性的设置时，该属性可能是只读属性，不可编辑。

1.4.6 项目浏览器

项目浏览器用于显示当前项目中所有视图、明细表、图纸、组和其他部分的逻辑层次。当展开和折叠各分支时，将显示下一层项目，如图 1-41 所示。

（1）打开视图：双击视图名称打开视图，也可以在视图名称上单击鼠标右键，打开如图 1-42 所示的快捷菜单，选择“打开”选项，打开视图。

（2）打开放置了视图的图纸：在视图名称上单击鼠标右键，打开快捷菜单，选择“打开图纸”选项，打开放置了视图的图纸。如果快捷菜单中的“打开图纸”选项不可用，则可能视图未放置在图纸上，也可能视图是明细表或可放置在多个图纸上的图例视图。

（3）将视图添加到图纸中：将视图名称拖曳到图纸名称上或绘图区域中的图纸上。

（4）从图纸中删除视图：在图纸名称下的视图名称上单击鼠标右键，在打开的快捷菜单中单击“从图纸中删除”选项，删除视图。

单击“视图”选项卡“窗口”面板中的“用户界面”按钮，打开如图 1-43 所示的下拉列表，选中“项目浏览器”复选框。如果取消“项目浏览器”复选框的勾选或单击项目浏览器顶部的“关闭”按钮×，则隐藏项目浏览器。

拖曳项目浏览器的边框调整项目浏览器的大小。在 Revit 窗口中拖曳浏览器移动光标时会显示一个轮廓，该轮廓指示浏览器将移动到的位置，当拖曳到指定位置时松开鼠标，将浏览器放置到所需位置，还可以将项目浏览器从 Revit 窗口拖曳到桌面。

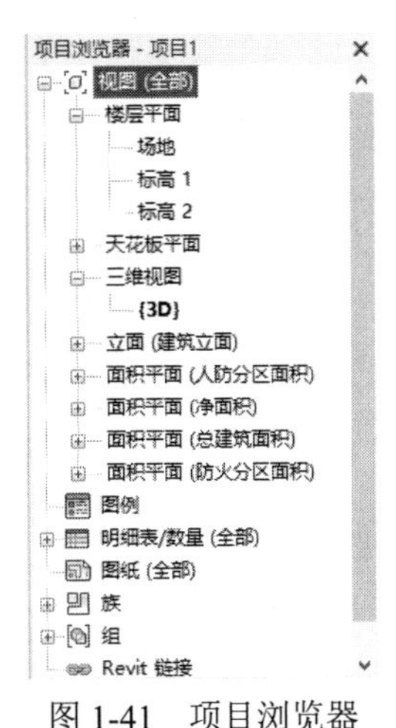

图 1-41　项目浏览器

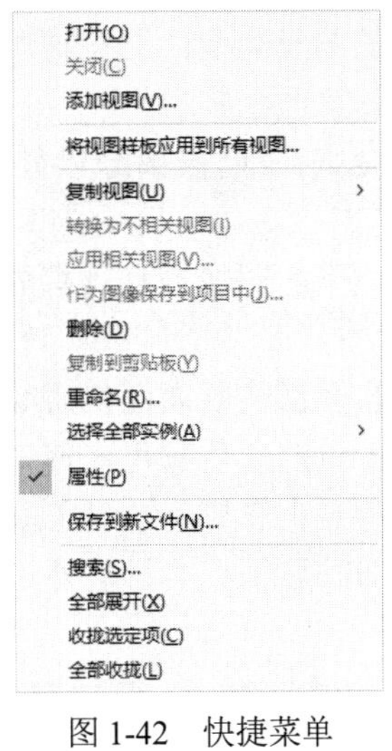

图 1-42　快捷菜单

图 1-43　下拉列表

1.4.7　视图控制栏

视图控制栏位于视图窗口的底部、状态栏的上方，利用它可以快速访问影响当前视图的功能，如图 1-44 所示。

（1）比例：在图纸中用于表示对象的比例，可以为项目中的每个视图指定不同的比例，也可以创建自定义视图比例。在比例图标上单击，可以打开如图 1-45 所示的比例列表，选择需要的比例，也可以单击“自定义比例”选项，打开“自定义比例”对话框，输入比率，如图 1-46 所示。

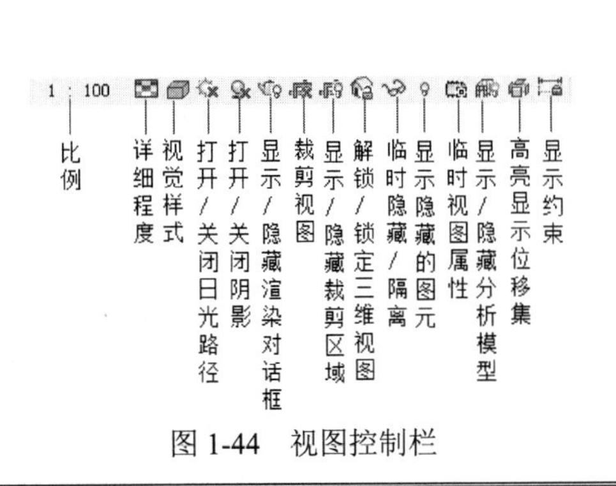

图 1-44　视图控制栏

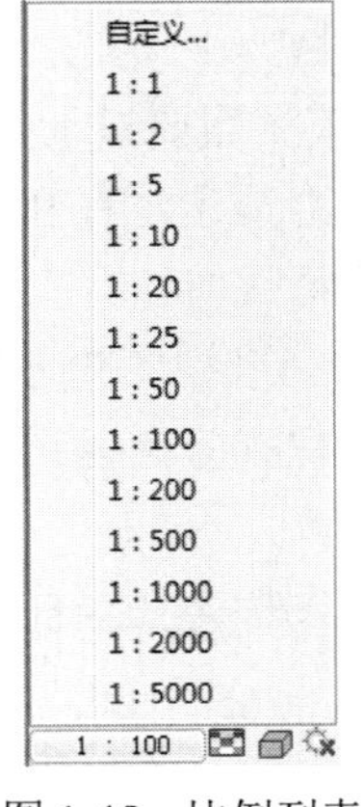

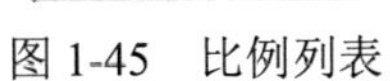

图 1-45　比例列表

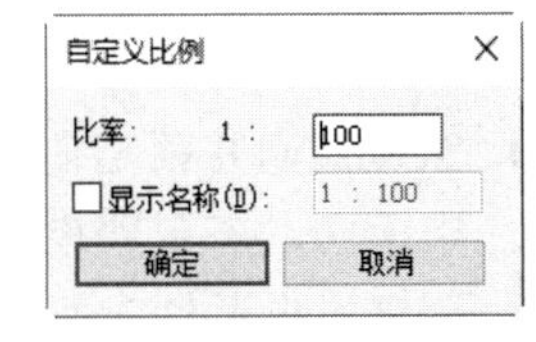

图 1-46　“自定义比例”对话框

注意：

不能将自定义视图比例应用于该项目中的其他视图。

（2）详细程度：可根据视图比例设置新建视图的详细程度，包括粗略、中等和精细三种程度。当在项目中创建新视图并设置其视图比例后，视图的详细程度将会自动根据表格中的排列进行设置。预定义详细程度可以影响不同视图比例下同一几何图形的显示。

（3）视觉样式：可以为项目视图指定许多不同的图形样式，如图 1-47 所示。

- 线框：显示绘制了所有边和线而未绘制表面的模型图像。当视图显示线框视觉样式时，可以将材质应用于选定的图元类型。这些材质不会显示在线框视图中，但是表面填充图案仍会显示。

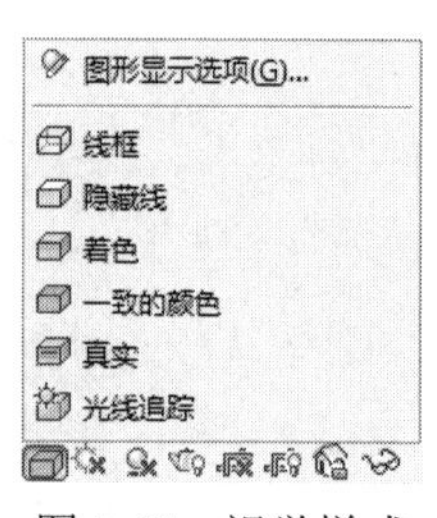

图 1-47　视觉样式

- 隐藏线：显示绘制了除被表面遮挡部分以外的所有边和线的图像。
- 着色：显示处于着色模式下的图像，且具有显示间接光及其阴影的选项。
- 一致的颜色：显示所有表面都按照表面材质颜色设置进行着色的图像。该样式会保持一致的着色颜色，使材质始终以相同的颜色显示，而无论以何种方式将其定向到光源。
- 真实：可在模型视图中即时显示真实材质外观。在旋转模型时，表面会显示在各种照明条件下呈现的外观。

注意：

在“真实”视觉视图中不会显示人造灯光。

- 光线追踪：该视觉样式是一种照片级真实感渲染模式，该模式允许平移和缩放模型。

（4）打开/关闭日光路径：控制日光路径可见性。在一个视图中打开或关闭日光路径时，其他任何视图都不受影响。

（5）打开/关闭阴影：控制阴影的可见性。在一个视图中打开或关闭阴影时，其他任何视图都不受影响。

（6）显示/隐藏渲染对话框：单击此按钮，打开“渲染”对话框，定义控制照明、曝光、分辨率、背景和图像质量的设置，如图 1-48 所示。

（7）裁剪视图：定义项目视图的边界。在所有图形项目视图中显示模型裁剪区域和注释裁剪区域。

（8）显示/隐藏裁剪区域：可以根据需要显示或隐藏裁剪区域。在绘图区域中，选择裁剪区域，则会显示注释和模型裁剪。内部裁剪是模型裁剪，外部裁剪则是注释裁剪。

（9）解锁/锁定三维视图：锁定三维视图的方向，以在视图中标记图元并添加注释记号。其包括保存方向并锁定视图、恢复方向并锁定视图和解锁视图三个选项。

- 保存方向并锁定视图：将视图锁定在当前方向。在该模式中无法动态观察模型。
- 恢复方向并锁定视图：将解锁的、旋转方向的视图恢复到其原来锁定的方向。
- 解锁视图：解锁当前方向，从而允许定位和动态观察三维视图。

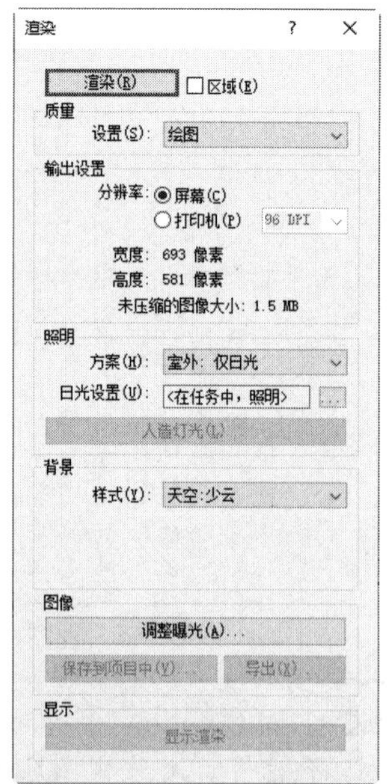

图 1-48　“渲染”对话框

（10）临时隐藏/隔离：“隐藏”工具可在视图中隐藏所选图元，“隔离”工具可在视图中显示所选图元并隐藏所有其他图元。

（11）显示隐藏的图元：临时查看隐藏图元或将其取消隐藏。

（12）临时视图属性：包括启用临时视图属性、临时应用样板属性、最近使用的模板和恢复视图属性四种视图选项。

（13）显示/隐藏分析模型：可以在任何视图中显示分析模型。

（14）高亮显示位移集：单击此按钮，启用高亮显示模型中所有位移集的视图。

（15）显示约束：在视图中临时查看尺寸标注和对齐约束，以解决或修改模型中的图元。“显示约束”绘图区域将显示一个彩色边框，以指示处于“显示约束”模式。所有约束都以彩色显示，而模型图元以半色调（灰色）显示。

1.4.8　状态栏

状态栏位于屏幕的底部，如图 1-49 所示。状态栏会提供有关要执行操作的提示。当高亮显示图元或构件时，状态栏会显示族和类型的名称。

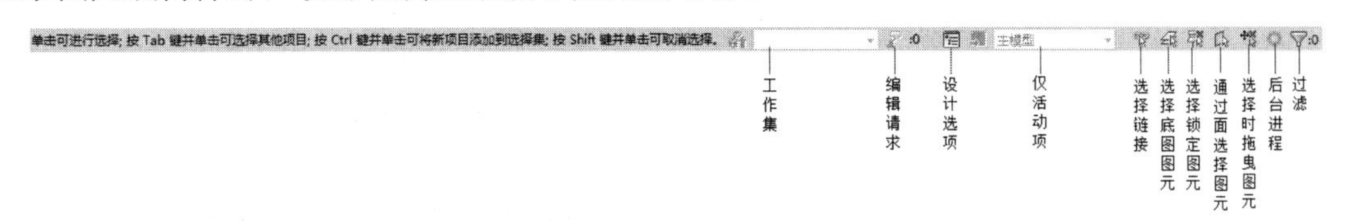

图 1-49　状态栏

（1）工作集：显示处于活动状态的工作集。

（2）编辑请求：对于工作共享项目，表示未决的编辑请求数。

（3）设计选项：显示处于活动状态的设计选项。

（4）仅活动项：用于过滤所选内容，以便仅选择活动的设计选项构件。

（5）选择链接：可在已链接的文件中选择链接和单个图元。

（6）选择底图图元：可在底图中选择图元。

（7）选择锁定图元：可选择锁定的图元。

（8）通过面选择图元：可通过单击某个面选中某个图元。

（9）选择时拖曳图元：不用先选择图元就可以通过拖曳操作移动图元。

（10）后台进程：显示在后台运行的进程列表。

（11）过滤：用于优化在视图中选定的图元类别。

1.4.9　ViewCube

ViewCube 默认在绘图区的右上方。通过 ViewCube 可以在标准视图和等轴测视图之间切换。

（1）单击 ViewCube 上的某个角，可以根据由模型的三个侧面定义的视口将模型的当前视图重定向到四分之三视图；单击其中一条边缘，可以根据模型的两个侧面将模型的视图重定向到二分之一视图；单击相应面，可以将视图切换到相应的主视图。

（2）如果在从某个面视图中查看模型时，ViewCube 处于活动状态，则四个正交三角形会显示在 ViewCube 附近。使用这些三角形可以切换到某个相邻的面视图。

（3）单击或拖动 ViewCube 中指南针的东、南、西、北字样，可以切换到西南、东南、西北、东北等方向视图，或者绕上视图旋转到任意方向视图。

（4）单击“主视图”图标，无论目前视图是何种视图，其都会恢复到主视图方向。

（5）当从某个面视图查看模型时，两个滚动箭头按钮会显示在 ViewCube 附近。单击按钮，视图以 90° 逆时针或顺时针进行旋转。

（6）单击“关联菜单”按钮，打开如图 1-50 所示的关联菜单。

图 1-50　关联菜单

① 转至主视图：恢复随模型一同保存的主视图。

② 保存视图：使用唯一的名称保存当前的视图方向。此选项只允许在查看默认三维视图时使用唯一的名称保存三维视图。如果查看的是以前保存的正交三维视图或透视（相机）三维视图，则视图仅以新方向保存，而且系统不会提示用户提供唯一名称。

③ 锁定到选择项：当视图方向随 ViewCube 发生更改时，使用选定对象可以定义视图的中心。

④ 透视/正交：在三维视图的平行和透视模式之间切换。

⑤ 将当前视图设置为主视图：根据当前视图定义模型的主视图。

⑥ 将视图设定为前视图：在 ViewCube 上更改定义为前视图的方向，并将三维视图定向到该方向。

⑦ 重置为前视图：将模型的前视图重置为其默认方向。

⑧ 显示指南针：显示或隐藏围绕 ViewCube 的指南针。

⑨ 定向到视图：将三维视图设置为项目中的任何平面、立面、剖面或三维视图的方向。

⑩ 确定方向：将相机定向到北、南、东、西、东北、西北、东南、西南或顶部。

⑪ 定向到一个平面：将视图定向到指定的平面。

1.4.10　导航栏

导航栏在绘图区域中，沿当前模型窗口的一侧显示，包括 SteeringWheels 和缩放工具，如图 1-51 所示。

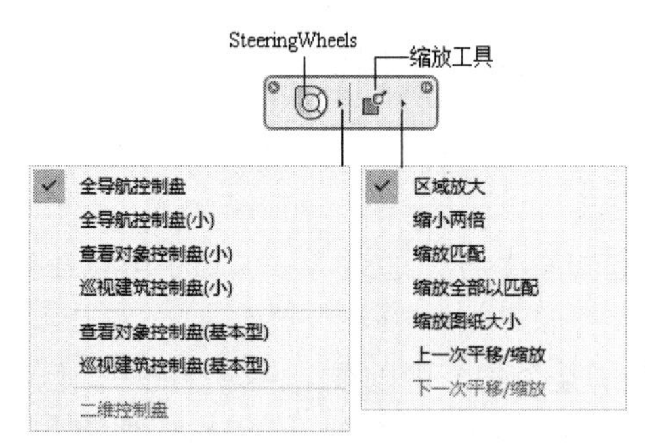

图 1-51　导航栏

1．SteeringWheels

SteeringWheels 是控制盘的集合，通过这些控制盘，可以在专门的导航工具之间快速切换。每个控制盘被分成不同的按钮。每个按钮包含一个导航工具，用于重新定位模型的当前视图。SteeringWheels 包含以下几种形式，如图 1-52 所示。

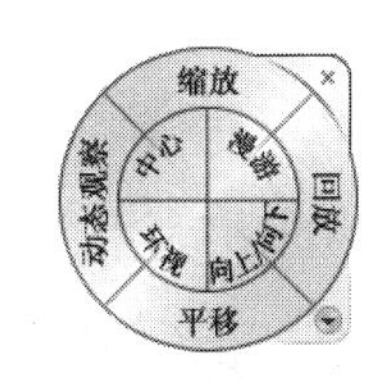

（a）全导航控制盘

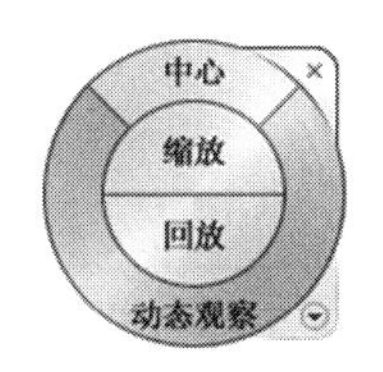

（b）查看对象控制盘（基本型）

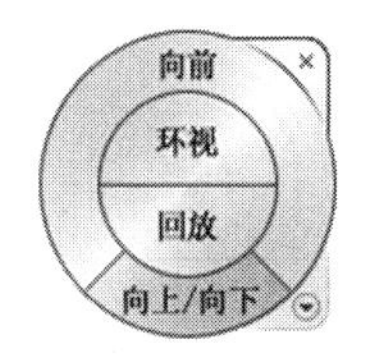

（c）巡视建筑控制盘（基本型）

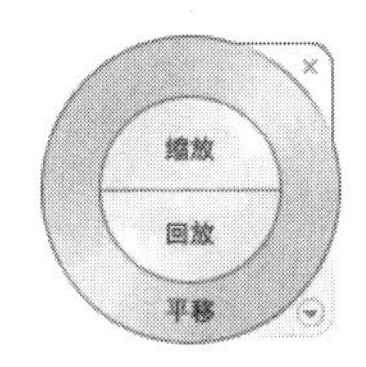

（d）二维控制盘

平移

（e）查看对象控制盘（小）

向上/向下

（f）巡视建筑控制盘（小）

平移

（g）全导航控制盘（小）

图 1-52　SteeringWheels

单击控制盘右下角的“显示控制盘菜单”按钮，打开如图 1-53 所示的控制盘菜单，菜单包含了所有全导航控制盘的视图工具，单击“关闭控制盘”选项关闭控制盘，也可以单击控制盘上的“关闭”按钮，关闭控制盘。

图 1-53　控制盘菜单

2．缩放工具

缩放工具包括区域放大、缩小两倍、缩放匹配、缩放全部以匹配、缩放图纸大小等工具。

（1）区域放大：放大所选区域内的对象。

（2）缩小两倍：将视图窗口显示的内容缩小两倍。

（3）缩放匹配：缩放以显示所有对象。

（4）缩放全部以匹配：缩放以显示所有对象的最大范围。

（5）缩放图纸大小：缩放以显示图纸内的所有对象。

（6）上一次平移/缩放：显示上一次平移或缩放结果。

（7）下一次平移/缩放：显示下一次平移或缩放结果。

第 2 章

金属构件

知识导引

在装配式建筑中会用到许多的金属构件，这些金属构件有的是在工厂中就预埋入预制混凝土中的，有的是用在现场起支撑和连接作用的。本章主要介绍如何用族工具创建金属构件。

2.1 通用构件

本节主要介绍预制件中常用的金属构件，包括螺母、斜撑用地面拉环、垫片、螺栓和螺杆等。

2.1.1 螺母

视频：螺母

（1）在主视图中单击“族”→“新建”或者单击“文件”→“新建”→“族”命令，打开“新族-选择样板文件”对话框，选择“公制常规模型.rft”为样板族，如图 2-1 所示，单击“打开”按钮进入族编辑器界面，如图 2-2 所示。

（2）单击“创建”选项卡“形状”面板中的“拉伸”按钮，打开“修改|创建拉伸”选项卡，如图 2-3 所示。

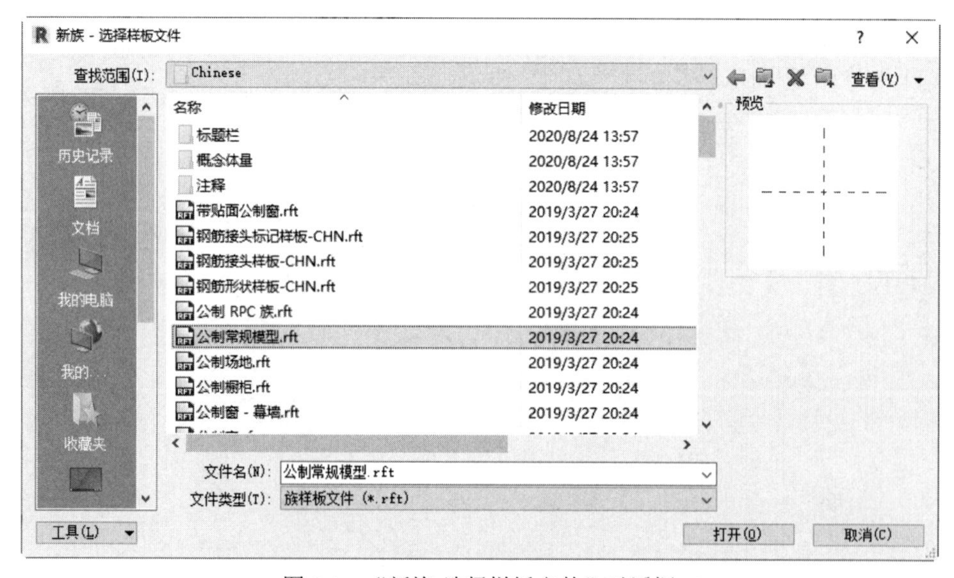

图 2-1 “新族-选择样板文件”对话框

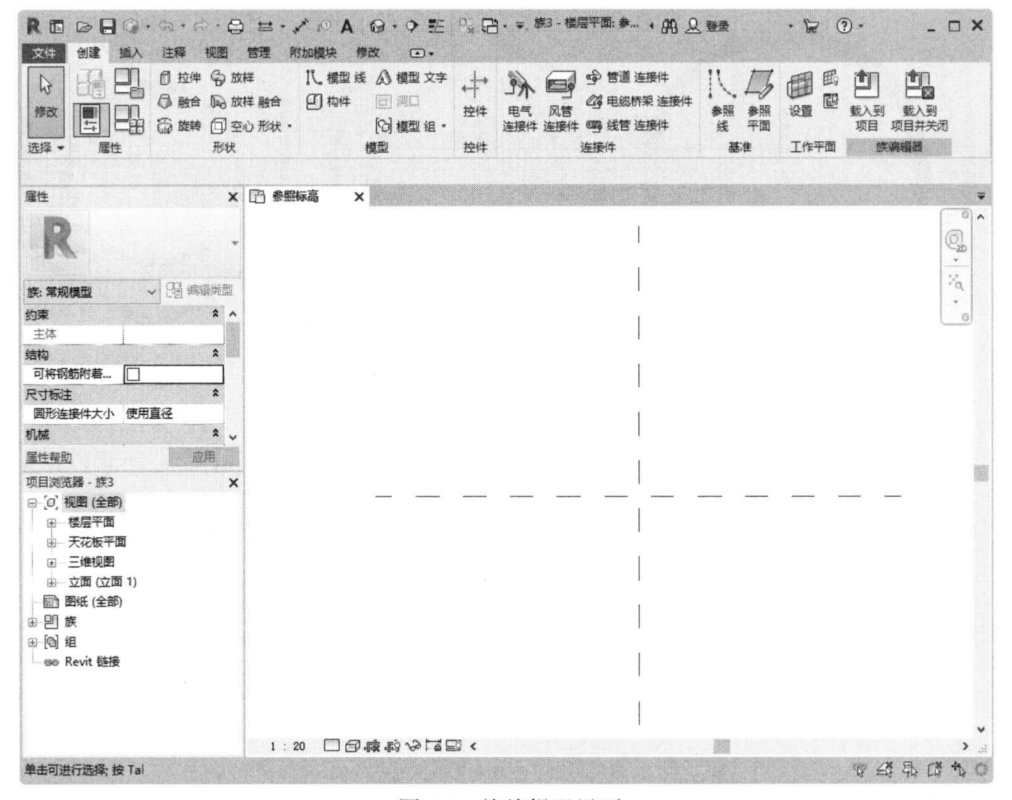

图 2-2　族编辑器界面

图 2-3　“修改|创建拉伸”选项卡

（3）单击“绘制”面板中“圆”按钮，捕捉参照平面交点为圆心，移动光标同时输入半径 12，按回车键确认，即可绘制圆，如图 2-4 所示。

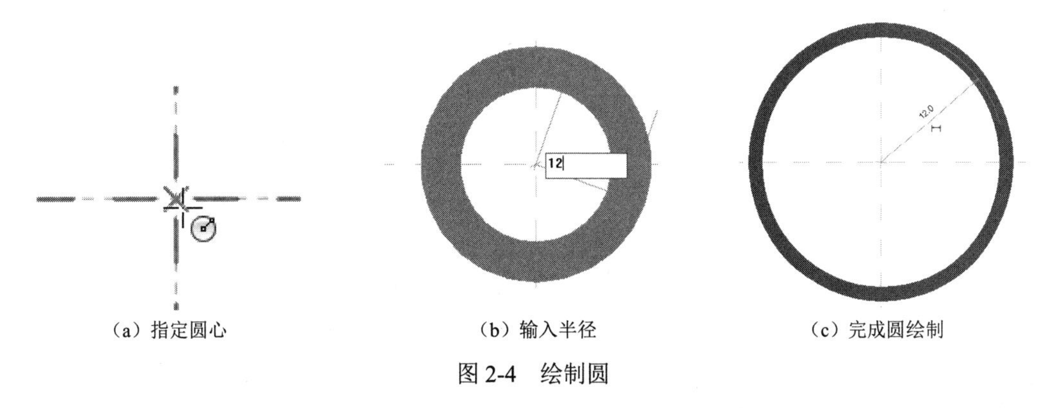

（a）指定圆心　　（b）输入半径　　（c）完成圆绘制

图 2-4　绘制圆

（4）单击“绘制”面板中“外接多边形”按钮，捕捉上一步绘制的圆心为中心，水平移动光标同时输入外接圆半径 18，按回车键确认，完成六边形绘制，如图 2-5 所示。

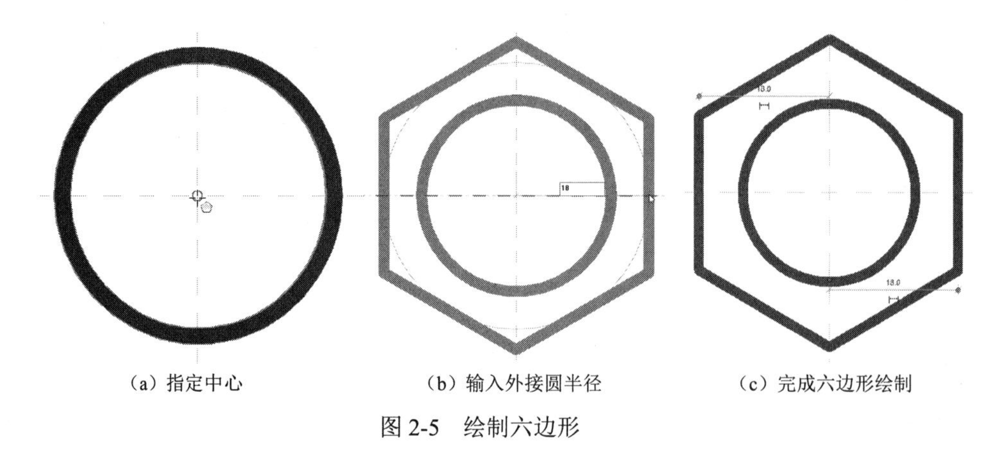

（a）指定中心　　（b）输入外接圆半径　　（c）完成六边形绘制

图 2-5　绘制六边形

（5）在“属性”选项板中设置拉伸终点为 12，拉伸起点为 0，如图 2-6 所示，单击“模式”面板中的“完成编辑模式”按钮✔，完成拉伸模型的创建，如图 2-7 所示。

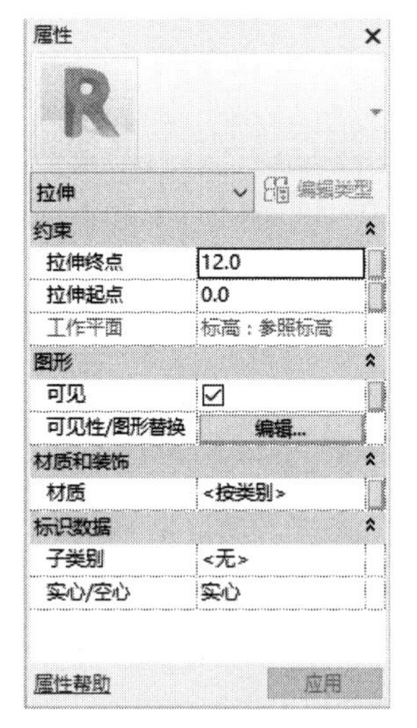

图 2-6　设置“属性”选项板参数

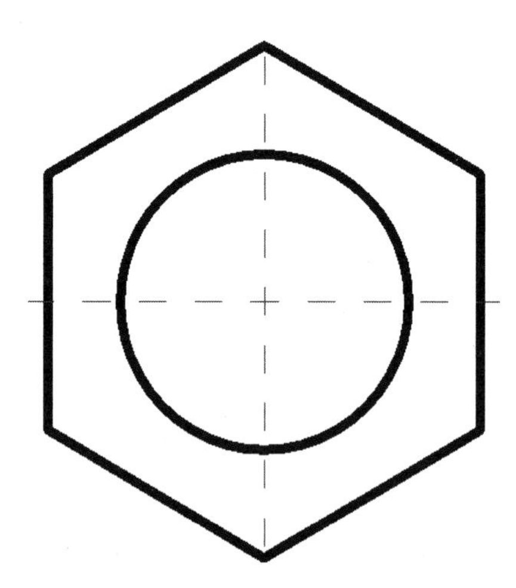

图 2-7　完成拉伸模型创建

（6）在项目浏览器的“三维视图”节点下双击“视图 1”，将视图切换至三维视图，如图 2-8 所示。

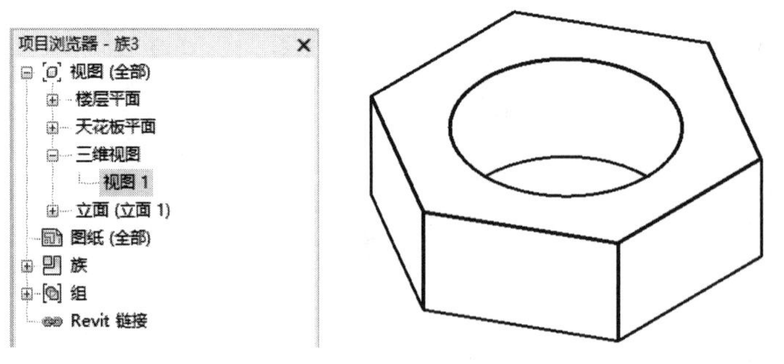

图 2-8　三维视图

（7）单击“快速访问”工具栏中的“保存”按钮（快捷键：Ctrl+S），打开“另存为”对话框，输入文件名“M24 螺母”，如图 2-9 所示，单击“保存”按钮，保存族文件。

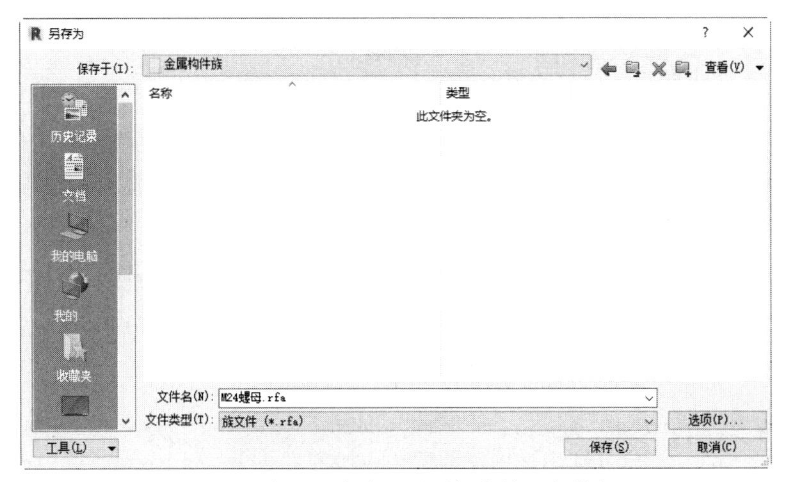

图 2-9　在“另存为”对话框中输入文件名

2.1.2　斜撑用地面拉环

视频：斜撑用地面拉环

（1）在主视图中单击“族”→“新建”或者单击“文件”→“新建”→“族”命令，打开“新族-选择样板文件”对话框，选择“基于面的公制常规模型.rft”为样板族，如图 2-10 所示，单击“打开”按钮进入族编辑器界面。该族样板默认提供预埋件嵌入的墙面。

图 2-10　“新族-选择样板文件”对话框

（2）在项目浏览器的“立面（立面 1）”节点下双击“前”，如图 2-11 所示，将视图切换至前视图。

（3）单击“创建”选项卡“基准”面板中的“参照平面”按钮（快捷键：RP），打开如图 2-12 所示的“修改|放置 参照平面”选项卡和选项栏，系统默认激活“线”按钮，在参照标高下适当位置单击确定参照平面的起点，水平移动光标到适当位置单击确定参照平面的终点，绘制平面；双击参照平面的临时尺寸，使尺寸处于编辑状态，输入新的尺寸，按回车键确认，调整参照平面的位置，如图 2-13 所示。

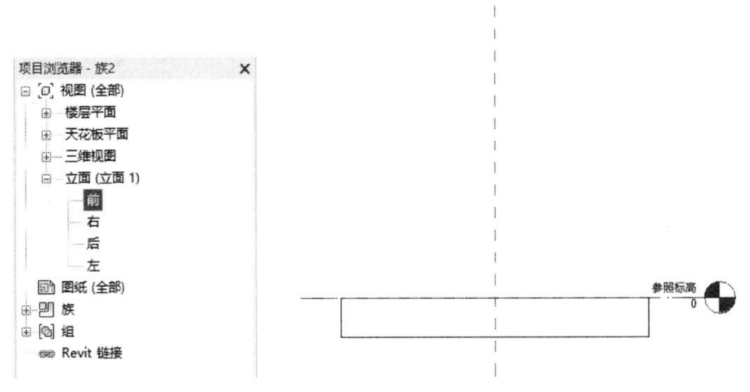

图 2-11　切换至前视图

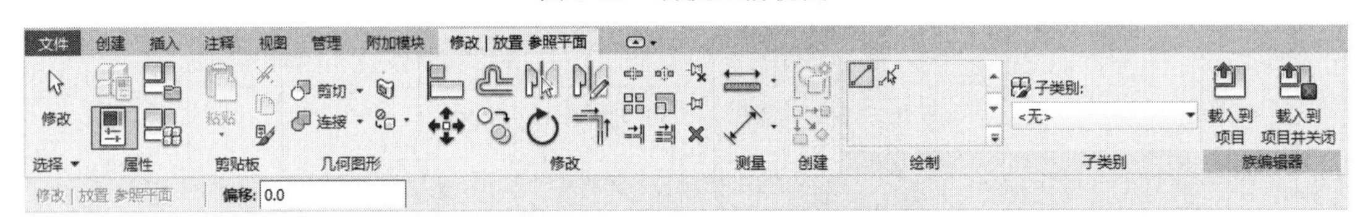

图 2-12　“修改|放置 参照平面”选项卡和选项栏

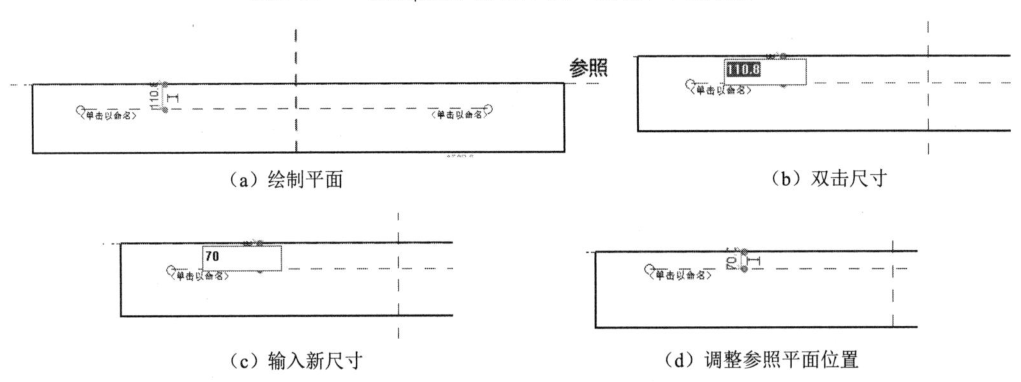

（a）绘制平面　（b）双击尺寸

（c）输入新尺寸　（d）调整参照平面位置

图 2-13　绘制参照平面 1

（4）继续绘制参照平面，将光标放置在上一步绘制的参照平面 1 上方的适当位置，当显示临时尺寸时，直接输入数值 100，按回车键确认，然后水平移动光标到适当位置单击，绘制参照平面 2，如图 2-14 所示。

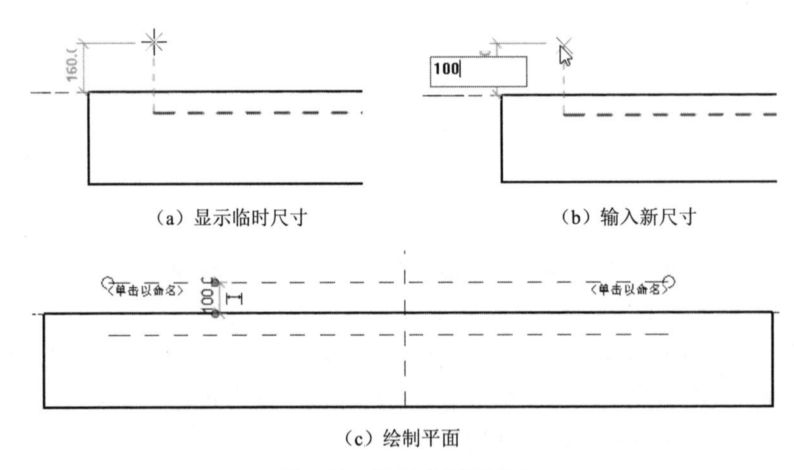

（a）显示临时尺寸　（b）输入新尺寸

（c）绘制平面

图 2-14　绘制参照平面 2

（5）采用上述方法，绘制其他参照平面，如图 2-15 所示。

（6）单击“创建”选项卡“形状”面板中的“放样”按钮，打开“修改|放样”选项卡，如图 2-16 所示。单击“放样”面板中“绘制路径”按钮，打开“修改|放样→绘制路径”选项卡，系统默认激活“线”按钮，绘制左侧的线段，如图 2-17 所示。

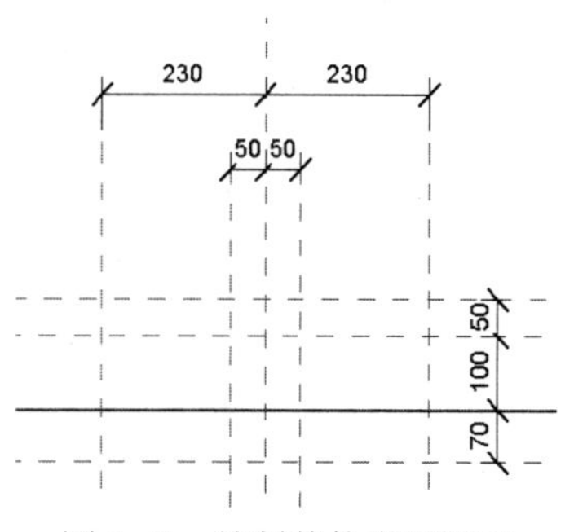

图 2-15　绘制其他参照平面

图 2-16　“修改|放样”选项卡

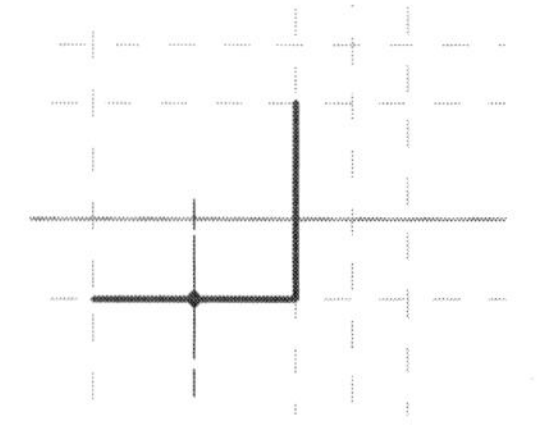

图 2-17　绘制左侧线段

（7）单击“绘制”面板中的“圆角弧”按钮，拾取水平线段和竖直线段，拖动鼠标到适当位置单击，生成圆角，双击圆角上的临时尺寸，更改尺寸值为 16，按回车键确认，如图 2-18 所示。

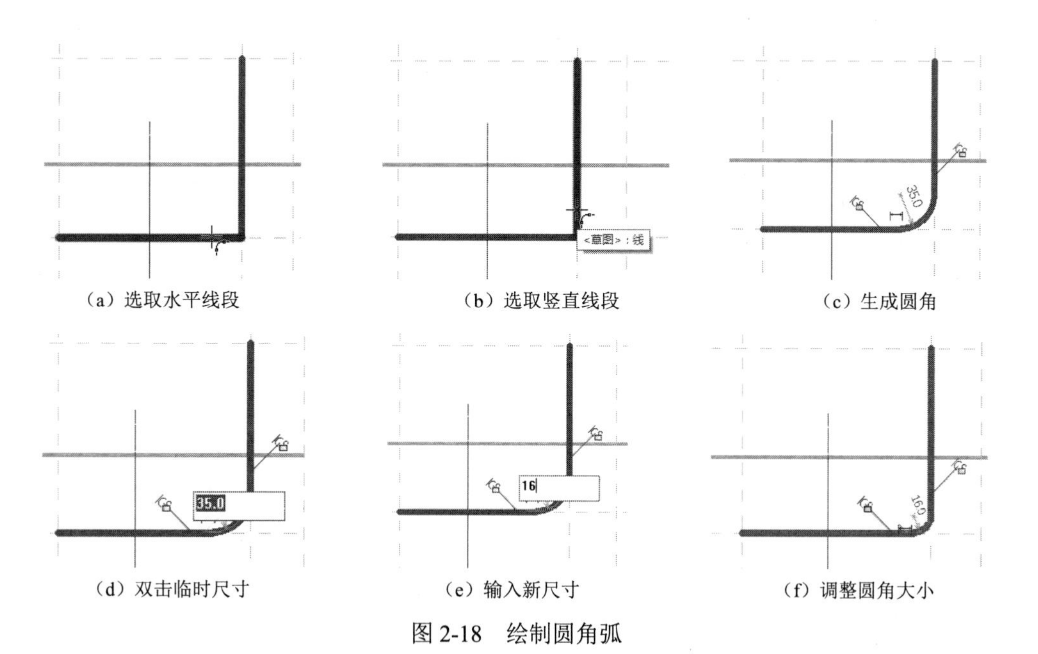

（a）选取水平线段　（b）选取竖直线段　（c）生成圆角

（d）双击临时尺寸　（e）输入新尺寸　（f）调整圆角大小

图 2-18　绘制圆角弧

（8）框选左侧的线段和圆角弧，单击“修改”面板中的“镜像-拾取轴”按钮（快捷键：MM），拾取中间的竖直参照平面为镜像轴，将左侧所选路径进行镜像，如图 2-19 所示。

（9）单击“绘制”面板中的“起点-终点-半径弧”按钮，捕捉左侧竖直线的端点作为圆弧起点，然后捕捉右侧竖直线端点作为圆弧终点，移动光标选取最上端的参照平面确定圆弧半径绘制圆弧，如图 2-20 所示，单击“模式”面板中的“完成编辑模式”按钮✔，完成路径绘制。

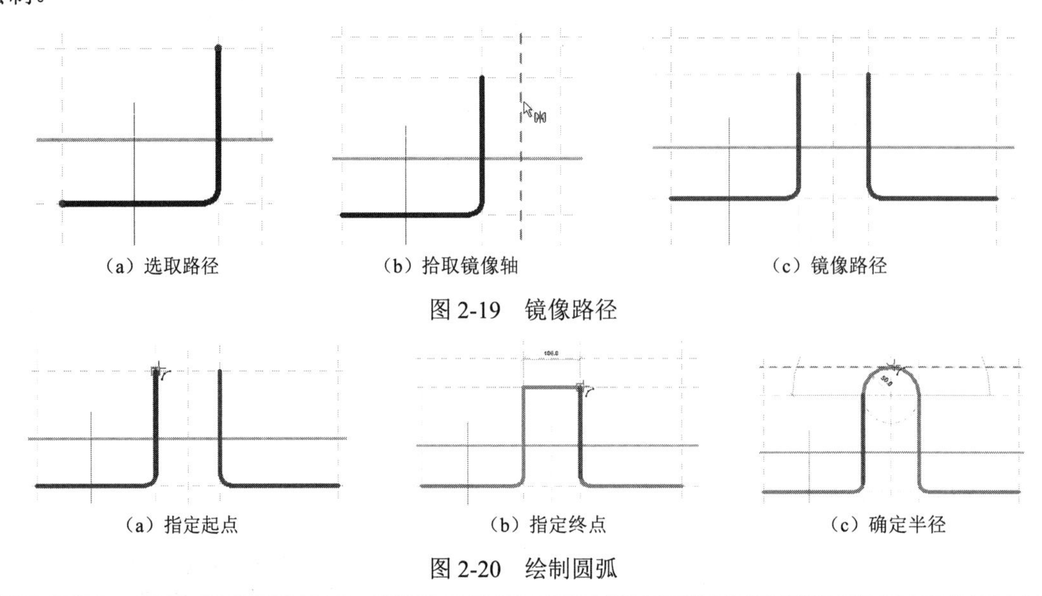

（a）选取路径　（b）拾取镜像轴　（c）镜像路径

图 2-19　镜像路径

（a）指定起点　（b）指定终点　（c）确定半径

图 2-20　绘制圆弧

提示：

如果选择现有的路径，则单击“拾取路径”按钮，拾取现有绘制线作为路径。

（10）单击“放样”面板中的“编辑轮廓”按钮，打开如图 2-21 所示的“转到视图”对话框，选择“立面：右”视图绘制轮廓，如果在平面视图中绘制路径，则应选择立面视图绘制轮廓。单击“打开视图”按钮，打开右视图。

（11）单击“绘制”面板中的“圆”按钮，捕捉参照点为圆心，移动光标同时输入半径 8，按回车键确认，绘制圆，如图 2-22 所示。连续单击“模式”面板中的“完成编辑模式”按钮✔，完成圆的绘制。

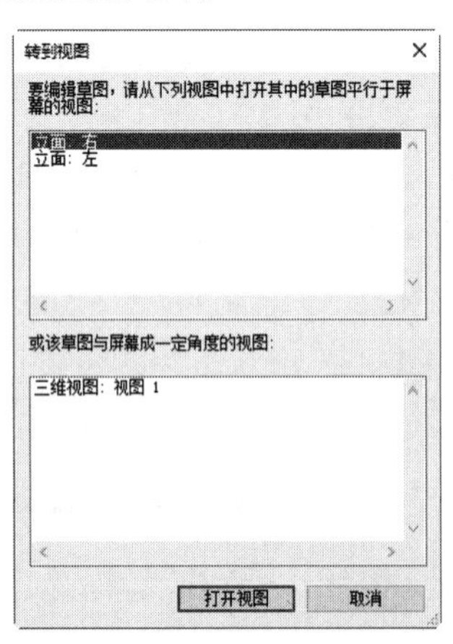

图 2-21　“转到视图”对话框

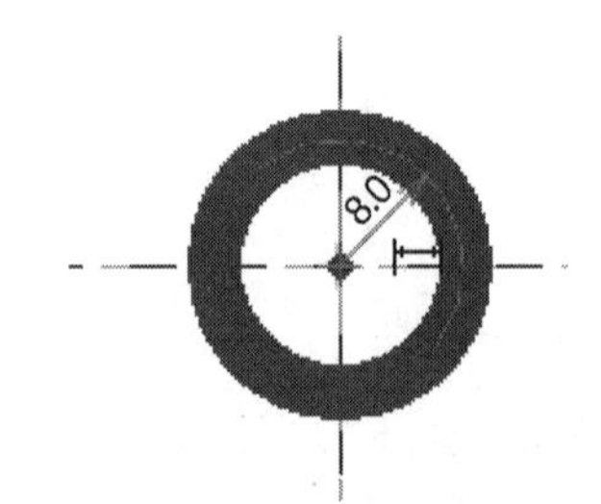

图 2-22　绘制圆

（12）在项目浏览器的“三维视图”节点下双击“视图 1”，将视图切换至三维视图，在控制栏中将视觉样式更改为线框，观察图形，如图 2-23 所示。

（13）将视图切换至参照标高视图。单击“创建”选项卡“基准”面板中的“参照平面”按钮（快捷键：RP），打开“修改|放置 参照平面”选项卡和选项栏，系统默认激活“线”

按钮，在选项栏中设置偏移值为 250，捕捉中间的参照平面，从上向下绘制，在其右侧会出现新的参照平面，距离中间参照平面 250；再次捕捉中间的参照平面，从下向上绘制，在其左侧会出现新的参照平面，距离中间参照平面 250。采用相同的方法，从右向左绘制距离水平参照平面分别为 20 和 50 的参照平面，如图 2-24 所示。

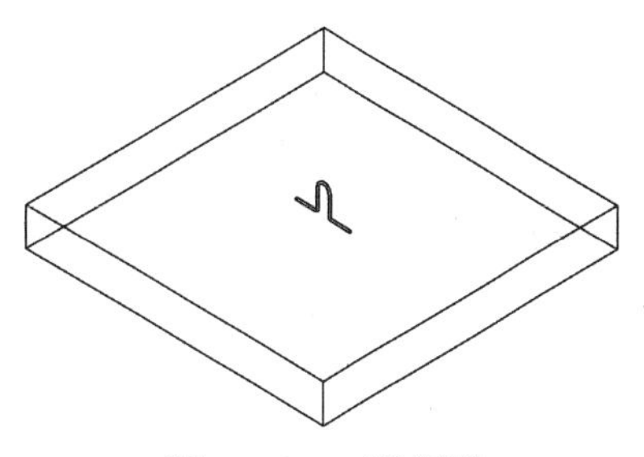

图 2-23　三维图形

（14）单击“创建”选项卡“形状”面板中的“放样”按钮，打开“修改|放样”选项卡，如图 2-16 所示。单击“放样”面板中的“绘制路径”按钮，打开“修改|放样→绘制路径”选项卡，利用“线”按钮和“起点-终点-半径弧”按钮，绘制路径，如图 2-25 所示。单击“模式”面板中的“完成编辑模式”按钮，完成路径绘制。

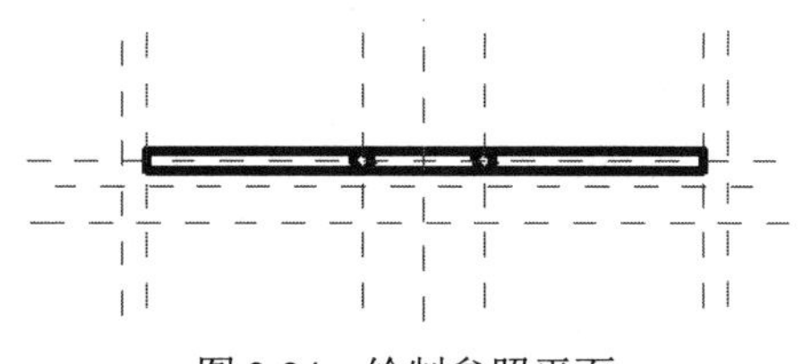

图 2-24　绘制参照平面

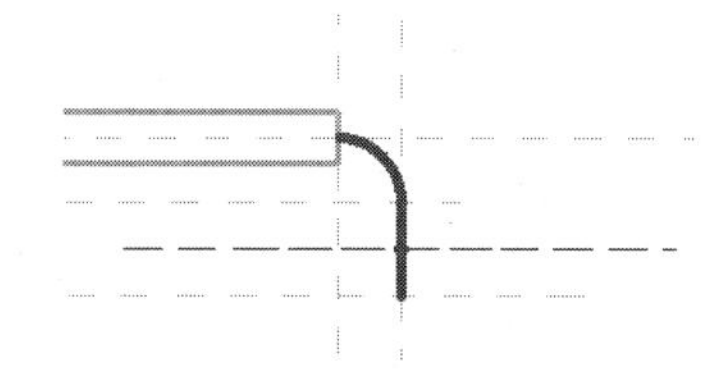

图 2-25　绘制路径（1）

（15）单击“放样”面板中的“编辑轮廓”按钮，打开如图 2-26 所示的“转到视图”对话框，选择“立面：前”视图绘制轮廓，单击“打开视图”按钮，打开前视图。

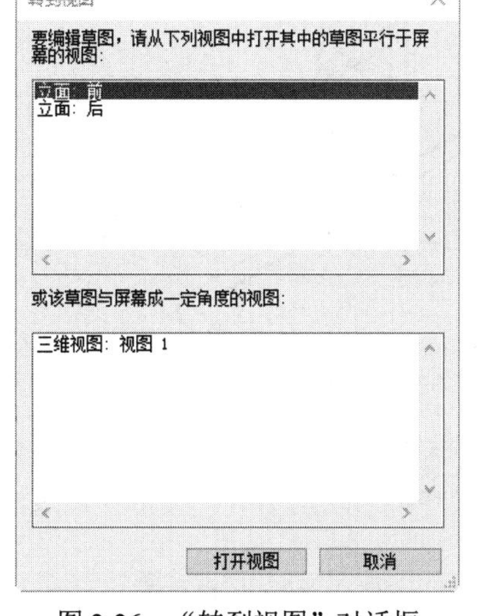

图 2-26　“转到视图”对话框

（16）单击“绘制”面板中的“圆”按钮，捕捉参照平面的交点为圆心，移动光标同时输入半径 8，按回车键确认，绘制圆，如图 2-27 所示。连续单击“模式”面板中的“完成编辑模式”按钮，将视图切换至三维视图，如图 2-28 所示。

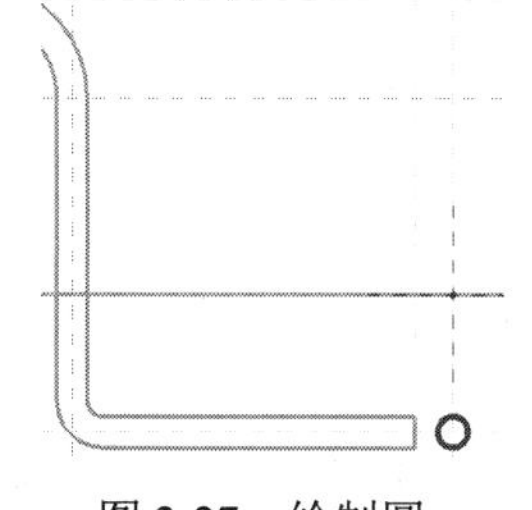

图 2-27　绘制圆

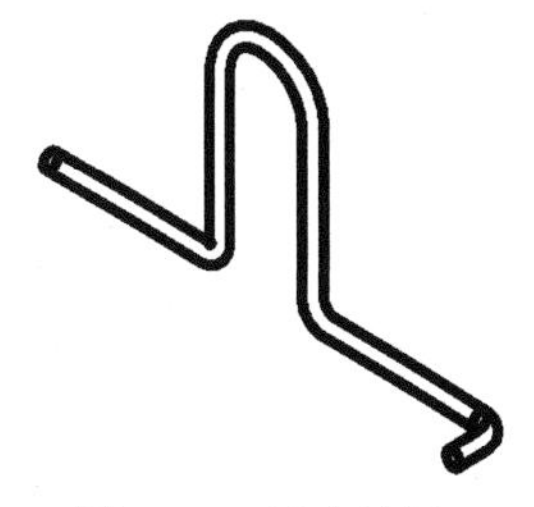

图 2-28　创建放样

（17）将视图切换至参照标高视图。单击“修改”选项卡“修改”面板中的“镜像-拾取轴”按钮，选取上一步创建的放样体为镜像对象，然后选取中间竖直参照平面为镜像轴将其镜像，如图 2-29 所示。

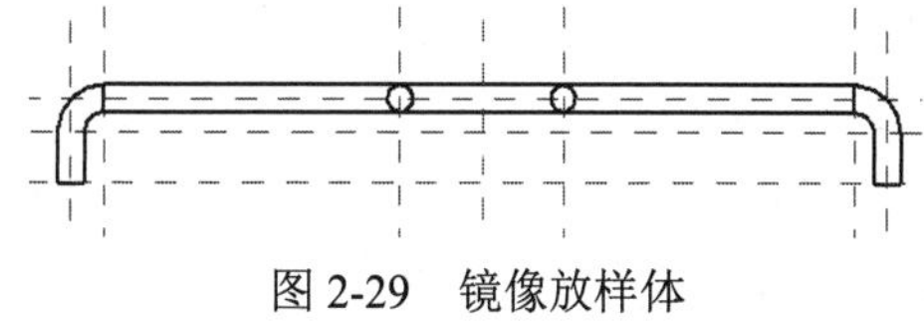

图 2-29　镜像放样体

（18）将视图切换至三维视图，单击“修改”选项卡“几何图形”面板中“连接”按钮下拉列表中的“连接几何图形”按钮，先拾取主体部分，然后选取上一步创建的放样体为连接部分，将构件连接成一体，如图 2-30 所示。

（19）将视图切换至前视图。单击“创建”选项卡“形状”面板中的“放样”按钮，打开“修改|放样”选项卡，单击“放样”面板中“绘制路径”按钮，打开“修改|放样→绘制路径”选项卡，利用“线”按钮，绘制路径，如图 2-31 所示。单击“模式”面板中的“完成编辑模式”按钮，完成路径绘制。

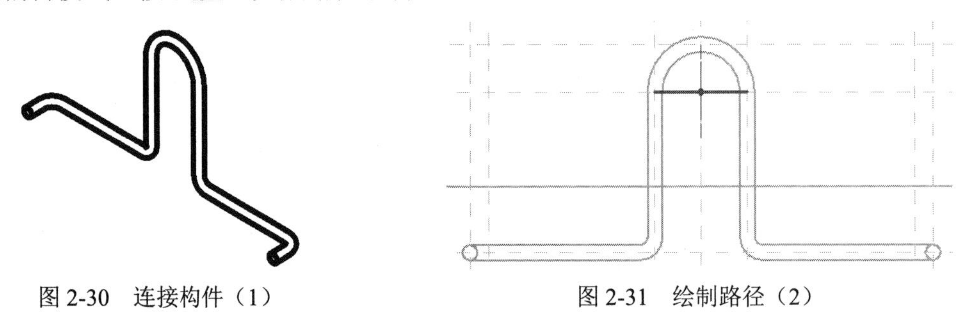

图 2-30　连接构件（1）　　图 2-31　绘制路径（2）

（20）单击“放样”面板中“编辑轮廓”按钮，打开“转到视图”对话框，选择“立面：右”视图绘制轮廓，单击“打开视图”按钮，打开右视图。

（21）单击“绘制”面板中的“圆”按钮，捕捉参照平面的交点为圆心，移动光标同时输入半径 8，按回车键确认，绘制圆，如图 2-32 所示。连续单击“模式”面板中的“完成编辑模式”按钮，将视图切换至三维视图，如图 2-33 所示。

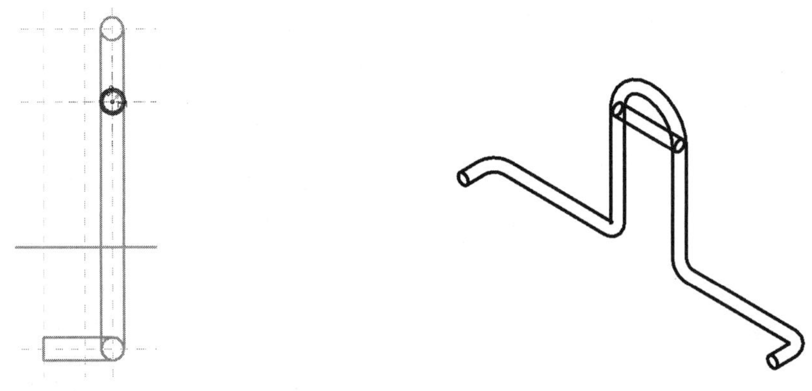

图 2-32　绘制圆　　图 2-33　创建放样

（22）单击“修改”选项卡“几何图形”面板中“连接”按钮下拉列表中的“连接几何图形”按钮，先拾取主体部分，然后选取上一步创建的放样体为连接部分，将构件连接成一体，如图 2-34 所示。

（23）将视图切换至前视图。单击“创建”选项卡“基准”面板中的“参照平面”按钮（快捷键：RP），打开“修改|放置 参照平面”选项卡和选项栏，系统默认激活“线”按钮，绘制参照平面，如图 2-35 所示。

（24）单击“创建”选项卡“形状”面板中的“拉伸”按钮，打开“修改|创建拉伸”选项卡，单击“绘制”面板中的“圆”按钮，在参照平面的交点处绘制半径为 5 的圆，如图 2-36 所示。

（25）在“属性”选项板中设置拉伸终点为 300，拉伸起点为−300，如图 2-37 所示，单击“模式”面板中的“完成编辑模式”按钮，完成拉伸模型的创建，将视图切换至三维视图，如图 2-38 所示。

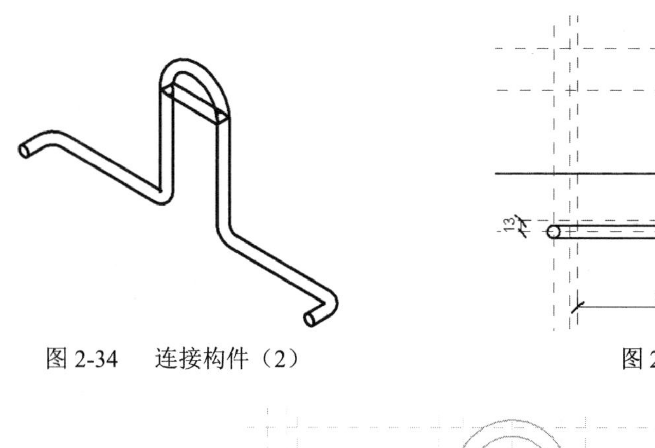

图 2-34　连接构件（2）

图 2-35　绘制参照平面

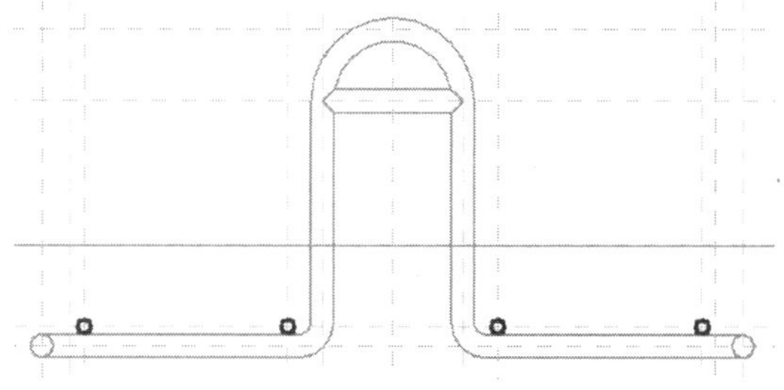

图 2-36　绘制圆

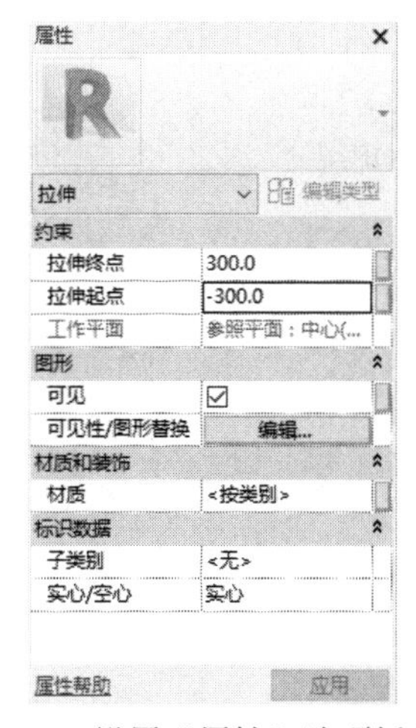

图 2-37　设置“属性”选项板参数

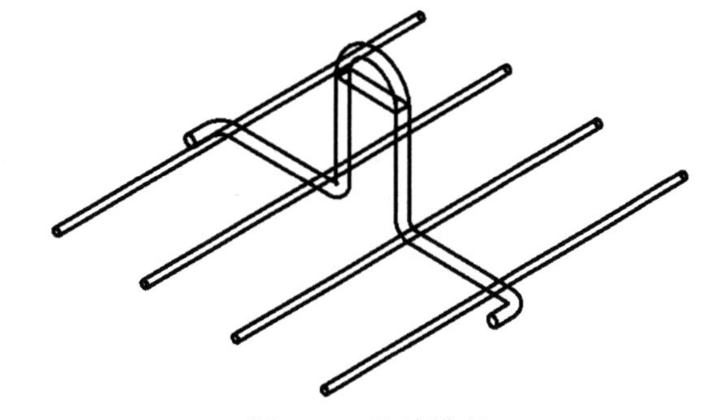

图 2-38　拉伸模型

（26）单击“快速访问”工具栏中的“保存”按钮（快捷键：Ctrl+S），打开“另存为”对话框，输入名称“斜撑用地面拉环”，单击“保存”按钮，保存族文件。

2.1.3　垫片

视频：垫片

（1）在主视图中单击“族”→“新建”或者单击“文件”→“新建”→“族”命令，打开“新族-选择样板文件”对话框，选择“基于面的公制常规模型.rft”为样板族，单击“打开”按钮进入族编辑器界面。该族样板默认提供预埋件嵌入的墙面。

（2）单击“创建”选项卡“基准”面板中的“参照平面”按钮（快捷键：RP），打开“修改|放置 参照平面”选项卡和选项栏，系统默认激活“线”按钮，在选项栏中输入偏移值 27.5，捕捉中间的参照平面，从上向下绘制，在其右侧会出现新的参照平面，距离中间参

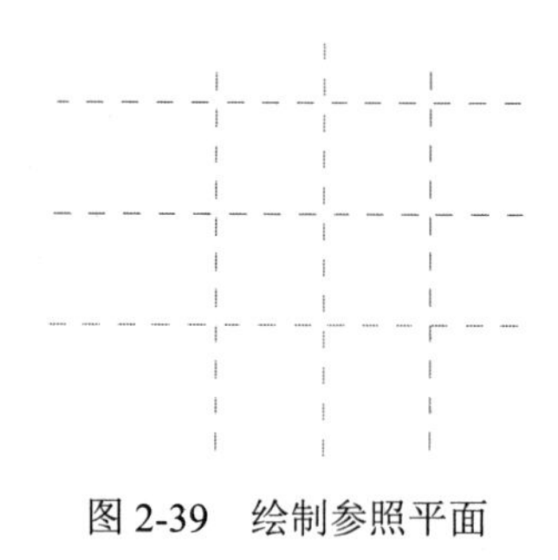

图 2-39　绘制参照平面

照平面 27.5；再次捕捉中间的参照平面，从下向上绘制，在其左侧会出现新的参照平面，距离中间参照平面 27.5；采用相同的方法，绘制距离水平参照平面为 27.5 的参照平面，如图 2-39 所示。

（3）单击“修改”选项卡“测量”面板中的“对齐尺寸标注”按钮（快捷键：DI），依次从左到右选取竖直参照平面，拖动尺寸到适当位置，单击放置尺寸，然后单击图标，创建等分尺寸，如图 2-40 所示。

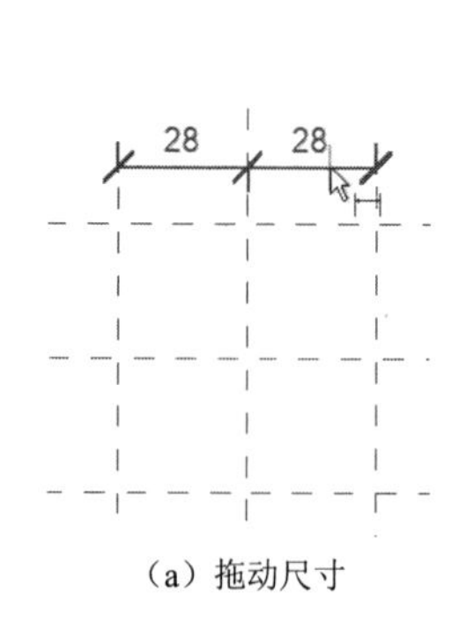

（a）拖动尺寸

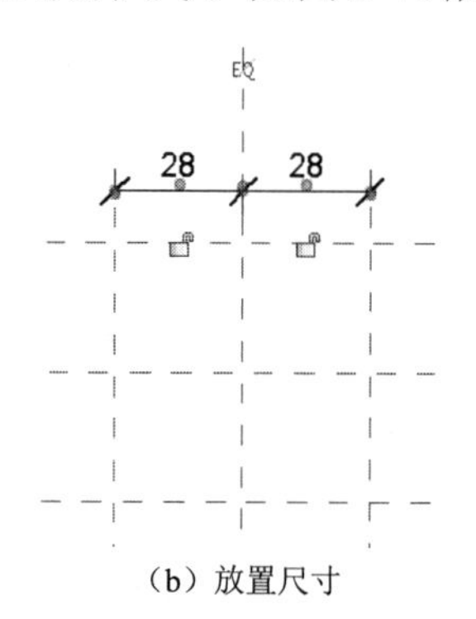

（b）放置尺寸

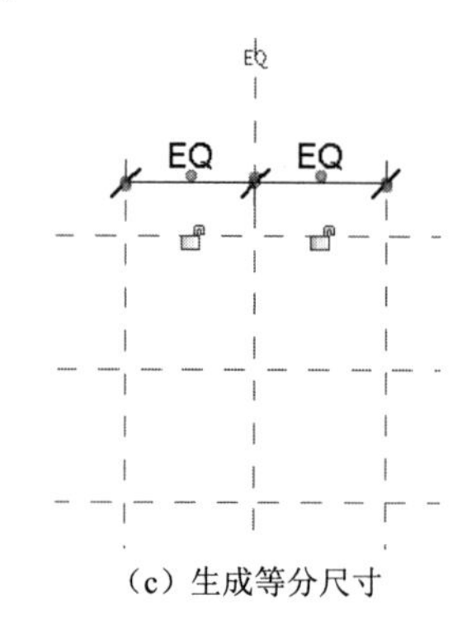

（c）生成等分尺寸

图 2-40　创建等分尺寸

（4）单击“修改”选项卡“测量”面板中的“对齐尺寸标注”按钮（快捷键：DI），选择左右两侧的竖直参照平面，拖动尺寸到适当位置，单击放置尺寸，如图 2-41 所示。

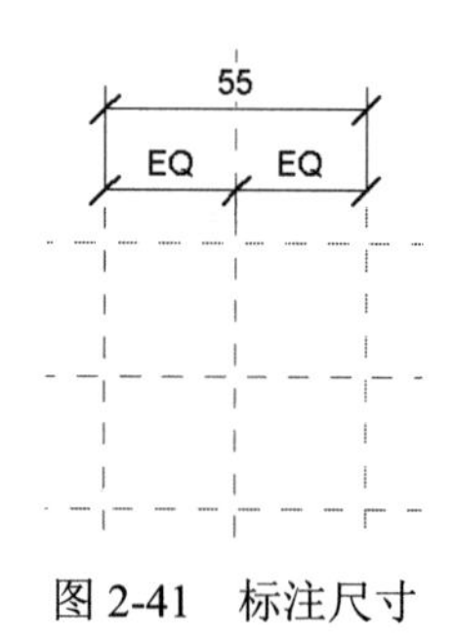

图 2-41　标注尺寸

（5）选中上一步标注的尺寸，打开“修改|尺寸标注”选项卡，单击“标签尺寸标注”面板中的“创建参数”按钮，打开“参数属性”对话框，选择参数类型为“族参数”，输入名称“b”，设置参数分组方式为“尺寸标注”，单击“确定”按钮，完成参数尺寸的添加，如图 2-42 所示。

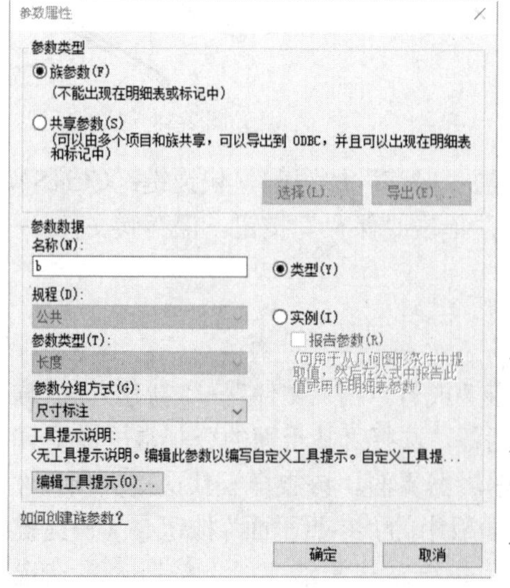

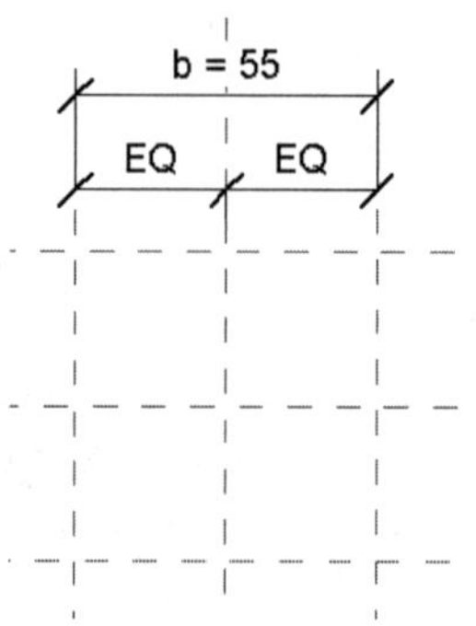

图 2-42　添加参数尺寸

（6）重复步骤（3）～（5），标注长度方向的尺寸，如图 2-43 所示。

（7）将视图切换至前视图。利用“参照平面”命令（快捷键：RP）和“对齐尺寸标注”命令（快捷键：DI），绘制水平参照平面并标注参数尺寸，如图 2-44 所示。

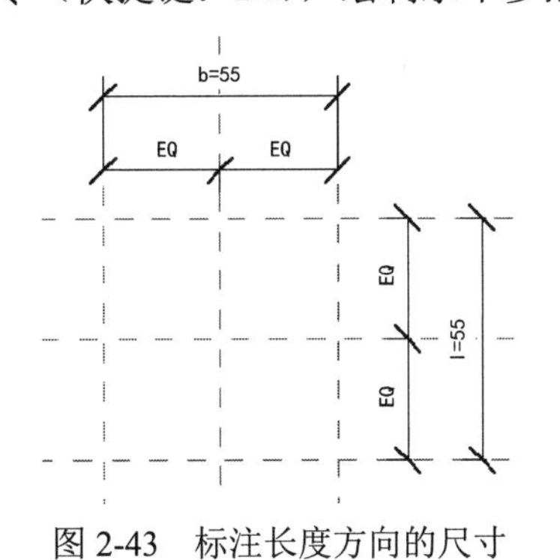

图 2-43　标注长度方向的尺寸

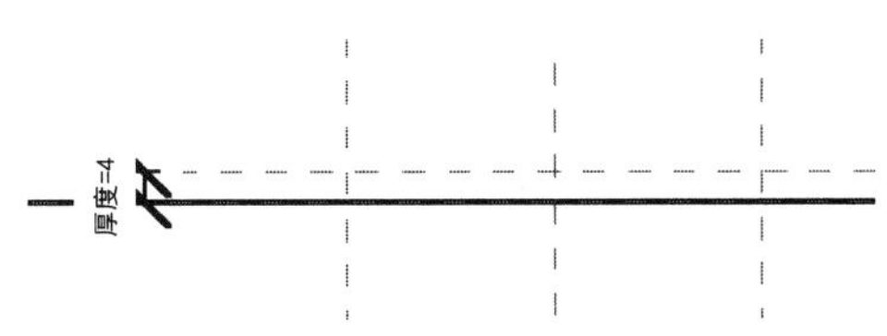

图 2-44　绘制水平参照平面并标注参数尺寸

（8）单击“创建”选项卡“形状”面板中的“放样”按钮，打开“修改|放样”选项卡，单击“放样”面板中的“绘制路径”按钮，打开“修改|放样→绘制路径”选项卡，利用“线”按钮，绘制路径，单击“创建或删除长度或对齐约束”图标，将路径的端点及线段与参照平面锁定，如图 2-45 所示。单击“模式”面板中的“完成编辑模式”按钮，完成路径绘制。

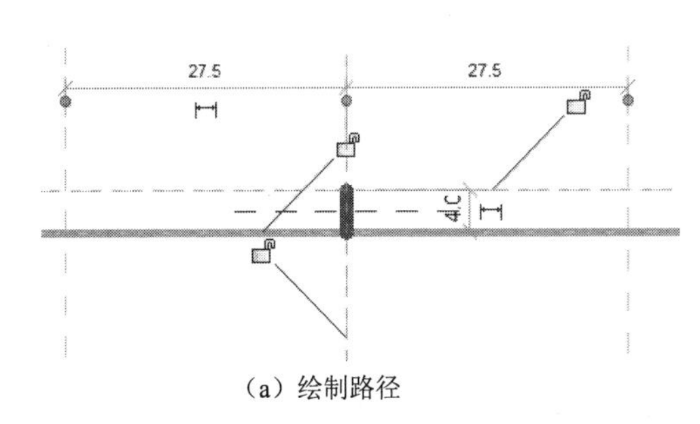

（a）绘制路径

（b）与参照平面锁定

图 2-45　绘制路径并锁定

（9）单击“放样”面板中的“编辑轮廓”按钮，打开如图 2-46 所示的“转到视图”对话框，选择“楼层平面：参照标高”视图绘制轮廓，单击“打开视图”按钮，切换至参照标高视图。

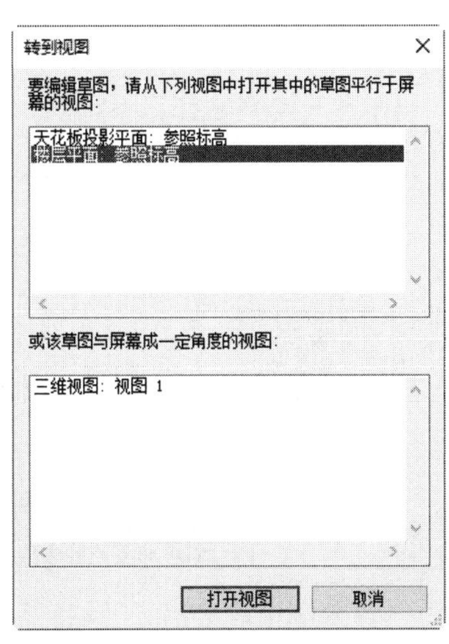

图 2-46　“转到视图”对话框

（10）单击“绘制”面板中的“矩形”按钮，以参照平面为参照，绘制轮廓线，单击视图中的“创建或删除长度或对齐约束”图标，将轮廓线与参照平面进行锁定，如图 2-47 所示。

（11）单击“绘制”面板中的“圆”按钮，捕捉参照平面的交点为圆心，移动光标并输入半径 11，按回车键确认，绘制圆，单击临时尺寸下方的图标，将临时尺寸标注成永久性尺寸，然后选中标注的尺寸，打开“修改|尺寸标注”选项卡，单击“标签尺寸标注”面板中的“创建参数”按钮，打开“参数属性”对话框，选择参数类型

为“族参数”，输入名称“孔半径”，设置参数分组方式为“尺寸标注”，单击“确定”按钮，如图 2-48 所示。

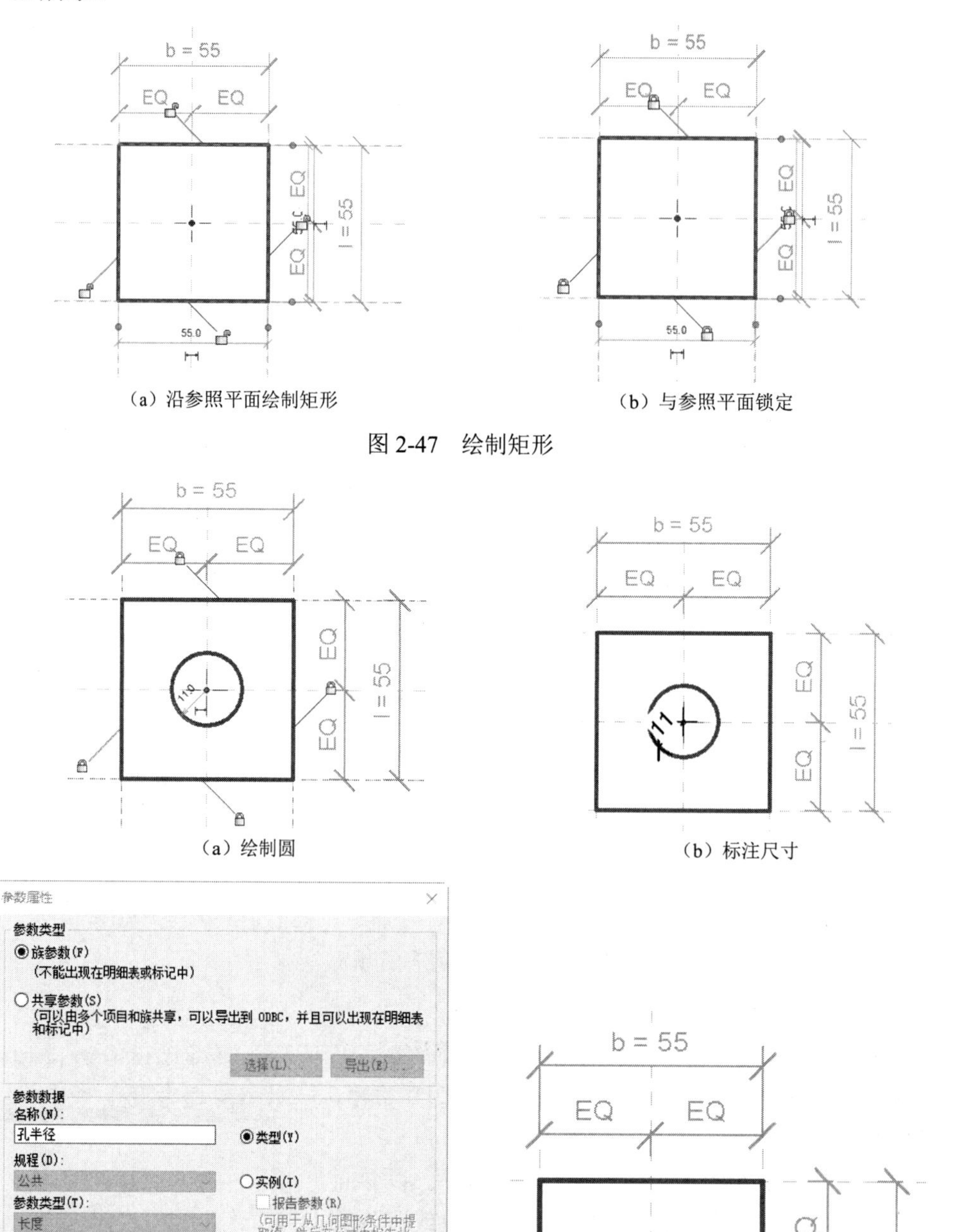

（a）沿参照平面绘制矩形　　（b）与参照平面锁定

图 2-47　绘制矩形

（a）绘制圆　　（b）标注尺寸

（c）设置尺寸参数属性　　（d）生成参数尺寸

图 2-48　绘制圆并标注尺寸

（12）连续单击“模式”面板中的“完成编辑模式”按钮✔，将视图切换至三维视图，如

图 2-49 所示。

（13）单击“修改”选项卡“属性”面板中的“族类型”按钮，打开如图 2-50 所示的“族类型”对话框，单击“新建类型”按钮，打开“名称”对话框，输入名称“PL-55×55×4”，如图 2-51 所示，单击“确定”按钮，返回“族类型”对话框。单击“新建类型”按钮，打开“名称”对话框，输入名称“PL-65×65×6”，单击“确定”按钮，返回“族类型”对话框，更改“b”“l”为 65，厚度为 6，孔半径为 16，如图 2-52 所示，单击“应用”按钮，观察视图中的图形是否随着参数的变化而变化，如果是，则表示参数关联成功；继续创建“PL-80×80×6”“PL-130×130×10”“PL-100×100×10”类型，如图 2-53～图 2-55 所示，单击“确定”按钮，完成类型的创建。

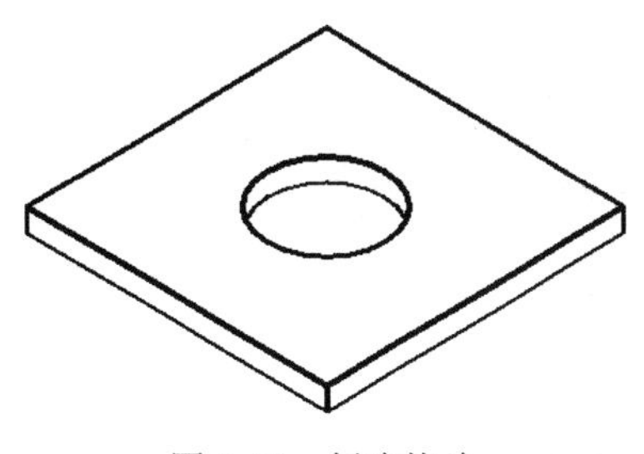

图 2-49　创建垫片

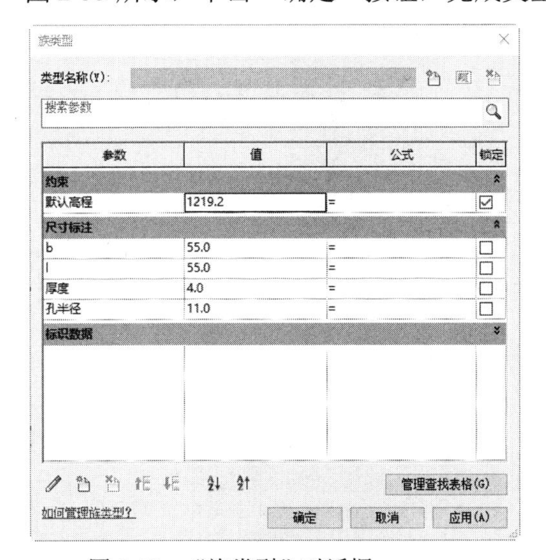

图 2-50　“族类型”对话框

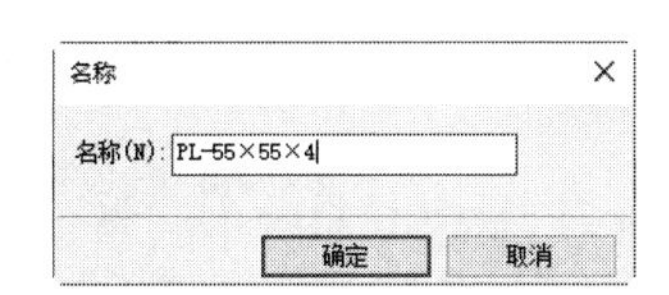

图 2-51　“名称”对话框

图 2-52　新建“PL-65×65×6”类型

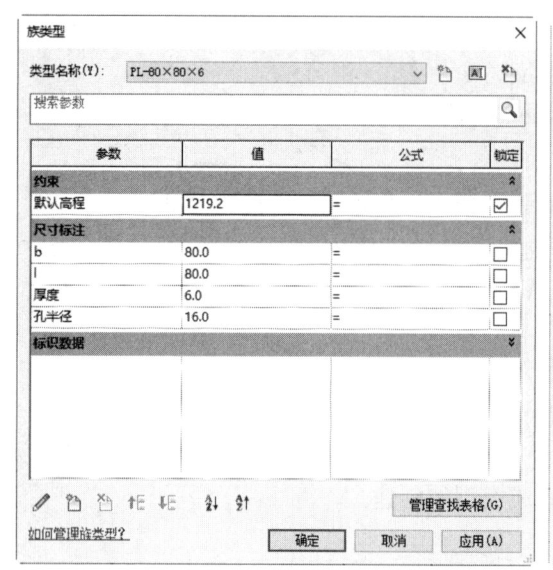

图 2-53 新建“PL-80×80×6”类型

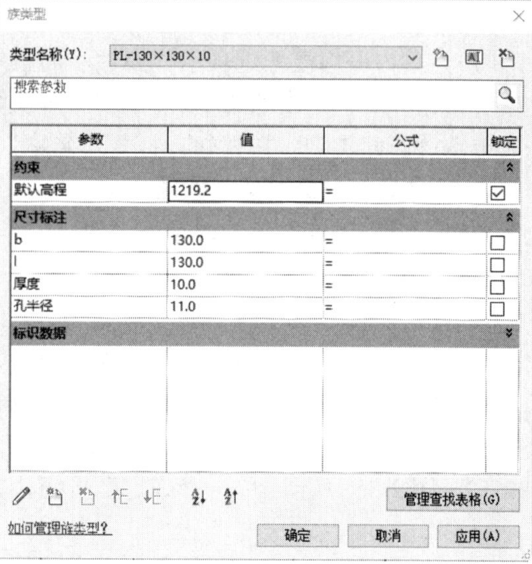

图 2-54 新建“PL-130×130×10”类型

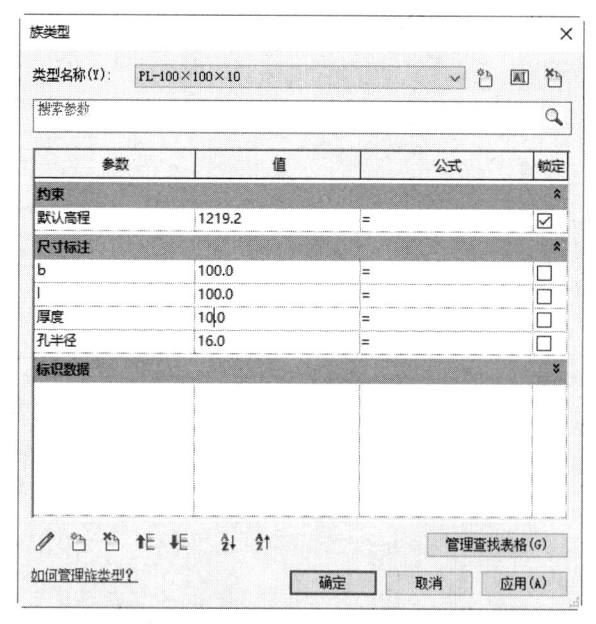

图 2-55 新建“PL-100×100×10”类型

（14）单击“快速访问”工具栏中的“保存”按钮（快捷键：Ctrl+S），打开“另存为”对话框，输入名称“垫片”，单击“保存”按钮，保存族文件。

2.1.4 M20 螺栓

视频：M20 螺栓

（1）在主视图中单击“族”→“新建”或者单击“文件”→“新建”→“族”命令，打开“新族-选择样板文件”对话框，选择“基于面的公制常规模型.rft”为样板族，单击“打开”按钮进入族编辑器界面。该族样板默认提供预埋件嵌入的墙面。

（2）将视图切换至前视图。单击“创建”选项卡“基准”面板中的“参照平面”按钮

（快捷键：RP），打开“修改|放置 参照平面”选项卡和选项栏，系统默认激活“线”按钮，在适当位置绘制水平参照平面，如图 2-56 所示。

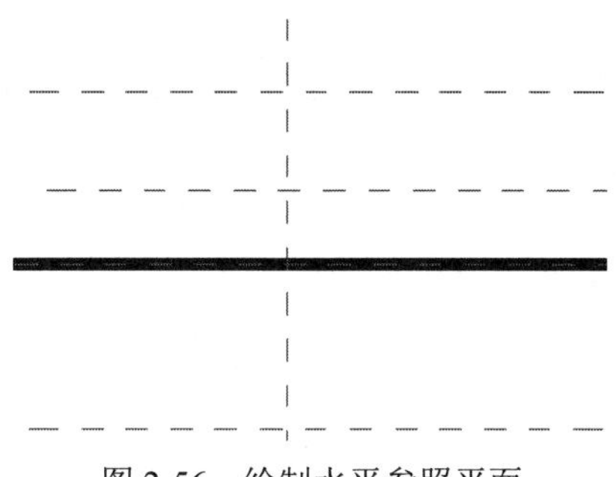

图 2-56　绘制水平参照平面

（3）单击“修改”选项卡“测量”面板中的“对齐尺寸标注”按钮（快捷键：DI），标注第一水平参照平面与参照标高的尺寸，然后选取参照平面，使尺寸处于编辑状态，双击尺寸值，输入新的尺寸值 4，按回车键确认，调整参照平面位置，如图 2-57 所示。

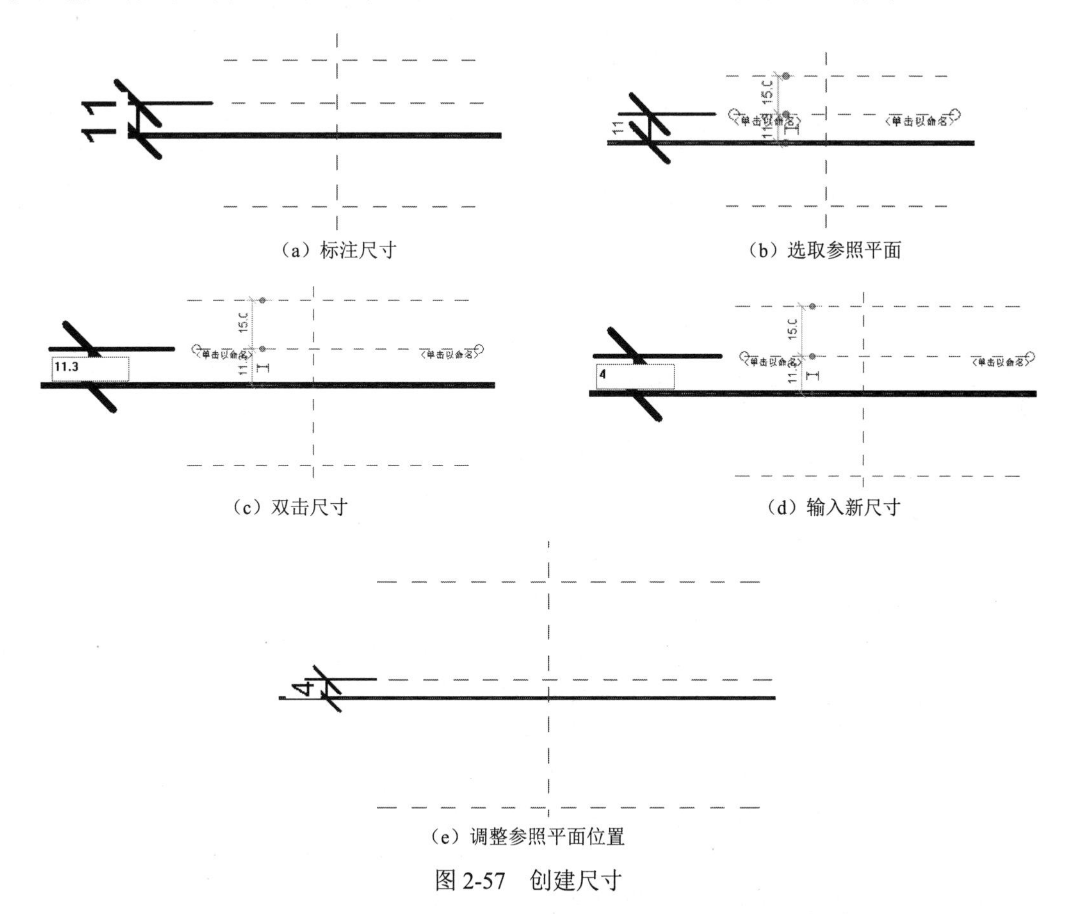

（a）标注尺寸　（b）选取参照平面

（c）双击尺寸　（d）输入新尺寸

（e）调整参照平面位置

图 2-57　创建尺寸

（4）选取上一步标注的尺寸，打开“修改|尺寸标注”选项卡，单击“标签尺寸标注”面板中的“创建参数”按钮，打开“参数属性”对话框，选择参数类型为“族参数”，输入名称“垫片厚度”，设置参数分组方式为“尺寸标注”，如图 2-58 所示，单击“确定”按钮，完成参数尺寸的创建。

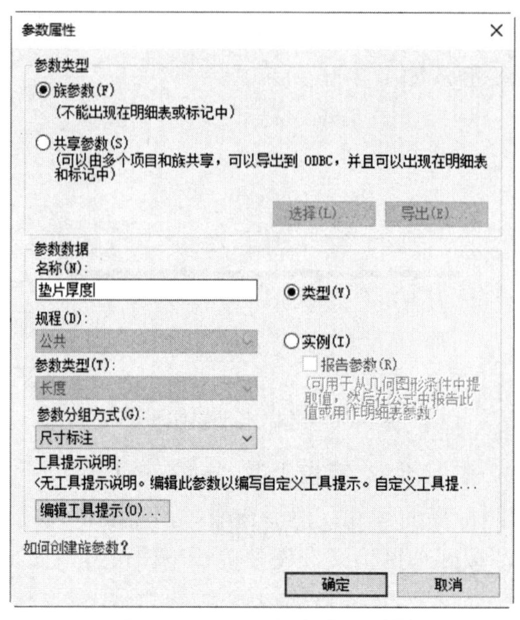

图 2-58 “参数属性”对话框

（5）单击“修改”选项卡“测量”面板中的“对齐尺寸标注”按钮（快捷键：DI），标注平面参照标高上方第一个参照平面与第二个参照平面之间的尺寸，并修改尺寸值为 15，然后选取尺寸，单击视图中的“创建或删除长度或对齐约束”图标，将其进行锁定，如图 2-59 所示。

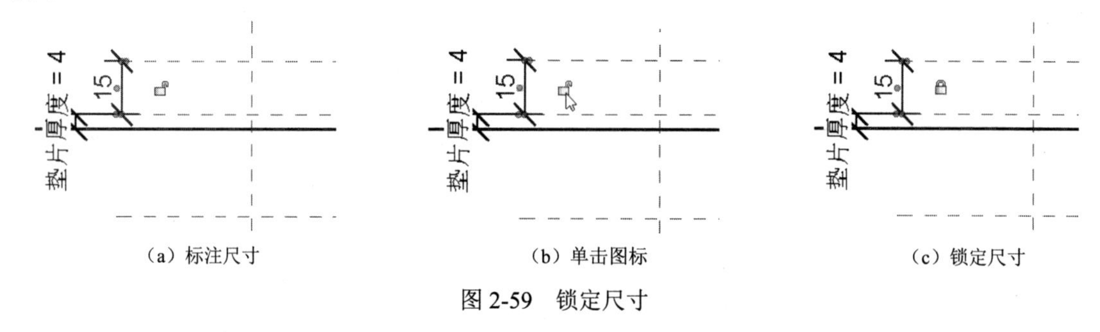

图 2-59 锁定尺寸

（6）单击“修改”选项卡“测量”面板中的“对齐尺寸标注”按钮（快捷键：DI），标注最上端参照平面与最下端参照平面之间的尺寸，并修改尺寸值为 60，然后选取尺寸，打开“修改|尺寸标注”选项卡，单击“标签尺寸标注”面板中的“创建参数”按钮，打开“参数属性”对话框，选择参数类型为“族参数”，输入名称“L”，设置参数分组方式为“尺寸标注”，单击“确定”按钮，完成参数尺寸的创建，如图 2-60 所示。

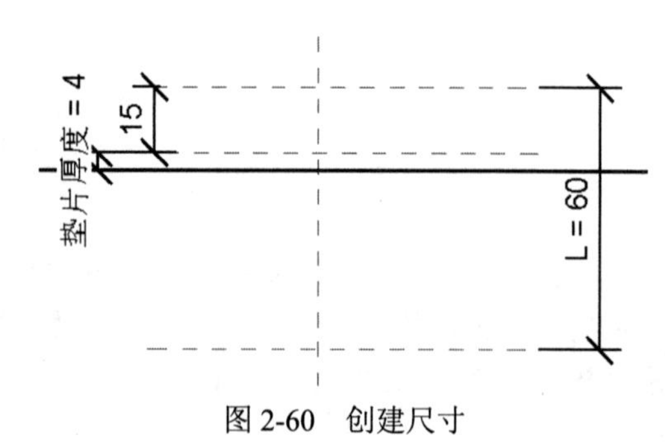

图 2-60 创建尺寸

（7）单击“创建”选项卡“形状”面板中的“放样”按钮，打开“修改|放样”选项卡，单击“放样”面板中“绘制路径”按钮，打开“修改|放样→绘制路径”选项卡，利用“线”按钮绘制路径，单击“创建或删除长度或对齐约

束”图标，将路径的端点及线段与参照平面锁定，如图 2-61 所示。单击“模式”面板中的“完成编辑模式”按钮，完成路径绘制。

（8）单击“放样”面板中“编辑轮廓”按钮，打开如图 2-62 所示的“转到视图”对话框，选择“楼层平面：参照标高”视图绘制轮廓，单击“打开视图”按钮，切换至参照标高视图。

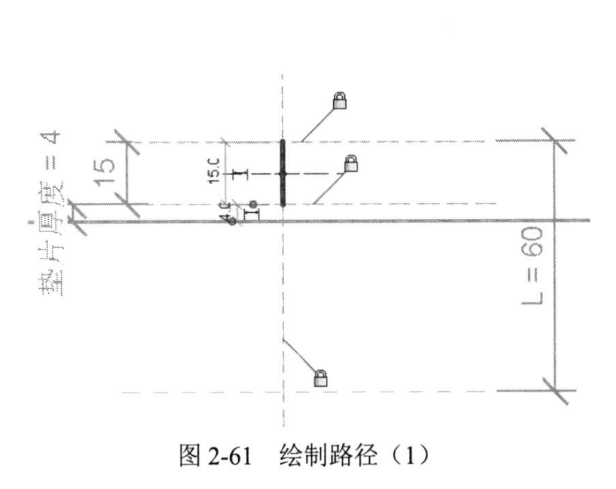

图 2-61　绘制路径（1）

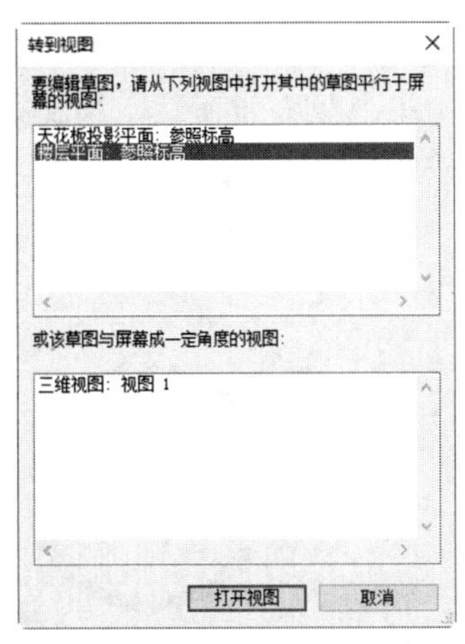

图 2-62　“转到视图”对话框

（9）单击“绘制”面板中的“外接多边形”按钮，捕捉参照平面的交点为中心，水平移动光标同时输入外接圆半径 15，按回车键确认，绘制多边形，如图 2-63 所示。连续单击“模式”面板中的“完成编辑模式”按钮，完成螺帽的绘制，将视图切换至三维视图，如图 2-64 所示。

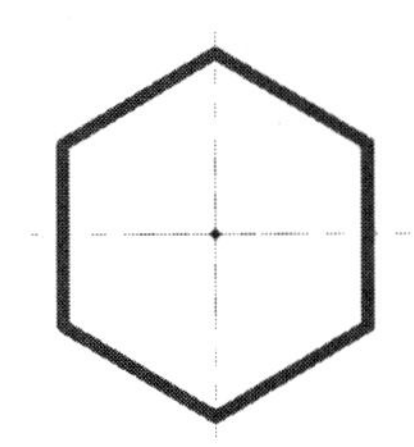

图 2-63　绘制多边形

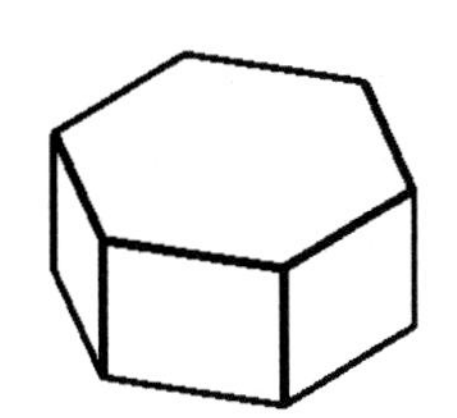

图 2-64　创建螺帽

（10）将视图切换至前视图。单击“创建”选项卡“形状”面板中的“放样”按钮，打开“修改|放样”选项卡，单击“放样”面板中的“绘制路径”按钮，打开“修改|放样→绘制路径”选项卡，利用“线”按钮绘制路径，单击“创建或删除长度或对齐约束”图标，将路径的端点及线段与参照平面锁定，如图 2-65 所示。单击“模式”面板中的“完成编辑模式”按钮，完成路径绘制。

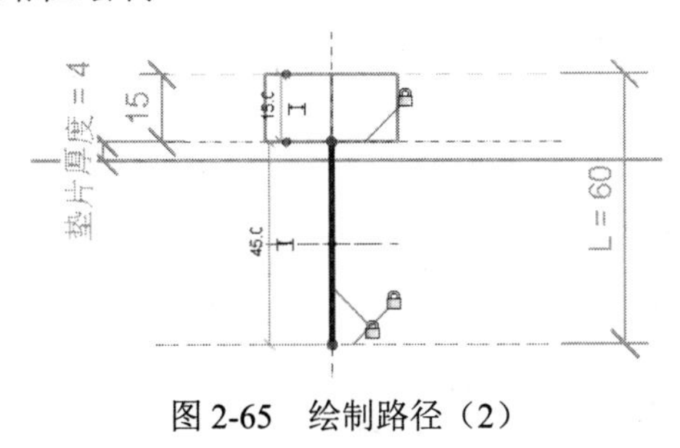

图 2-65　绘制路径（2）

提示：

如果绘制的路径没有出现三个“创建或删除长度或对齐约束”图标，则单击“对齐”按钮，添加参照平面与路径之间的对齐关系并锁定。

（11）单击“放样”面板中的“编辑轮廓”按钮，打开“转到视图”对话框，选择“楼层平面：参照标高”视图绘制轮廓，单击“打开视图”按钮，切换至参照标高视图。

（12）单击“绘制”面板中的“圆”按钮，捕捉参照平面的交点为圆心，移动光标同时输入半径 10，按回车键确认，绘制圆，如图 2-66 所示。连续单击“模式”面板中的“完成编辑模式”按钮，完成螺杆的绘制，将视图切换至三维视图，如图 2-67 所示。

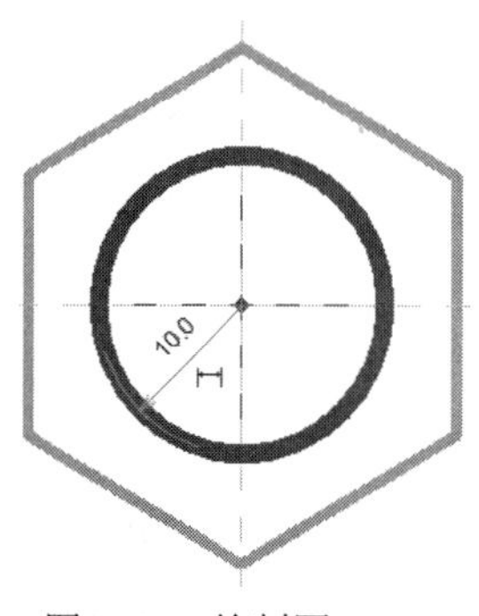

图 2-66 绘制圆

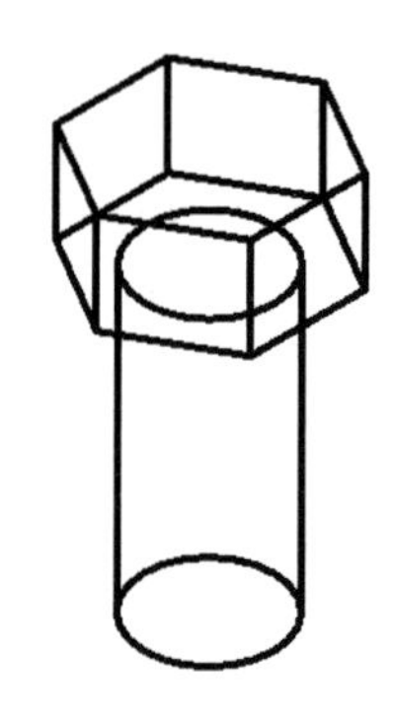

图 2-67 创建螺杆

（13）单击“修改”选项卡“属性”面板中的“族类型”按钮，打开如图 2-68 所示的“族类型”对话框，单击“新建类型”按钮，打开“名称”对话框，输入名称“M20 L=60”，如图 2-69 所示，单击“确定”按钮，返回“族类型”对话框。单击“新建类型”按钮，打开“名称”对话框，输入名称“M20 L=75”，单击“确定”按钮，返回“族类型”对话框，更改“L”为 75，如图 2-70 所示，单击“应用”按钮，观察视图中的图形是否随着参数的变化而变化，如果是，则表示参数关联成功，单击“确定”按钮，完成类型的创建。

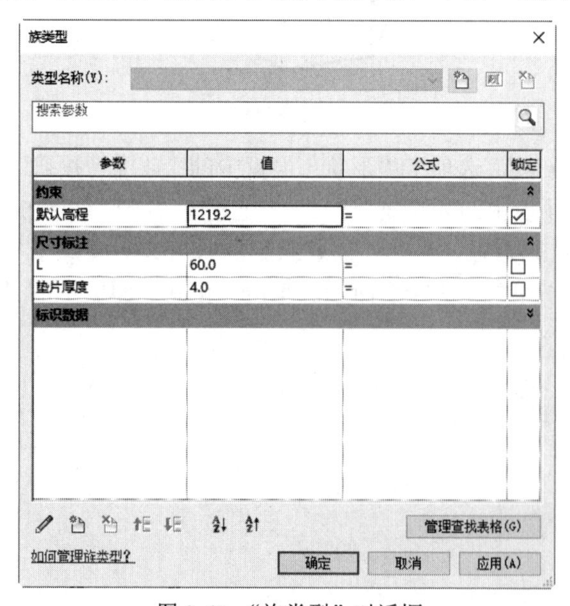

图 2-68 “族类型”对话框

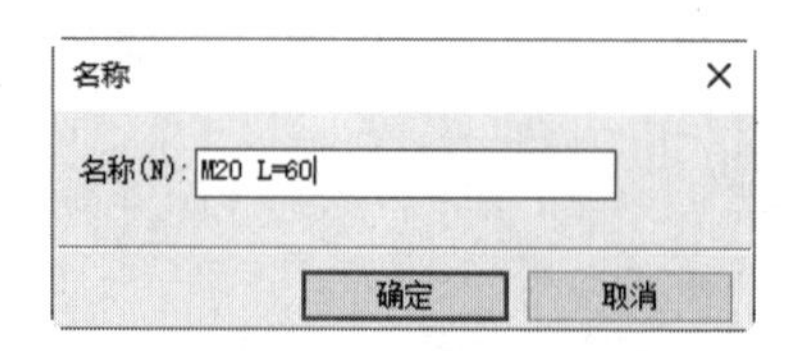

图 2-69 “名称”对话框

图 2-70　新建“M20 L=75”类型

（14）单击“快速访问”工具栏中的“保存”按钮（快捷键：Ctrl+S），打开“另存为”对话框，输入名称“M20 螺栓”，单击“保存”按钮，保存族文件。

采用上述方法，创建 M30 螺栓，这里不再一一进行讲述。

2.1.5　螺杆

视频：螺杆

（1）在主视图中单击“族”→“新建”或者单击“文件”→“新建”→“族”命令，打开“新族-选择样板文件”对话框，选择“基于面的公制常规模型.rft”为样板族，单击“打开”按钮进入族编辑器界面。

（2）将视图切换至前视图。单击“创建”选项卡“形状”面板中的“放样”按钮，打开“修改|放样”选项卡，单击“放样”面板中的“绘制路径”按钮，打开“修改|放样→绘制路径”选项卡，利用“线”按钮和“圆角弧”按钮绘制路径，如图 2-71 所示。单击“模式”面板中的“完成编辑模式”按钮，完成路径绘制。

（3）单击“放样”面板中的“编辑轮廓”按钮，打开“转到视图”对话框，选择“立面：右”视图绘制轮廓，单击“打开视图”按钮，切换至右视图。

（4）单击“绘制”面板中的“圆”按钮，捕捉参照平面的交点为圆心，移动光标同时输入半径 12，按回车键确认，绘制圆，如图 2-72 所示。连续单击“模式”面板中的“完成编辑模式”按钮，完成螺杆的绘制，将视图切换至三维视图，如图 2-73 所示。

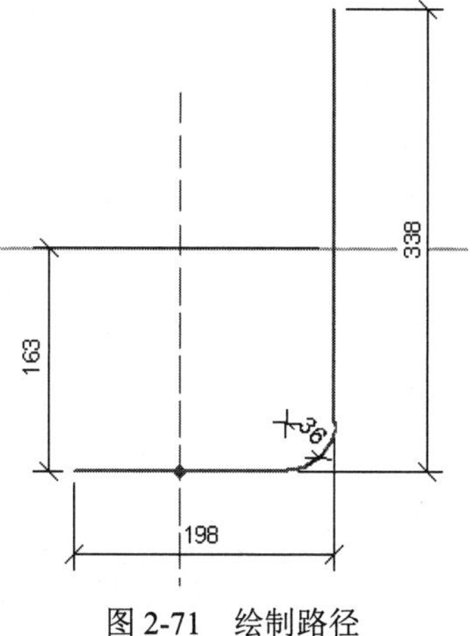

图 2-71　绘制路径

（5）单击“快速访问”工具栏中的“保存”按钮（快捷键：Ctrl+S），打开“另存为”对话框，输入名称“螺杆”，单击“保存”按钮，保存族文件。

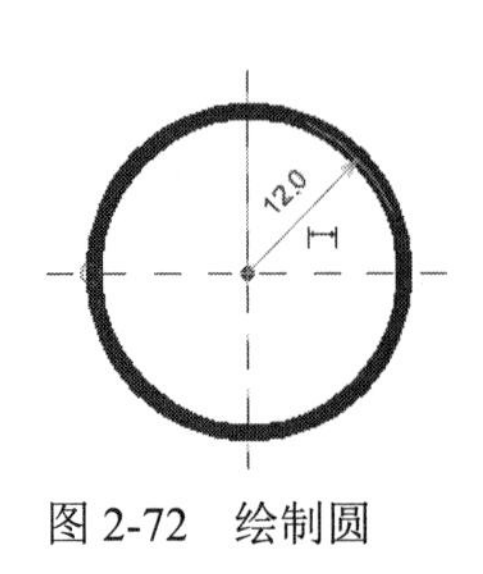

图 2-72　绘制圆

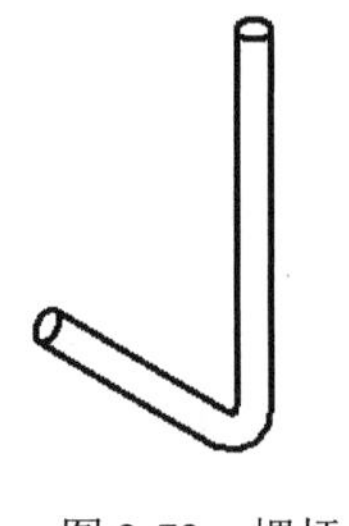
图 2-73　螺杆

2.2　斜撑构件

本节主要介绍斜撑组件中各个构件的创建及斜撑组件的创建。

2.2.1　预埋螺母

视频：预埋螺母

（1）在主视图中单击“族”→“新建”或者单击“文件”→“新建”→“族”命令，打开“新族-选择样板文件”对话框，选择“公制常规模型.rft”为样板族，单击“打开”按钮进入族编辑器界面。

（2）单击“创建”选项卡“基准”面板中的“参照平面”按钮（快捷键：RP），打开“修改|放置 参照平面”选项卡和选项栏，系统默认激活“线”按钮，在选项栏中输入偏移值 120，捕捉中间的参照平面，从下向上绘制，在其左侧会出现新的参照平面，距离中间参照平面 120，如图 2-74 所示。

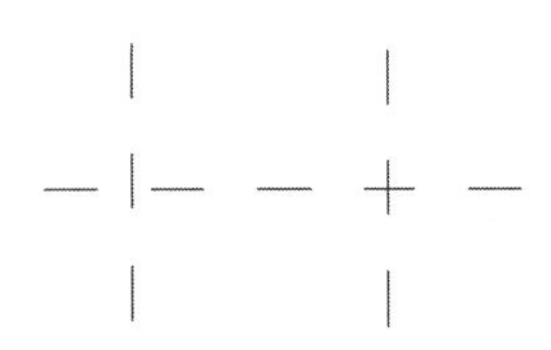
图 2-74　绘制参照平面

（3）单击“修改”选项卡“测量”面板中的“对齐尺寸标注”按钮（快捷键：DI），标注竖直参照平面之间的尺寸，然后选取标注的尺寸，打开“修改|尺寸标注”选项卡，单击“标签尺寸标注”面板中的“创建参数”按钮，打开“参数属性”对话框，选择参数类型为“族参数”，输入名称“L”，设置参数分组方式为“尺寸标注”，如图 2-75 所示，单击“确定”按钮，完成参数尺寸的创建，如图 2-76 所示。

（4）单击“创建”选项卡“形状”面板中的“放样”按钮，打开“修改|放样”选项卡，单击“放样”面板中的“绘制路径”按钮，打开“修改|放样→绘制路径”选项卡，利用“线”按钮绘制路径，单击“创建或删除长度或对齐约束”图标，将路径的端点及线段与参照平面锁定，如图 2-77 所示。单击“模式”面板中的“完成编辑模式”按钮，完成路径绘制。

提示：

如果绘制的路径没有出现三个“创建或删除长度或对齐约束”图标，则单击“对齐”按钮，添加参照平面与路径之间的对齐关系并锁定。

（5）单击“放样”面板中的“编辑轮廓”按钮，打开“转到视图”对话框，选择“立面：右”视图绘制轮廓，单击“打开视图”按钮，切换至右视图。

（6）单击“绘制”面板中的“圆”按钮，在参照平面的交点处绘制半径分别为 10 和 16 的圆，如图 2-78 所示。

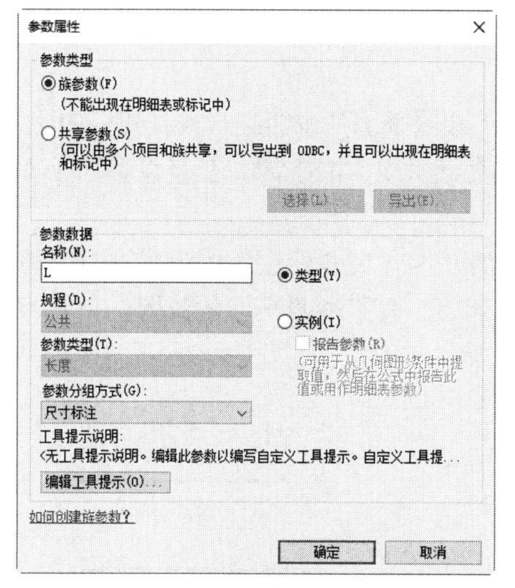

图 2-75　“参数属性”对话框（1）

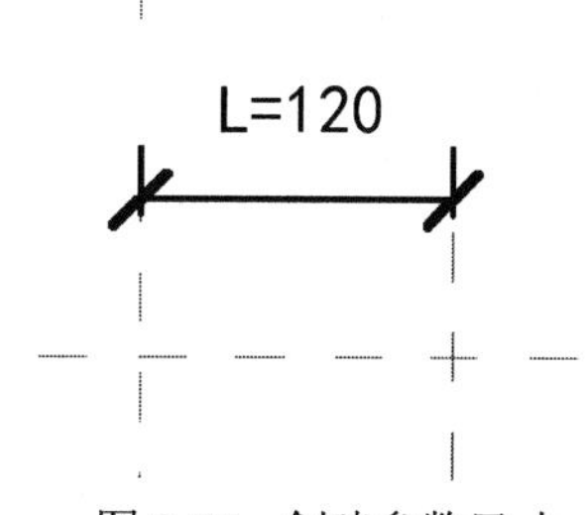

图 2-76　创建参数尺寸

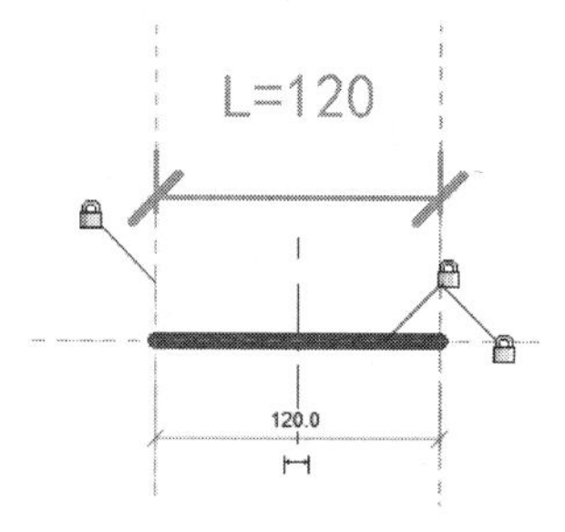

图 2-77　绘制路径

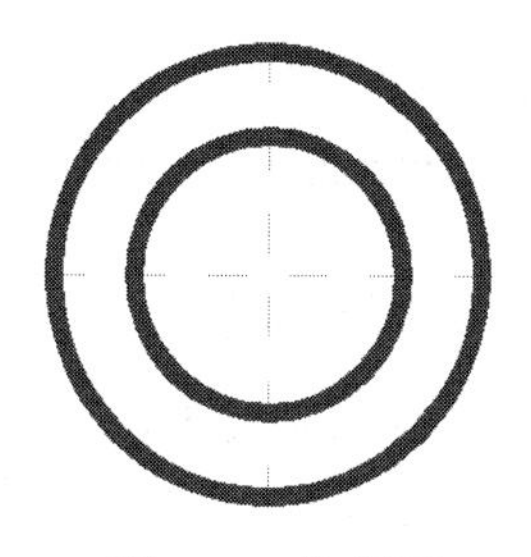

图 2-78　绘制圆

（7）单击“修改”选项卡“测量”面板中的“直径尺寸标注”按钮，标注最大圆的直径尺寸，然后选取尺寸，打开“修改|尺寸标注”选项卡，单击“标签尺寸标注”面板中的“创建参数”按钮，打开“参数属性”对话框，选择参数类型为“族参数”，输入名称“外径”，设置参数分组方式为“尺寸标注”，如图 2-79 所示，单击“确定”按钮。采用相同的方法，创建内径参数尺寸，如图 2-80 所示。

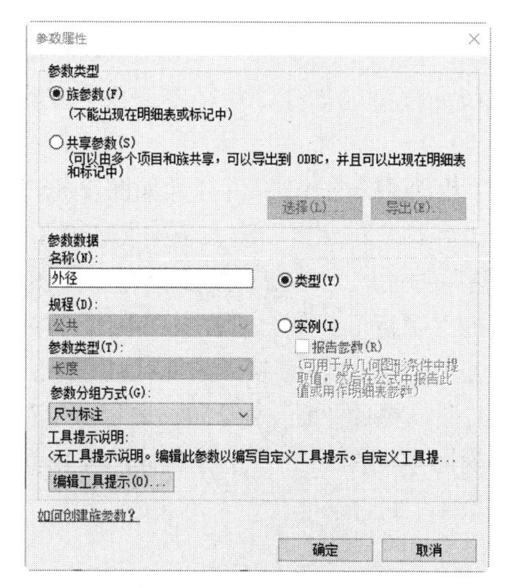

图 2-79　“参数属性”对话框（2）

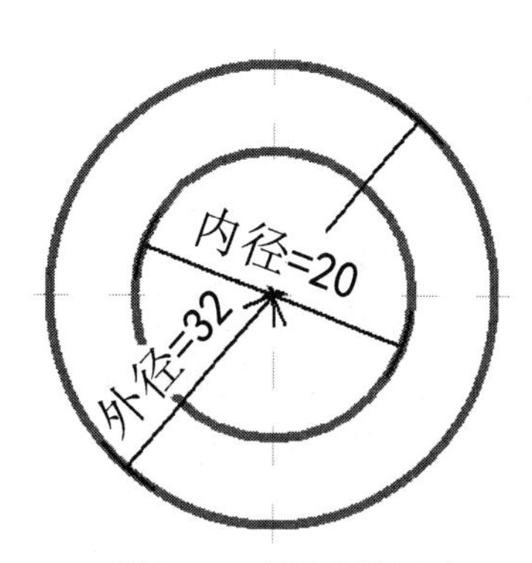

图 2-80　创建参数尺寸

（8）连续单击“模式”面板中的“完成编辑模式”按钮✔，完成放样体的绘制，将视图切换至参照标高视图，如图 2-81 所示。

（9）单击“创建”选项卡“基准”面板中的“参照平面”按钮（快捷键：RP），打开“修改|放置 参照平面”选项卡和选项栏，系统默认激活“线”按钮，在竖直参照平面右侧绘制参照平面。

（10）单击“修改”选项卡“测量”面板中的“对齐尺寸标注”按钮，标注两参照平面之间的尺寸，然后选取参照平面，修改尺寸值为 20，调整参照平面的位置，并将尺寸进行锁定，如图 2-82 所示。

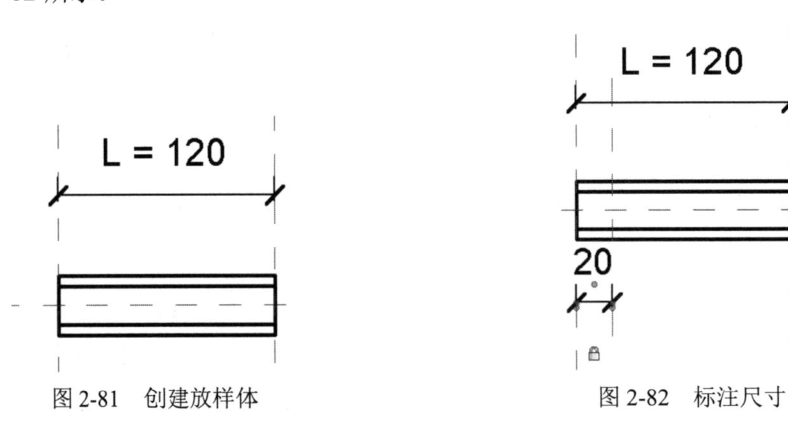

图 2-81　创建放样体

图 2-82　标注尺寸

（11）将视图切换至前视图。单击“创建”选项卡“形状”面板中的“拉伸”按钮，打开“修改|创建拉伸”选项卡，单击“绘制”面板中的“圆”按钮，在参照平面的交点处绘制半径为 6 的圆，如图 2-83 所示。

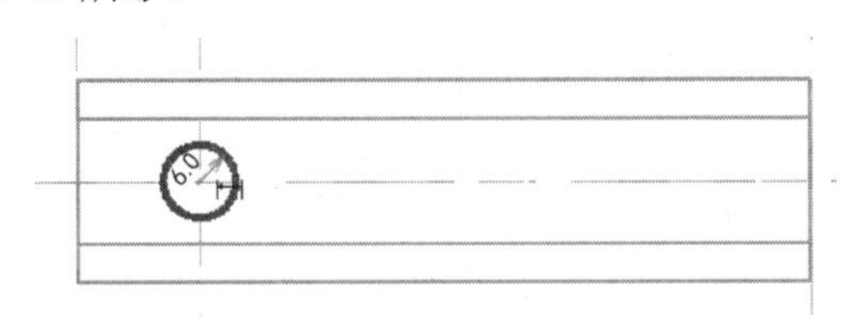

图 2-83　绘制圆

（12）在“属性”选项板中设置拉伸终点为-150，拉伸起点为 150，如图 2-84 所示，单击“模式”面板中的“完成编辑模式”按钮✔，完成拉伸模型的创建，将视图切换至三维视图，如图 2-85 所示。

（13）单击“修改”选项卡“属性”面板中的“族类型”按钮，打开如图 2-86 所示的“族类型”对话框，单击“新建类型”按钮，打开“名称”对话框，输入名称“M20 L=120”，如图 2-87 所示，单击“确定”按钮，返回“族类型”对话框。单击“新建类型”按钮，打开“名称”对话框，输入名称“M20 L=150”，单击“确定”按钮，返回“族类型”对话框，更改“L”为 150，单击“应用”按钮，观察视图中的图形是否随着参数的变化而变化，如是，则说明参数关联成功；继续新建“M27 L=250”类型，更改“L”为 250，内径为 27，外径为 40，单击“应用”按钮，如图 2-88 所示，观察视图中的图形是否随着参数的变化而变化，如是，则说明参数关联成功，单击“确定”按钮。

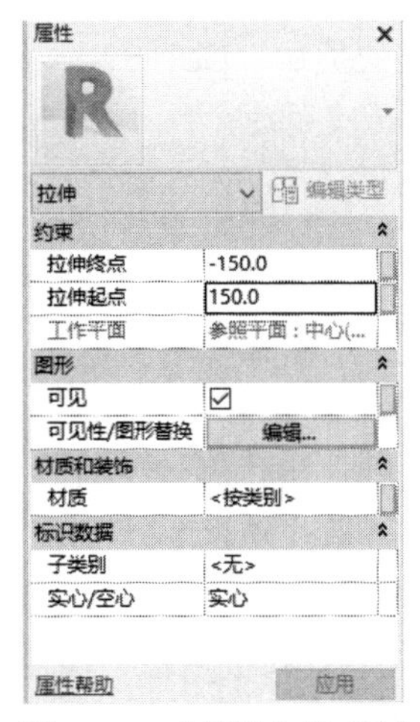

图 2-84　“属性”选项板

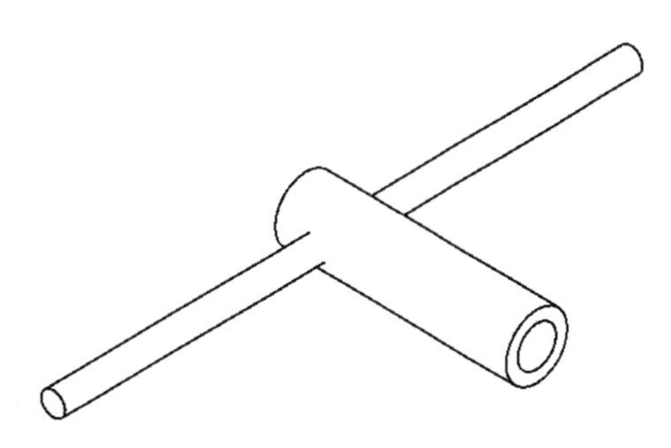

图 2-85　拉伸模型

图 2-86　“族类型”对话框

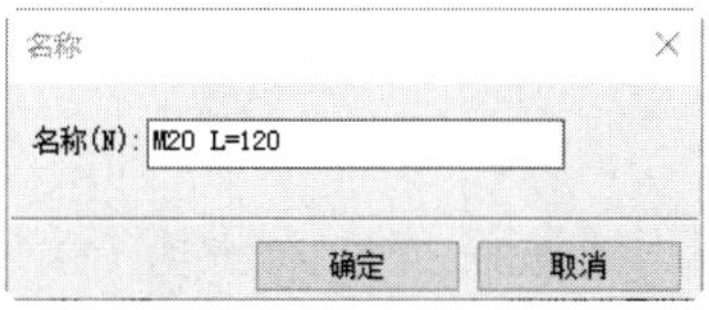

名称

名称(N): M20 L=120

确定　取消

图 2-87　“名称”对话框

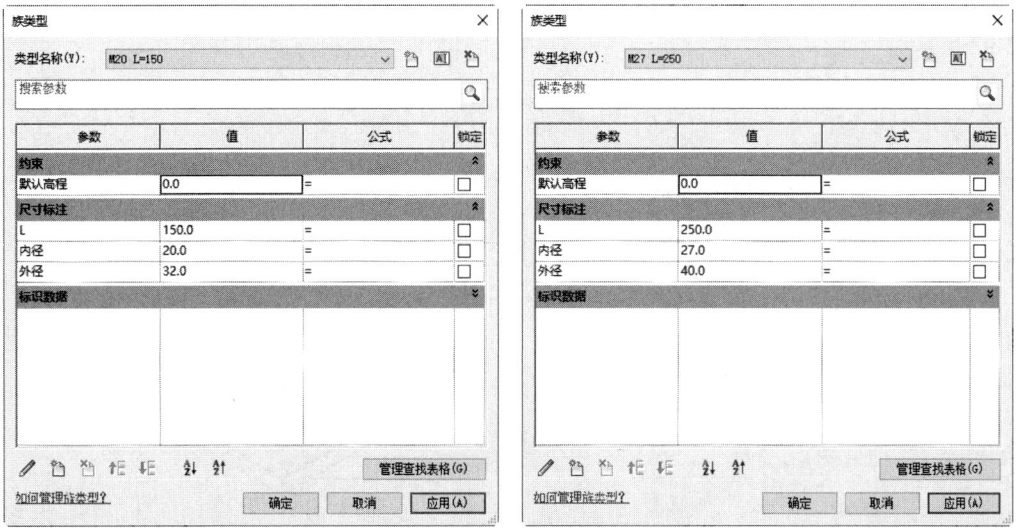

族类型

类型名称(Y): M27 L=250

搜索参数

参数	值	公式	锁定
约束			
默认高程	0.0	=	
尺寸标注			
L	250.0	=	
内径	27.0	=	
外径	40.0	=	
标识数据			

管理查找表格(G)

如何管理族类型?

确定　取消　应用(A)

图 2-88　新建类型

（14）单击“快速访问”工具栏中的“保存”按钮（快捷键：Ctrl+S），打开“另存为”对话框，输入名称“预埋螺母”，单击“保存”按钮，保存族文件。

2.2.2 斜撑用垫片

视频：斜撑用垫片

（1）在主视图中单击“族”→“新建”或者单击“文件”→“新建”→“族”命令，打开“新族-选择样板文件”对话框，选择“基于面的公制常规模型.rft”为样板族，单击“打开”按钮进入族编辑器界面。该族样板默认提供预埋件嵌入的墙面。

（2）单击“创建”选项卡“基准”面板中的“参照平面”按钮（快捷键：RP），打开“修改|放置 参照平面”选项卡和选项栏，系统默认激活“线”按钮，在选项栏中输入偏移值 27.5，捕捉中间的参照平面，从上向下绘制，在其右侧会出现新的参照平面，距离中间参照平面 65；再次捕捉中间的参照平面，从下向上绘制，在其左侧会出现新的参照平面，距离中间参照平面 65。采用相同的方法，绘制距离水平参照平面为 65 的参照平面，如图 2-89 所示。

（3）单击“创建”选项卡“形状”面板中的“拉伸”按钮，打开“修改|创建拉伸”选项卡，单击“绘制”面板中的“矩形”按钮，以参照平面为参照，绘制轮廓线，单击“绘制”面板中的“圆”按钮，在参照平面的交点处绘制半径为 11 的圆，如图 2-90 所示。

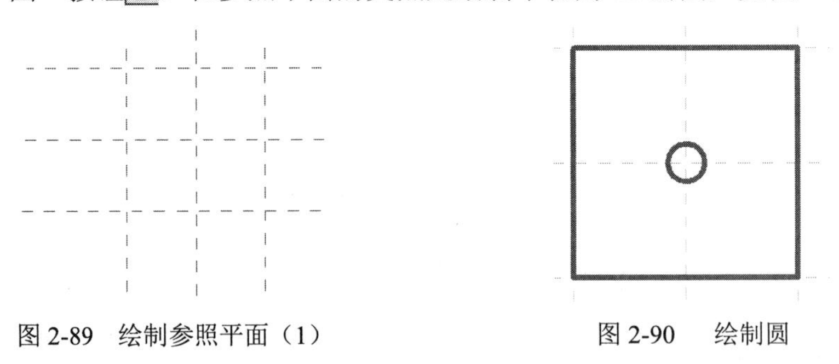

图 2-89　绘制参照平面（1）　　图 2-90　绘制圆

（4）在“属性”选项板中设置拉伸终点为 10，拉伸起点为 0，如图 2-91 所示，单击“模式”面板中的“完成编辑模式”按钮，完成拉伸模型的创建，将视图切换至三维视图，如图 2-92 所示。

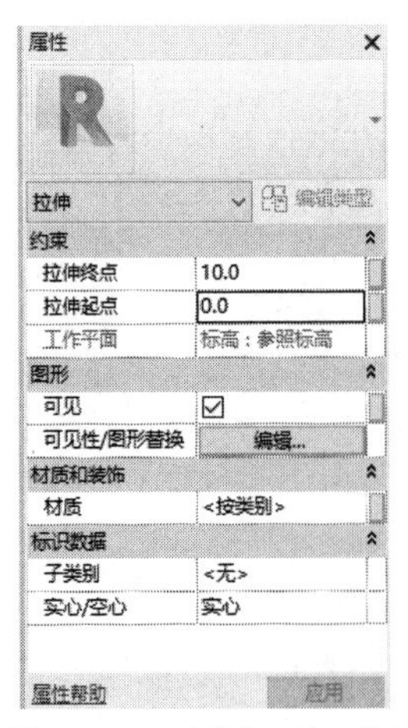

图 2-91　“属性”选项板

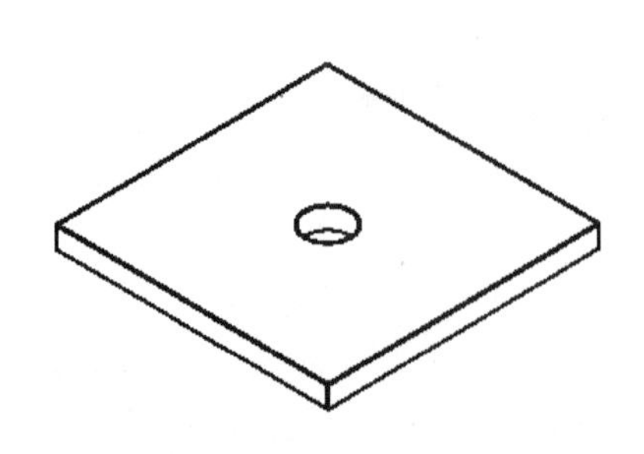

图 2-92　拉伸模型

（5）将视图切换至参照标高视图。单击“创建”选项卡“基准”面板中的“参照平面”按钮（快捷键：RP），打开“修改|放置 参照平面”选项卡和选项栏，系统默认激活“线”按钮，绘制参照平面，如图 2-93 所示。

（6）单击“创建”选项卡“形状”面板中的“放样”按钮，打开“修改|放样”选项卡，单击“放样”面板中的“绘制路径”按钮，打开“修改|放样→绘制路径”选项卡，利用“线”按钮绘制路径，如图 2-94 所示。单击“模式”面板中的“完成编辑模式”按钮，完成路径绘制。

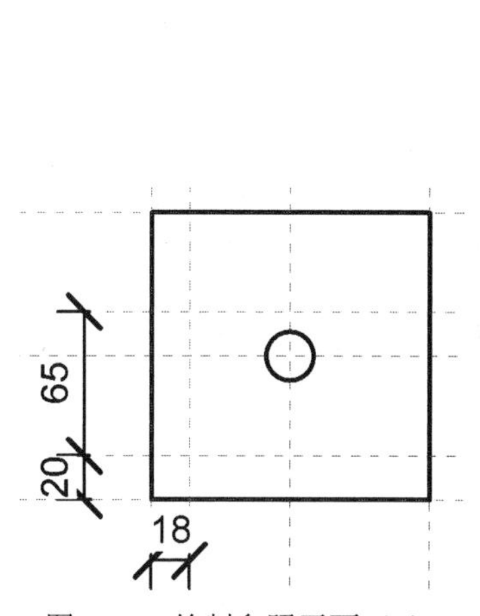

图 2-93　绘制参照平面（2）

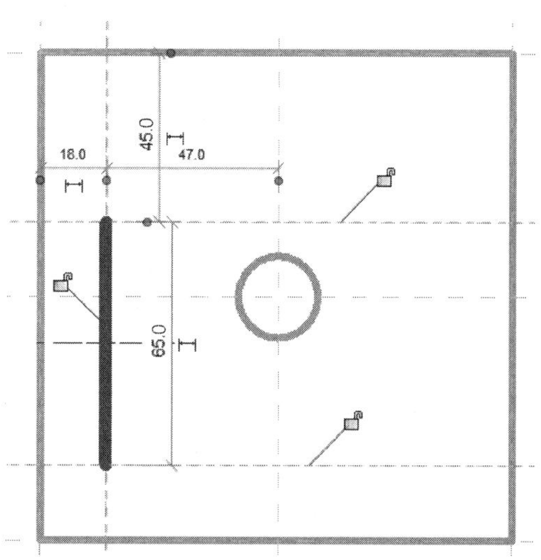

图 2-94　绘制路径（1）

（7）单击“放样”面板中的“编辑轮廓”按钮，打开如图 2-95 所示的“转到视图”对话框，选择“立面：前”视图绘制轮廓，单击“打开视图”按钮，切换至前视图。

（8）单击“创建”选项卡“基准”面板中的“参照平面”按钮（快捷键：RP），打开“修改|放置 参照平面”选项卡和选项栏，系统默认激活“线”按钮，在选项栏中输入偏移值 18，捕捉水平参照标高，从左向右绘制参照平面，如图 2-96 所示。

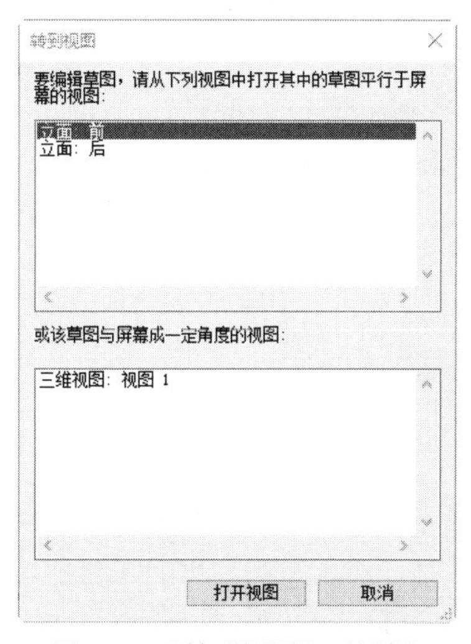

图 2-95　“转到视图”对话框

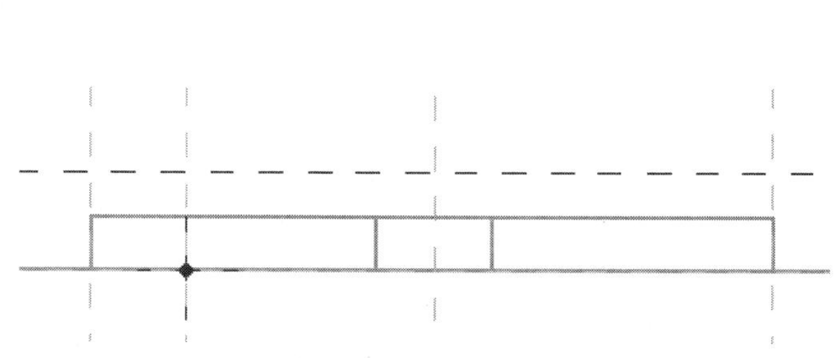

图 2-96　绘制参照平面（3）

（9）单击“绘制”面板中的“圆”按钮，捕捉参照平面的交点为圆心，移动光标同时输入半径 8，按回车键确认，绘制圆，如图 2-97 所示。

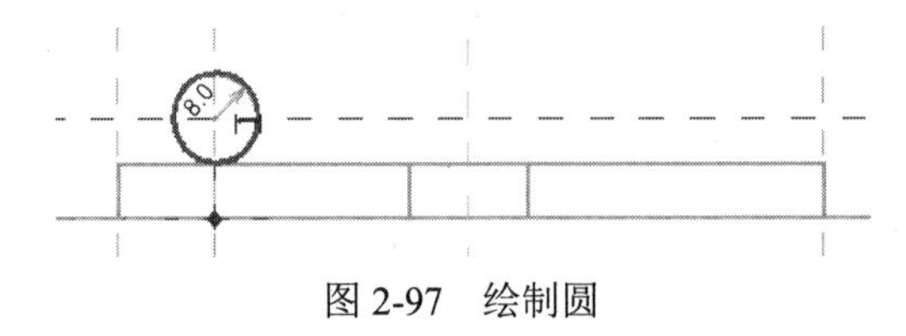

图 2-97　绘制圆

（10）连续单击“模式”面板中的“完成编辑模式”按钮✔，将视图切换至三维视图，如图 2-98 所示。

（11）将视图切换至参照标高视图。单击“修改”面板中的“镜像-拾取轴”按钮（快捷键：MM），选取上一步创建的放样体为镜像对象，拾取中间的竖直参照平面为镜像轴，将放样体进行镜像，如图 2-99 所示。

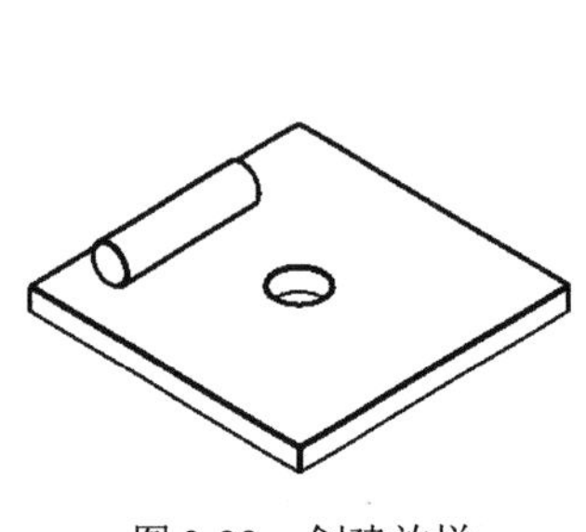

图 2-98　创建放样

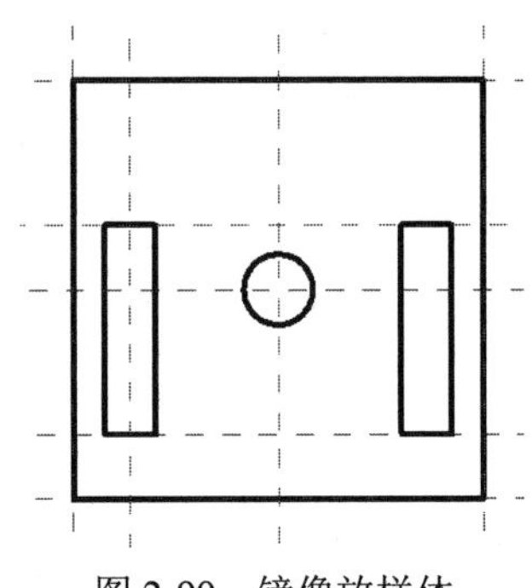

图 2-99　镜像放样体

（12）单击“创建”选项卡“形状”面板中的“放样”按钮，打开“修改|放样”选项卡，单击“放样”面板中的“绘制路径”按钮，打开“修改|放样→绘制路径”选项卡，利用“起点-终点-半径弧”按钮绘制路径，如图 2-100 所示。单击“模式”面板中的“完成编辑模式”按钮✔，完成路径绘制。

（13）单击“放样”面板中的“编辑轮廓”按钮，打开如图 2-101 所示的“转到视图”对话框，选择“立面：右”视图绘制轮廓，单击“打开视图”按钮，切换至右视图。

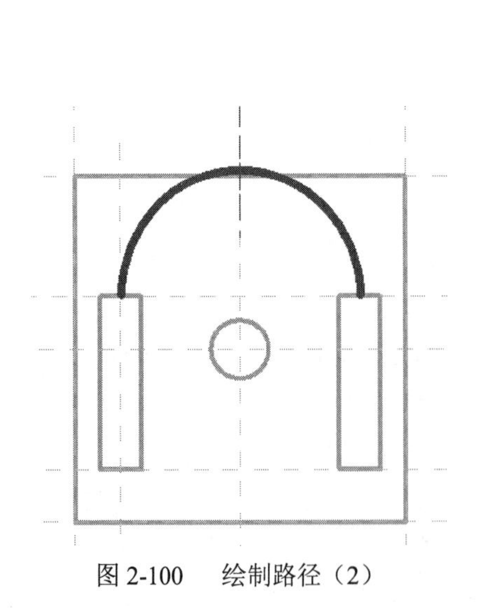

图 2-100　绘制路径（2）

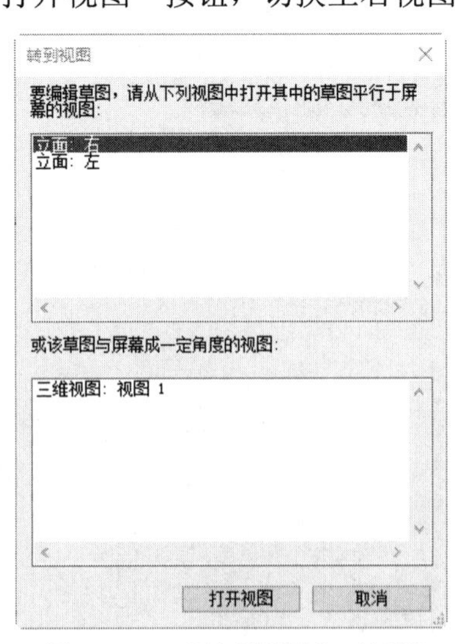

图 2-101　“转到视图”对话框

（14）单击“绘制”面板中的“圆”按钮，捕捉参照平面的交点为圆心，移动光标同时输入半径 8，按回车键确认，绘制圆，单击“修改”面板中的“移动”按钮，选取绘制的圆为移动对象，然后指定圆心为移动起点，在选项栏中勾选“约束”复选框，向上移动光标，输入移动距离 18，按回车键确认，如图 2-102 所示。

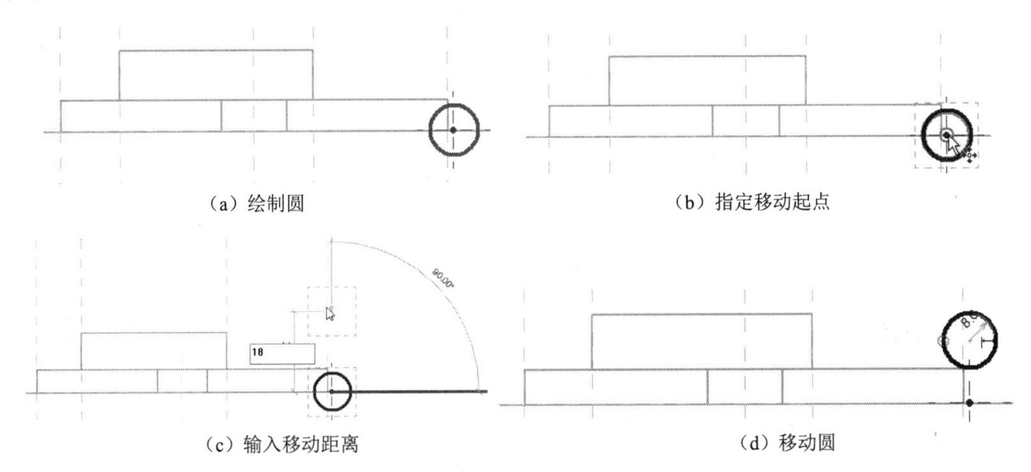

（a）绘制圆　（b）指定移动起点　（c）输入移动距离　（d）移动圆

图 2-102　绘制并移动圆

（15）连续单击“模式”面板中的“完成编辑模式”按钮，将视图切换至三维视图，如图 2-103 所示。

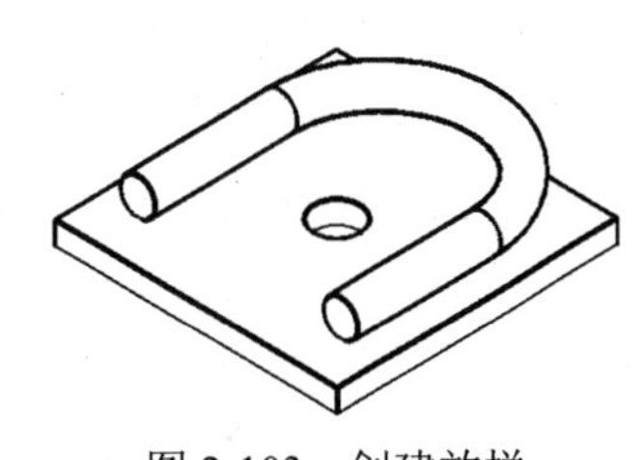

图 2-103　创建放样

（16）将视图切换至右视图。单击“修改”选项卡“修改”面板中的“旋转”按钮（快捷键：RO），选取上一步创建的放样体为旋转对象，单击选项栏中的“地点”按钮，指定放样体的端点为旋转点，水平移动光标后再向上旋转，输入旋转角度 45，按回车键确认，如图 2-104 所示。

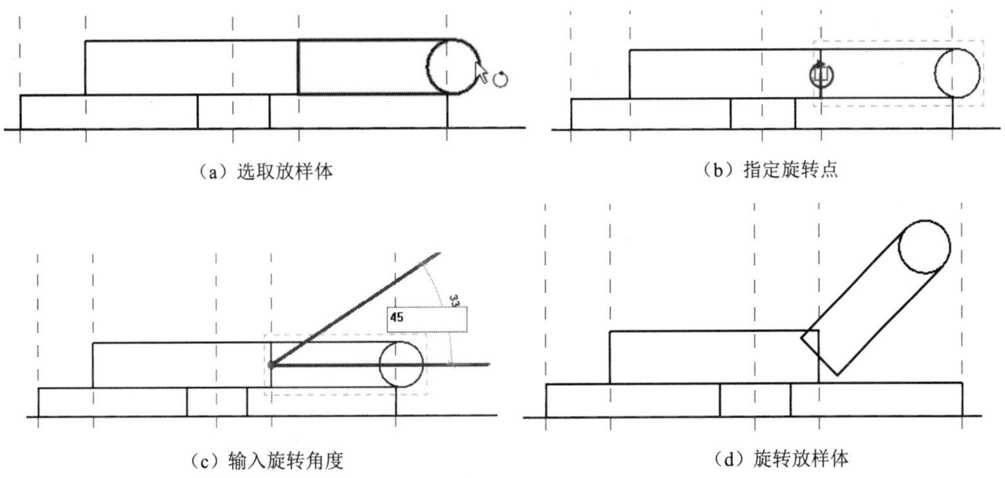

（a）选取放样体　（b）指定旋转点　（c）输入旋转角度　（d）旋转放样体

图 2-104　旋转放样体

（17）将视图切换至三维视图。单击“修改”选项卡“几何图形”面板中“连接”按钮下拉列表中的“连接几何图形”按钮，先拾取竖直放样体主体部分，然后选取上一步创建的放样体为连接部分，将构件连接成一体。采用相同的方法，将所有的放样体连接成一体，如图 2-105 所示。

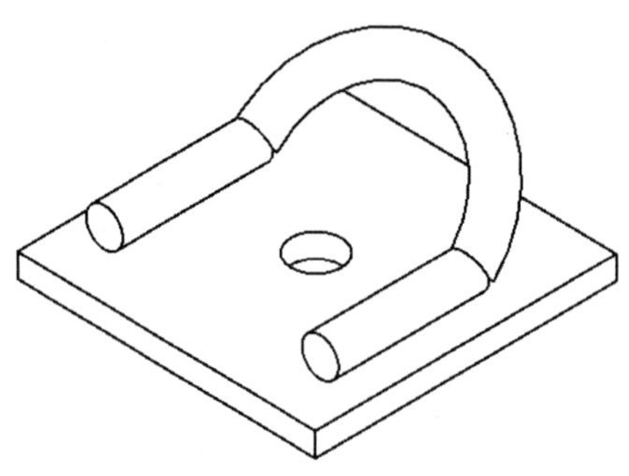

图 2-105　连接构件

（18）单击“快速访问”工具栏中的“保存”按钮（快捷键：Ctrl+S），打开“另存为”对话框，输入名称“斜撑用垫片”，单击“保存”按钮，保存族文件。

2.2.3　斜撑杆

视频：斜撑杆

（1）在主视图中单击“族”→“新建”或者单击“文件”→“新建”→“族”命令，打开“新族-选择样板文件”对话框，选择“公制常规模型.rft”为样板族，单击“打开”按钮进入族编辑器界面。

（2）单击“创建”选项卡“基准”面板中的“参照平面”按钮（快捷键：RP），打开“修改|放置 参照平面”选项卡和选项栏，系统默认激活“线”按钮，在选项栏中输入偏移值 1200，捕捉中间的参照平面，从上向下绘制，在其右侧会出现新的参照平面，距离中间参照平面 1200；再次捕捉中间的参照平面，从下向上绘制，在其左侧会出现新的参照平面，距离中间参照平面 1200，如图 2-106 所示。

（3）单击“修改”选项卡“测量”面板中的“对齐尺寸标注”按钮（快捷键：DI），依次从左到右选取竖直参照平面，拖动尺寸到适当位置，单击放置尺寸，然后单击图标，创建等分尺寸，如图 2-107 所示。

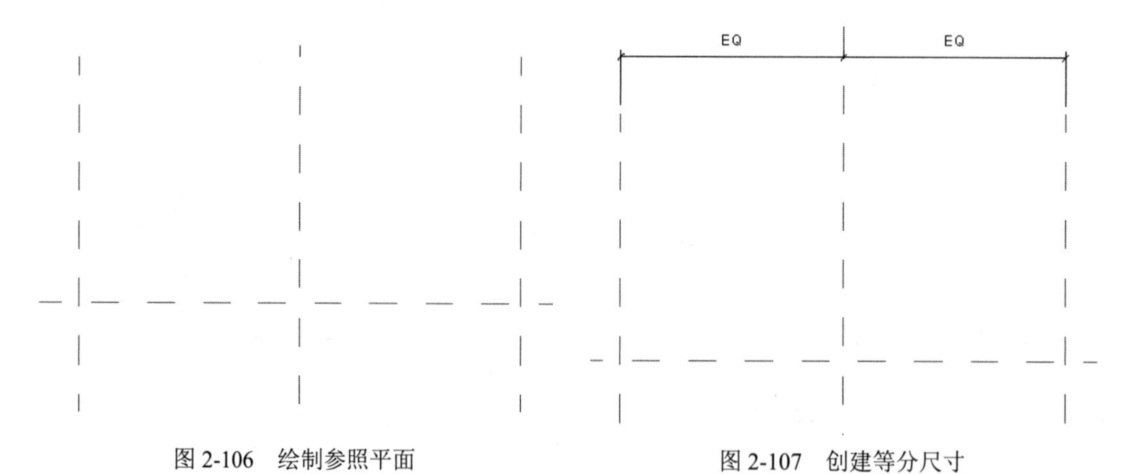

图 2-106　绘制参照平面　　　图 2-107　创建等分尺寸

（4）继续标注两参照平面之间的总尺寸，然后选取尺寸，打开“修改|尺寸标注”选项卡，单击“标签尺寸标注”面板中的“创建参数”按钮，打开“参数属性”对话框，选择参数类型为“族参数”，输入名称“杆长”，设置参数分组方式为“尺寸标注”，如图 2-108 所示，单

击“确定”按钮，完成参数尺寸的添加，如图 2-109 所示。

参数属性
参数类型
◉ 族参数(F)
(不能出现在明细表或标记中)
○ 共享参数(S)
(可以由多个项目和族共享，可以导出到 ODBC，并且可以出现在明细表和标记中)
选择(L)...　导出(E)...
参数数据
名称(N):
杆长
◉ 类型(Y)
规程(D):
公共
○ 实例(I)
参数类型(T):
长度
□ 报告参数(R)
(可用于从几何图形条件中提取值，然后在公式中报告此值或用作明细表参数)
参数分组方式(G):
尺寸标注
工具提示说明:
<无工具提示说明。编辑此参数以编写自定义工具提示。自定义工具提...
编辑工具提示(O)...
如何创建族参数?
确定　取消

图 2-108　“参数属性”对话框

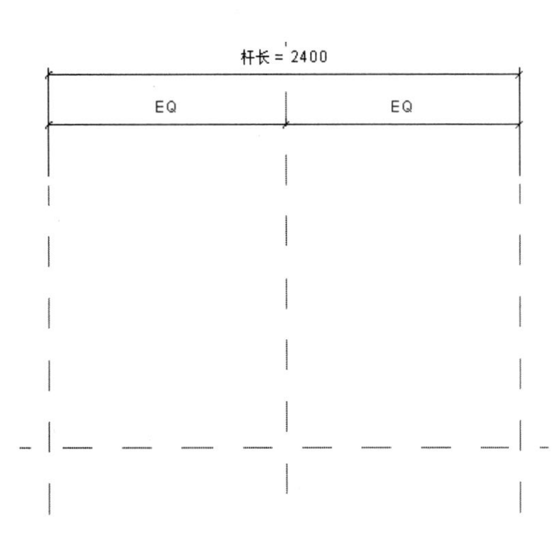

图 2-109　添加参数尺寸

（5）单击“创建”选项卡“形状”面板中的“放样”按钮，打开“修改|放样”选项卡，单击“放样”面板中的“绘制路径”按钮，打开“修改|放样→绘制路径”选项卡，利用“线”按钮，分别捕捉参照平面的交点作为路径的起点和终点，沿着水平参照标高绘制路径，单击“创建或删除长度或对齐约束”图标，将路径的端点及线段与参照平面锁定，如图 2-110 所示。单击“模式”面板中的“完成编辑模式”按钮，完成路径绘制。

（6）单击“放样”面板中的“编辑轮廓”按钮，打开如图 2-111 所示的“转到视图”对话框，选择“立面：右”视图绘制轮廓，单击“打开视图”按钮，切换至右视图。

（7）单击“绘制”面板中的“圆”按钮，捕捉参照平面的交点为圆心，移动光标同时输入半径 24，按回车键确认，绘制圆，如图 2-112 所示。连续单击“模式”面板中的“完成编辑模式”按钮，将视图切换至三维视图，如图 2-113 所示。

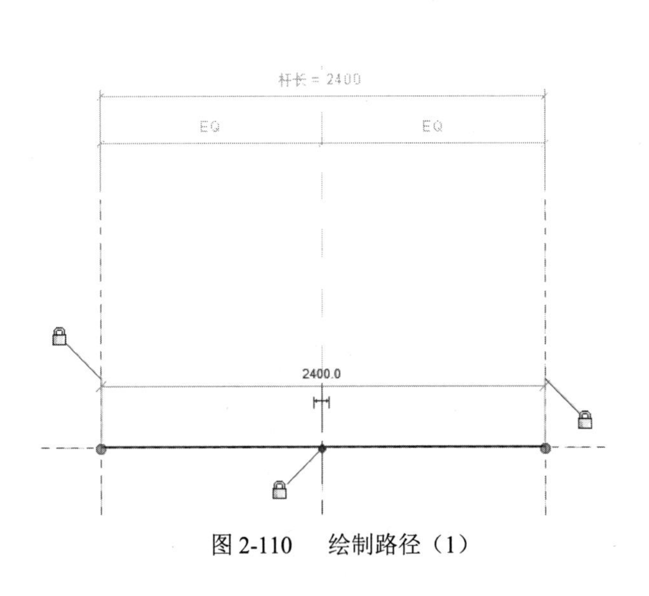

图 2-110　绘制路径（1）

转到视图
要编辑草图，请从下列视图中打开其中的草图平行于屏幕的视图:
立面: 右
立面: 左
或该草图与屏幕成一定角度的视图:
三维视图: 视图 1
打开视图　取消

图 2-111　“转到视图”对话框

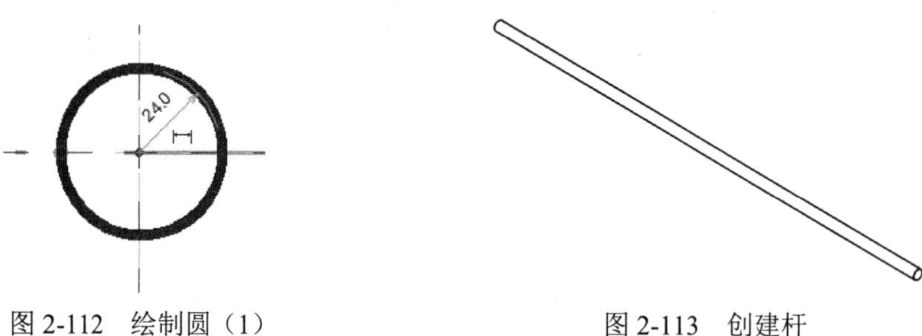

图 2-112　绘制圆（1）　　　　图 2-113　创建杆

（8）将视图切换至参照标高视图。单击“创建”选项卡“形状”面板中的“放样”按钮，打开“修改|放样”选项卡，单击“放样”面板中的“绘制路径”按钮，打开“修改|放样→绘制路径”选项卡，利用“线”按钮，捕捉杆件左端参照平面的交点作为路径的起点，沿着水平参照标高向左移动光标同时输入长度 100，按回车键确认，单击“创建或删除长度或对齐约束”图标，将路径的端点及线段与参照平面锁定，如图 2-114 所示。单击“模式”面板中的“完成编辑模式”按钮，完成路径绘制。

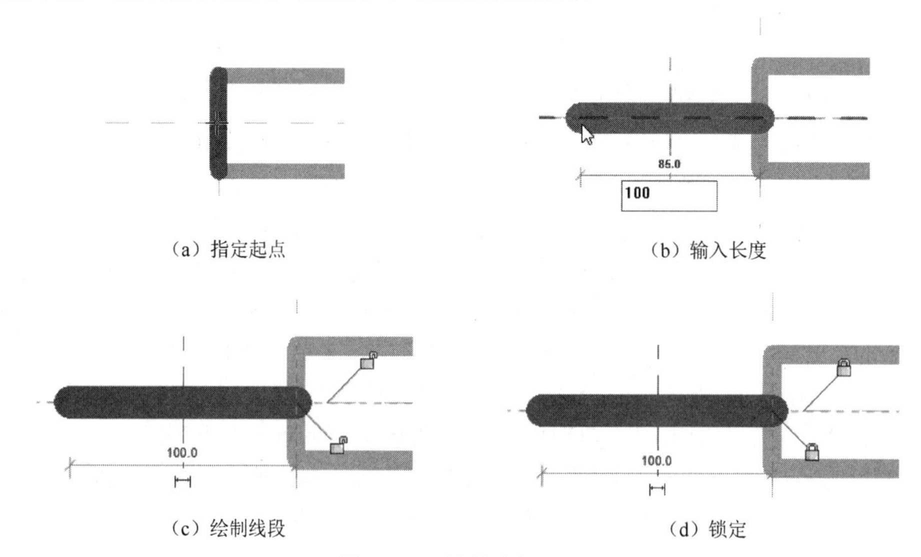

（a）指定起点　　（b）输入长度

（c）绘制线段　　（d）锁定

图 2-114　绘制路径（2）

（9）单击“放样”面板中的“编辑轮廓”按钮，打开“转到视图”对话框，选择“立面：右”视图绘制轮廓，单击“打开视图”按钮，切换至右视图。

（10）单击“绘制”面板中的“圆”按钮，捕捉参照平面的交点为圆心，移动光标同时输入半径 19，按回车键确认，绘制圆，如图 2-115 所示。连续单击“模式”面板中的“完成编辑模式”按钮，将视图切换至三维视图，如图 2-116 所示。

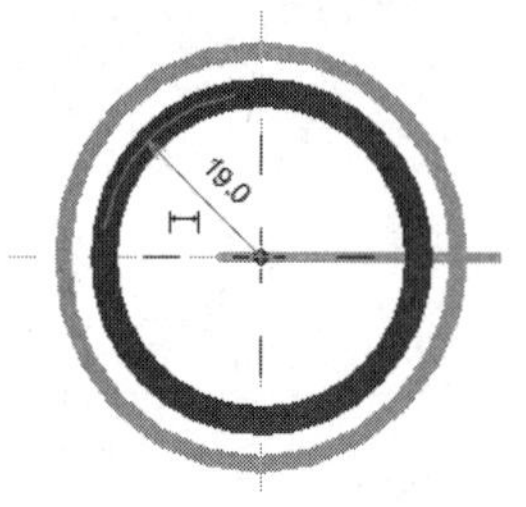

图 2-115　绘制圆（2）

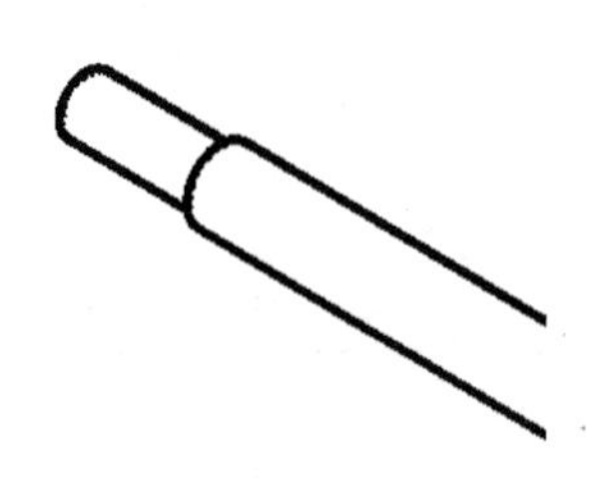

图 2-116　创建螺纹杆

（11）将视图切换至参照标高视图。选取上一步创建的螺纹杆，单击“修改”面板中的“镜像-拾取轴”按钮（快捷键：MM），拾取中间的竖直参照平面为镜像轴，将左侧螺纹杆进行镜像，如图 2-117 所示。

（12）单击“创建”选项卡“形状”面板中的“放样”按钮，打开“修改|放样”选项卡，单击“放样”面板中的“绘制路径”按钮，打开“修改|放样→绘制路径”选项卡，利用“线”按钮和“起点-终点-半径弧”按钮绘制路径，如图 2-118 所示。单击“模式”面板中的“完成编辑模式”按钮，完成路径绘制。

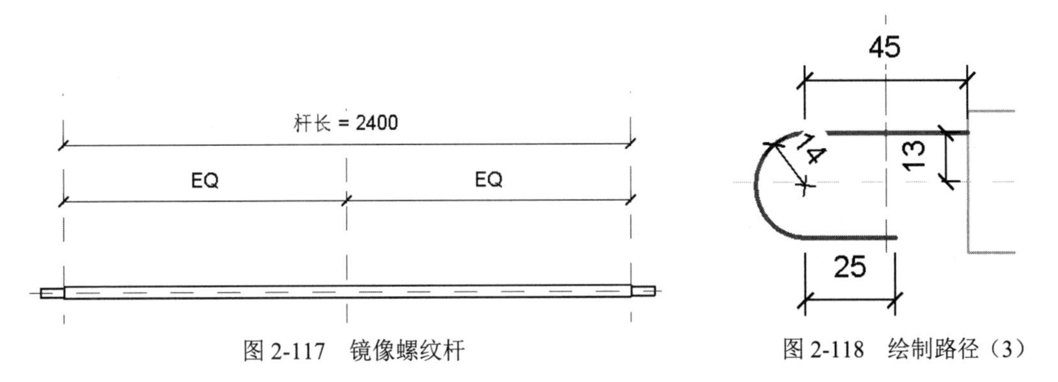

图 2-117　镜像螺纹杆

图 2-118　绘制路径（3）

（13）单击“放样”面板中的“编辑轮廓”按钮，打开“转到视图”对话框，选择“立面：右”视图绘制轮廓，单击“打开视图”按钮，切换至右视图。

（14）单击“绘制”面板中的“圆”按钮，捕捉参照平面的交点为圆心，移动光标同时输入半径 6，按回车键确认，绘制圆，如图 2-119 所示。连续单击“模式”面板中的“完成编辑模式”按钮，将视图切换至参照标高视图，如图 2-120 所示。

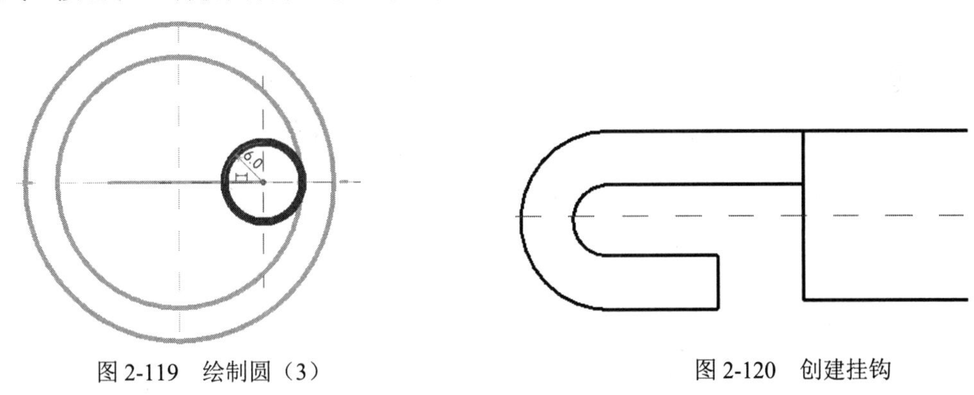

图 2-119　绘制圆（3）

图 2-120　创建挂钩

（15）选取上一步创建的挂钩，单击“修改”面板中的“镜像-拾取轴”按钮（快捷键：MM），拾取中间的竖直参照平面为镜像轴，将左侧挂钩进行镜像，如图 2-121 所示。

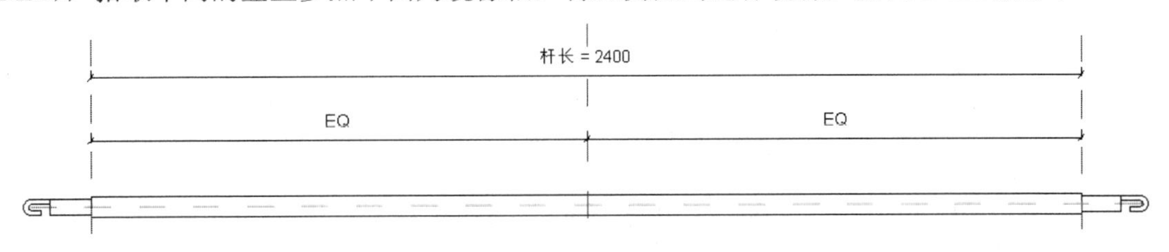

图 2-121　镜像挂钩（1）

（16）选取镜像后的右侧挂钩，单击“修改”面板中的“镜像-拾取轴”按钮（快捷键：MM），在选项栏中取消勾选“复制”复选框，拾取水平参照平面为镜像轴，将挂钩进行镜像，如图 2-122 所示。

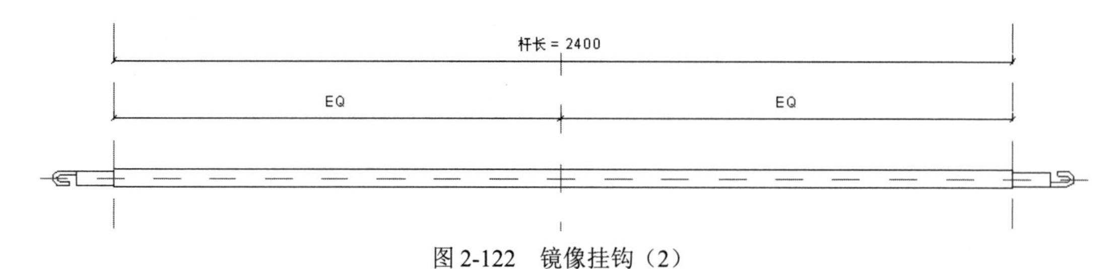

图 2-122　镜像挂钩（2）

（17）单击“创建”选项卡“形状”面板中的“放样”按钮，打开“修改|放样”选项卡，单击“放样”面板中的“绘制路径”按钮，打开“修改|放样→绘制路径”选项卡，利用“线”按钮绘制路径，如图 2-123 所示。单击“模式”面板中的“完成编辑模式”按钮，完成路径绘制。

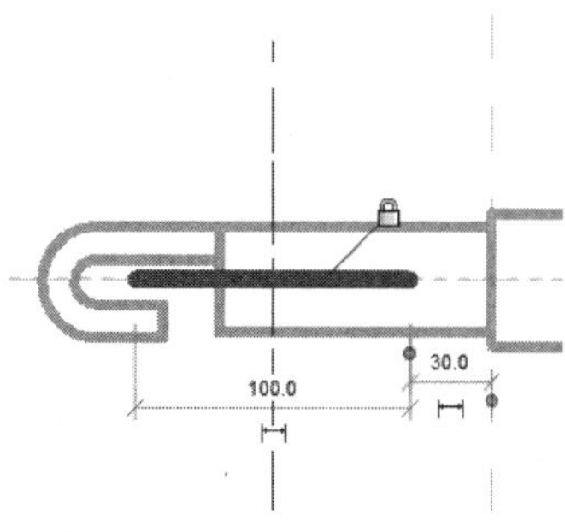

图 2-123　绘制路径（4）

（18）单击“放样”面板中的“编辑轮廓”按钮，打开“转到视图”对话框，选择“立面：右”视图绘制轮廓，单击“打开视图”按钮，切换至右视图。

（19）单击“绘制”面板中的“圆”按钮，捕捉参照平面的交点为圆心，分别绘制半径为 19 和 26 的圆，如图 2-124 所示。连续单击“模式”面板中的“完成编辑模式”按钮，将视图切换至三维视图，如图 2-125 所示。

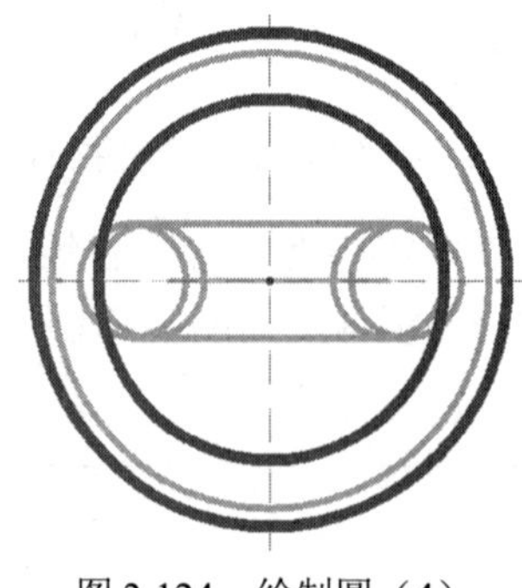

图 2-124　绘制圆（4）

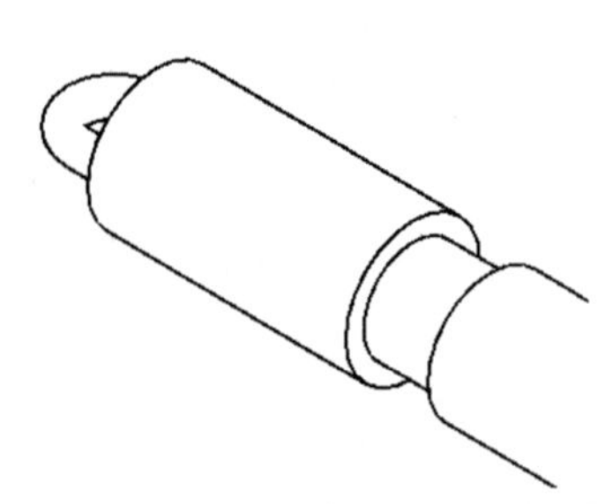

图 2-125　创建螺纹套筒

（20）将视图切换至参照标高视图。单击“创建”选项卡“形状”面板中的“拉伸”按钮，打开“修改|创建拉伸”选项卡，单击“绘制”面板中的“圆”按钮，绘制半径为 5 的圆，如图 2-126 所示。

（21）在“属性”选项板中设置拉伸终点为 70，拉伸起点为-70，如图 2-127 所示，单击“模式”面板中的“完成编辑模式”按钮✔，完成拉伸模型的创建，将视图切换至三维视图，如图 2-128 所示。

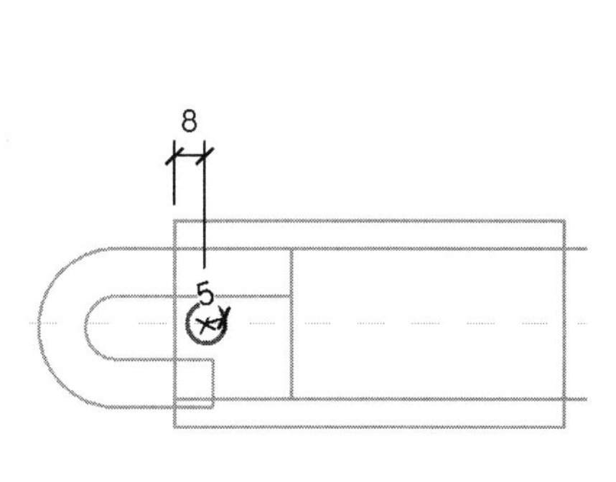

图 2-126　绘制圆

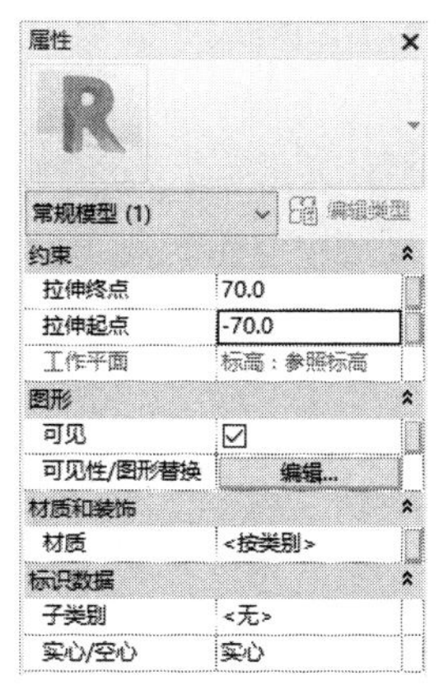

图 2-127　“属性”选项板

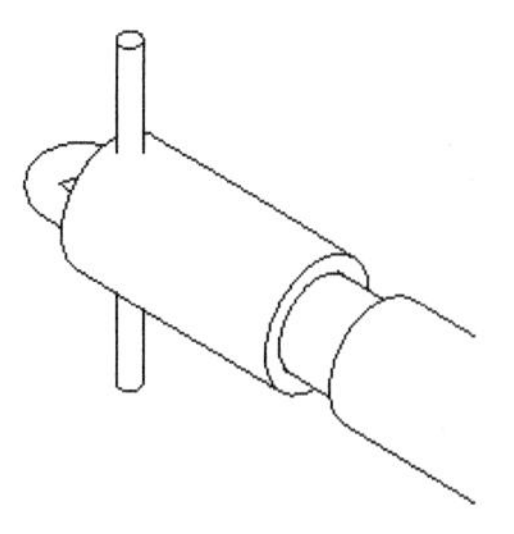

图 2-128　拉伸模型

（22）将视图切换至参照标高视图。选取上一步创建的套筒和拉伸体，单击“修改”面板中的“镜像-拾取轴”按钮（快捷键：MM），拾取中间的竖直参照平面为镜像轴，将左侧套筒和拉伸体进行镜像，如图 2-129 所示。

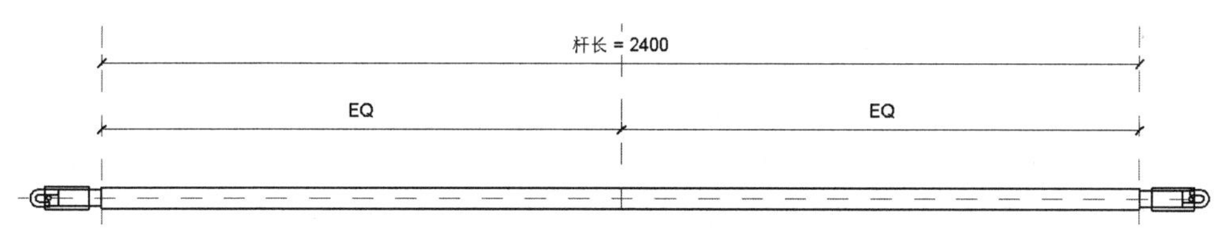

图 2-129　镜像套筒和拉伸体

（23）单击“修改”选项卡“几何图形”面板中“连接”按钮下拉列表中的“连接几何图形”按钮，先拾取左侧螺纹套筒为主体部分，然后选取左侧拉伸体为连接部分，将构件连接成一体，将视图切换至三维视图，如图 2-130 所示。采用相同的方法，将右侧的套筒和拉伸体连接成一体。

（24）将视图切换至参照标高视图。单击“创建”选项卡“形状”面板中的“放样”按钮，打开“修改|放样”选项卡，单击“放样”面板中的“绘制路径”按钮，打开“修改|放样→绘制路径”选项卡，单击“绘制”面板中的“矩形”按钮，绘制路径，如图 2-131 所示。单击“模式”面板中的“完成编辑模式”按钮✔，完成路径绘制。

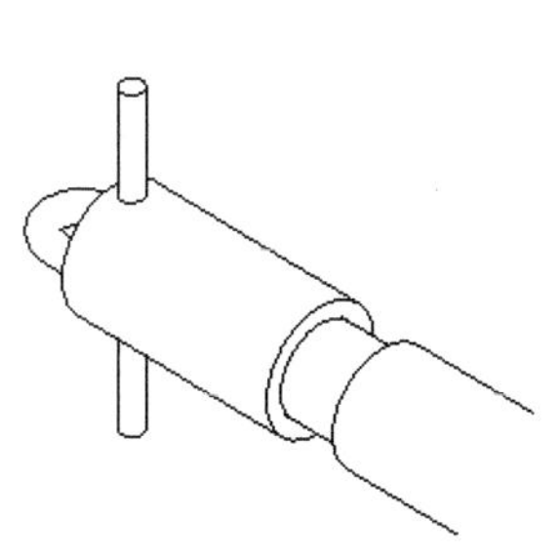

图 2-130　连接构件（1）

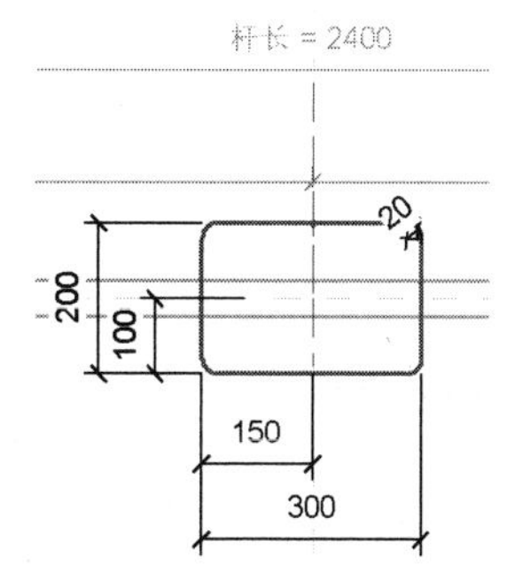

图 2-131　绘制路径（5）

（25）单击“放样”面板中的“编辑轮廓”按钮，打开“转到视图”对话框，选择“立面：右”视图绘制轮廓，单击“打开视图”按钮，切换至右视图。

（26）单击“绘制”面板中的“圆”按钮，捕捉参照平面的交点为圆心，绘制半径为 6 的圆，如图 2-132 所示。连续单击“模式”面板中的“完成编辑模式”按钮，将视图切换至三维视图，如图 2-133 所示。

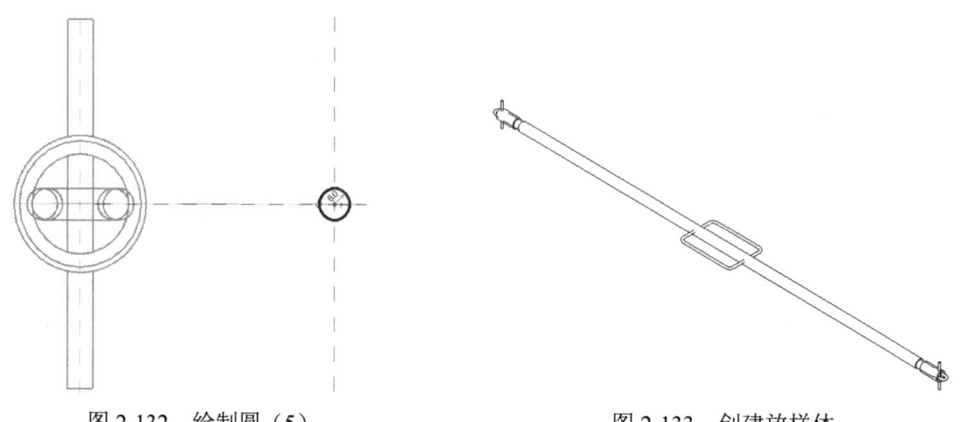

图 2-132　绘制圆（5）　　图 2-133　创建放样体

（27）单击“修改”选项卡“几何图形”面板中“连接”按钮下拉列表中的“连接几何图形”按钮，先拾取拉杆主体部分，然后选取上一步创建的放样体为连接部分，将构件连接成一体，如图 2-134 所示。

（28）将视图切换至前视图。单击“修改”选项卡“修改”面板中的“旋转”按钮（快捷键：RO），从左向右选取整个斜撑杆为旋转对象，单击选项栏中的“地点”按钮，指定斜撑杆右端端点为旋转点，水平移动光标后再向上旋转，输入旋转角度 45，按回车键确认，如图 2-135 所示。

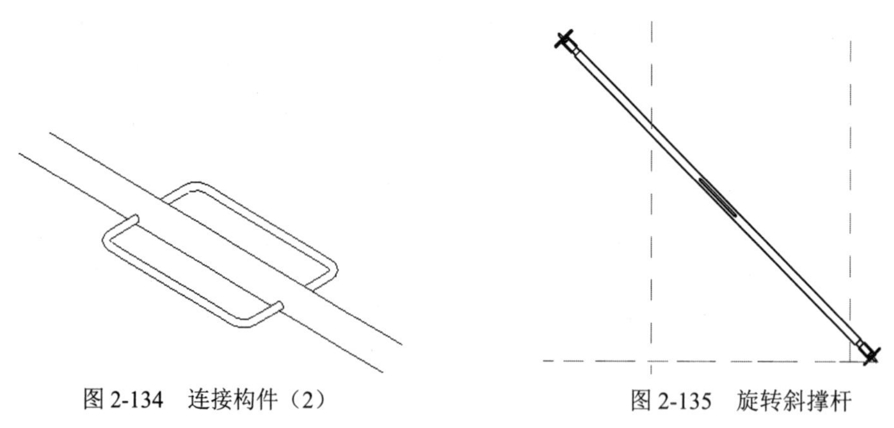

图 2-134　连接构件（2）　　图 2-135　旋转斜撑杆

（29）单击“快速访问”工具栏中的“保存”按钮（快捷键：Ctrl+S），打开“另存为”对话框，输入名称“斜撑杆”，单击“保存”按钮，保存族文件。

2.2.4　斜撑杆组件

视频：斜撑杆组件

（1）在主视图中单击“族”→“新建”或者单击“文件”→“新建”→“族”命令，打开“新族-选择样板文件”对话框，选择“公制常规模型.rft”为样板族，单击“打开”按钮进入族编辑器界面。

（2）将视图切换至前视图。单击“创建”选项卡“基准”面板中的“参照平面”按钮（快捷键：RP），打开“修改|放置 参照平面”选项卡和选项栏，系统默认激活“线”按钮，在选项栏中输入偏移值 2000，捕捉水平的参照平面，从左到右绘制，在其上方出现新的参照平面，距离水平参照平面 2000，如图 2-136 所示。

（3）单击“修改”选项卡“测量”面板中的“对齐尺寸标注”按钮（快捷键：DI），标注参照标高线和参照平面之间的尺寸并将其锁定，如图 2-137 所示。

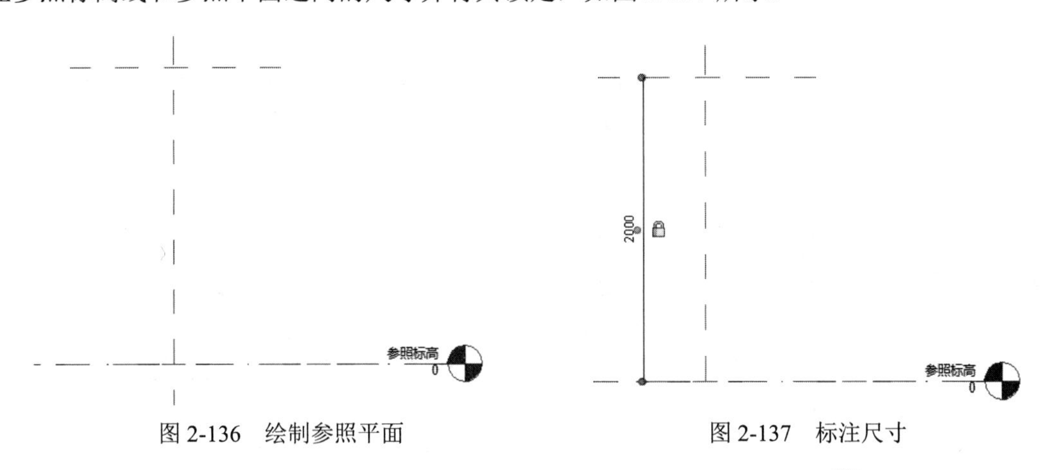

图 2-136　绘制参照平面　　　　图 2-137　标注尺寸

（4）单击“插入”选项卡“从库中载入”面板中的“载入族”按钮，打开“载入族”对话框，选择“M20 螺栓.rfa”“垫片.rfa”“斜撑杆.rfa”“斜撑用垫片.rfa”族文件，如图 2-138 所示，单击“打开”按钮，将其载入当前族文件中。

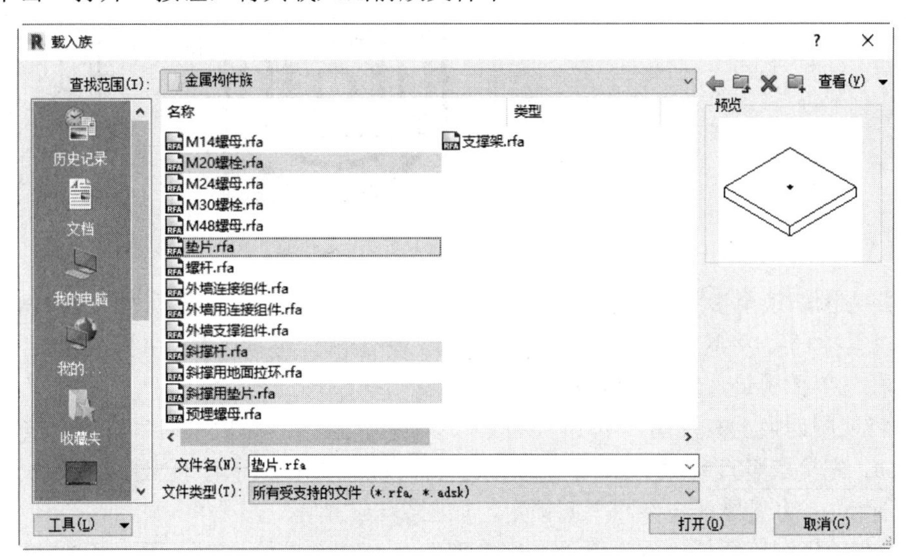

图 2-138　“载入族”对话框

（5）将视图切换至右视图。选择项目浏览器的“族”→“常规模型”→“斜撑用垫片”节点下的“斜撑用垫片”，将其拖曳到视图中，在“修改|放置 构件”选项卡中单击“放置在工作平面上”按钮，将其放置在参照平面的交点处，按空格键调整，单击鼠标将其放置，如图 2-139 所示。

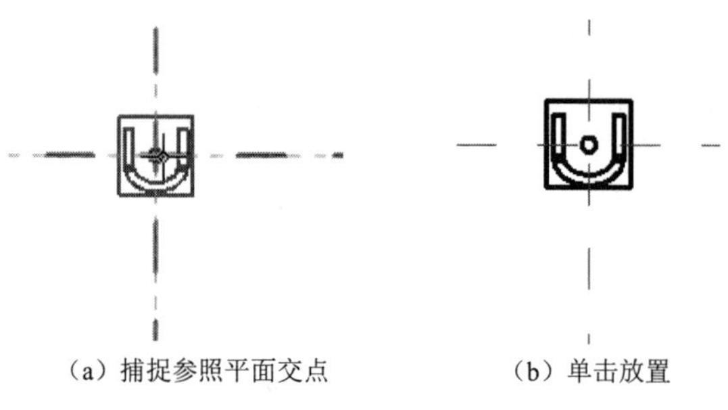

（a）捕捉参照平面交点　　（b）单击放置

图 2-139　放置斜撑用垫片

（6）单击“修改”选项卡“修改”面板中的“对齐”按钮（快捷键：AL），先拾取水平参照平面，然后拾取斜撑用垫片水平中心，单击“创建或删除长度或对齐约束”图标，将斜撑用垫片与参照平面锁定，连续拾取竖直参照平面和斜撑用垫片竖直中心添加对齐约束，如图 2-140 所示。

（7）在项目浏览器的“族”→“常规模型”→“垫片”节点下选择“PL-55×55×4”，将其拖曳到斜撑用垫片上，单击鼠标将其放置。单击“修改”选项卡“修改”面板中的“对齐”按钮（快捷键：AL），先拾取水平参照平面，然后拾取垫片水平中心，单击“创建或删除长度或对齐约束”图标，将垫片与参照平面锁定，连续拾取竖直参照平面和垫片竖直中心添加对齐约束，如图 2-141 所示。

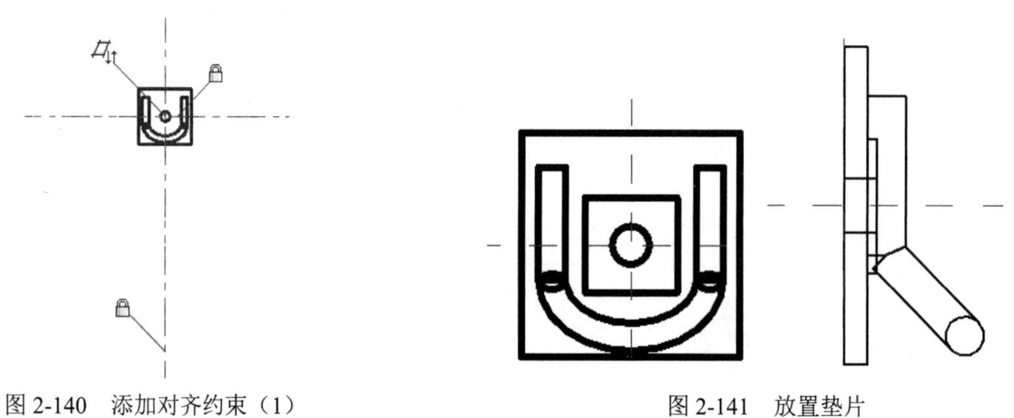

图 2-140　添加对齐约束（1）　　图 2-141　放置垫片

（8）将视图切换至参照标高视图。在项目浏览器的“族”→“常规模型”→“斜撑杆”节点下选择“斜撑杆”，将其拖曳到水平参照平面上，单击鼠标将其放置，将视图切换至前视图，拖曳斜撑杆与斜撑用垫片连接，如图 2-142 所示。

（9）将视图切换至右视图，单击“修改”选项卡“修改”面板中的“对齐”按钮（快捷键：AL），先拾取竖直参照平面，然后拾取斜撑杆竖直中心，单击“创建或删除长度或对齐约束”图标，将斜撑杆与参照平面锁定，如图 2-143 所示。

（10）在项目浏览器的“族”→“常规模型”→“M20 螺栓”节点下选择“M20 L=60”，将其拖曳到垫片上，单击鼠标将其放置，如图 2-144 所示。单击“修改”选项卡“修改”面板中的“对齐”按钮（快捷键：AL），先拾取水平参照平面，然后拾取螺栓水平中心，单击“创建或删除长度或对齐约束”图标，将螺栓与参照平面锁定，连续拾取竖直参照平面和螺栓竖直中心添加对齐约束，如图 2-145 所示。

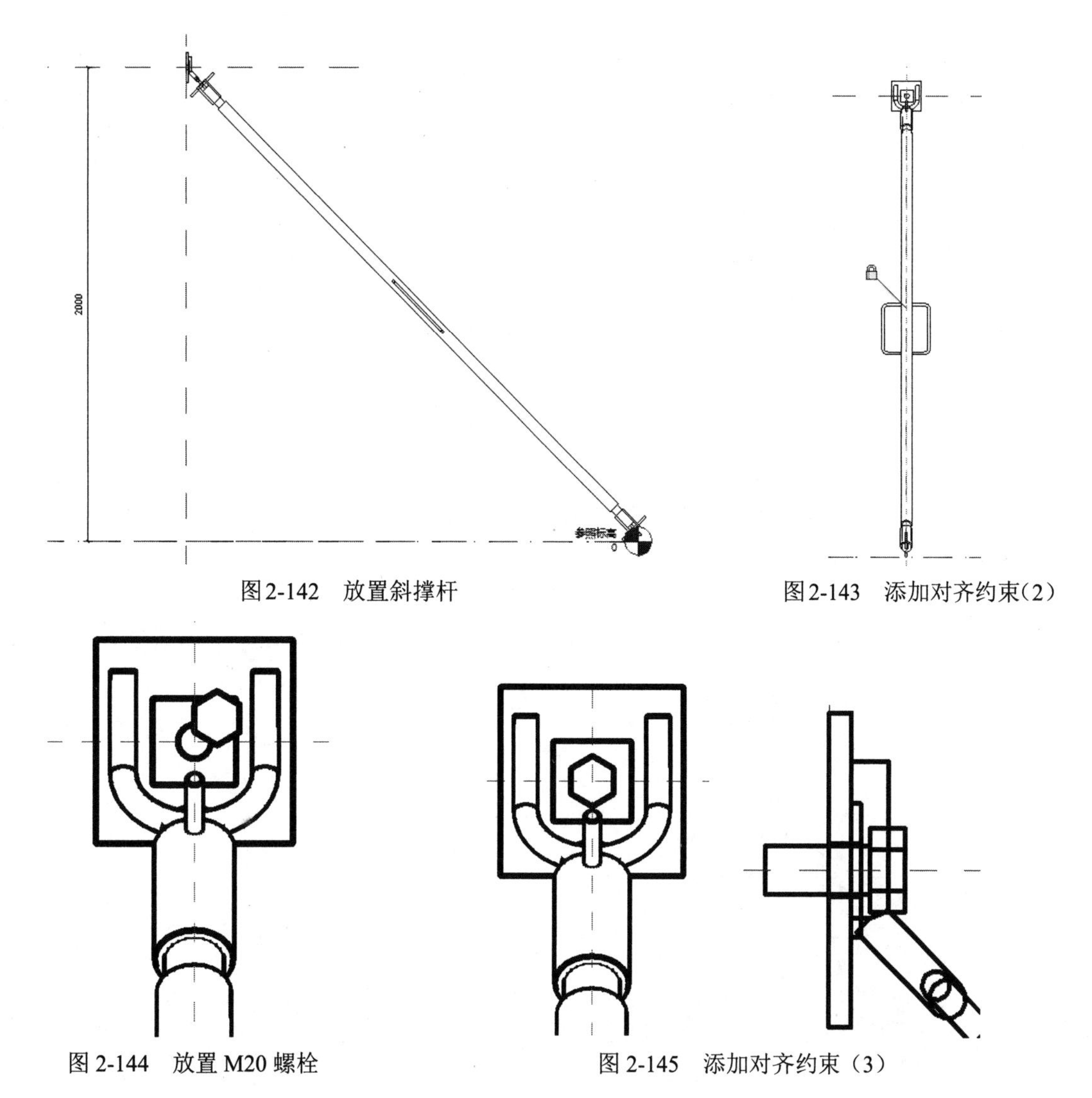

图 2-142　放置斜撑杆

图 2-143　添加对齐约束（2）

图 2-144　放置 M20 螺栓

图 2-145　添加对齐约束（3）

（11）单击“快速访问”工具栏中的“保存”按钮（快捷键：Ctrl+S），打开“另存为”对话框，输入名称“斜撑杆组件”，单击“保存”按钮，保存族文件。

2.3　外墙构件

本节主要介绍预制外墙中连接组件和支撑组件的创建。

2.3.1　外墙连接组件

视频：外墙连接组件

（1）在主视图中单击“族”→“新建”或者单击“文件”→“新建”→“族”命令，打开“新族-选择样板文件”对话框，选择“公制常规模型.rft”为样板族，单击“打开”按钮进入族编辑器界面。

（2）单击“创建”选项卡“基准”面板中的“参照平面”按钮（快捷键：RP），打开“修

改|放置 参照平面”选项卡和选项栏，系统默认激活“线”按钮，在选项栏中输入偏移值 120，捕捉水平的参照平面，从左到右绘制，在其上方出现新的参照平面，距离水平参照平面 120，如图 2-146 所示。

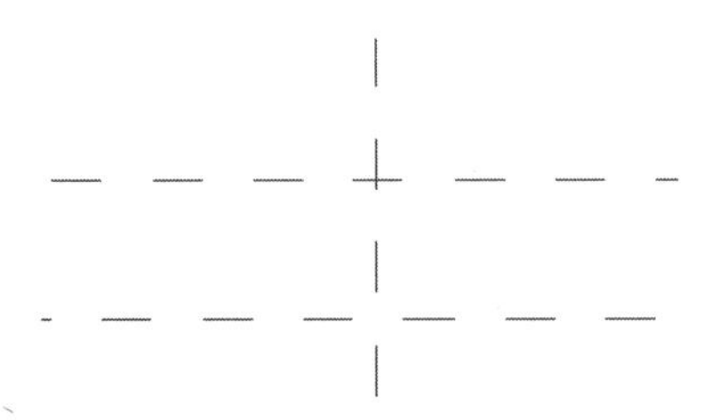

图 2-146　绘制参照平面

（3）单击“插入”选项卡“从库中载入”面板中的“载入族”按钮，打开“载入族”对话框，选择“M30 螺栓.rfa”和“垫片.rfa”族文件，如图 2-147 所示，单击“打开”按钮，将其载入当前族文件中。

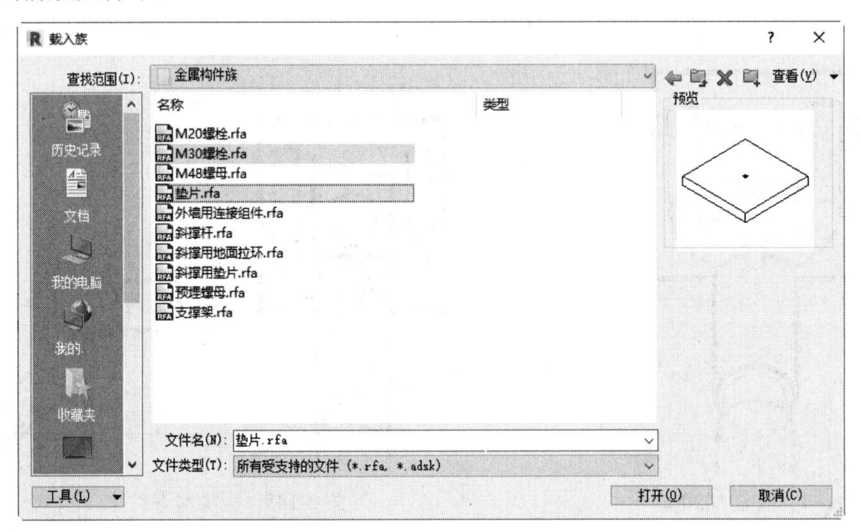

图 2-147　“载入族”对话框

（4）载入的族文件显示在项目浏览器的“族”→“常规模型”节点下，如图 2-148 所示。选择“垫片”节点下的“PL-100×100×10”，将其拖曳到水平参照平面上，使端面与水平参照平面重合，单击鼠标将其放置，如图 2-149 所示。

图 2-148　载入的族文件　　　　图 2-149　放置垫片“PL-100×100×10”

（5）单击“修改”选项卡“修改”面板中的“对齐”按钮（快捷键：AL），先拾取竖直参照平面，然后拾取垫片中心，单击“创建或删除长度或对齐约束”图标，将垫片与参照平面锁定，如图 2-150 所示。采用相同的方法，将视图切换至右视图，添加垫片中心与水平参照平面的对齐关系。

（6）将视图切换至参照平面视图。选择项目浏览器的“族”→“常规模型”→“垫片”节点下的“PL-80×80×6”，将其拖曳到上端水平参照平面上，使端面与水平参照平面重合，中心与竖直参照平面重合，单击鼠标将其放置，单击“翻转工作平面”按钮，调整垫片的放置方向，如图 2-151 所示。

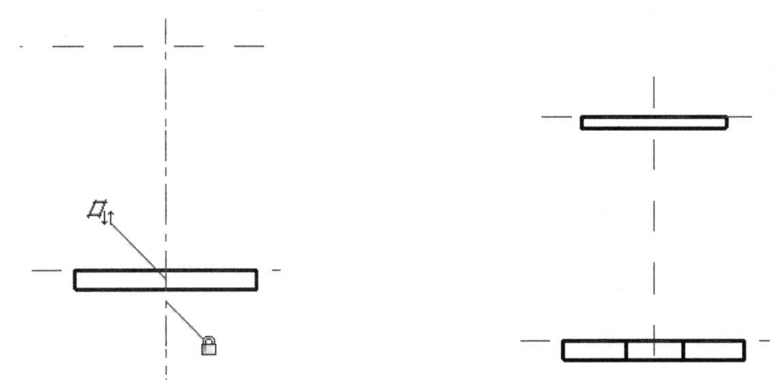

图 2-150　添加对齐约束（1）　　图 2-151　放置垫片“PL-80×80×6”

（7）将视图切换至右视图。单击“修改”选项卡“修改”面板中的“对齐”按钮（快捷键：AL），先拾取水平参照平面，然后拾取垫片中心，单击“创建或删除长度或对齐约束”图标，将垫片与参照平面锁定，如图 2-152 所示。

（8）将视图切换至参照平面视图。选择项目浏览器的“族”→“常规模型”→“M30 螺栓”节点下的“M30 L=260”，将其拖曳到下端水平参照平面上，使端面与水平参照平面重合，如图 2-153 所示。

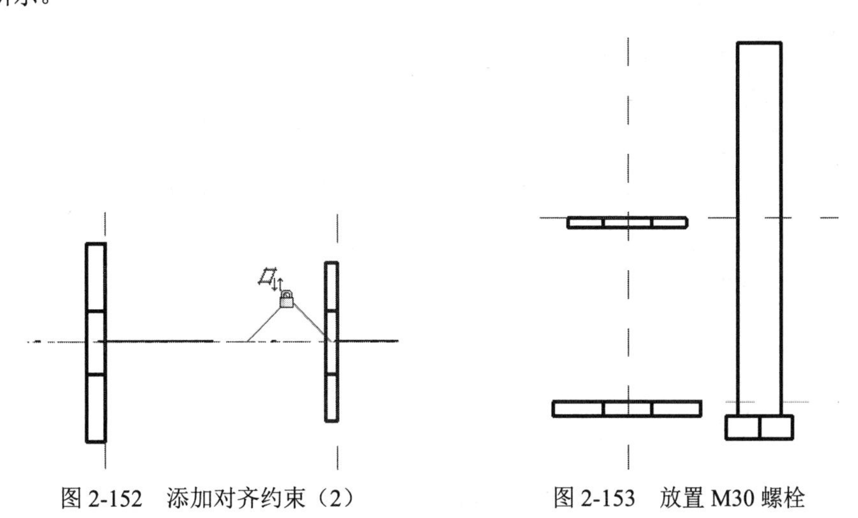

图 2-152　添加对齐约束（2）　　图 2-153　放置 M30 螺栓

（9）单击“修改”选项卡“修改”面板中的“对齐”按钮（快捷键：AL），先拾取竖直参照平面，然后拾取螺栓中心，单击“创建或删除长度或对齐约束”图标，将螺栓与参照平面锁定。将视图切换至右视图，添加水平参照平面与螺栓中心的对齐关系，如图 2-154 所示。

（10）将视图切换至参照标高视图。单击“创建”选项卡“形状”面板中的“拉伸”按钮，打开“修改|创建拉伸”选项卡，单击“绘制”面板中的“圆”按钮，绘制半径为 6 的

圆，然后单击“修改”面板中的“镜像-拾取轴”按钮，将圆以竖直参照平面为轴进行镜像，如图 2-155 所示。

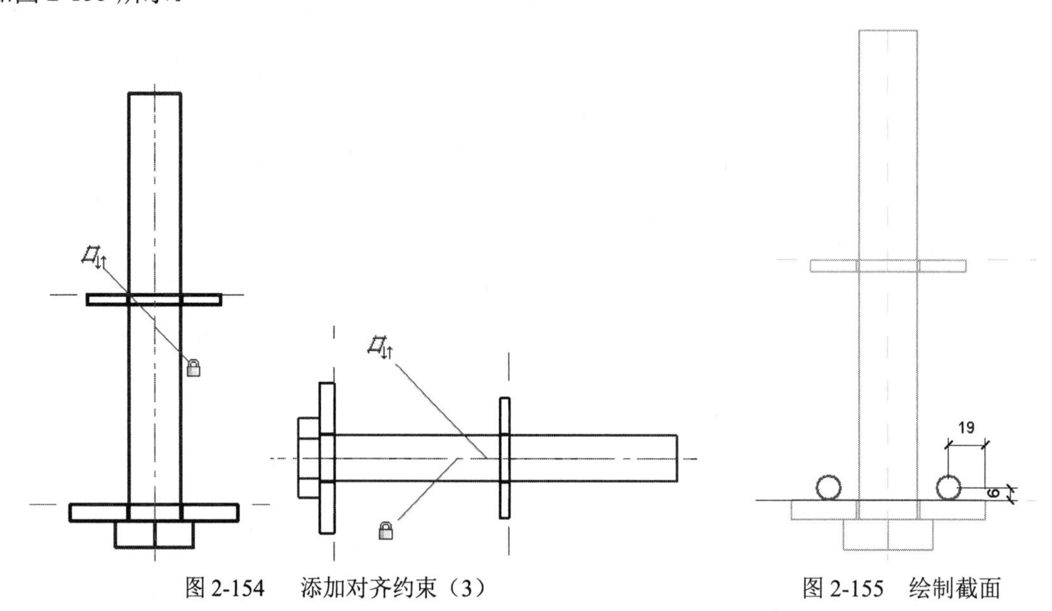

图 2-154　添加对齐约束（3）　　图 2-155　绘制截面

（11）在“属性”选项板中设置拉伸终点为 150，拉伸起点为-350，如图 2-156 所示，单击“模式”面板中的“完成编辑模式”按钮✔，完成拉伸模型的创建，将视图切换至三维视图，如图 2-157 所示。

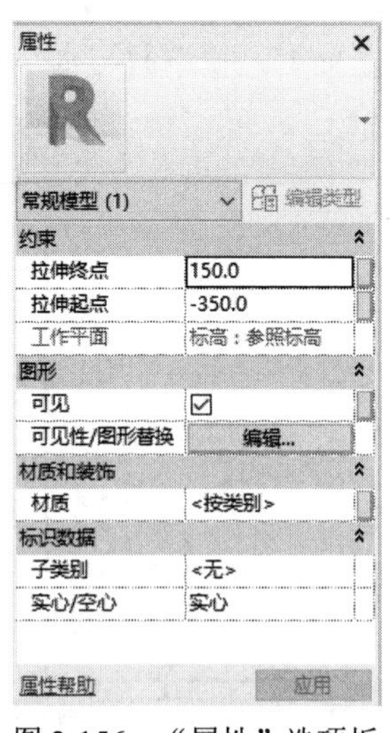

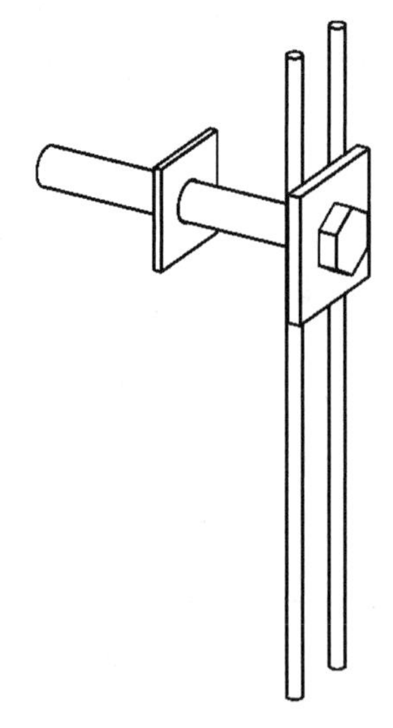

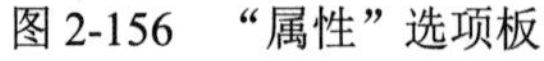

图 2-156　“属性”选项板　　图 2-157　拉伸模型

（12）单击“快速访问”工具栏中的“保存”按钮（快捷键：Ctrl+S），打开“另存为”对话框，输入名称“外墙连接组件”，单击“保存”按钮，保存族文件。

2.3.2　外墙支撑组件

视频：外墙支撑组件

（1）在主视图中单击“族”→“新建”或者单击“文件”→“新建”→“族”

命令，打开“新族-选择样板文件”对话框，选择“基于面的公制常规模型.rft”为样板族，单击“打开”按钮进入族编辑器界面。该族样板默认提供预埋件嵌入的墙面。

（2）单击“创建”选项卡“基准”面板中的“参照平面”按钮（快捷键：RP），打开“修改|放置 参照平面”选项卡和选项栏，系统默认激活“线”按钮，在选项栏中输入偏移值75，捕捉中间的参照平面，从上向下绘制，在其右侧会出现新的参照平面，距离中间参照平面75；再次捕捉中间的参照平面，从下向上绘制，在其左侧会出现新的参照平面，距离中间参照平面75，如图2-158所示。

（3）单击“修改”选项卡“测量”面板中的“对齐尺寸标注”按钮（快捷键：DI），标注参照平面之间的尺寸，如图2-159所示。

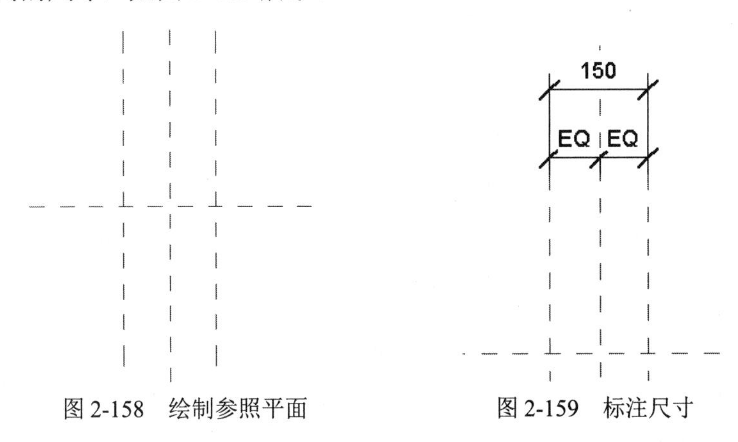

图2-158　绘制参照平面　　　　图2-159　标注尺寸

（4）单击“创建”选项卡“形状”面板中的“放样”按钮，打开“修改|放样”选项卡，单击“放样”面板中“绘制路径”按钮，打开“修改|放样→绘制路径”选项卡，利用“线”按钮，绘制路径，单击“创建或删除长度或对齐约束”图标，将路径的端点及线段与参照平面锁定，如图2-160所示。单击“模式”面板中的“完成编辑模式”按钮，完成路径绘制。

（5）单击“放样”面板中“编辑轮廓”按钮，打开“转到视图”对话框，选择“立面：右”视图，单击“打开视图”按钮，切换至右视图。

（6）单击“绘制”面板中的“线”按钮，绘制放样截面，如图2-161所示。连续单击“模式”面板中的“完成编辑模式”按钮，完成放样体的绘制，将视图切换至三维视图，如图2-162所示。

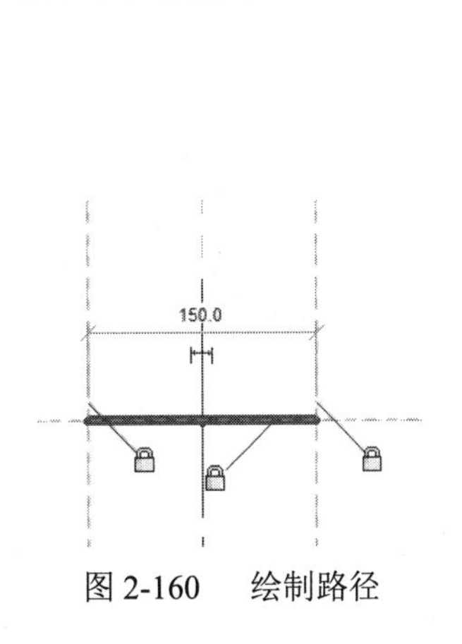

图2-160　绘制路径

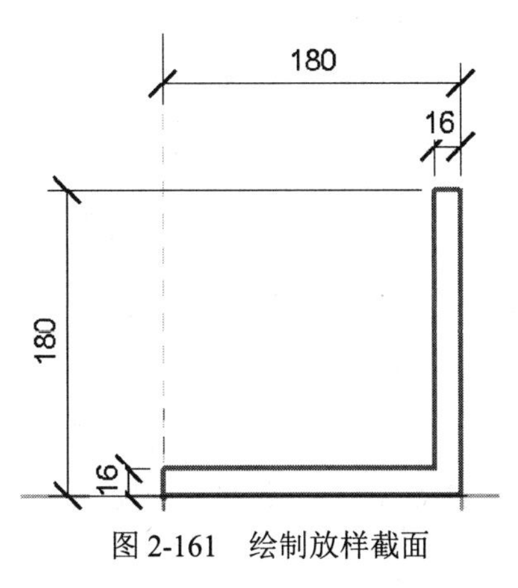

图2-161　绘制放样截面

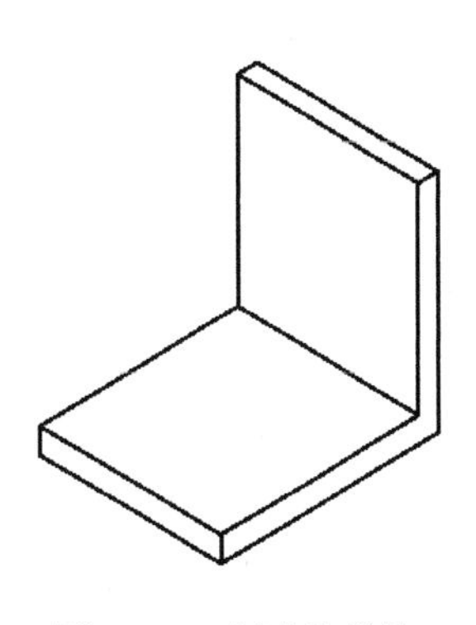

图2-162　创建放样体

（7）将视图切换至前视图。单击“创建”选项卡“形状”面板中的“拉伸”按钮，打开“修改|创建拉伸”选项卡，单击“绘制”面板中的“矩形”按钮，绘制矩形截面，然后单击“修改”面板中的“镜像-拾取轴”按钮，将矩形以竖直参照平面为轴进行镜像，如图 2-163 所示。

（8）在“属性”选项板中设置拉伸终点为 0，拉伸起点为-180，如图 2-164 所示，单击“模式”面板中的“完成编辑模式”按钮，完成拉伸模型的创建，将视图切换至三维视图，如图 2-165 所示。

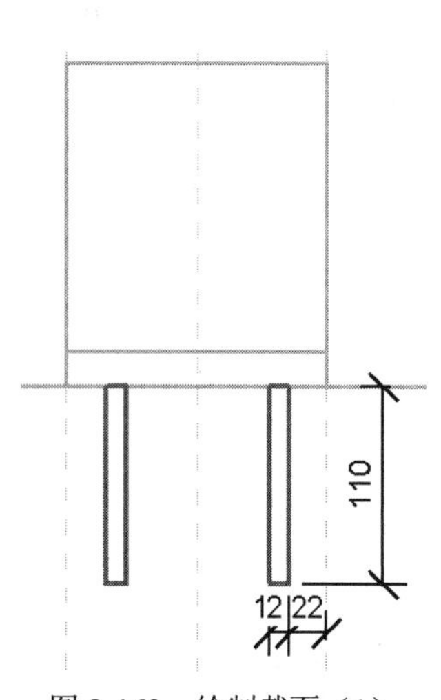

图 2-163　绘制截面（1）

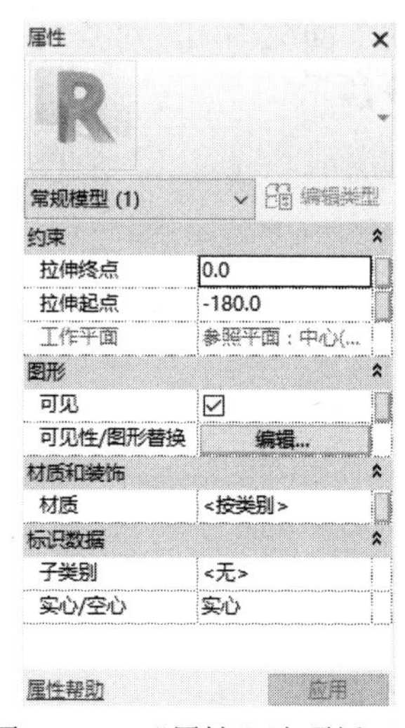

图 2-164　“属性”选项板（1）

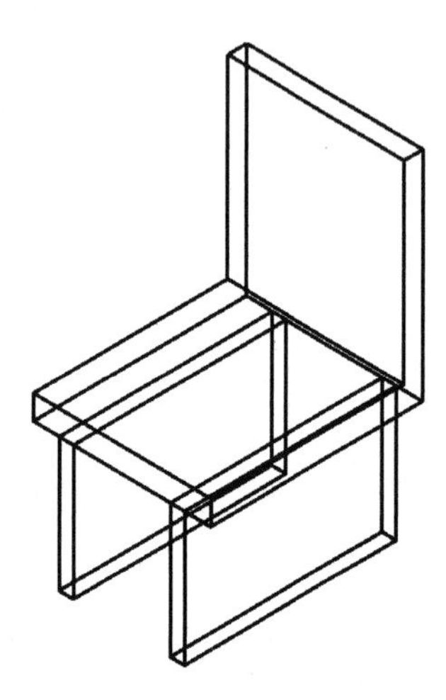

图 2-165　拉伸模型（1）

（9）将视图切换至前视图。单击“创建”选项卡“形状”面板中的“拉伸”按钮，打开“修改|创建拉伸”选项卡，单击“绘制”面板中的“圆”按钮，绘制半径为 8 的圆，然后单击“修改”面板中的“镜像-拾取轴”按钮，将圆以竖直参照平面为轴进行镜像，如图 2-166 所示。

（10）在“属性”选项板中设置拉伸终点为 505，拉伸起点为-235，如图 2-167 所示，单击“模式”面板中的“完成编辑模式”按钮，完成拉伸模型的创建，将视图切换至三维视图，如图 2-168 所示。

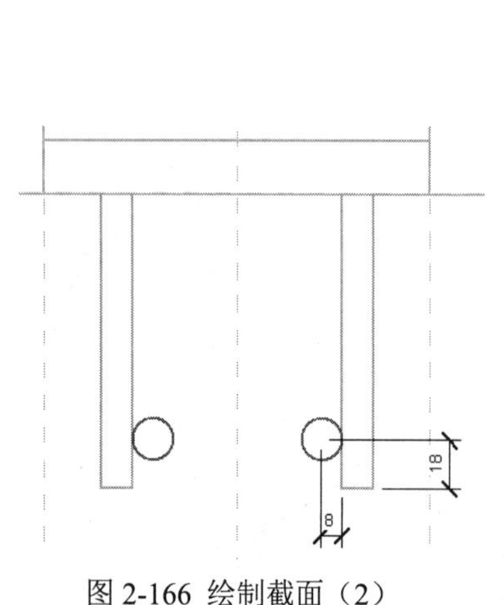

图 2-166 绘制截面（2）

属性
常规模型 (1)
编辑类型
约束
拉伸终点
505.0
拉伸起点
-235.0
工作平面
参照平面 : 中心(...
图形
可见
可见性/图形替换
编辑...
材质和装饰
材质
<按类别>
标识数据
子类别
<无>
实心/空心
实心
属性帮助
应用

图 2-167　“属性”选项板（2）

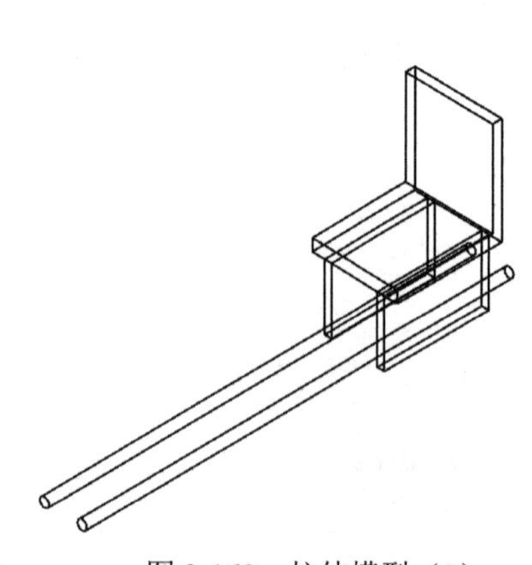

图 2-168　拉伸模型（2）

（11）将视图切换至右视图。单击“创建”选项卡“形状”面板中的“拉伸”按钮，打开“修改|创建拉伸”选项卡，单击“绘制”面板中的“圆”按钮，绘制半径为 8 的圆，如图 2-169 所示。

（12）在“属性”选项板中设置拉伸终点为 75，拉伸起点为-75，如图 2-170 所示，单击“模式”面板中的“完成编辑模式”按钮，完成拉伸模型的创建，将视图切换至三维视图，如图 2-171 所示。

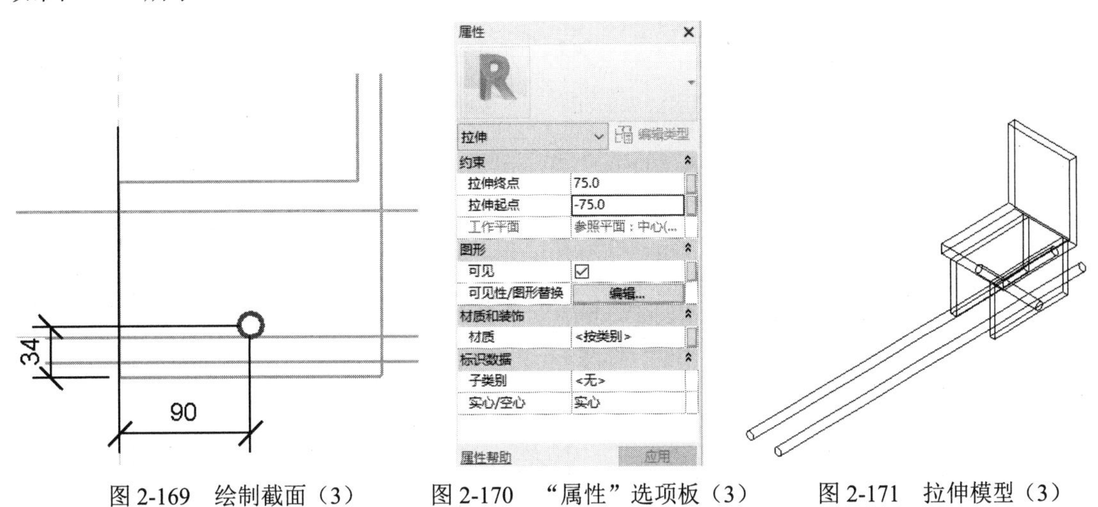

图 2-169　绘制截面（3）　　图 2-170　“属性”选项板（3）　　图 2-171　拉伸模型（3）

（13）将视图切换至右视图。单击“创建”选项卡“形状”面板中的“拉伸”按钮，打开“修改|创建拉伸”选项卡，单击“绘制”面板中的“线”按钮，绘制截面，如图 2-172 所示。

（14）在“属性”选项板中设置拉伸终点为 65，拉伸起点为 57，如图 2-173 所示，单击“模式”面板中的“完成编辑模式”按钮，完成拉伸模型的创建，将视图切换至前视图，如图 2-174 所示。

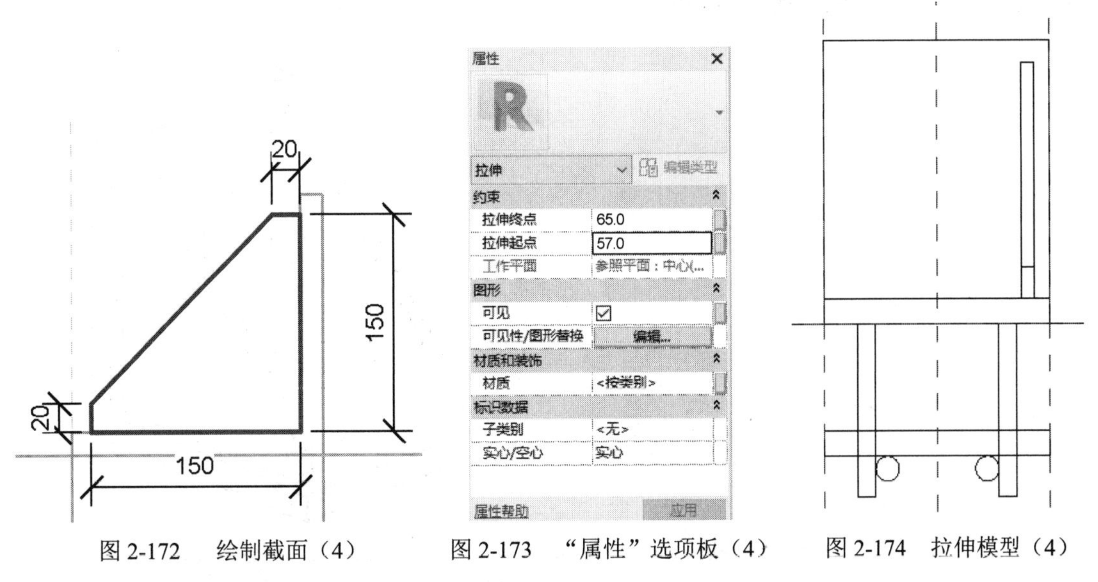

图 2-172　绘制截面（4）　　图 2-173　“属性”选项板（4）　　图 2-174　拉伸模型（4）

（15）单击“修改”面板中的“镜像-拾取轴”按钮，选取上一步创建的拉伸体为镜像对象，拾取中间的竖直参照平面为镜像轴，将拉伸体进行镜像，如图 2-175 所示。

（16）将视图切换至右视图。单击“创建”选项卡“形状”面板中的“空心形状”按钮，下拉列表中的“空心放样”按钮，打开“修改|创建空心拉伸”选项卡，打开“修改|放样”选项卡，单击“放样”面板中“绘制路径”按钮，打开“修改|放样→绘制路径”选项卡，利用“线”按钮，绘制路径，单击“创建或删除长度或对齐约束”图标，将路径的端点与端面锁定，如图 2-176 所示。单击“模式”面板中的“完成编辑模式”按钮，完成路径绘制。

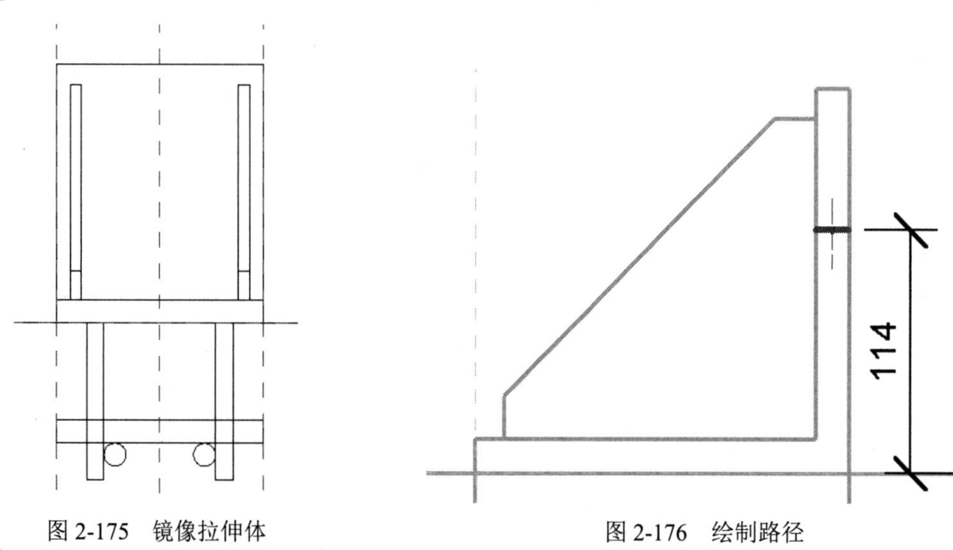

图 2-175　镜像拉伸体　　图 2-176　绘制路径

（17）单击“放样”面板中“编辑轮廓”按钮，打开“转到视图”对话框，选择“立面：前”视图，单击“打开视图”按钮，切换至前视图。

（18）单击“绘制”面板中的“圆”按钮，在参照平面的交点处绘制半径为 26 的圆，如图 2-177 所示。连续单击“模式”面板中的“完成编辑模式”按钮，完成放样体的绘制，将视图切换至三维视图，如图 2-178 所示。

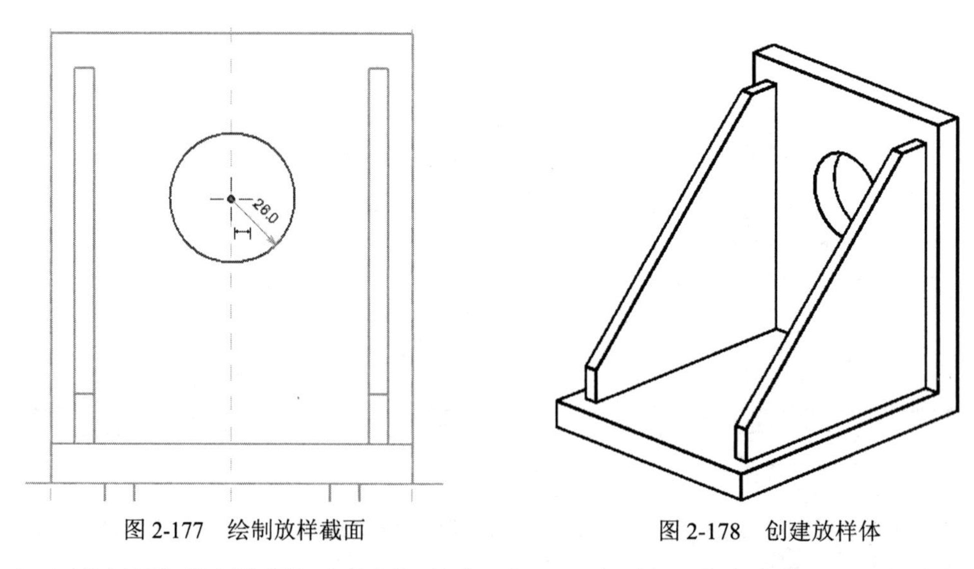

图 2-177　绘制放样截面　　图 2-178　创建放样体

（19）将视图切换至参照标高视图。单击“插入”选项卡“从库中载入”面板中的“载入族”按钮，打开“载入族”对话框，选择“M48 螺母.rfa”族文件，单击“打开”按钮，将其载入当前族文件中。

（20）选择项目浏览器的“族”→“常规模型”→“M48 螺母”节点下的“M48 螺母”，将其拖曳到端面上，单击鼠标将其放置，如图 2-179 所示。

（21）将视图切换至右视图，拖动上一步放置的 M48 螺母，使其孔心与垫片上的孔心重合，如图 2-180 所示。

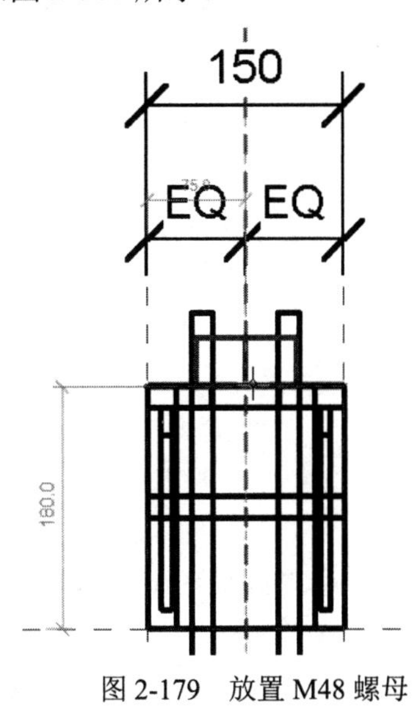

图 2-179　放置 M48 螺母

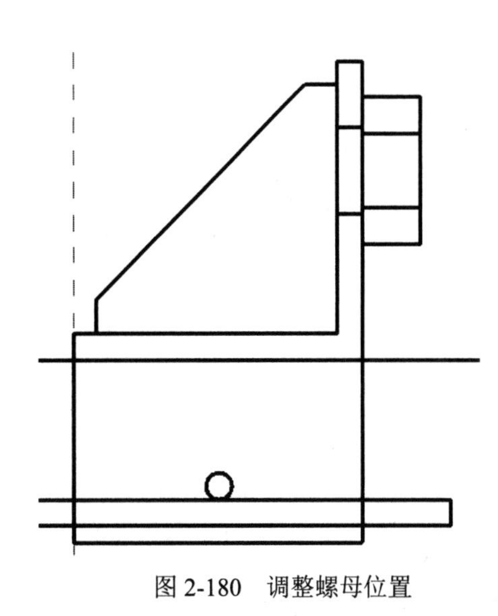

图 2-180　调整螺母位置

（22）单击“快速访问”工具栏中的“保存”按钮（快捷键：Ctrl+S），打开“另存为”对话框，输入名称“外墙支撑组件”，单击“保存”按钮，保存族文件。

第 3 章

预制混凝土构件

知识导引

预制混凝土构件（PC 构件）是实现主体结构预制的基础。本工程预制体系为装配整体式混凝土框架结构，预制构件类型包括柱、梁、楼板、楼梯、外墙。

本章主要介绍如何用族创建预制混凝土构件。

3.1 结构柱

预制结构柱是分两次浇捣混凝土的柱，第一次在预制场做成预制柱；第二次在施工现场进行，当预制柱吊装安放完成后，再浇捣上部的混凝土使其连成整体。

3.1.1 创建结构柱主体

视频：创建结构柱主体

（1）在主视图中单击“族”→“新建”或者单击“文件”→“新建”→“族”命令，打开“新族-选择样板文件”对话框，选择“公制结构柱.rft”为样板族，如图 3-1 所示，单击“打开”按钮进入族编辑器界面，如图 3-2 所示。

图 3-1 “新族-选择样板文件”对话框

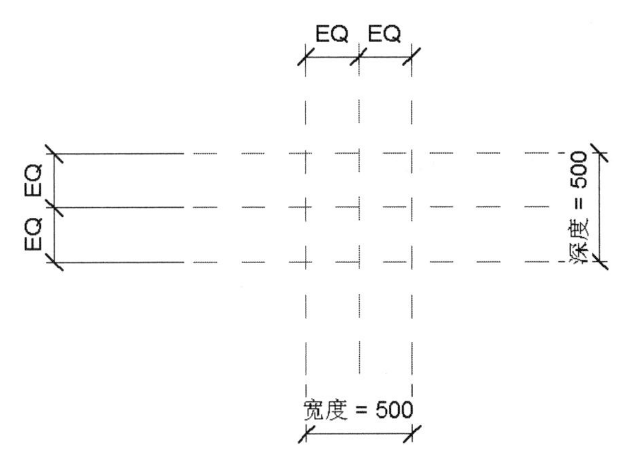

图 3-2　族编辑器界面

（2）单击“修改”选项卡“属性”面板中的“族类型”按钮，打开如图 3-3 所示的“族类型”对话框，单击“新建类型”按钮，打开“名称”对话框，输入名称“900mm×900mm”，如图 3-4 所示，单击“确定”按钮，返回“族类型”对话框。选取“深度”栏，单击“编辑参数”按钮，打开“参数属性”对话框，输入名称“a”，其他采用默认设置，如图 3-5 所示，单击“确定”按钮，返回“族类型”对话框，更改值为 900，采用相同的方法，选取“宽度”栏，输入名称“b”，更改值为 900，单击“应用”按钮，观察视图中的图形是否随着参数的变化而变化，如果是，则表示参数关联成功，单击“确定”按钮，完成类型的创建。

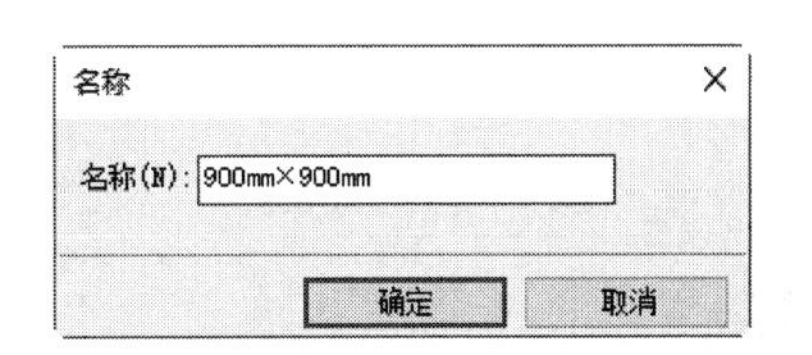

图 3-3　“族类型”对话框　　　　图 3-4　“名称”对话框

（3）单击“创建”选项卡“形状”面板中的“拉伸”按钮，打开“修改|创建拉伸”选项卡，单击“绘制”面板中的“矩形”按钮，以参照平面为参照，绘制轮廓线，单击视图中的“创建或删除长度或对齐约束”图标，将轮廓线与参照平面进行锁定，如图 3-6 所示。

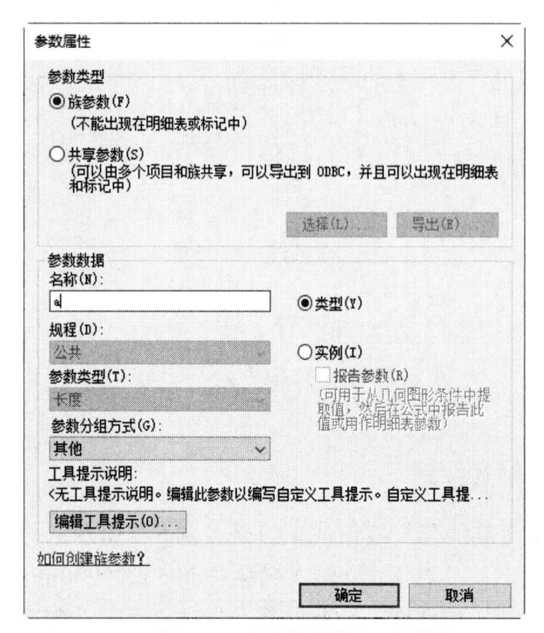

图 3-5 “参数属性”对话框

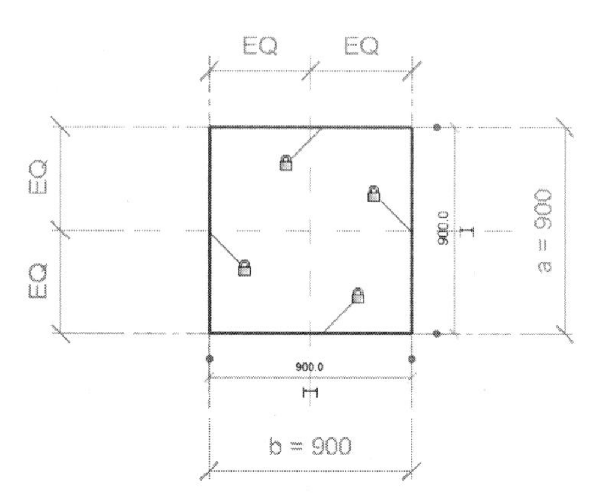

图 3-6 绘制矩形

（4）在“属性”选项板的材质栏中单击，显示按钮 并单击，打开“材质浏览器”对话框，单击“主视图”→“AEC 材质”→“混凝土”节点，在列表中选择“混凝土，预制”材质，单击“将材质添加到文档中”按钮，将其添加到项目材质列表中。在该材质上单击鼠标右键，在弹出的快捷菜单中选择“复制”选项，如图 3-7 所示，然后将复制后的“混凝土，预制”重命名为“预制混凝土”，继续在预制混凝土材质上单击鼠标右键，在弹出的快捷菜单中选择“添加到”→“收藏夹”选项，将“预制混凝土”材质添加到收藏夹，其他采用默认设置，如图 3-8 所示。

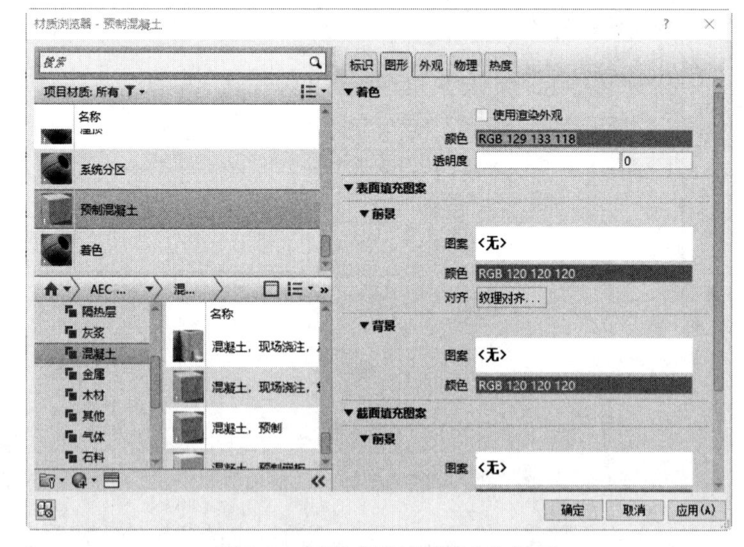

图 3-7 快捷菜单　　　　图 3-8 创建“预制混凝土”材质

（5）采用默认的拉伸参数，单击“模式”面板中的“完成编辑模式”按钮✔，完成拉伸模型的创建，将视图切换至前视图，如图 3-9 所示。

（6）双击“高于参照标高”下面的“4000”，使其处于编辑状态，输入新的数值 3900，按回车键确认，参照标高根据新的数值调整位置，如图 3-10 所示。

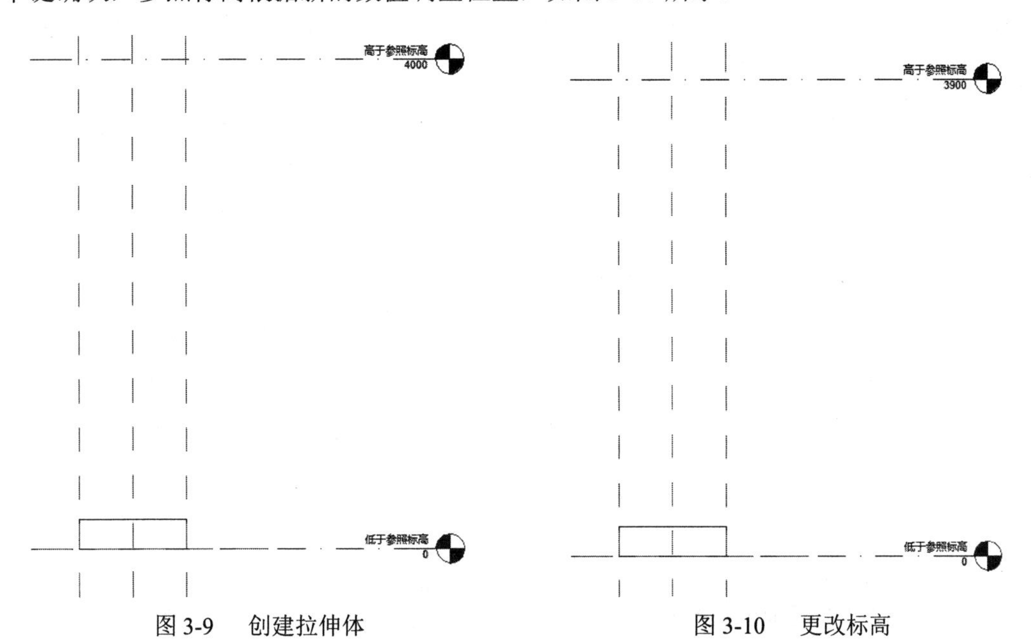

图 3-9　创建拉伸体　　　　图 3-10　更改标高

（7）单击“创建”选项卡“基准”面板中的“参照平面”按钮（快捷键：RP），打开“修改|放置 参照平面”选项卡和选项栏，系统默认激活“线”按钮，在距离高于参照标高线 900 的位置绘制参照平面；单击“修改”选项卡“测量”面板中的“对齐尺寸标注”按钮，标注参照标高线和参照平面之间的尺寸并将其锁定，如图 3-11 所示。

（8）单击“修改”选项卡“修改”面板中的“对齐”按钮（快捷键：AL），先拾取上一步绘制的参照平面，然后拾取拉伸体的上端面，单击“创建或删除长度或对齐约束”图标，将拉伸体上端面与参照平面锁定，如图 3-12 所示。

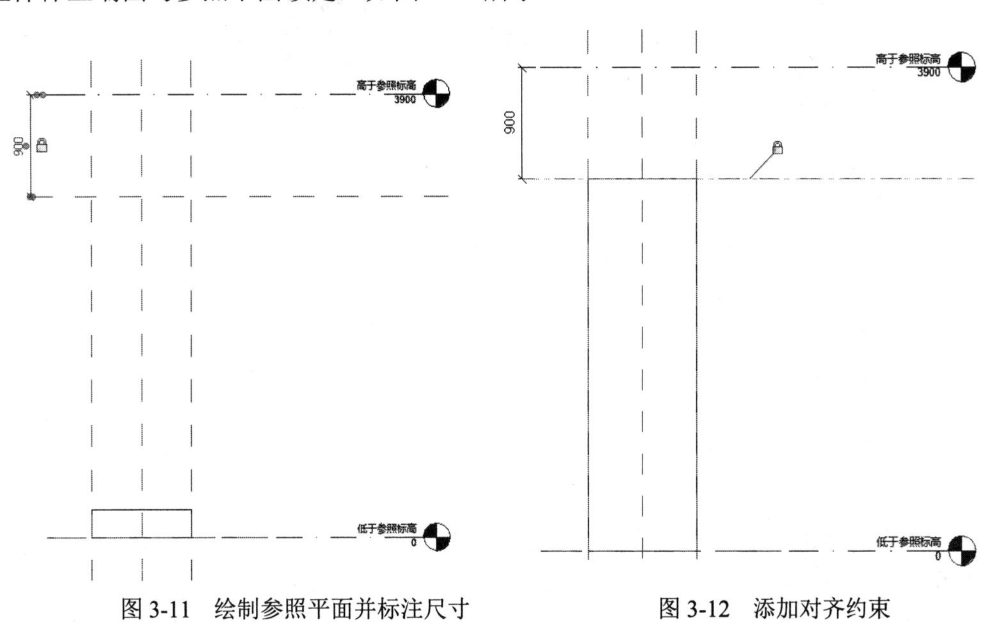

图 3-11　绘制参照平面并标注尺寸　　　　图 3-12　添加对齐约束

（9）将视图切换至低于参照标高视图。单击“创建”选项卡“形状”面板中的“拉伸”按

钮，打开“修改|创建拉伸”选项卡，单击“绘制”面板中的“矩形”按钮，以参照平面为参照，绘制轮廓线，单击视图中的“创建或删除长度或对齐约束”图标，将轮廓线与参照平面进行锁定，如图 3-13 所示。

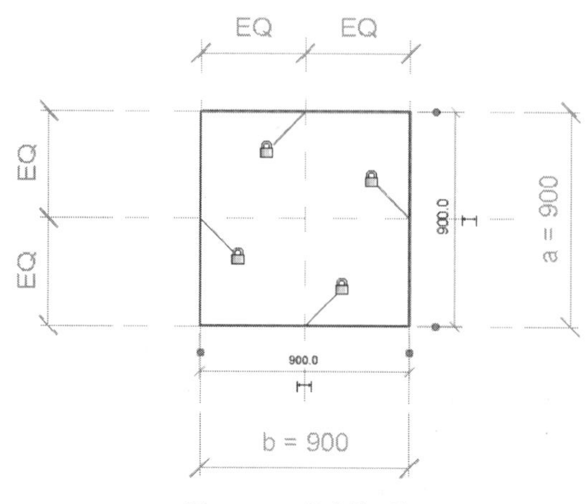

图 3-13　绘制矩形

（10）在“属性”选项板的材质栏中单击，显示按钮并单击，打开“材质浏览器”对话框，单击“主视图”→“AEC 材质”→“混凝土”节点，在列表中选择“混凝土，现场浇注-C30”材质，单击“将材质添加到文档中”按钮，将其添加到项目材质列表中。在该材质上单击鼠标右键，在弹出的快捷菜单中选择“复制”选项，然后将复制后的“混凝土，现场浇注”重命名为“现场浇注混凝土”，切换到“外观”选项卡，如图 3-14 所示。

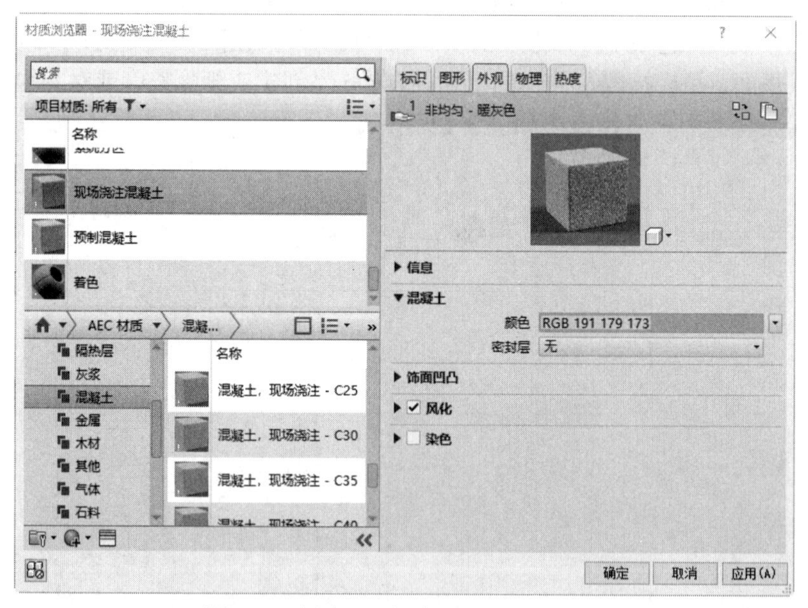

图 3-14　创建“现场浇注混凝土”材质

（11）在“混凝土”节点中单击“颜色”栏，打开“颜色”对话框，设置红、绿、蓝值为（30,30,30），然后单击“添加”按钮，将其添加到自定义颜色并选中，如图 3-15 所示，单击“确定”按钮，返回“材质浏览器”对话框。

（12）切换至“图形”选项卡，勾选“使用渲染外观”复选框，在“表面填充图案”→“前景”节点中单击“图案”栏，打开“填充样式”对话框，选择“实体填充”图案，如图 3-16 所示，单击“确定”按钮，返回“材质浏览器”对话框，继续单击“颜色”栏，打开“颜色”对话框，设置颜色为 RGB 100 100 100，单击“确定”按钮，返回“材质浏览器”对话框。

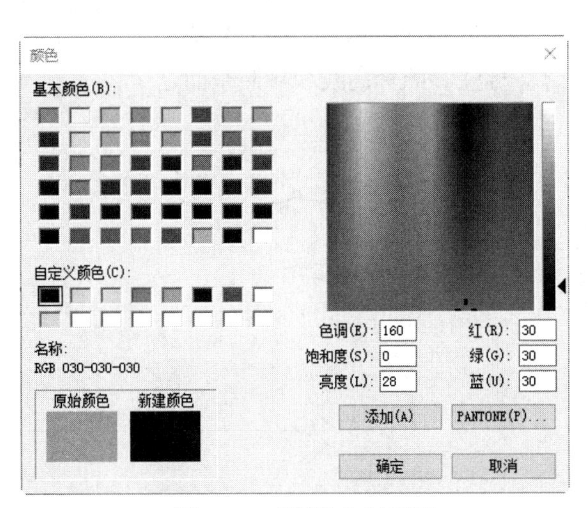

图 3-15　“颜色”对话框

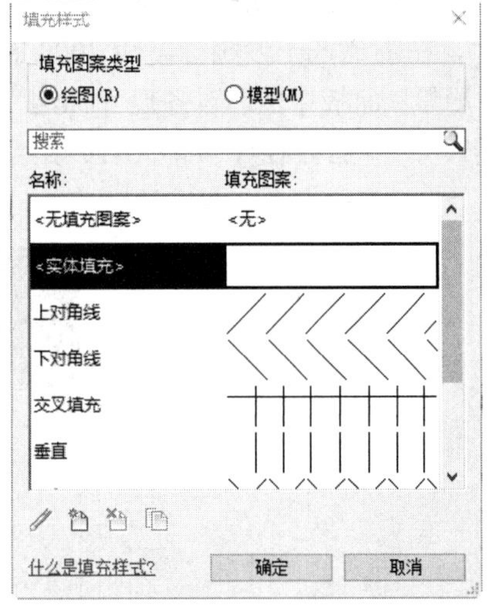

图 3-16　“填充样式”对话框

（13）在“现场浇注混凝土”材质上单击鼠标右键，弹出如图 3-7 所示的快捷菜单，选择“添加到”→“收藏夹”选项，将其添加到收藏夹，单击“确定”按钮。

（14）在“属性”选项板中设置拉伸起点为 3000，拉伸终点为 3900，如图 3-17 所示，单击“模式”面板中的“完成编辑模式”按钮✔，完成拉伸模型的创建，将视图切换至前视图，如图 3-18 所示。

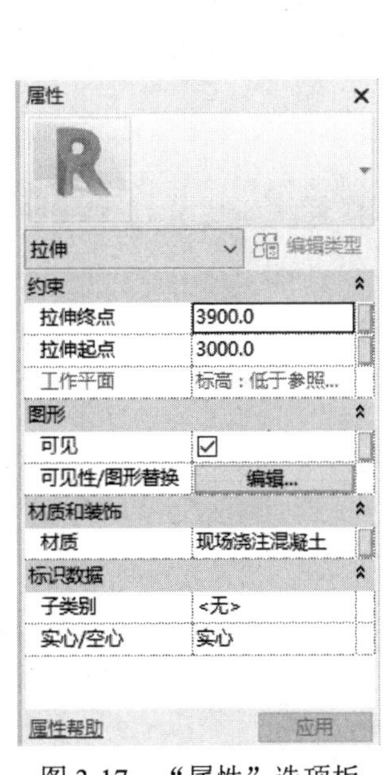

图 3-17　“属性”选项板

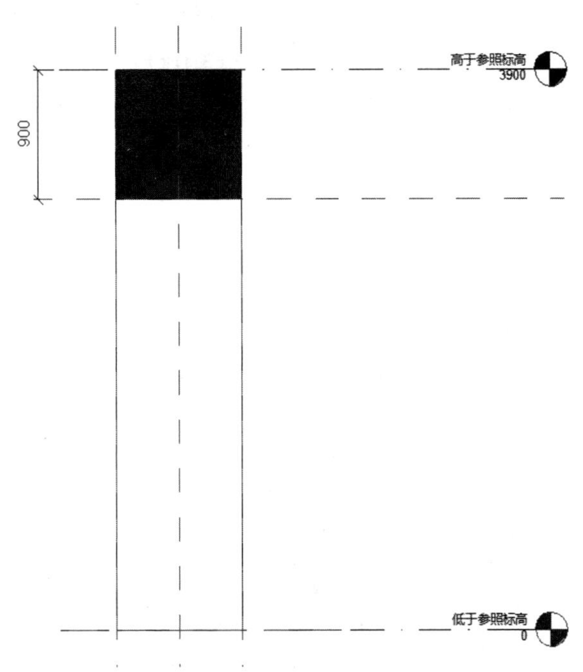

图 3-18　创建拉伸体

3.1.2 插入预埋件

视频：插入预埋件

（1）单击“创建”选项卡“基准”面板中的“参照平面”按钮（快捷键：RP），打开“修改|放置 参照平面”选项卡和选项栏，系统默认激活“线”按钮，在距离低于参照标高线 2000 的位置绘制参照平面；单击“修改”选项卡“测量”面板中的“对齐尺寸标注”按钮，标注参照标高线和参照平面之间的尺寸并将其锁定，如图 3-19 所示。

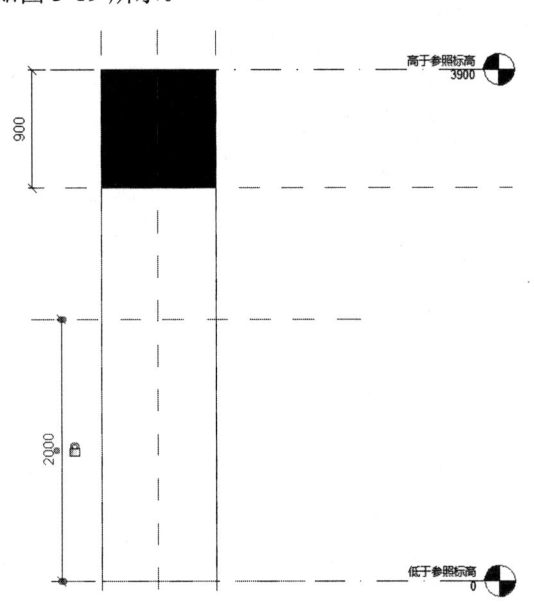

图 3-19　绘制参照平面并标注尺寸

（2）单击“插入”选项卡“从库中载入”面板中的“载入族”按钮，打开“载入族”对话框，选择“预埋螺母.rfa”族文件，如图 3-20 所示，单击“打开”按钮，将其载入当前族文件中。

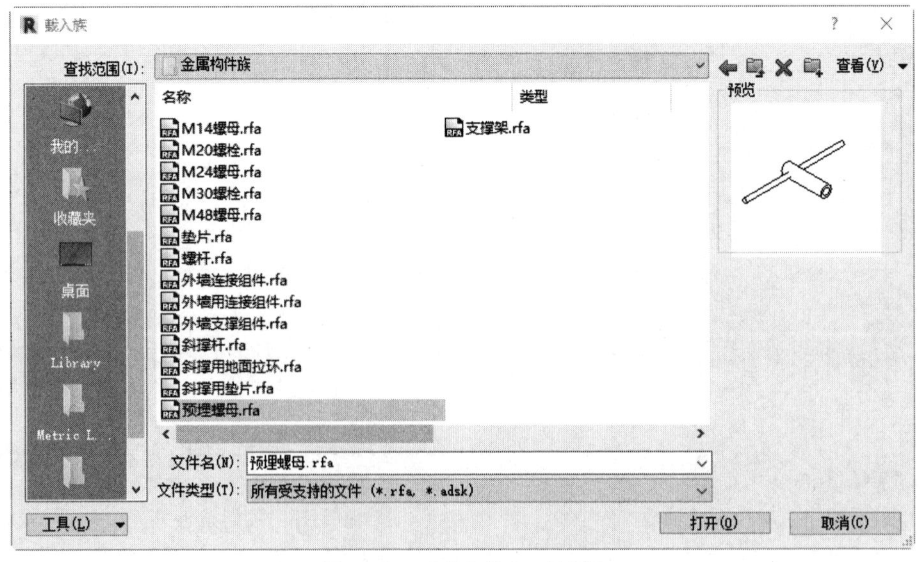

图 3-20　“载入族”对话框

（3）载入的族文件显示在项目浏览器的“族”→“常规模型”节点下，将视图切换至低于参照标高视图，选择“预埋螺母”节点下的“M20 L=120”，将其拖曳到水平参照平面上，使端面与柱面重合，单击鼠标将其放置，如图 3-21 所示。

（4）单击“修改”选项卡“修改”面板中的“对齐”按钮（快捷键：AL），先拾取水平参照平面，然后拾取预埋螺母中心，单击“创建或删除长度或对齐约束”图标，将预埋螺母与参照平面锁定，如图 3-22 所示。采用相同的方法，添加预埋螺母右端面与右侧竖直参照平面的对齐关系。

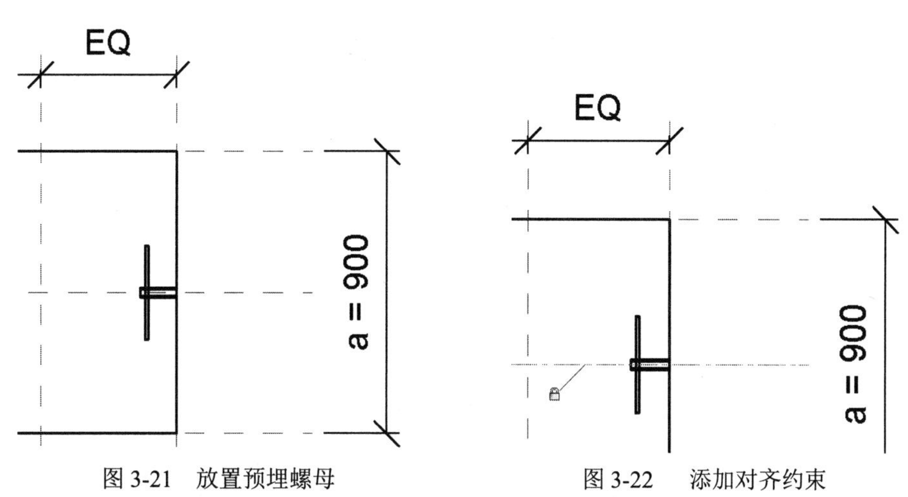

图 3-21　放置预埋螺母　　　　图 3-22　添加对齐约束

（5）将视图切换至前视图。选取预埋螺母，单击“修改”面板中的“移动”按钮（快捷键：MV），选取预埋螺母上任意一点为移动起点，在选项栏中勾选“约束”复选框，向上移动光标并输入 2000，按回车键确认，单击“修改”选项卡“修改”面板中的“对齐”按钮（快捷键：AL），先拾取水平参照平面，然后拾取预埋螺母中心，单击“创建或删除长度或对齐约束”图标，将预埋螺母与参照平面锁定，如图 3-23 所示。采用相同的方法，在另一侧插入预埋螺母。

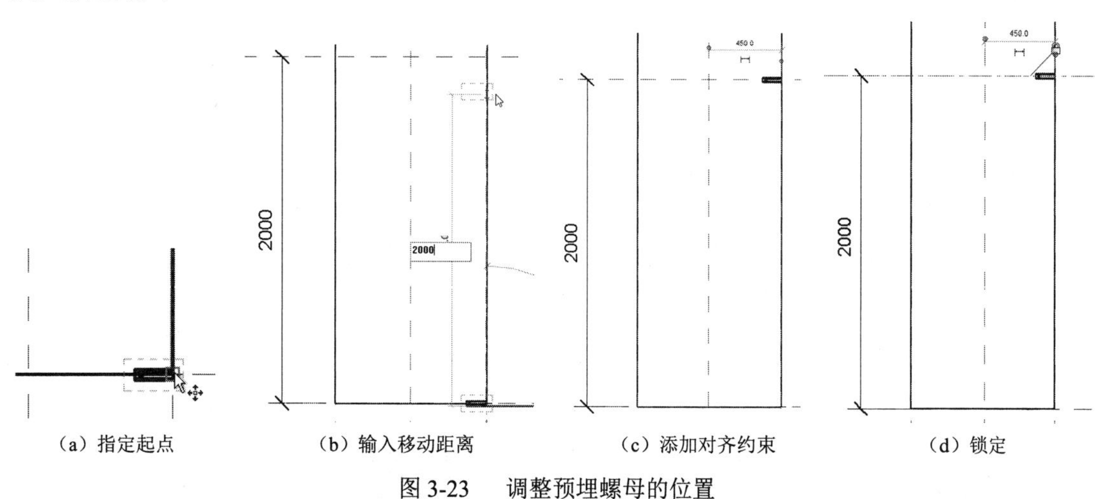

（a）指定起点　（b）输入移动距离　（c）添加对齐约束　（d）锁定

图 3-23　调整预埋螺母的位置

（6）将视图切换至低于参照标高视图。单击“创建”选项卡“控件”面板中的“控件”按钮，打开如图 3-24 所示的“修改|放置 控制点”选项卡，分别单击“控制点类型”面板中

的“双向垂直”按钮和“双向水平”按钮，将其放置在视图中适当位置，如图 3-25 所示。

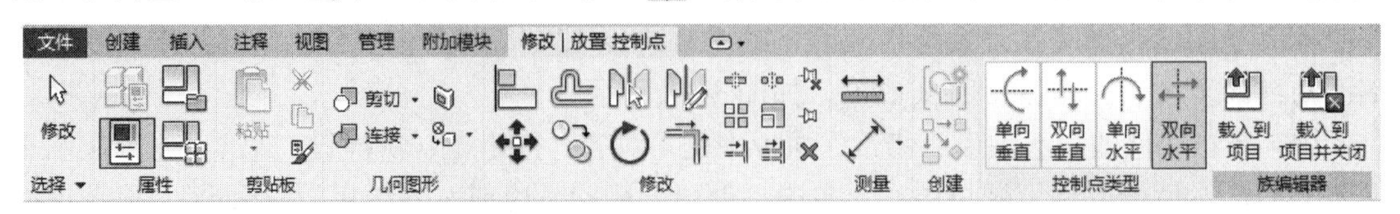

图 3-24 “修改|放置 控制点”选项卡

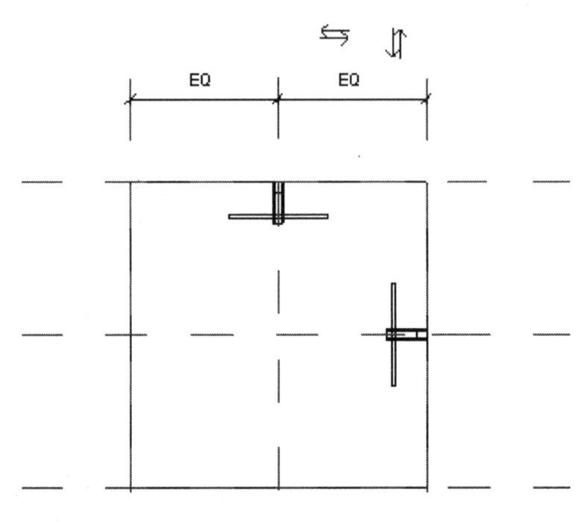

图 3-25 添加控件

（7）单击“修改”选项卡“属性”面板中的“族类型”按钮，打开“族类型”对话框，如图 3-26 所示，单击“新建类型”按钮，打开“名称”对话框，如图 3-27 所示，输入名称“1000mm×1000mm”，如图 3-28 所示，单击“确定”按钮，返回“族类型”对话框，更改“a 和 b”为 1000，单击“应用”按钮，观察视图中的图形是否随着参数的变化而变化，如果是，则表示参数关联成功，单击“确定”按钮，完成类型的创建。

（8）单击“快速访问”工具栏中的“保存”按钮（快捷键：Ctrl+S），打开“另存为”对话框，输入名称“预制结构柱”，单击“保存”按钮，保存族文件。

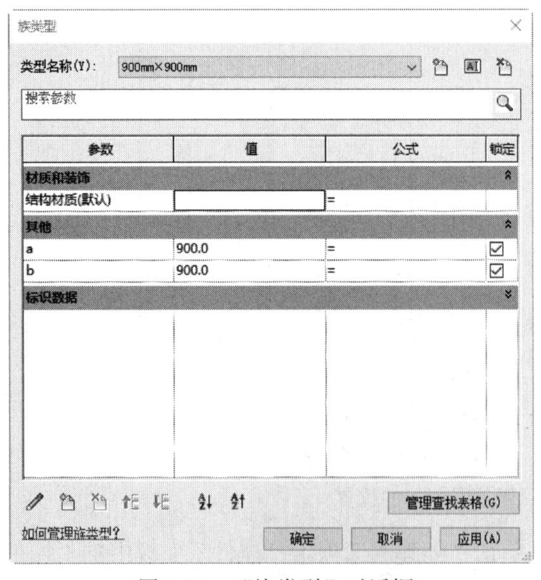

图 3-26 “族类型”对话框

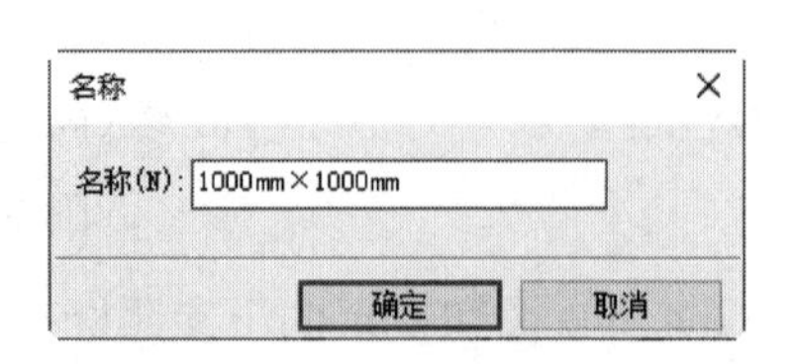

图 3-27 “名称”对话框

图 3-28　新建“1000mm×1000mm”类型

3.2　预制叠合梁

预制叠合梁是由预制梁和现浇钢筋混凝土层叠合而成的梁，预制梁既是结构梁的组成部分，又是现浇钢筋混凝土层的永久性模板。预制叠合梁整体刚度更好，而且最大限度节约了传统梁木模的使用，改良了梁支模的施工工艺，缩短了施工周期，改善了施工环境，提高了施工的质量和精度。

视频：预制叠合梁

（1）在主视图中单击“族”→“打开”或者单击“文件”→“打开”→“族”命令，打开“打开”对话框，选择“China”→“结构”→“框架”→“混凝土”文件夹中的“混凝土-矩形梁.rfa”，如图 3-29 所示。单击“打开”按钮，打开“混凝土-矩形梁.rfa”族文件。

图 3-29　“载入族”对话框

（2）单击“修改”选项卡“属性”面板中的“族类型”按钮，打开“族类型”对话框，在类型名称下拉列表中选择“300mm×600mm”类型，单击“删除类型”按钮，将其删除；单击“重命名”按钮，打开“名称”对话框，输入名称“350mm×900mm”，单击“确定”按钮，返回“族类型”对话框，更改“b”为 350，“h”为 900，如图 3-30 所示，单击“确定”按钮，将视图切换至右视图，更改后的梁如图 3-31 所示。

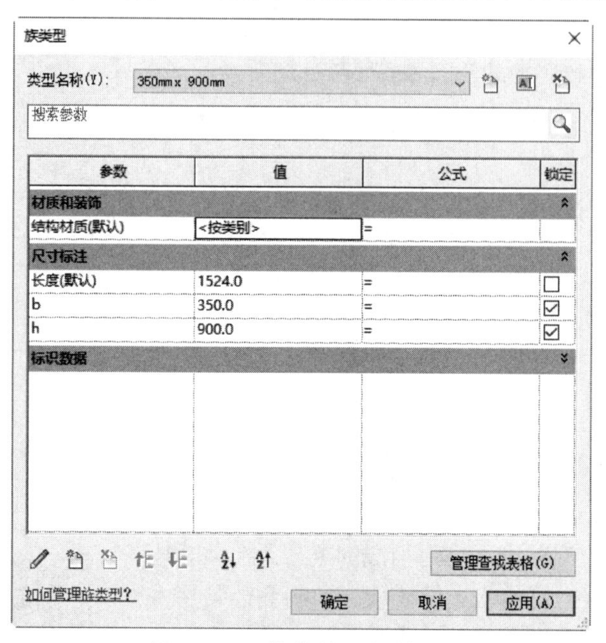

图 3-30　“族类型”对话框

图 3-31　更改后的梁

（3）选取视图中最上端的水平参照平面，单击“修改”面板中的“复制”按钮（快捷键：CO），选取参照平面上任意一点为复制起点，在选项栏中勾选“约束”复选框和“多个”复选框，向下移动光标并输入 130，按回车键确认，继续向下移动光标并输入 50，按回车键确认，如图 3-32 所示。

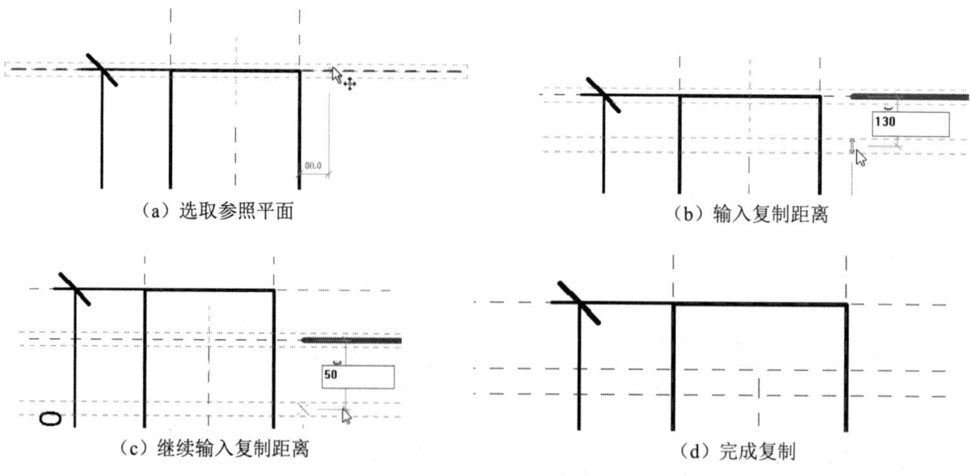

（a）选取参照平面　（b）输入复制距离　（c）继续输入复制距离　（d）完成复制

图 3-32　复制参照平面

（4）单击“修改”选项卡“测量”面板中的“对齐尺寸标注”按钮（快捷键：DI），标注参照标高线和参照平面之间的尺寸并将其锁定，如图 3-33 所示。

（5）利用“复制”、“镜像-拾取轴”和“对齐尺寸标注”命令，绘制竖直参照平面并标注尺寸，如图 3-34 所示。

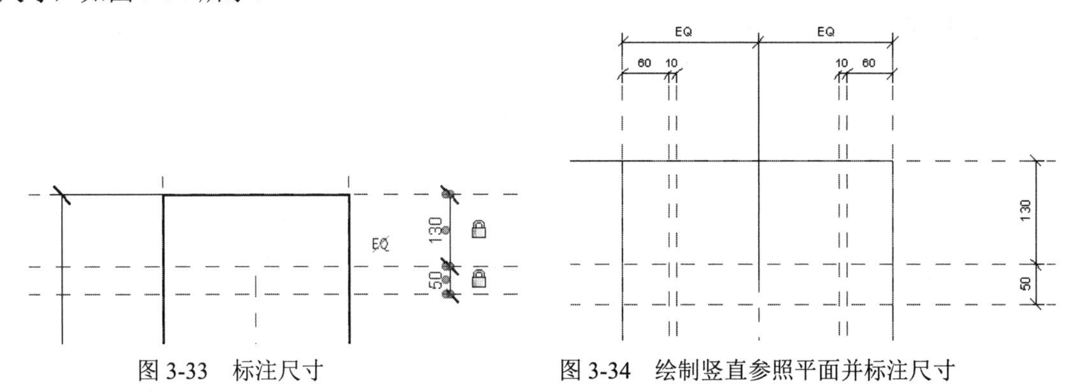

图 3-33　标注尺寸　　图 3-34　绘制竖直参照平面并标注尺寸

（6）双击梁主体，打开“修改|放样”选项卡，单击“放样”面板中的“选择轮廓”按钮，然后在“轮廓”下拉列表中选择“按草图”，单击“编辑轮廓”按钮，打开“修改|放样→编辑轮廓”选项卡，系统默认激活“线”按钮，取消“链”复选框的勾选，根据参照平面绘制轮廓，单击“创建或删除长度或对齐约束”图标，将轮廓线段与参照平面锁定，如图 3-35 所示。

（7）单击“属性”选项板材质栏右侧的“关联族参数”按钮，打开“关联族参数”对话框，选择“无”，如图 3-36 所示，单击“确定”按钮，取消材质关联。

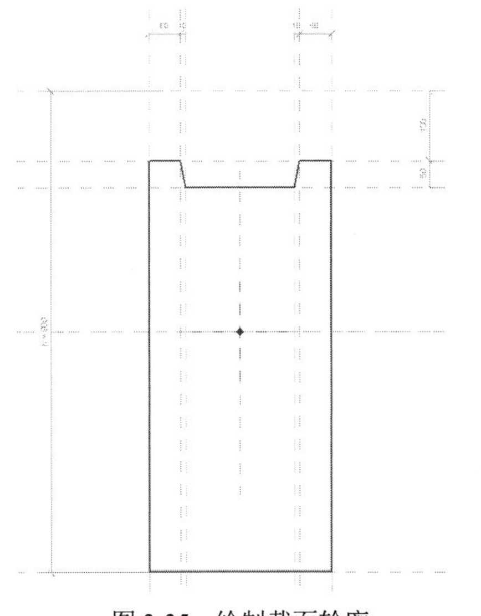

图 3-35　绘制截面轮廓

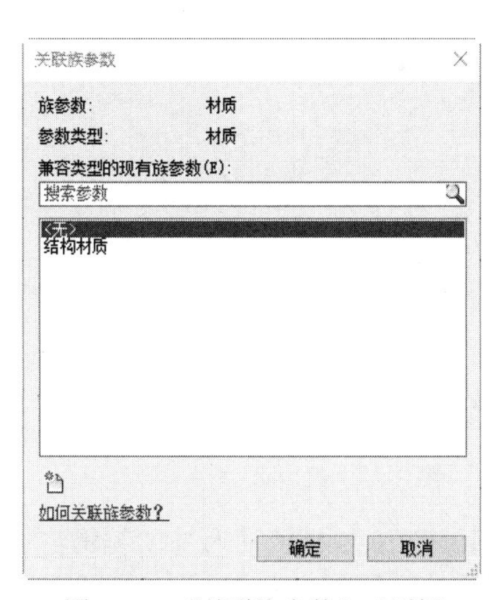

图 3-36　“关联族参数”对话框

（8）在“属性”选项板的材质栏中单击，显示按钮并单击，打开“材质浏览器”对话框，单击“主视图”→“收藏夹”节点，在列表中选择“预制混凝土”材质，单击“将材质添加到文档中”按钮，将其添加到项目材质列表中，如图 3-37 所示，单击“确定”按钮。

（9）连续单击“模式”面板中的“完成编辑模式”按钮，完成预制梁的绘制，将视图切换至三维视图，如图 3-38 所示。

（10）将视图切换至参照标高视图。单击“创建”选项卡“形状”面板中的“放样”按钮，

打开“修改|放样”选项卡，单击“放样”面板中“绘制路径”按钮，打开“修改|放样→绘制路径”选项卡，利用“线”按钮，绘制路径，单击“创建或删除长度或对齐约束”图标，将路径的端点及线段与参照平面锁定，如图 3-39 所示。单击“模式”面板中的“完成编辑模式”按钮，完成路径绘制。

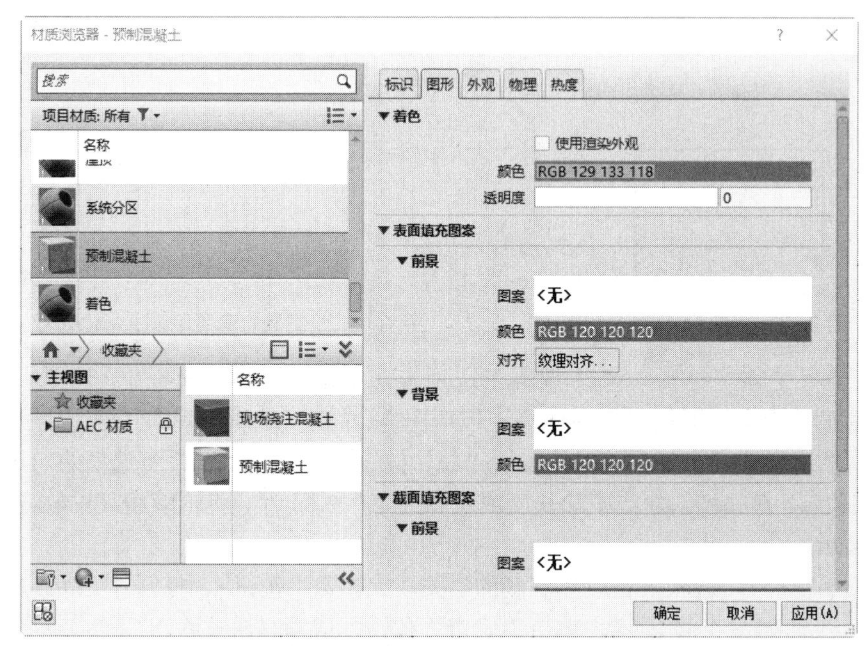

图 3-37　“材质浏览器”对话框

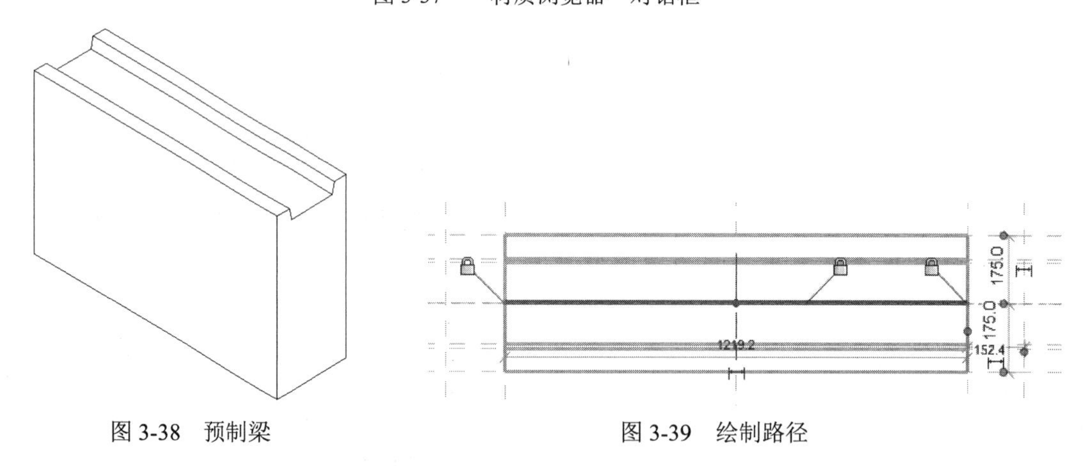

图 3-38　预制梁　　　　图 3-39　绘制路径

（11）单击“放样”面板中“编辑轮廓”按钮，打开“转到视图”对话框，选择“立面：右”视图绘制轮廓，单击“打开视图”按钮，切换至右视图。

（12）系统默认激活“线”按钮，根据参照平面绘制轮廓，单击“创建或删除长度或对齐约束”图标，将轮廓线段与参照平面锁定，如图 3-40 所示。

（13）在“属性”选项板的材质栏中单击，显示按钮并单击，打开“材质浏览器”对话框，单击“主视图”→“收藏夹”节点，在列表中选择“现场浇注混凝土”材质，单击“将材质添加到文档中”按钮，将其添加到项目材质列表中，如图 3-37 所示，单击“确定”按钮。

（14）连续单击“模式”面板中的“完成编辑模式”按钮，完成现浇梁的绘制，将视图切换至三维视图，如图 3-41 所示。

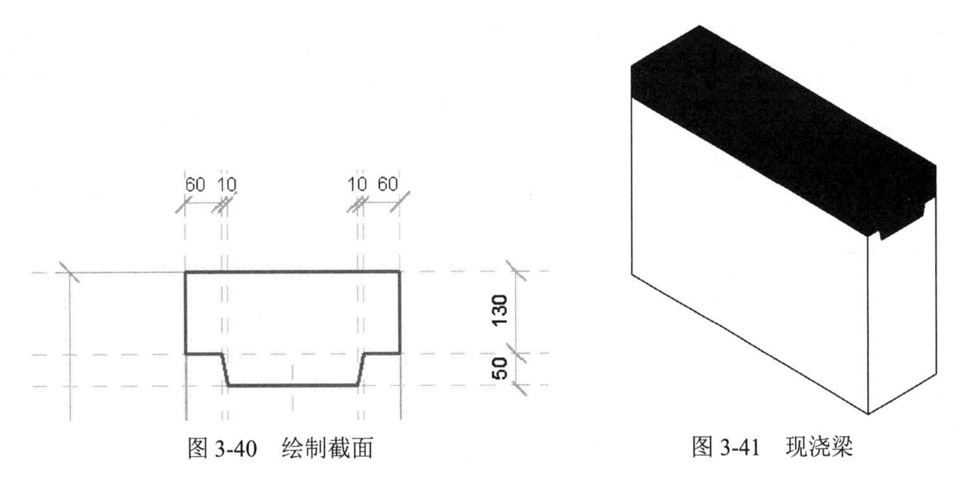

图 3-40　绘制截面　　　　图 3-41　现浇梁

（15）将视图切换至右视图。选取视图中最下端的水平参照平面，单击“修改”面板中的“复制”按钮（快捷键：CO），选取参照平面上任意一点为复制起点，在选项栏中勾选“约束”复选框和“多个”复选框，向上移动光标并输入 60，按回车键确认，继续向上移动光标并输入 15，按回车键确认，继续向上复制参照平面，距离分别为 170、15，采用相同的方法，分别将左右两侧的竖直参照平面向中间进行复制，距离分别为 50 和 15，如图 3-42 所示。

（16）单击“修改”选项卡“测量”面板中的“对齐尺寸标注”按钮（快捷键：DI），标注参照平面之间的尺寸，如图 3-43 所示。将尺寸值为 15、50 和 60 的尺寸锁定。

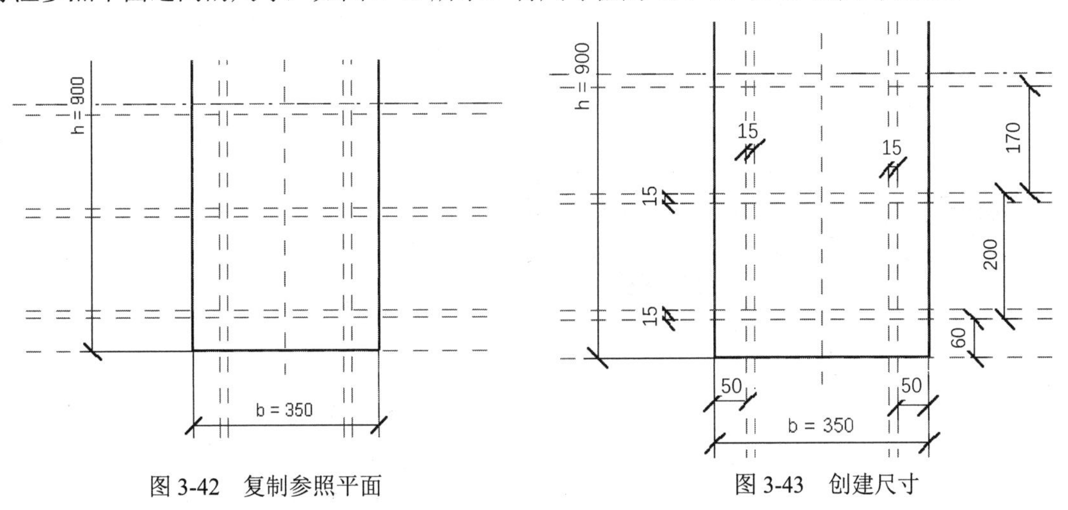

图 3-42　复制参照平面　　　　图 3-43　创建尺寸

（17）选取尺寸值为 200 的尺寸，打开“修改|尺寸标注”选项卡，单击“标签尺寸标注”面板中的“创建参数”按钮，打开“参数属性”对话框，选择参数类型为“族参数”，输入名称“槽高”，设置参数分组方式为“尺寸标注”，如图 3-44 所示，单击“确定”按钮，完成参数尺寸的添加。采用相同的方法，添加槽间距参数尺寸，如图 3-45 所示。

（18）单击“修改”选项卡“属性”面板中的“族类型”按钮，打开如图 3-46 所示的“族类型”对话框，在“槽间距”栏中输入公式“槽高−30mm”，如图 3-46 所示，单击“确定”按钮。

（19）单击“创建”选项卡“形状”面板中的“空心形状”按钮下拉列表中的“空心融合”按钮，打开“工作平面”对话框，选择“名称”选项，在下拉列表中选择“参照平面：

中心（左/右）”，如图 3-47 所示，单击“确定”按钮，打开如图 3-48 所示的“修改|创建空心融合底部边界”选项卡，单击“绘制”面板中“矩形”按钮，绘制底部边界，单击“创建或删除长度或对齐约束”图标，将边界与参照平面锁定，如图 3-49 所示。

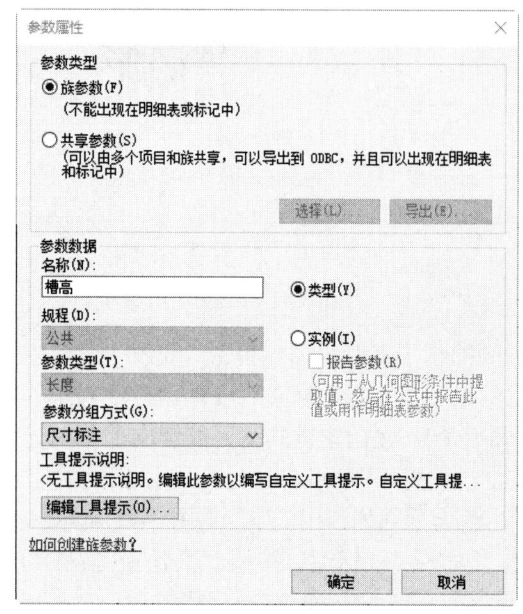

图 3-44 “参数属性”对话框

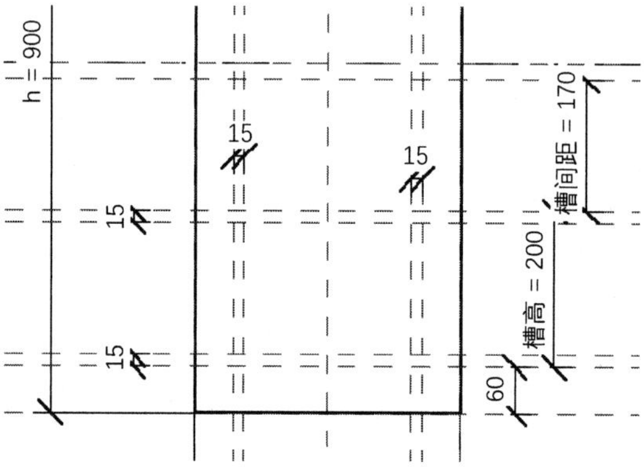

图 3-45 添加参数尺寸

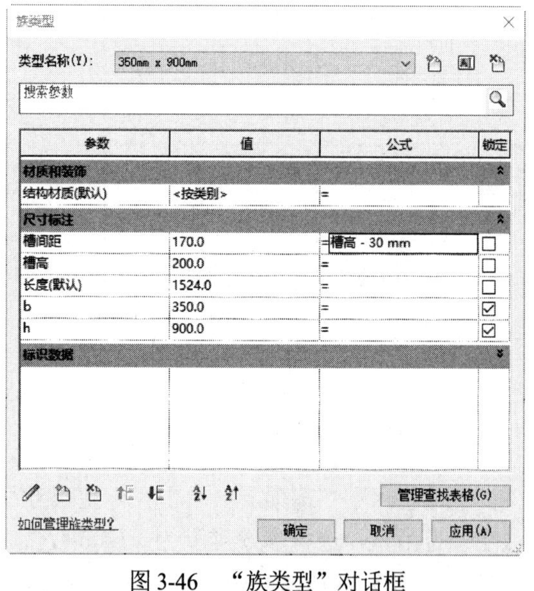

图 3-46 “族类型”对话框

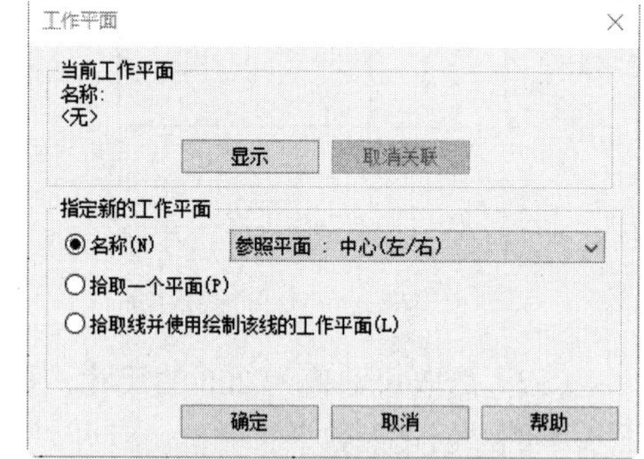

图 3-47 “工作平面”对话框

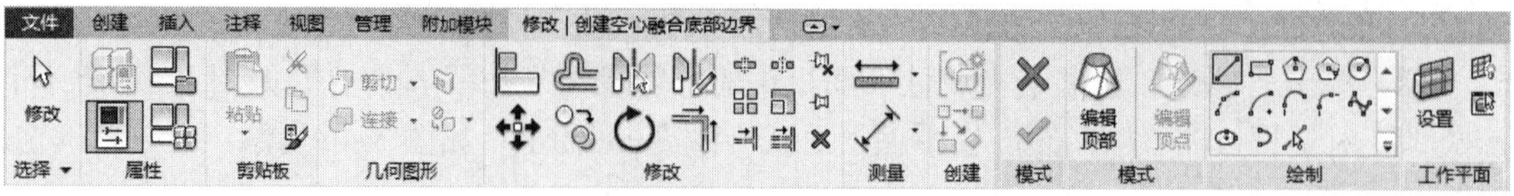

图 3-48 “修改|创建空心融合底部边界”选项卡

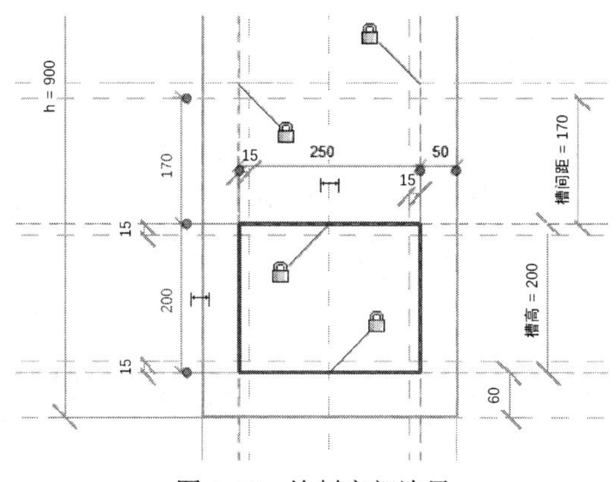

图 3-49　绘制底部边界

（20）单击“模式”面板中“编辑顶部”按钮，打开“修改|创建空心融合顶部边界”选项卡，单击“绘制”面板中“矩形”按钮，绘制底部边界，单击“创建或删除长度或对齐约束”图标，将边界与参照平面锁定，如图 3-50 所示。

（21）在“属性”选项板中设置第一端点为 0，第二端点为 30，如图 3-51 所示，单击“模式”面板中的“完成编辑模式”按钮，完成剪力槽的绘制，将视图切换至前视图，如图 3-52 所示。

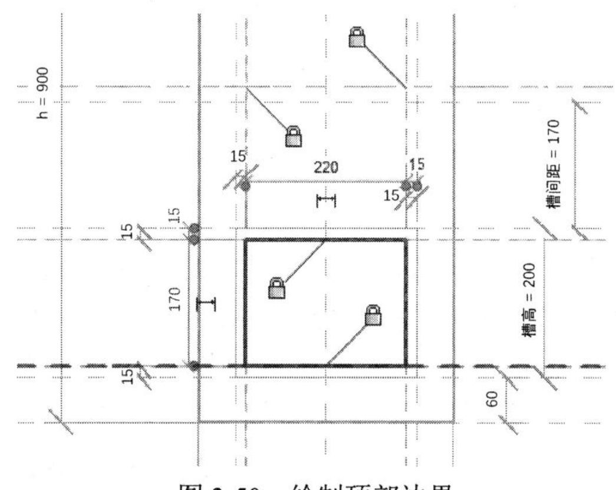

图 3-50　绘制顶部边界

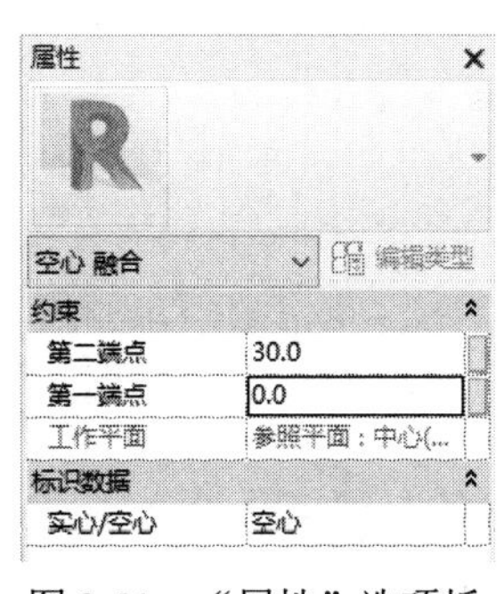

图 3-51　“属性”选项板

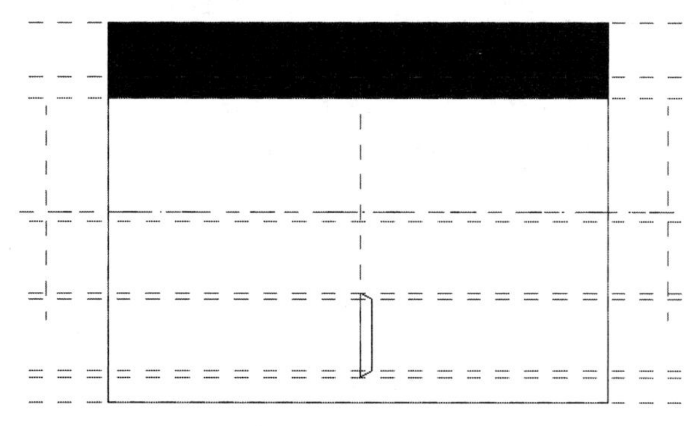

图 3-52　创建剪力槽

（22）单击“创建”选项卡“基准”面板中的“参照平面”按钮（快捷键：RP），在适当位置绘制竖直参照平面，单击“修改”选项卡“测量”面板中的“对齐尺寸标注”按钮，先标注参照平面之间的尺寸，然后选取参照平面修改尺寸值，调整参照平面的位置，最后将尺寸锁定，如图 3-53 所示。

（23）单击“修改”选项卡“修改”面板中的“对齐”按钮（快捷键：AL），先拾取左侧与梁端部重合的参照平面，然后拾取融合体左侧端面，单击“创建或删除长度或对齐约束”图标，将融合体左侧端面与参照平面锁定，连续拾取竖直参照平面和融合体右侧端面，添加对齐约束，如图 3-54 所示。

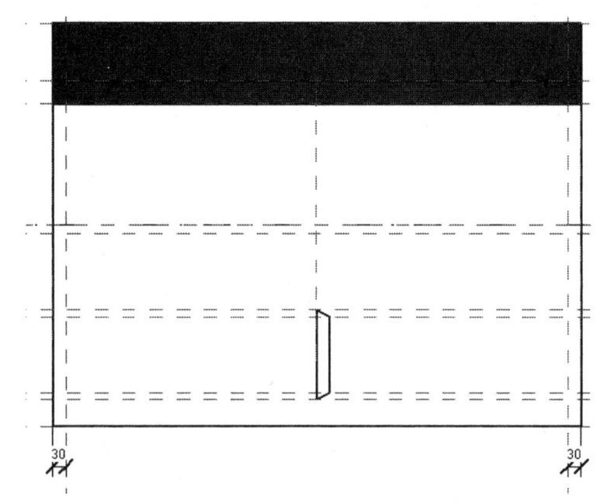

图 3-53　绘制参照平面并标注尺寸

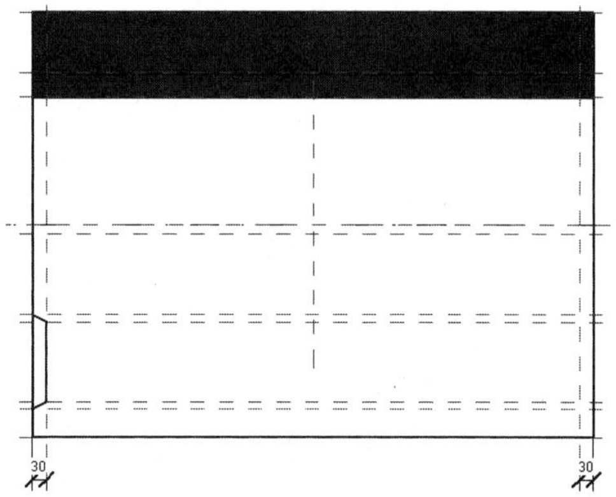

图 3-54　添加对齐约束

（24）将视图切换至右视图。选取剪力槽和水平参照平面，单击“修改”面板中的“复制”按钮（快捷键：CO），将其向上复制，复制距离为 370，然后利用“对齐”命令，添加参照平面和复制后剪力槽边线的对齐关系，如图 3-55 所示。

（25）将视图切换至前视图。选取左侧两个剪力槽，单击“修改”面板中的“镜像-拾取轴”按钮（快捷键：MM），拾取中间的竖直参照平面为镜像轴，将剪力槽进行镜像，然后利用“对齐”命令，添加参照平面和镜像后剪力槽端面的对齐关系，拖动剪力槽造型操纵柄至参照平面，然后锁定，如图 3-56 所示。

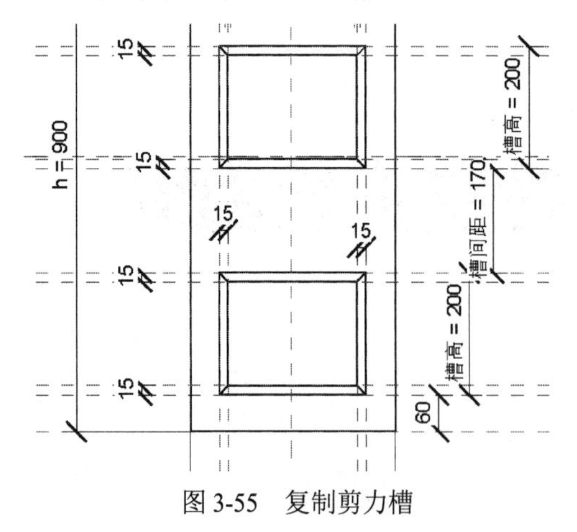

图 3-55　复制剪力槽

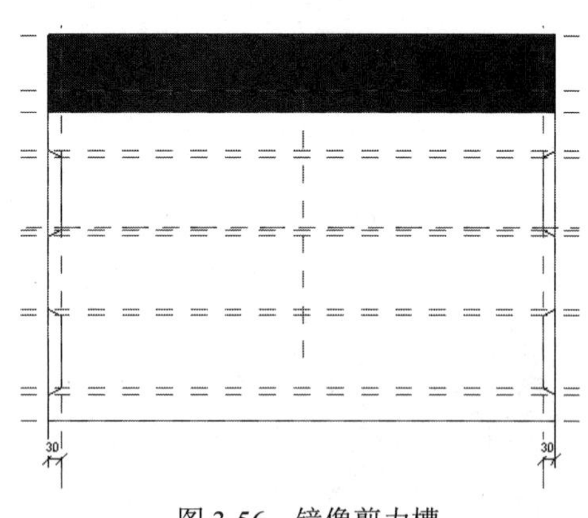

图 3-56　镜像剪力槽

（26）单击“文件”→“另存为”→“族”命令，打开“另存为”对话框，输入名称“叠合梁”，单击“保存”按钮，保存族文件。

3.3　预制混凝土外墙挂板

预制混凝土外墙挂板作为 PC 结构的代表，越来越多地应用在不同类型的项目中。外墙挂板在主体结构中主要起外围护作用和装饰作用。

视频：创建 U 形墙板主体

3.3.1　创建 U 形墙板主体

（1）在主视图中单击“族”→“新建”或者单击“文件”→“新建”→“族”命令，打开“新族-选择样板文件”对话框，选择“基于面的公制常规模型.rft”为样板族，单击“打开”按钮进入族编辑器界面。该族样板默认提供预埋件嵌入的墙面。

（2）单击“创建”选项卡“基准”面板中的“参照平面”按钮（快捷键：RP），打开“修改|放置 参照平面”选项卡和选项栏，系统默认激活“线”按钮，在选项栏中输入偏移值 430，捕捉中间的参照平面，从上向下绘制，在其右侧会出现新的参照平面，距离中间参照平面 430；再次捕捉中间的参照平面，从下向上绘制，在其左侧会出现新的参照平面，距离中间参照平面 430，如图 3-57 所示。

（3）单击“修改”选项卡“测量”面板中的“对齐尺寸标注”按钮（快捷键：DI），标注参照平面之间的尺寸，如图 3-58 所示。

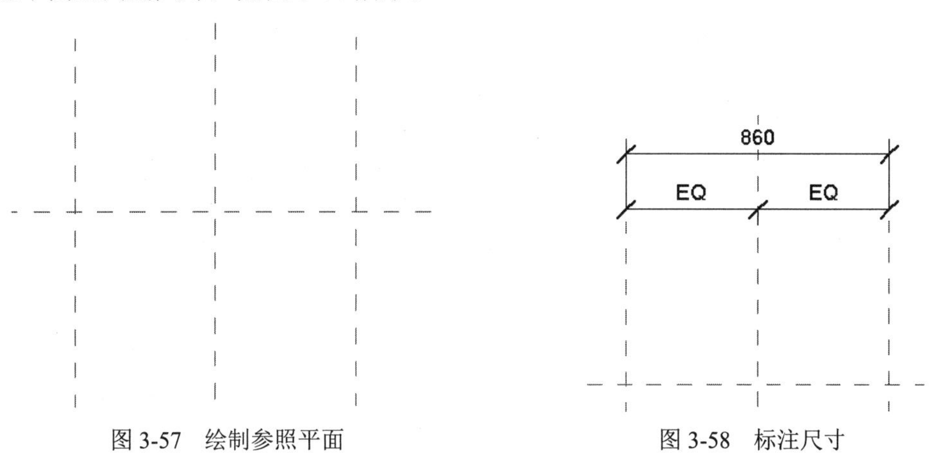

图 3-57　绘制参照平面　　图 3-58　标注尺寸

（4）选取上一步标注的总尺寸，打开“修改|尺寸标注”选项卡，单击“标签尺寸标注”面板中的“创建参数”按钮，打开“参数属性”对话框，选择参数类型为“族参数”，输入名称“墙长”，设置参数分组方式为“尺寸标注”，如图 3-59 所示，单击“确定”按钮，完成参数尺寸的创建，如图 3-60 所示。

（5）单击“创建”选项卡“形状”面板中的“拉伸”按钮，打开“修改|创建拉伸”选项卡。

（6）单击“创建”选项卡“基准”面板中的“参照平面”按钮（快捷键：RP），打开“修改|放置 参照平面”选项卡和选项栏，系统默认激活“线”按钮，绘制参照平面，单击“修改”选项卡“测量”面板中的“对齐尺寸标注”按钮，标注参照平面之间的尺寸并将尺寸锁定，如图 3-61 所示。最上端水平参照平面到最下端水平参照平面的距离为 580。

（7）选取上端的两水平参照平面之间的尺寸 150，单击“修改|尺寸标注”选项卡“标签尺寸标注”面板中的“创建参数”按钮，打开“参数属性”对话框，输入名称“墙厚”，其他采用默认设置，如图 3-62 所示，单击“确定”按钮，完成参数尺寸的创建。

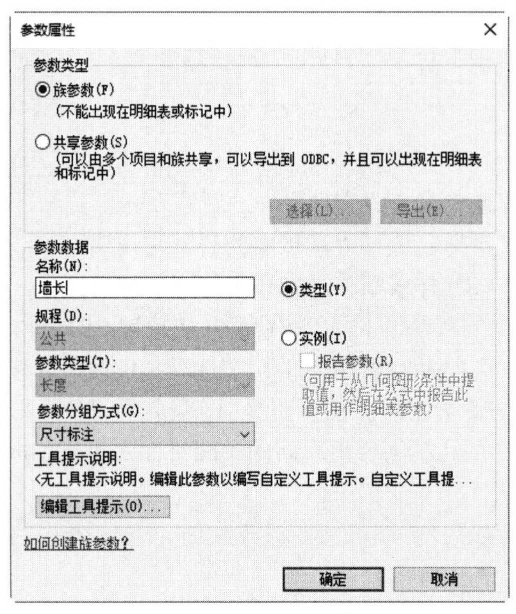

图 3-59 “参数属性”对话框

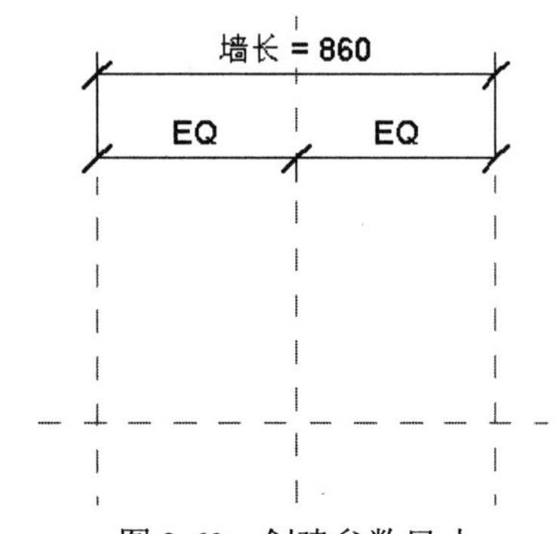

图 3-60 创建参数尺寸

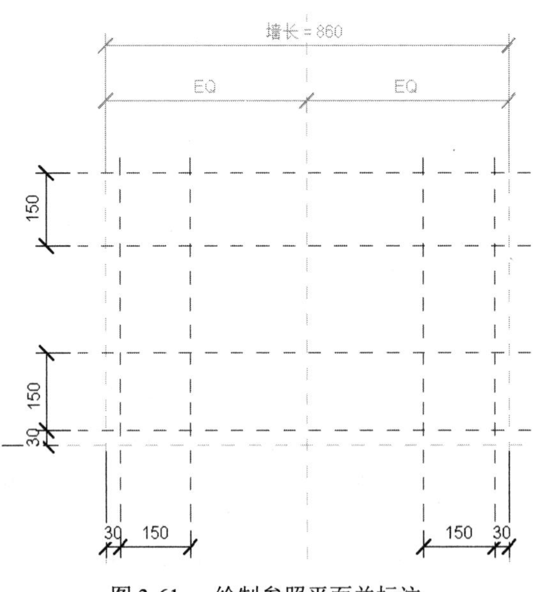

图 3-61 绘制参照平面并标注

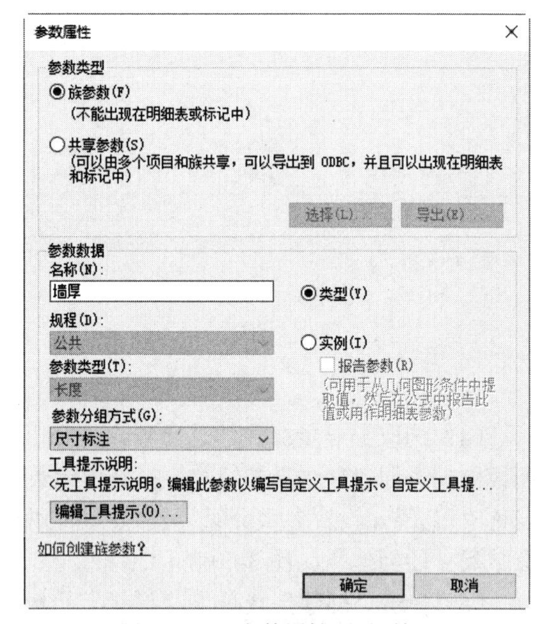

图 3-62 “参数属性”对话框

（8）单击“绘制”面板中的“线”按钮，在选项栏中取消“链”复选框的勾选，沿着参照平面绘制截面，单击视图中的“创建或删除长度或对齐约束”图标，将线与参照平面进行锁定，如图 3-63 所示。

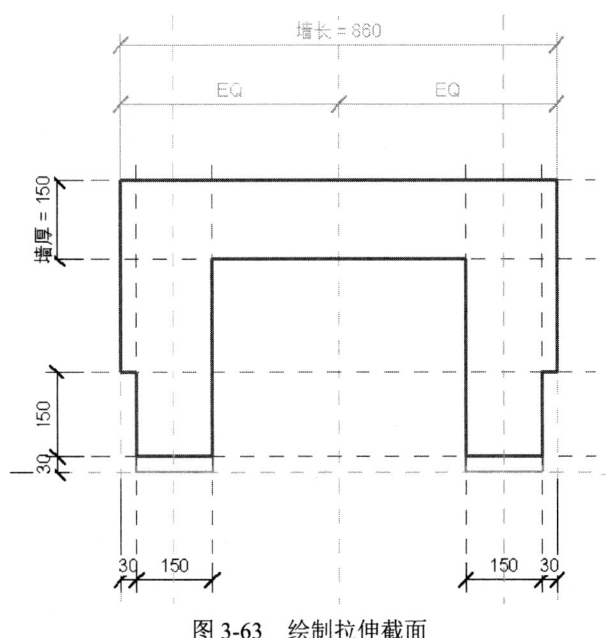

图 3-63　绘制拉伸截面

（9）在“属性”选项板中设置拉伸终点为 3900，拉伸起点为 0，如图 3-64 所示，单击“模式”面板中的“完成编辑模式”按钮✔，完成拉伸模型的创建，将视图切换至三维视图，如图 3-65 所示。

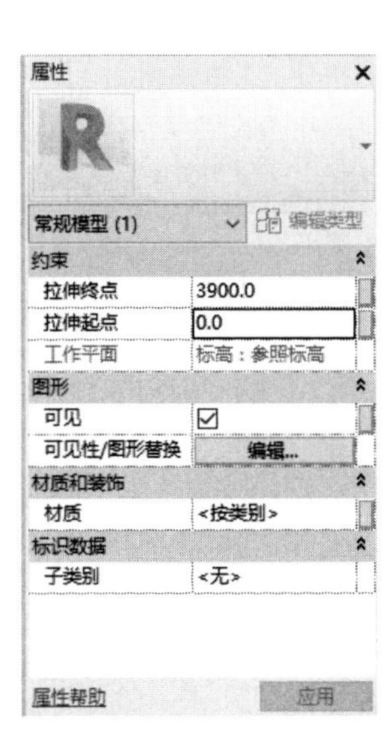

图 3-64　“属性”选项板

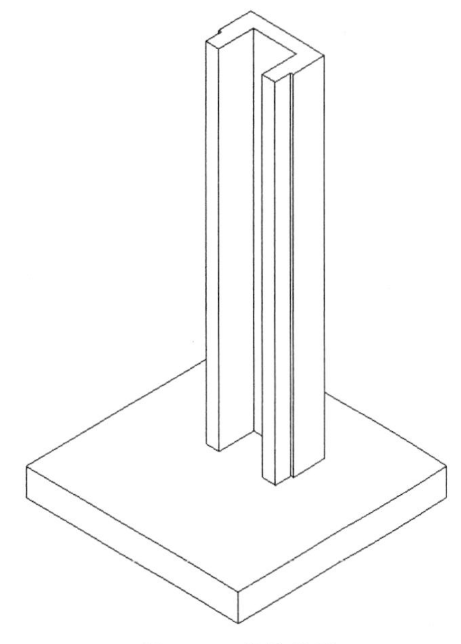

图 3-65　拉伸模型

（10）在“属性”选项板的材质栏中单击，显示按钮▭并单击，打开“材质浏览器”对话框，单击“主视图”→“收藏夹”节点，在列表中选择“预制混凝土”材质，单击“将材质添加到文档中”按钮⬆，将其添加到项目材质列表中，如图 3-66 所示，单击“确定”按钮。

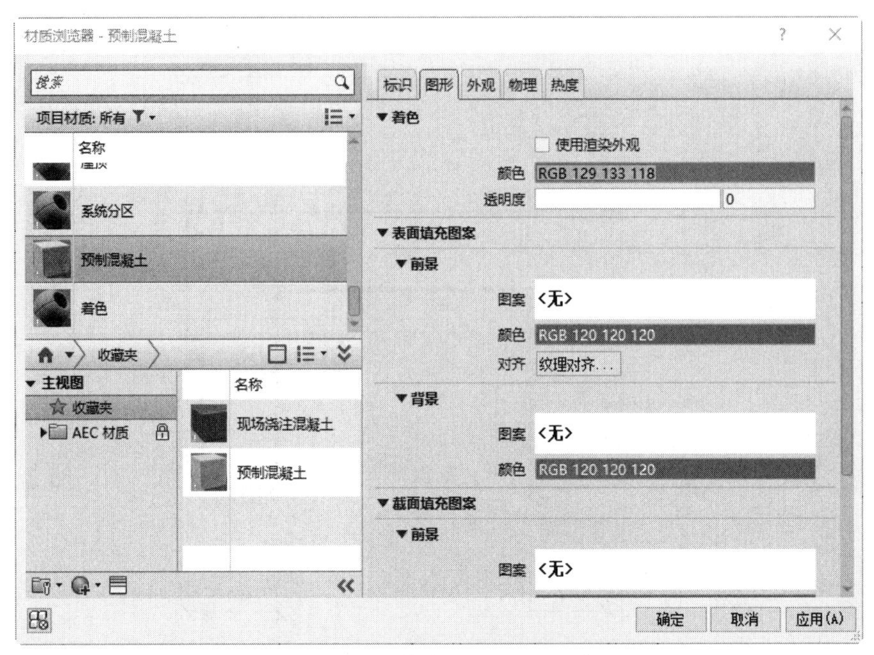

图 3-66 “材质浏览器”对话框

（11）将视图切换至参照平面视图。单击“创建”选项卡“形状”面板中的“放样”按钮，打开“修改|放样”选项卡，单击“放样”面板中“绘制路径”按钮，打开“修改|放样→绘制路径”选项卡，利用“线”按钮，绘制路径，单击“创建或删除长度或对齐约束”图标，将路径与拉伸体边线锁定，如图 3-67 所示。单击“模式”面板中的“完成编辑模式”按钮，完成路径绘制。

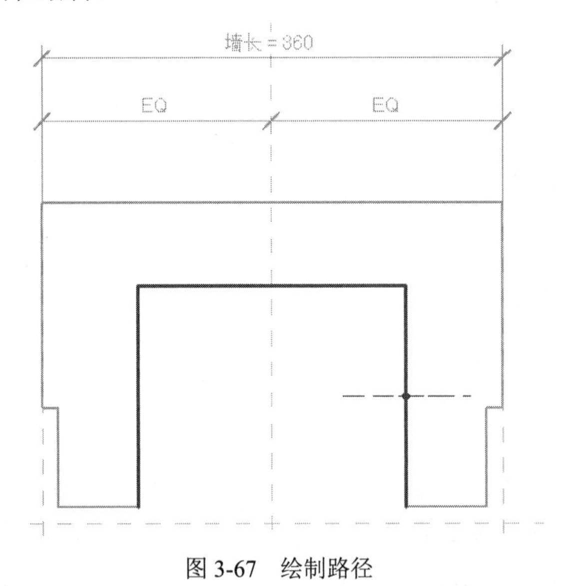

图 3-67 绘制路径

（12）单击“放样”面板中“编辑轮廓”按钮，打开“转到视图”对话框，选择“立面：前”视图绘制轮廓，单击“打开视图”按钮，切换至前视图。

（13）单击“绘制”面板中“线”按钮，绘制轮廓，如图 3-68 所示。单击“修改”面板中的“对齐”按钮，先拾取拉伸体的上端面，然后拾取水平直线，单击“创建或删除长度或对齐约束”图标，将水平线段与拉伸体上端面锁定。连续单击“模式”面板中的“完成编辑模式”按钮，完成放样体的绘制，将视图切换至三维视图，如图 3-69 所示。

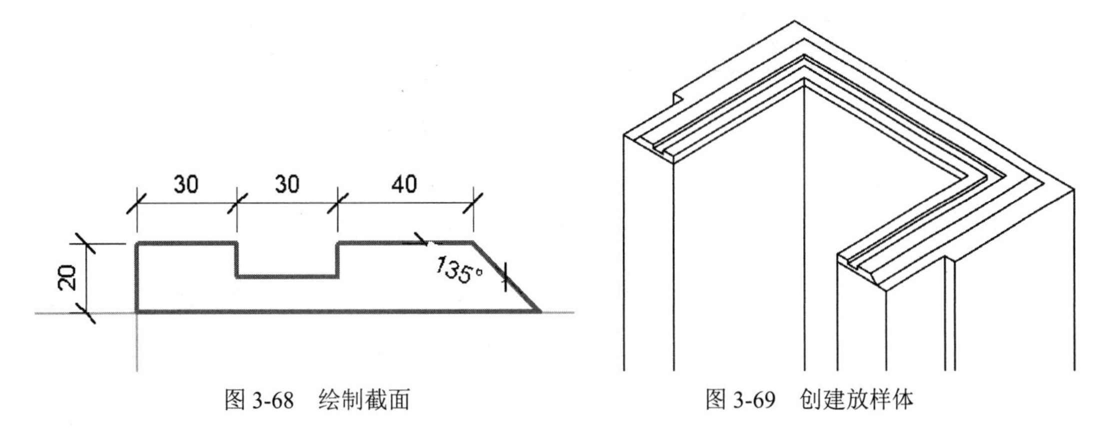

图 3-68 绘制截面　　图 3-69 创建放样体

（14）单击“修改”选项卡“几何图形”面板中的“连接”按钮下拉列表中的“连接几何图形”按钮，先拾取主体部分，然后选取上一步创建的放样体为连接部分，将构件连接成一体，如图 3-70 所示。

（15）将视图切换至参照平面视图。单击“创建”选项卡“形状”面板中的“空心形状”按钮下拉列表中的“空心放样”按钮，打开“修改|放样”选项卡，单击“放样”面板中“绘制路径”按钮，打开“修改|放样→绘制路径”选项卡，利用“线”按钮，绘制路径，单击“创建或删除长度或对齐约束”图标，将路径与拉伸体边线锁定，如图 3-71 所示。单击“模式”面板中的“完成编辑模式”按钮，完成路径绘制。

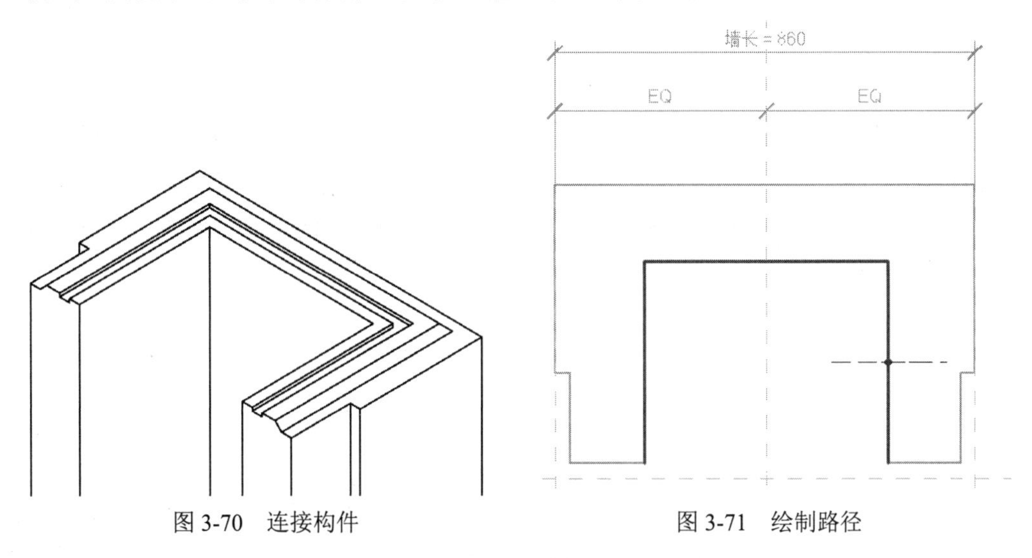

图 3-70 连接构件　　图 3-71 绘制路径

（16）单击“放样”面板中“编辑轮廓”按钮，打开“转到视图”对话框，选择“立面：前”视图绘制轮廓，单击“打开视图”按钮，切换至前视图。

（17）单击“绘制”面板中“线”按钮，绘制轮廓，如图 3-72 所示。单击“修改”面板中的“对齐”按钮，先拾取拉伸体的下端面，然后拾取水平长直线，单击“创建或删除长度或对齐约束”图标，将水平线段与拉伸体下端面锁定。连续单击“模式”面板中的“完成编辑模式”按钮，完成放样体的绘制，将视图切换至三维视图，如图 3-73 所示。

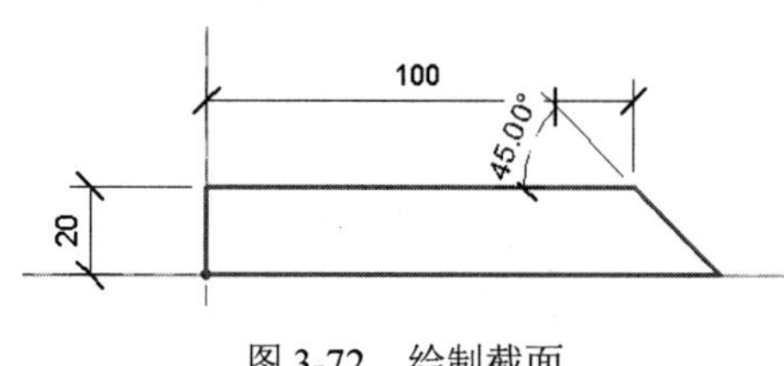

图 3-72　绘制截面

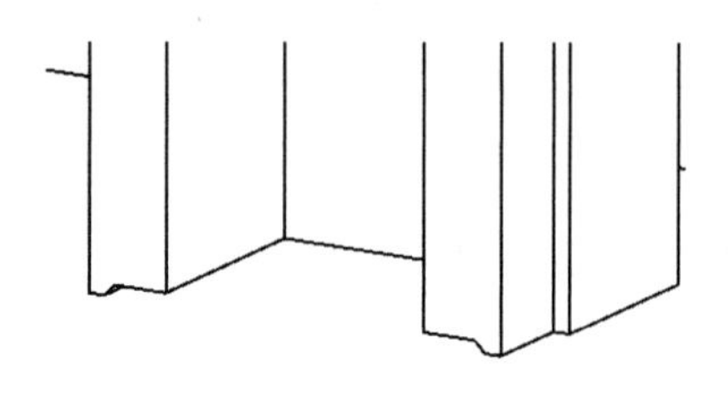

图 3-73　创建空心放样

（18）将视图切换至右视图。单击“创建”选项卡“形状”面板中的“拉伸”按钮，打开“修改|创建拉伸”选项卡。单击“绘制”面板中的“线”按钮，绘制截面，单击视图中的“创建或删除长度或对齐约束”图标，将竖直线与拉伸体外边线进行锁定，如图 3-74 所示。

（19）在“属性”选项板中设置拉伸终点为 400，拉伸起点为 250，如图 3-75 所示，单击“模式”面板中的“完成编辑模式”按钮，完成拉伸模型的创建，将视图切换至三维视图，如图 3-76 所示。

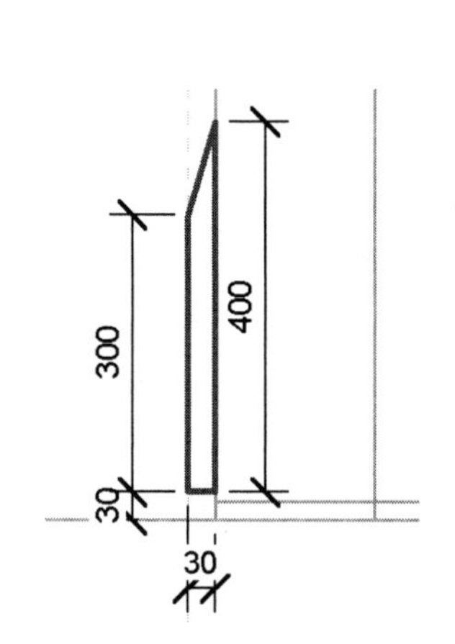

图 3-74　绘制拉伸截面

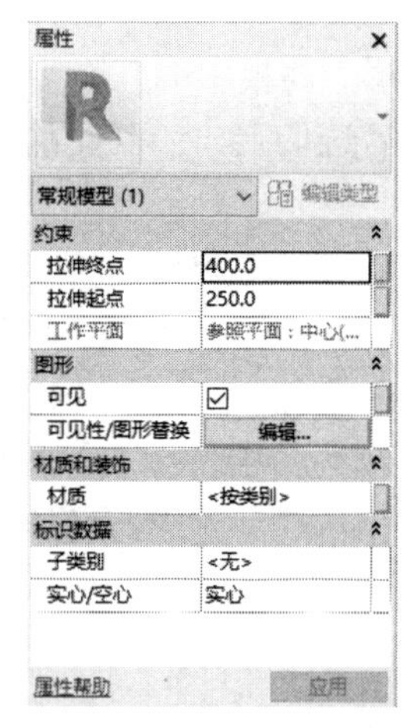

图 3-75　“属性”选项板

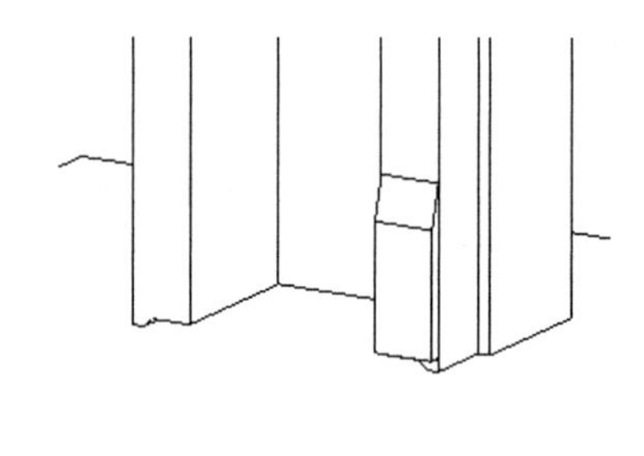

图 3-76　拉伸模型

（20）单击“修改”选项卡“修改”面板中的“对齐”按钮（快捷键：AL），先拾取主体左侧边线，然后拾取上一步创建的拉伸体左侧边线，单击“创建或删除长度或对齐约束”图标，将左侧边线锁定。采用相同的方法，将拉伸体右侧边线与主体边线对齐锁定，如图 3-77 所示。

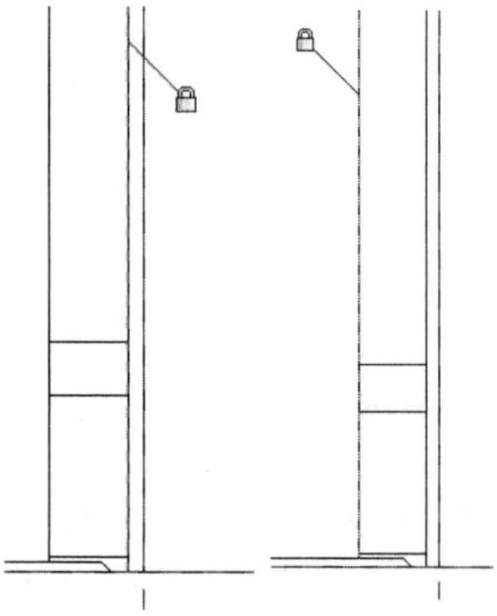

图 3-77　锁定边线

（21）将视图切换至前视图。选取右侧拉伸体，单击“修改”面板中的“镜像-拾取轴”按钮（快捷键：MM），拾取中间的竖直参照平面为镜像轴，将拉伸体进行镜像，然后利用“对齐”命令，添加镜像后拉伸体两侧边线与主体边线对齐约束并锁定，如图 3-78 所示。

（22）单击“修改”选项卡“几何图形”面板中的“连接”按钮下拉列表中的“连接几何图形”按钮，先拾取主体部分，然后选取右侧拉伸体为连接部分，将构件连接成一体，采用相同的方法，将主体与左侧拉伸体连接成一体，如图 3-79 所示。

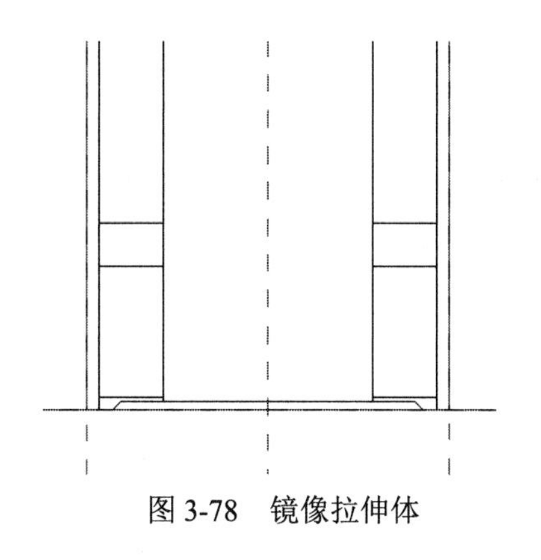

图 3-78　镜像拉伸体

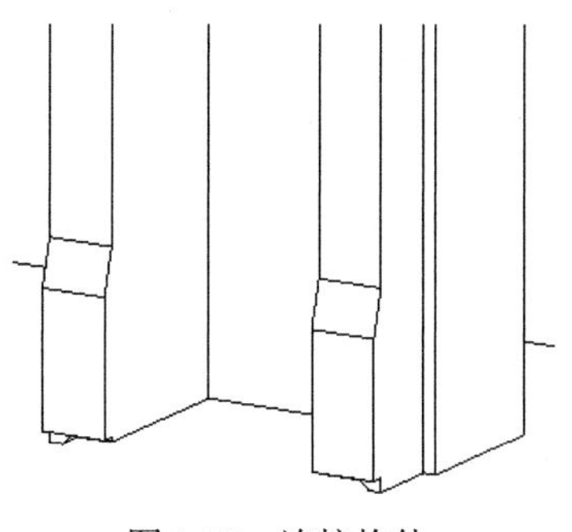

图 3-79　连接构件

3.3.2　插入预埋件

视频：插入预埋件

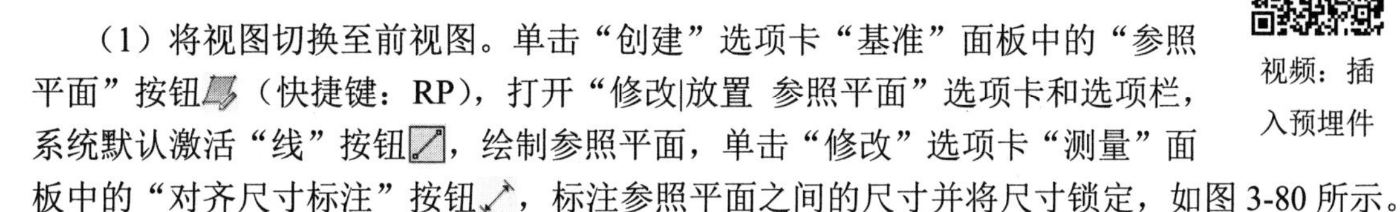

（1）将视图切换至前视图。单击“创建”选项卡“基准”面板中的“参照平面”按钮（快捷键：RP），打开“修改|放置 参照平面”选项卡和选项栏，系统默认激活“线”按钮，绘制参照平面，单击“修改”选项卡“测量”面板中的“对齐尺寸标注”按钮，标注参照平面之间的尺寸并将尺寸锁定，如图 3-80 所示。

（2）单击“插入”选项卡“从库中载入”面板中的“载入族”按钮，打开“载入族”对话框，选择“外墙连接组件.rfa”和“外墙支撑组件.rfa”族文件，单击“打开”按钮，将其载入当前族文件中。

（3）将视图切换至参照标高视图。选择项目浏览器的“族”→“常规模型”→“外墙连接组件”节点下“外墙连接组件”，将其拖曳到适当位置，按 Tab 键调整组件方向，单击鼠标将其放置，并修改临时尺寸，如图 3-81 所示。

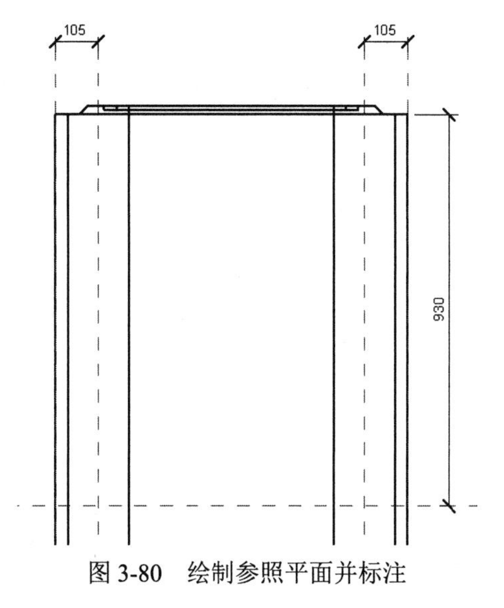

图 3-80　绘制参照平面并标注

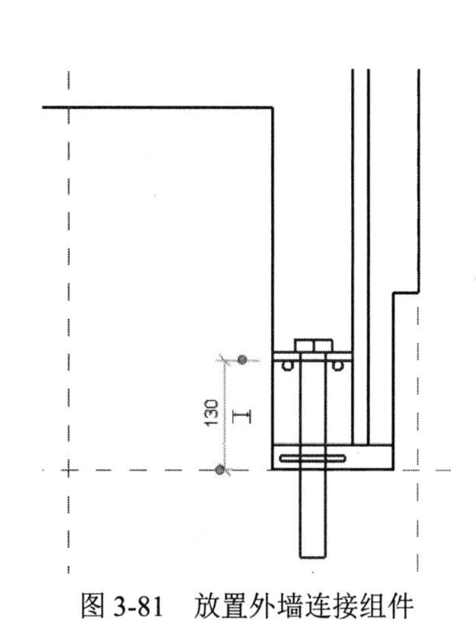

图 3-81　放置外墙连接组件

（4）将视图切换至前视图，拖曳外墙连接组件至水平参照平面，单击“修改”选项卡“修改”面板中的“对齐”按钮（快捷键：AL），先拾取竖直参照平面，再拾取外墙连接组件中心，单击“创建或删除长度或对齐约束”图标，将外墙连接组件与参照平面锁定，如图 3-82 所示。

（5）选取右侧外墙连接组件，单击“修改”面板中的“镜像-拾取轴”按钮（快捷键：MM），拾取中间的竖直参照平面为镜像轴，将外墙连接组件进行镜像，然后利用“对齐”命令，添加镜像后外墙连接组件与竖直参照平面的对齐约束并锁定，如图 3-83 所示。

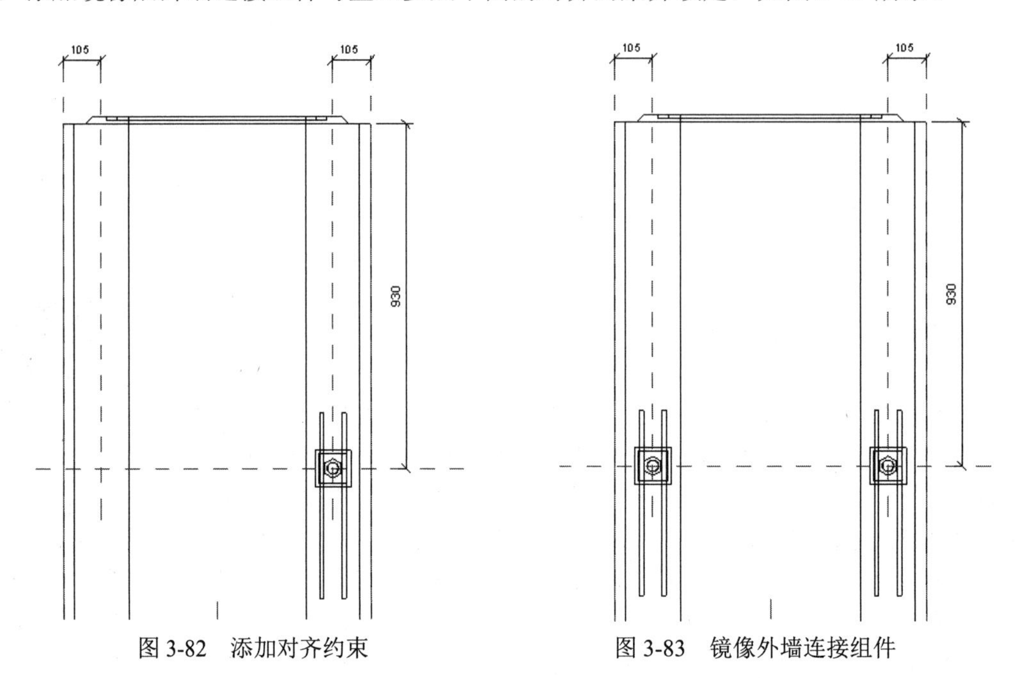

图 3-82　添加对齐约束　　　　图 3-83　镜像外墙连接组件

（6）单击“创建”选项卡“基准”面板中的“参照平面”按钮（快捷键：RP），打开“修改|放置 参照平面”选项卡和选项栏，系统默认激活“线”按钮，绘制参照平面，单击“修改”选项卡“测量”面板中的“对齐尺寸标注”按钮，标注参照平面之间的尺寸并将尺寸锁定，如图 3-84 所示。

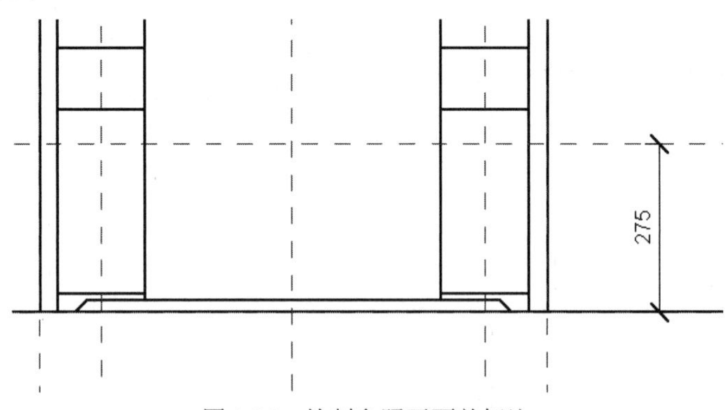

图 3-84　绘制参照平面并标注

（7）选择项目浏览器的“族”→“常规模型”→“外墙支撑组件”节点下“外墙支撑组件”，将其拖曳到拉伸体表面，按 Tab 键调整组件方向，单击鼠标将其放置，并修改临时尺寸，如图 3-85 所示。

（8）单击“修改”选项卡“修改”面板中的“对齐”按钮（快捷键：AL），先拾取竖直参照平面，再拾取外墙支撑组件中心，单击“创建或删除长度或对齐约束”图标，将外墙支撑组件与参照平面锁定，采用相同的方法，添加外墙支撑组件上端面与水平参照平面的对齐约束并锁定，如图 3-86 所示。

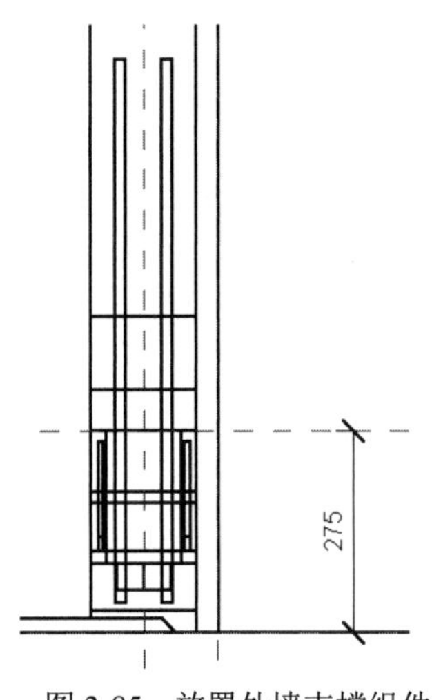

图 3-85　放置外墙支撑组件

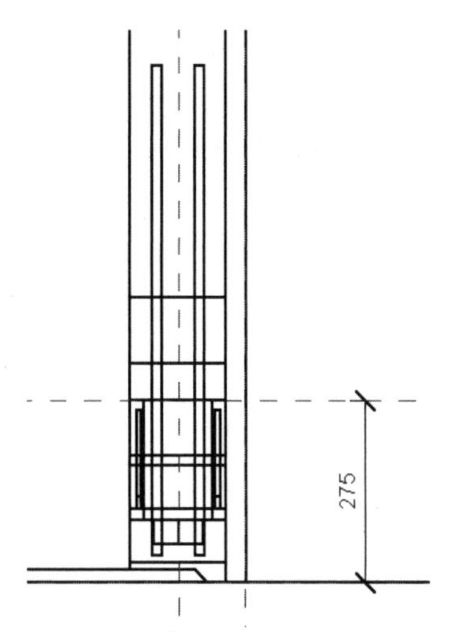

图 3-86　添加对齐约束

（9）选取右侧外墙支撑组件，单击“修改”面板中的“镜像-拾取轴”按钮（快捷键：MM），拾取中间的竖直参照平面为镜像轴，将外墙支撑组件进行镜像，然后利用“对齐”命令，添加镜像后外墙支撑组件与竖直参照平面的对齐约束并锁定，如图 3-87 所示。

（10）按住 Ctrl 键，选取所有的支撑组件和连接组件，在“属性”选项板中单击“可见性/图形替换”栏中“编辑”按钮 编辑... ，打开“族图元可见性设置”对话框，取消勾选“平面/天花板平面视图”复选框，其他采用默认设置，如图 3-88 所示，单击“确定”按钮，使支撑组件和连接组件在平面视图中不显示。

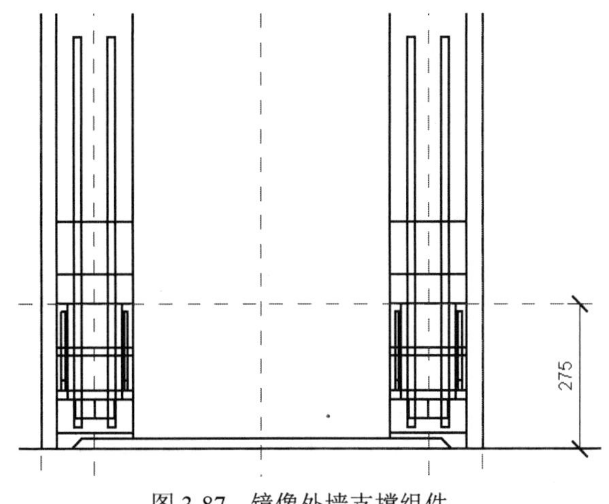

图 3-87　镜像外墙支撑组件

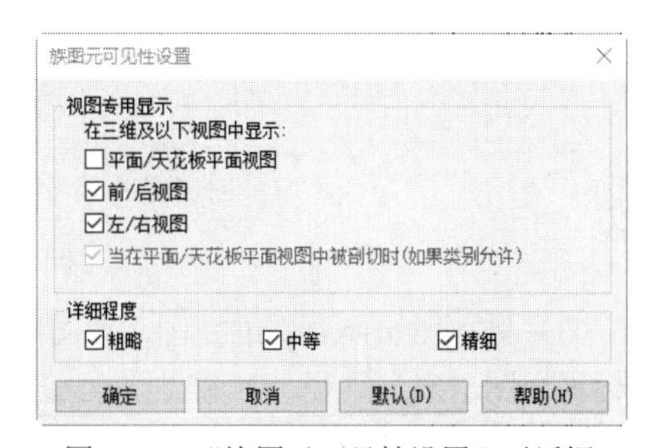

图 3-88　“族图元可见性设置”对话框

（11）单击“快速访问”工具栏中的“保存”按钮（快捷键：Ctrl+S），打开“另存为”对话框，输入名称“U 形外墙板”，单击“保存”按钮，保存族文件。

3.3.3　创建 L 形外墙板

视频：创建 L 形外墙板

（1）在主视图中单击“族”→“打开”或者单击“文件”→“打开”→“族”

命令，打开“打开”对话框，选择 3.3.2 节创建的“U 形外墙板.rfa”族文件，单击“打开”按钮进入族编辑器界面。

（2）将视图切换至参照标高视图。双击拉伸体，打开“修改|编辑拉伸”选项卡，对拉伸截面进行编辑。删除多余的线段，单击“修改”面板中的“修剪/延伸为角”按钮（快捷键：TR），选取竖直线段和水平线段，使其连接形成封闭环，如图 3-89 所示。单击“模式”面板中的“完成编辑模式”按钮，打开如图 3-90 所示的提示对话框，单击“删除约束”按钮，完成拉伸体的编辑。

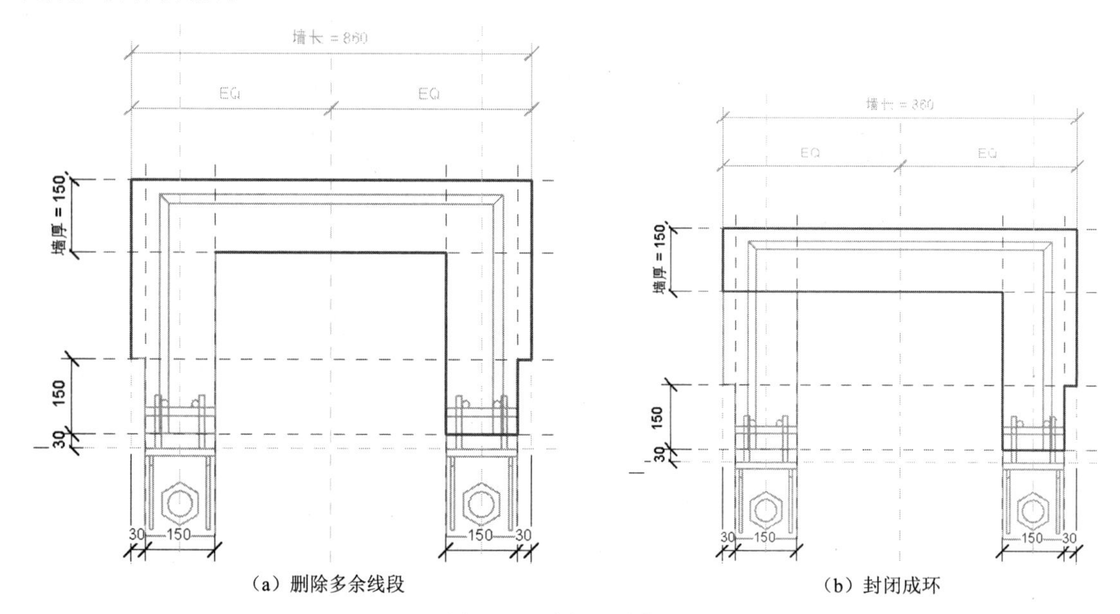

（a）删除多余线段　　（b）封闭成环

图 3-89　编辑拉伸截面

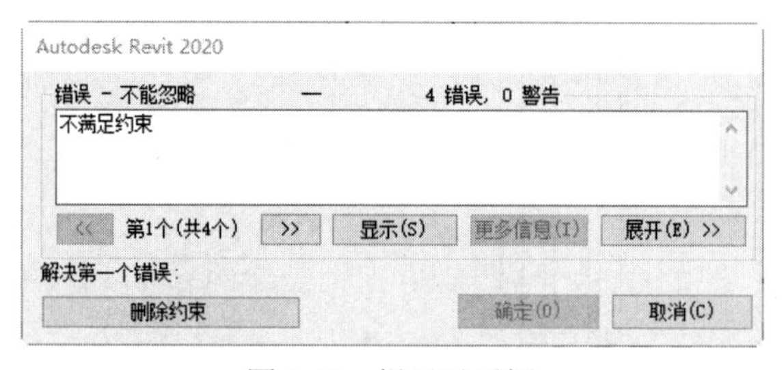

图 3-90　提示对话框

（3）将视图切换至三维视图。双击放样体，打开“修改|放样”选项卡，将视图切换至参照标高视图，双击路径，打开“修改|放样→绘制路径”选项卡，对路径进行编辑，删除左侧竖直线段；单击“修改”面板中的“对齐”按钮，先拾取拉伸体左侧边线，再拾取水平线段的左端点，单击“创建或删除长度或对齐约束”图标，将水平线段左端点与拉伸体边线锁定，如图 3-91 所示。连续单击“模式”面板中的“完成编辑模式”按钮，完成放样体的编辑，如图 3-92 所示。

（4）将视图切换至三维视图。双击空心放样体，打开“修改|放样”选项卡。将视图切换至参照标高视图，双击路径，打开“修改|放样→绘制路径”选项卡，对路径进行编辑，删除左侧竖直线段；单击“修改”面板中的“对齐”按钮，先拾取拉伸体左侧边线，再拾取水平线段的左端点，单击“创建或删除长度或对齐约束”图标，将水平线段左端点与拉伸体

边线锁定，如图 3-93 所示。连续单击“模式”面板中的“完成编辑模式”按钮✔，完成空心放样体的编辑，如图 3-94 所示。

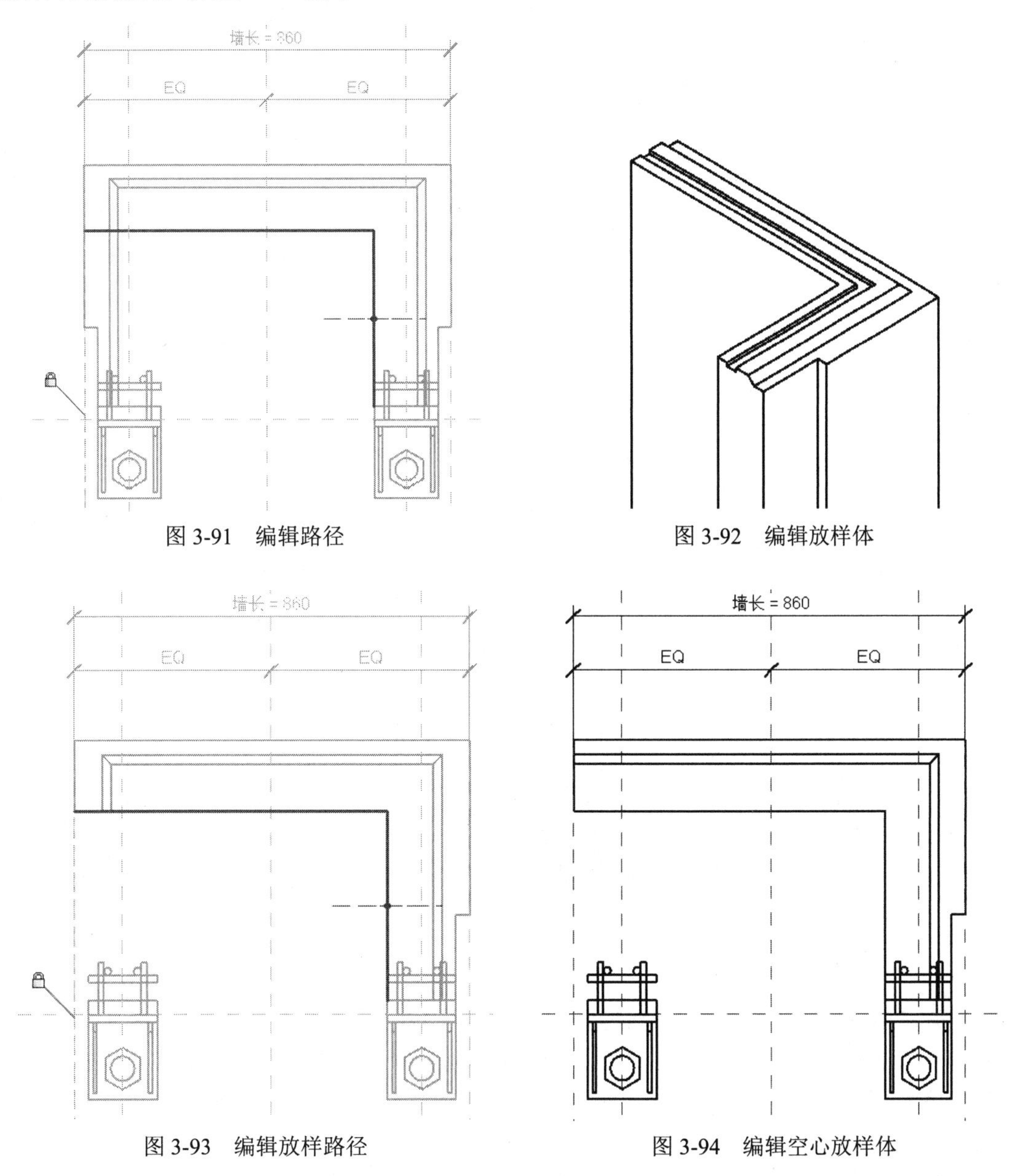

图 3-91　编辑路径

图 3-92　编辑放样体

图 3-93　编辑放样路径

图 3-94　编辑空心放样体

（5）单击“创建”选项卡“基准”面板中的“参照平面”按钮（快捷键：RP），打开“修改|放置 参照平面”选项卡和选项栏，系统默认激活“线”按钮，绘制参照平面，单击“修改”选项卡“测量”面板中的“对齐尺寸标注”按钮，标注参照平面之间的尺寸并将尺寸锁定，如图 3-95 所示。

（6）将视图切换至右视图。单击“创建”选项卡“工作平面”面板中的“设置”按钮，打开“工作平面”对话框，选择“拾取一个平面”选项，如图 3-96 所示，单击“确定”按钮；在视图中拾取上一步创建的参照平面，打开“转到视图”对话框，选取“立面：前”，单击“打开视图”按钮，切换至前视图。

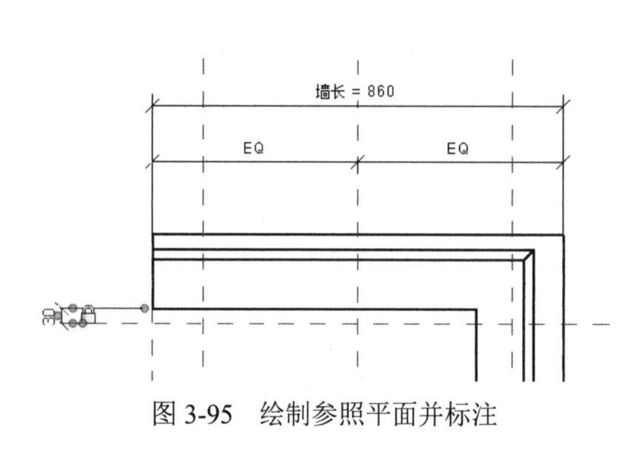

图 3-95　绘制参照平面并标注

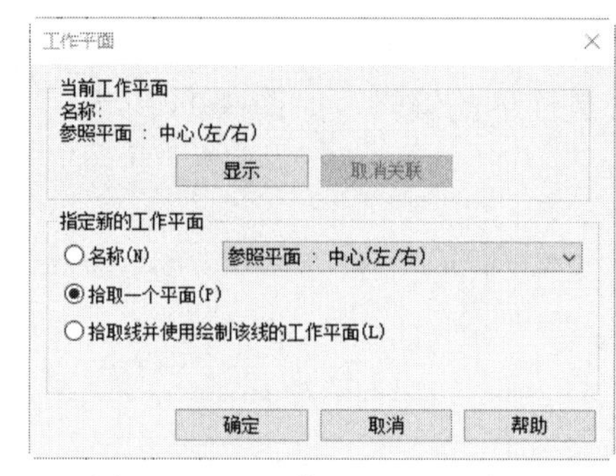

图 3-96　“工作平面”对话框

（7）选取支撑组件，单击“修改|常规模型”选项卡“放置”面板中的“拾取新的”按钮，然后单击“放置在工作平面上”按钮，拾取参照平面放置支撑组件，切换至参照标高视图，单击“翻转工作平面”按钮，调整支撑组件的放置方向，如图 3-97 所示。

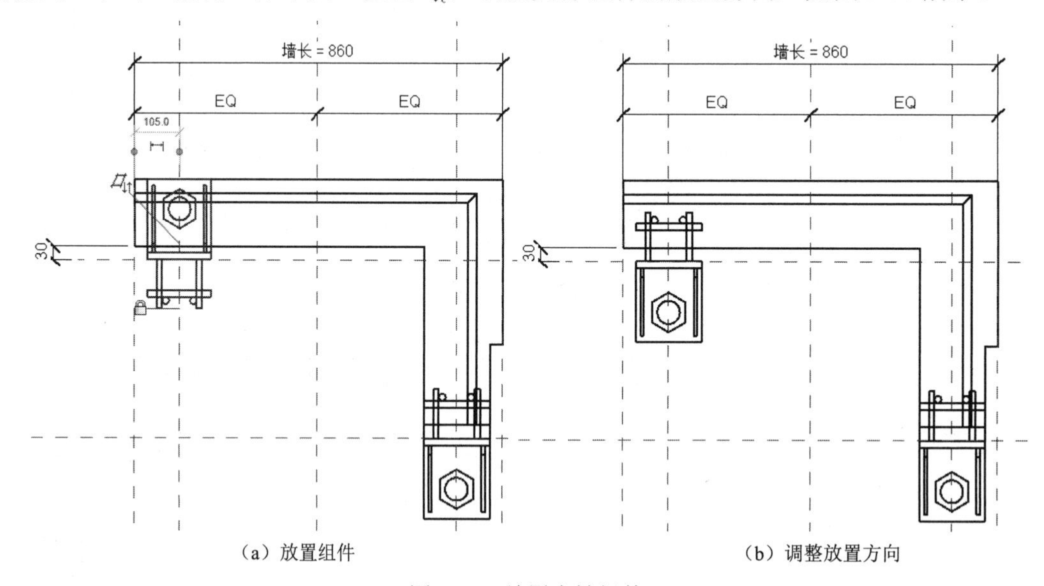

（a）放置组件　　（b）调整放置方向

图 3-97　放置支撑组件

（8）将视图切换至前视图。选取上一步放置的支撑组件，单击“修改”面板中的“旋转”按钮（快捷键：RO），在选项栏中单击“地点”按钮地点，捕捉参照平面的交点为旋转中心，将其旋转 180°；单击“对齐”按钮，添加竖直参照平面和支撑组件竖直中心的对齐约束并锁定，如图 3-98 所示。

（9）选取左侧的两竖直参照平面之间的尺寸 105，单击“修改|尺寸标注”选项卡“标签尺寸标注”面板中的“创建参数”按钮，打开“参数属性”对话框，输入名称“组件定位距离”，其他采用默认设置，如图 3-99 所示，单击“确定”按钮，完成参数尺寸的创建。

（10）将视图切换至参照标高视图。单击“创建”选项卡“控件”面板中的“控件”按钮，打开如图 3-100 所示的“修改|放置　控制点”选项卡，分别单击“控制点类型”面板中的“双向垂直”按钮和“双向水平”按钮，将其放置在视图中适当位置，如图 3-101 所示。

（11）单击“文件”→“另存为”→“族”命令，打开“另存为”对话框，输入名称“L 形外墙板”，单击“保存”按钮，保存族文件。

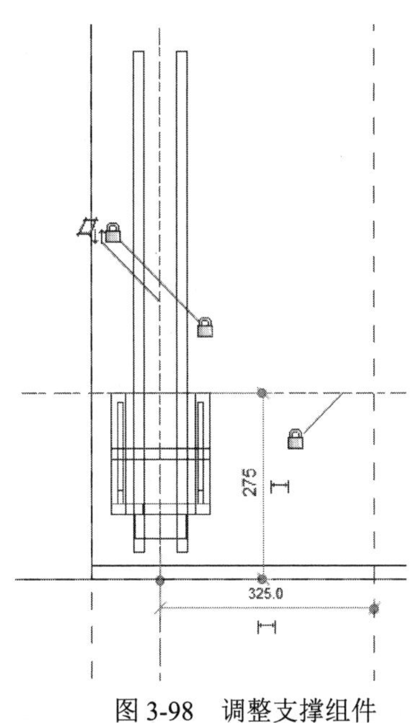

图 3-98　调整支撑组件

参数属性

参数类型

◉ 族参数(F)

(不能出现在明细表或标记中)

○ 共享参数(S)

(可以由多个项目和族共享，可以导出到 ODBC，并且可以出现在明细表和标记中)

选择(L)...　导出(E)...

参数数据

名称(N):

组件定位距离

◉ 类型(Y)

规程(D):

公共

○ 实例(I)

参数类型(T):

长度

☐ 报告参数(R)

(可用于从几何图形条件中提取值，然后在公式中报告此值或用作明细表参数)

参数分组方式(G):

尺寸标注

工具提示说明:

<无工具提示说明。编辑此参数以编写自定义工具提示。自定义工具提...

编辑工具提示(O)...

如何创建族参数?

确定　取消

图 3-99　“参数属性”对话框

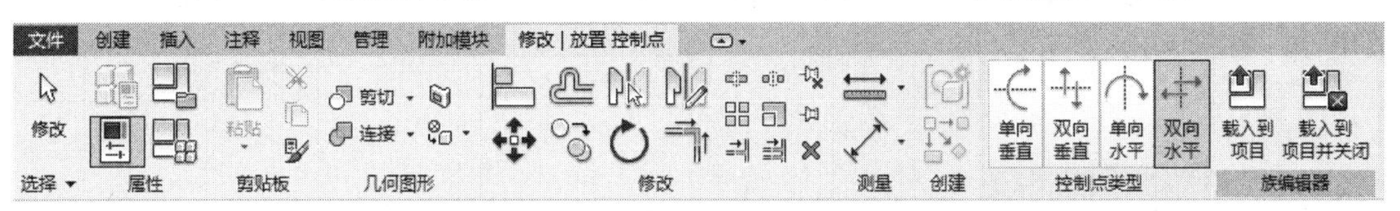

图 3-100　“修改|放置 控制点”选项卡

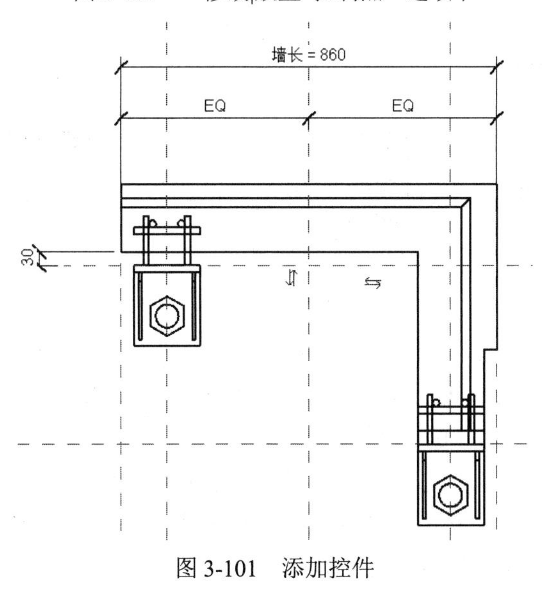

图 3-101　添加控件

3.3.4　创建直墙板

视频：创建直墙板

（1）在主视图中单击“族”→“打开”或者单击“文件”→“打开”→“族”命令，打开“打开”对话框，选择 3.3.3 节创建的“L 形外墙板.rft”为样板族，单击“打开”按钮进入族编辑器界面。

（2）删除右侧的支撑组件和连接组件，重复 3.3.3 节中的步骤（2）～（4），对拉伸体和放样体进行编辑，如图 3-102 所示。

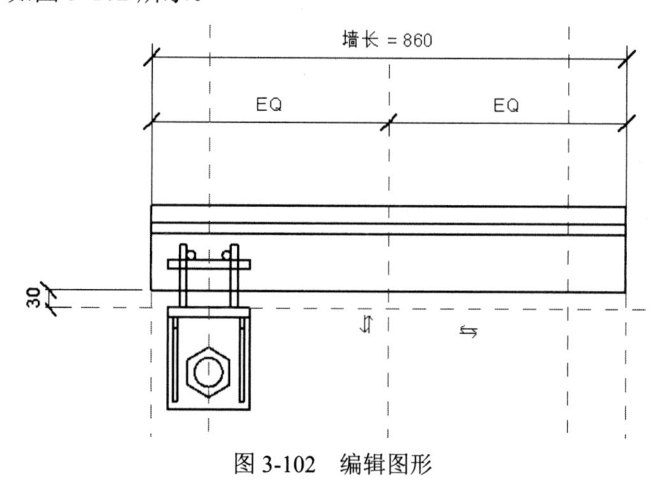

图 3-102 编辑图形

（3）将视图切换至前视图。选取右侧的竖直参照平面尺寸 105，在“修改|尺寸标注”选项卡“标签尺寸标注”面板的“标签”下拉列表中选择“组件定位距离=105”，将尺寸更改为参数尺寸，如图 3-103 所示。

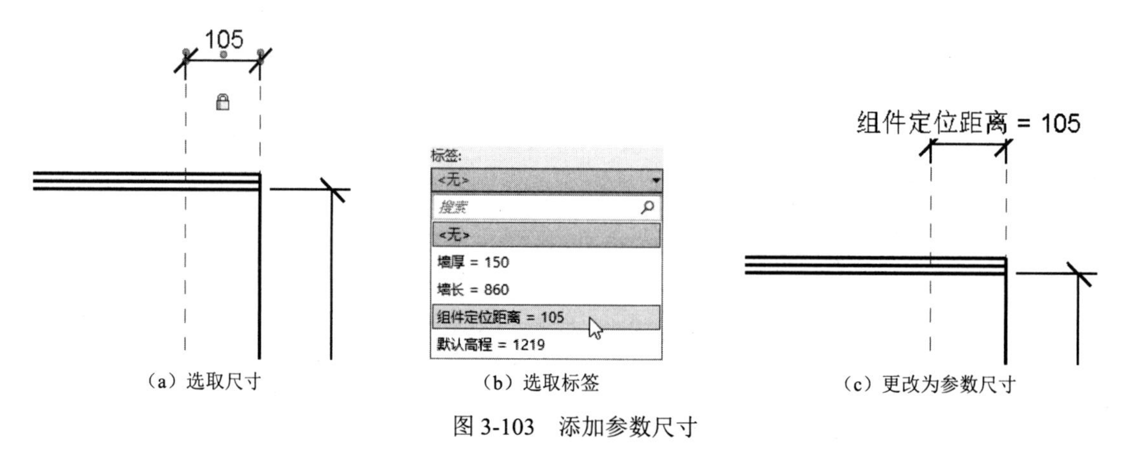

（a）选取尺寸　（b）选取标签　（c）更改为参数尺寸

图 3-103 添加参数尺寸

（4）按住 Ctrl 键选取左侧的支撑组件和连接组件，单击“修改”面板中的“复制”按钮（快捷键：CO），捕捉左侧竖直参照平面和水平参照平面的交点为起点，将其水平复制到右侧竖直参照平面和水平参照平面的交点位置。

（5）单击“修改”选项卡“修改”面板中的“对齐”按钮（快捷键：AL），分别添加右侧竖直参照平面与支撑组件和连接组件的对齐约束并锁定，如图 3-104 所示。

（6）选取连接组件，在“属性”选项板的“可见性”栏右侧单击“关联族参数”按钮，打开如图 3-105 所示的“关联族参数”对话框，单击“新建参数”按钮，打开“参数属性”对话框，输入名称“连接组件是否可见”，其他采用默认设置，如图 3-106 所示，连续单击“确定”按钮。选取另一个连接组件，在“属性”选项板的“可见性”栏右侧单击“关联族参数”按钮，打开“关联族参数”对话框，选取已创建的“连接组件是否可见”关联参数，单击“确定”按钮。

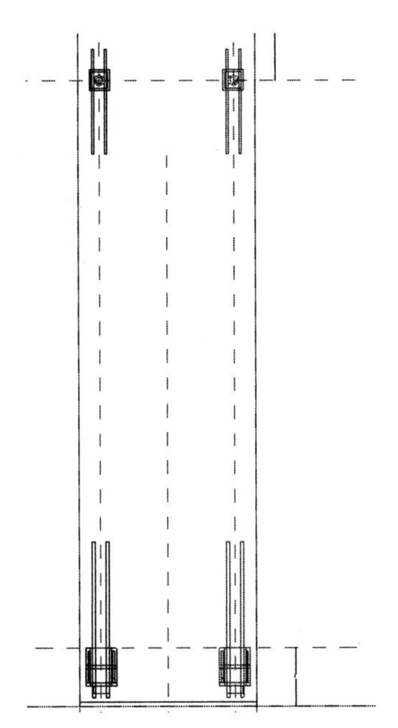

图 3-104　复制组件并添加对齐约束

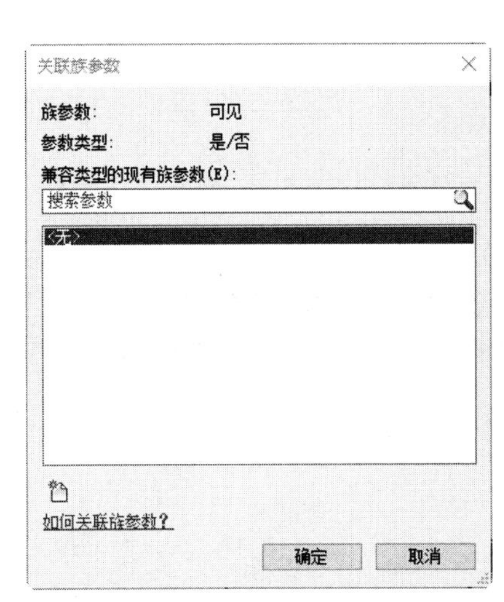

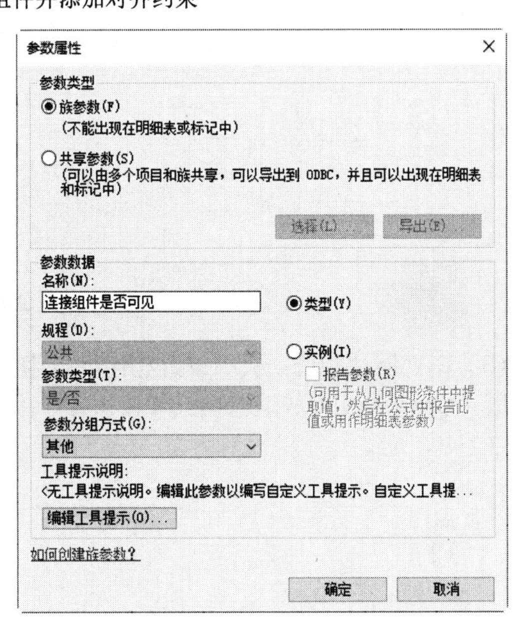

图 3-105　“关联族参数”对话框

图 3-106　“参数属性”对话框

（7）采用相同的方法，创建“支撑组件是否可见”的关联族参数。

（8）单击“文件”→“另存为”→“族”命令，打开“另存为”对话框，输入名称“直墙板”，单击“保存”按钮，保存族文件。

3.4　预制梯段

预制楼梯厚度为 170mm，为全预制装配式楼梯，预制楼梯宽度宜与楼梯间宽度适当留出 20～30mm 的可调缝，以便于楼梯的装配。

3.4.1 创建梯段主体

视频：创建梯段主体

（1）在主视图中单击“族”→“新建”或者单击“文件”→“新建”→“族”命令，打开“新族-选择样板文件”对话框，选择“基于面的公制常规模型.rft”为样板族，单击“打开”按钮进入族编辑器界面。该族样板默认提供预埋件嵌入的墙面。

（2）将视图切换至右视图。单击“创建”选项卡“形状”面板中的“拉伸”按钮，打开“修改|创建拉伸”选项卡。利用“线”按钮和“复制”按钮，绘制梯段截面，如图 3-107 所示，其中每级台阶宽度为 260，每级台阶高度为 162.5。

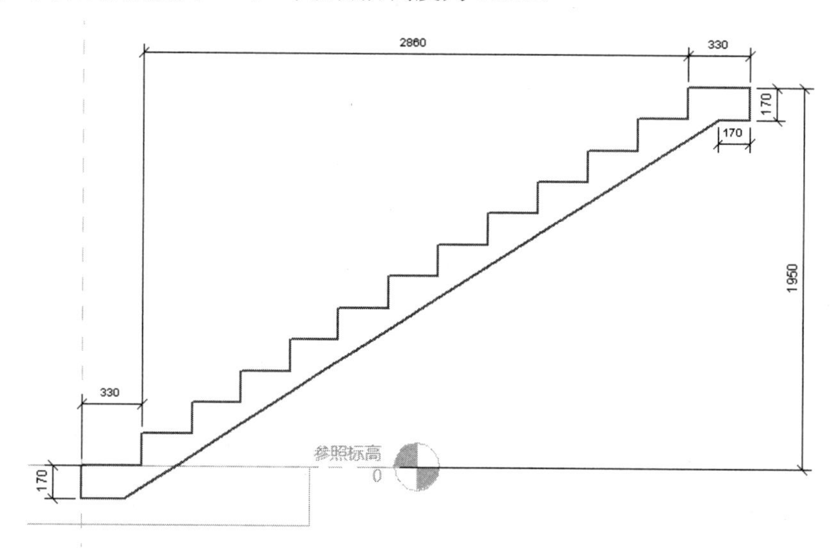

图 3-107　绘制梯段截面

（3）在“属性”选项板中设置拉伸终点为 1255，拉伸起点为 0，如图 3-108 所示，单击“模式”面板中的“完成编辑模式”按钮，完成拉伸模型的创建，将视图切换至三维视图，如图 3-109 所示。

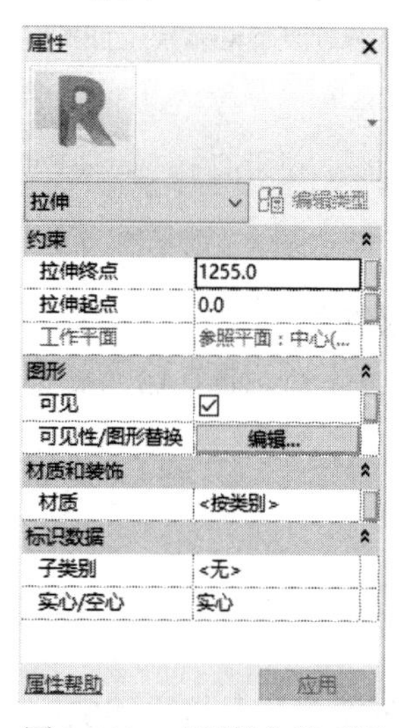

图 3-108　“属性”选项板

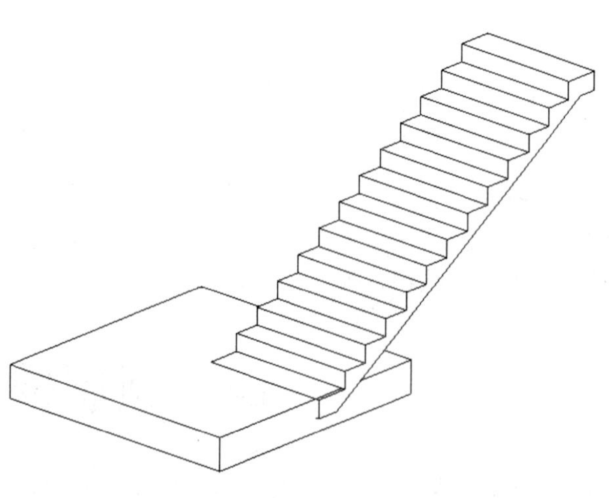

图 3-109　拉伸模型

（4）在“属性”选项板的材质栏中单击，显示按钮并单击，打开“材质浏览器”对话框，单击“主视图”→“收藏夹”节点，在列表中选择“预制混凝土”材质，单击“将材质添加到文档中”按钮，将其添加到项目材质列表中，如图 3-110 所示，单击“确定”按钮。

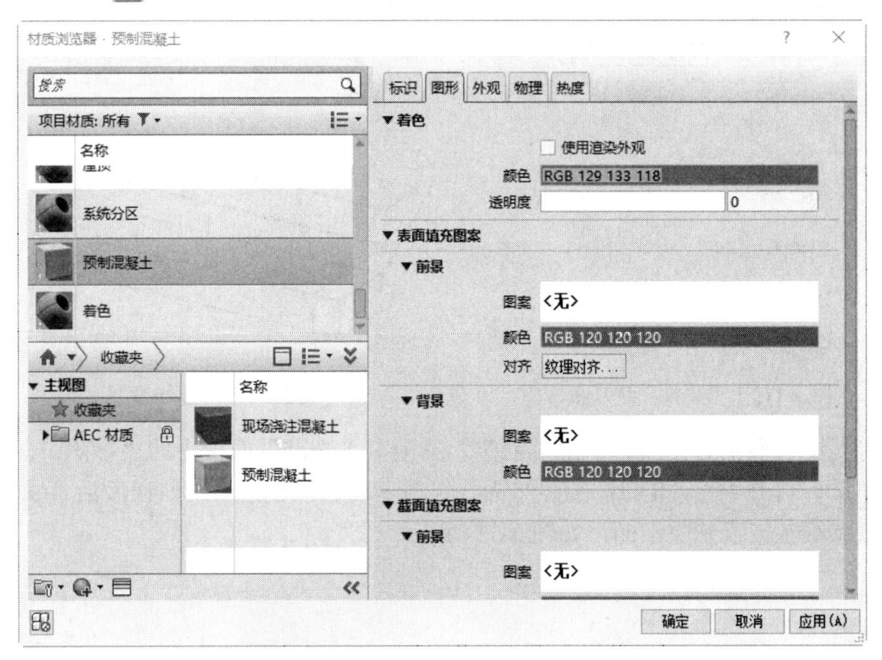

图 3-110　“材质浏览器”对话框

（5）将视图切换至参照标高视图。单击“创建”选项卡“形状”面板中的“拉伸”按钮，打开“修改|创建拉伸”选项卡。利用“线”按钮，绘制截面，单击“修改”面板中的“对齐”按钮，先拾取竖直参照平面，然后拾取矩形右侧竖直线，单击“创建或删除长度或对齐约束”图标，将竖直线段与竖直参照平面锁定，如图 3-111 所示。

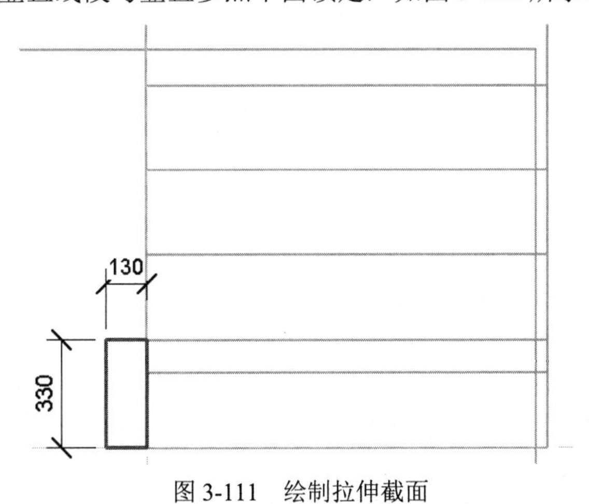

图 3-111　绘制拉伸截面

（6）在“属性”选项板中设置拉伸终点为 170，拉伸起点为 0，如图 3-112 所示，单击“模式”面板中的“完成编辑模式”按钮，完成拉伸模型的创建，将视图切换至三维视图，如图 3-113 所示。

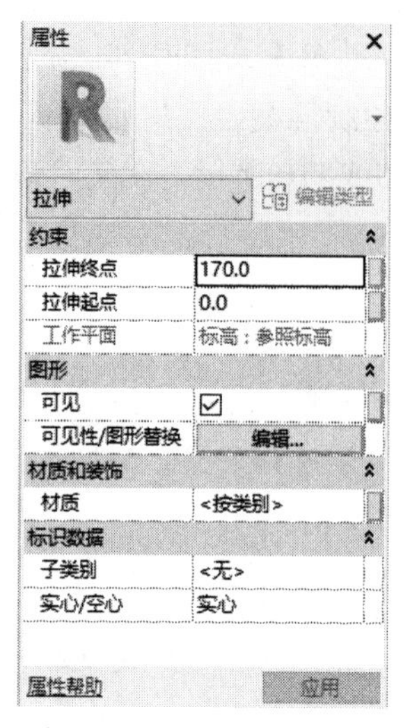

图 3-112 “属性”选项板

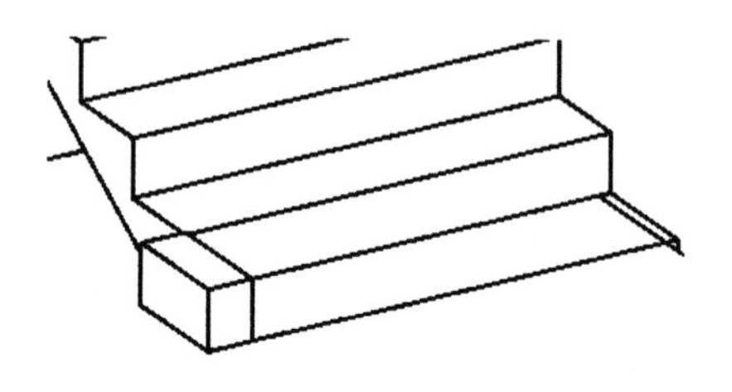

图 3-113 拉伸模型

（7）将视图切换至右视图。单击“创建”选项卡“基准”面板中的“参照平面”按钮（快捷键：RP），打开“修改|放置 参照平面”选项卡和选项栏，系统默认激活“线”按钮，捕捉右侧端点绘制竖直参照平面，如图 3-114 所示。

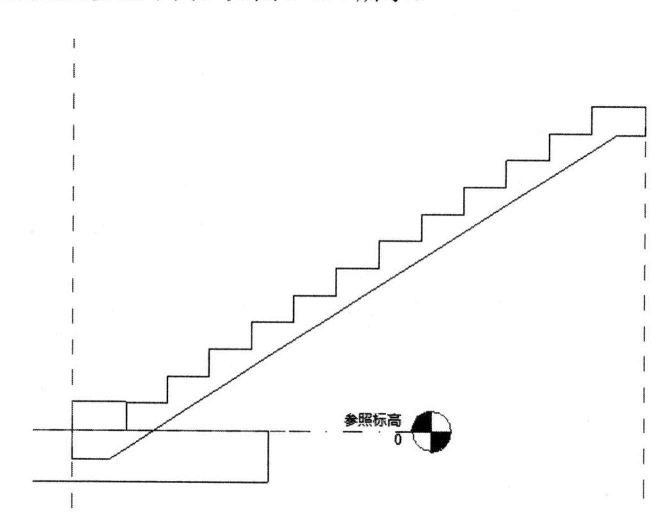

图 3-114 绘制参照平面

（8）选取拉伸体，单击“修改”面板中的“移动”按钮（快捷键：MV），捕捉拉伸体右端点为移动起点，将其移动到上一步绘制的竖直参照平面处，如图 3-115 所示。

（9）单击“修改”选项卡“修改”面板中的“对齐”按钮（快捷键：AL），先选取楼梯上端面，然后选取拉伸体上端面；选取楼梯最上端台阶的下端面，然后选取拉伸体下端面，添加对齐约束，将视图切换至三维视图，如图 3-116 所示。

（10）单击“修改”选项卡“几何图形”面板中的“连接”按钮下拉列表中的“连接几何图形”按钮，先选取主体部分，然后选取拉伸体为连接部分，将构件连接成一体，如图 3-117 所示。

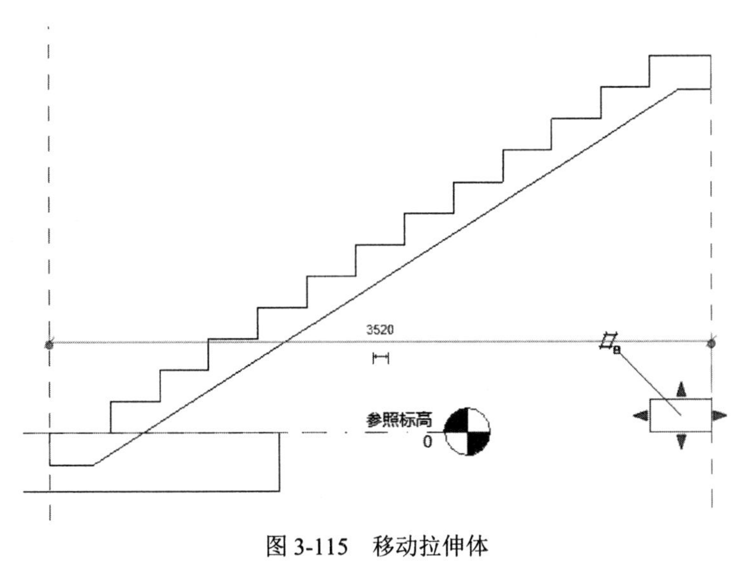

图 3-115　移动拉伸体

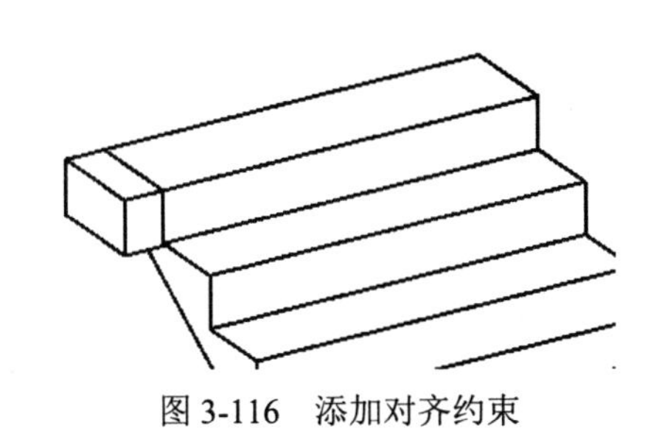

图 3-116　添加对齐约束

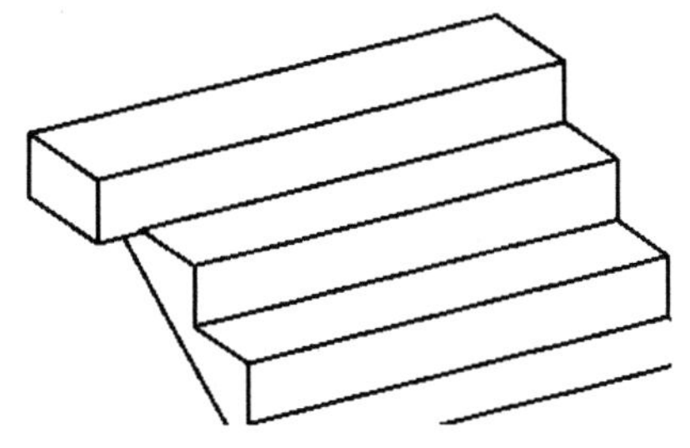

图 3-117　连接构件

（11）将视图切换至参照标高视图。单击“创建”选项卡“形状”面板中的“空心形状”按钮下拉列表中的“空心拉伸”按钮，打开“修改|创建拉伸”选项卡。单击“绘制”面板中“圆”按钮，绘制半径为35的圆，如图3-118所示。

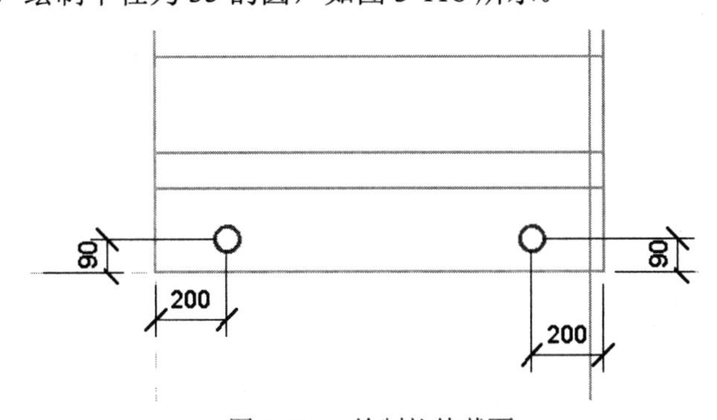

图 3-118　绘制拉伸截面

（12）在“属性”选项板中设置拉伸终点为0，拉伸起点为-170，如图3-119所示，单击“模式”面板中的“完成编辑模式”按钮，完成孔的创建，将视图切换至三维视图，如图3-120所示。

（13）将视图切换至右视图。选取上一步创建的孔对象，指定孔上任意一点为基点，水平向右移动光标，然后输入3340，按回车键确认，完成孔的复制，如图3-121所示。

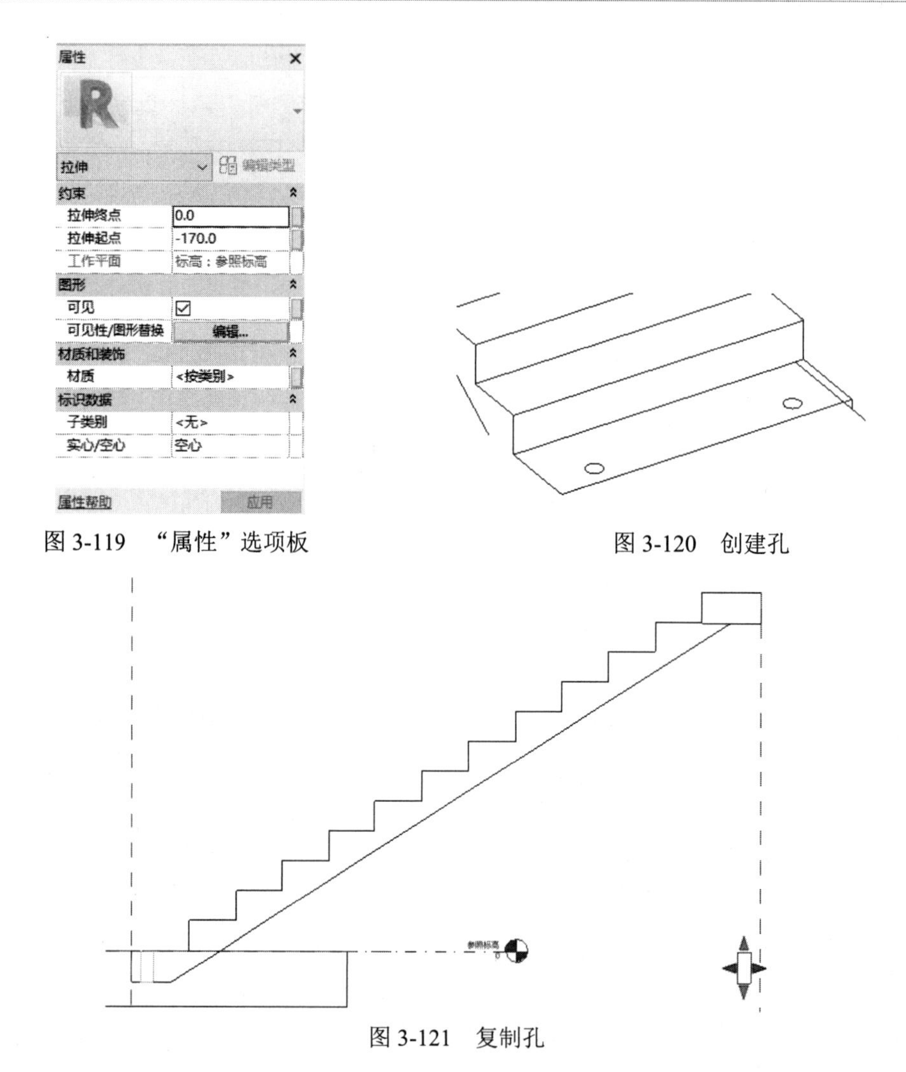

图 3-119 “属性”选项板

图 3-120 创建孔

图 3-121 复制孔

（14）单击“修改”选项卡“修改”面板中的“对齐”按钮（快捷键：AL），先拾取楼梯上端面，然后拾取孔上端面；选取孔，拖动孔的下端控制点至楼梯最上端台阶的下端面，如图 3-122 所示。

（15）将视图切换至参照标高视图。选取步骤（11）创建的孔，在打开的“修改|空心拉伸”选项卡中单击“编辑拉伸”按钮，对拉伸截面进行编辑，选取圆，将其半径更改为 30，单击“模式”面板中的“完成编辑模式”按钮，完成拉伸编辑。

（16）单击“创建”选项卡“形状”面板中的“空心形状”按钮下拉列表中的“空心融合”按钮，打开“修改|创建空心融合底部边界”选项卡，单击“绘制”面板中“圆”按钮，绘制半径为 40 的圆，如图 3-123 所示。

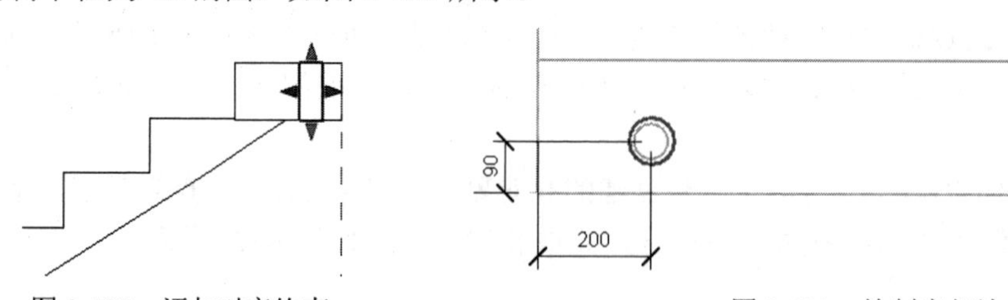

图 3-122 添加对齐约束

图 3-123 绘制底部边界

（17）单击“模式”面板中“编辑顶部”按钮，打开“修改|创建空心融合顶部边界”选项卡，单击“绘制”面板中“圆”按钮，绘制与底部边界圆心重合的圆，半径为 45，如图 3-124 所示。

（18）在“属性”选项板中设置第一端点为-50，第二端点为 0，如图 3-125 所示，单击“模式”面板中的“完成编辑模式”按钮，完成孔的绘制，将视图切换至前视图，如图 3-126 所示。

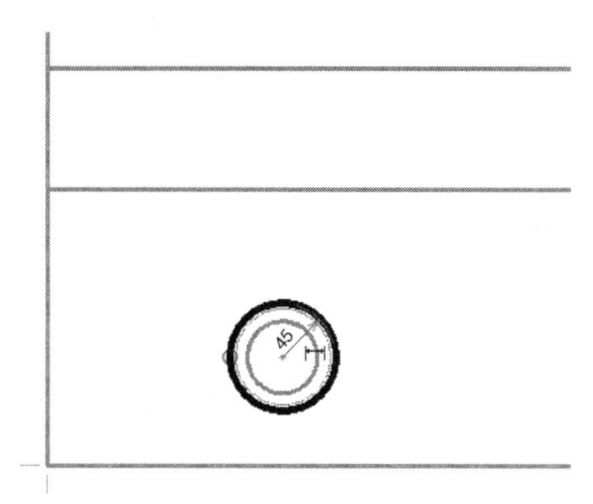

图 3-124　绘制顶部边界

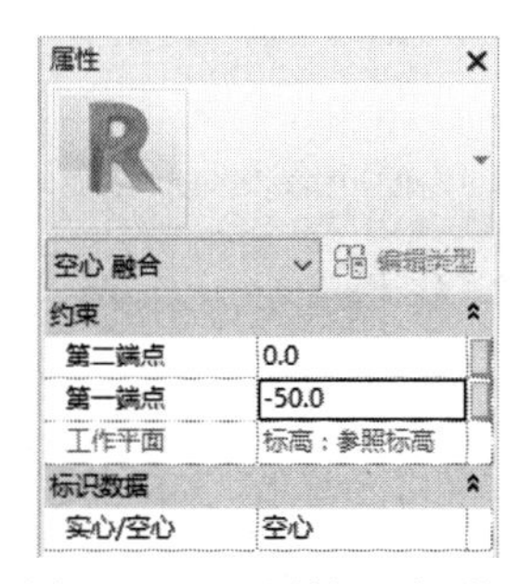

图 3-125　“属性”选项板

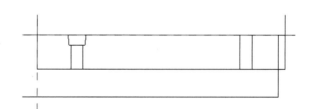

图 3-126　创建孔

（19）选取上一步创建的孔，单击“修改”面板中的“复制”按钮（快捷键：CO），选取孔上任意一点作为基点，水平移动光标，输入 855，按回车键确认，完成复制，如图 3-127 所示。

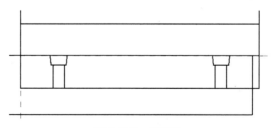

图 3-127　复制孔

3.4.2　插入预埋件

视频：插入预埋件

（1）单击“插入”选项卡“从库中载入”面板中的“载入族”按钮，打开“载入族”对话框，选择“M24 螺母.rfa”和“垫片.rfa”族文件，单击“打开”按钮，将其载入当前族文件中。

（2）单击“创建”选项卡“基准”面板中的“参照平面”按钮（快捷键：RP），打开“修改|放置 参照平面”选项卡和选项栏，系统默认激活“线”按钮，捕捉孔端面绘制水平参照平面，如图 3-128 所示。

（3）单击“创建”选项卡“工作平面”面板中的“设置”按钮，打开“工作平面”对话框，选择“拾取一个平面”选项，如图 3-129 所示，单击“确定”按钮，在视图中拾取上一步绘制的参照平面，如图 3-130 所示，打开“转到视图”对话框，选择“楼层平面：参照标高”，如图 3-131 所示，单击“打开视图”按钮，切换至参照标高视图。

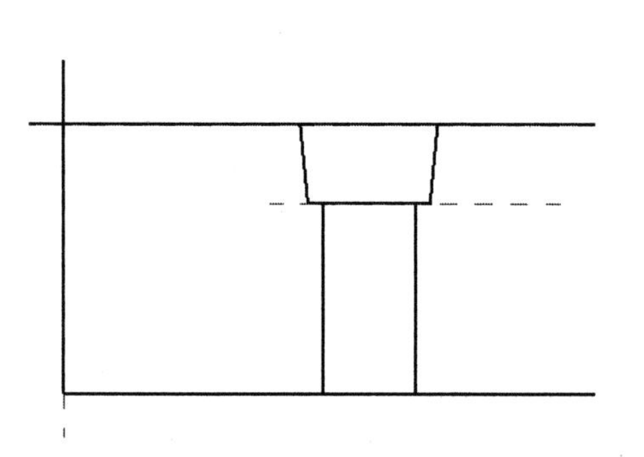

图 3-128 绘制水平参照平面

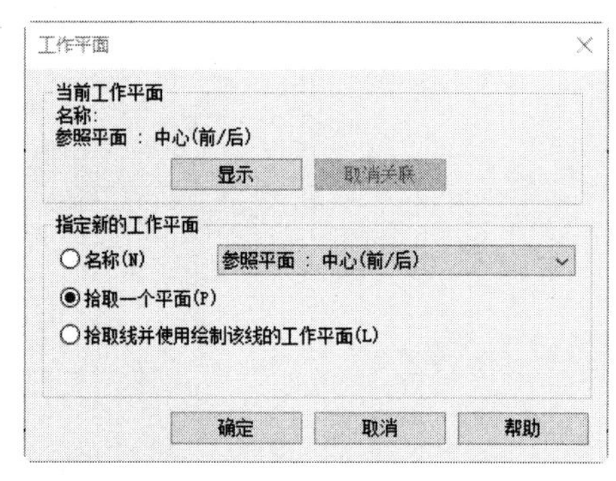

图 3-129 “工作平面”对话框

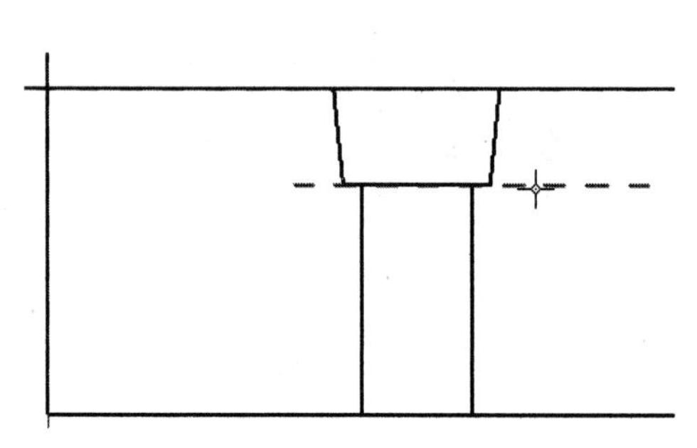

图 3-130 拾取参照平面

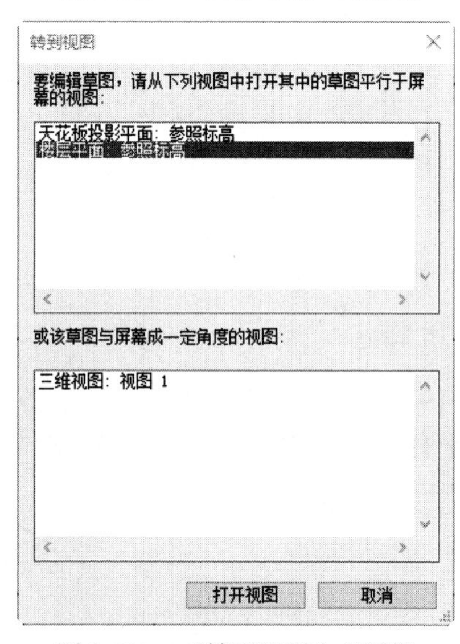

图 3-131 “转到视图”对话框

（4）选择项目浏览器的“族”→“常规模型”→“垫片”节点下“PL-65×65×6”，将其拖曳到视图中，单击“修改|放置 构件”选项卡“放置”面板中的“放置在工作平面上”按钮，在适当位置单击鼠标将其放置，修改临时尺寸，如图 3-132 所示。采用相同的方法，在另一个孔处放置垫片。

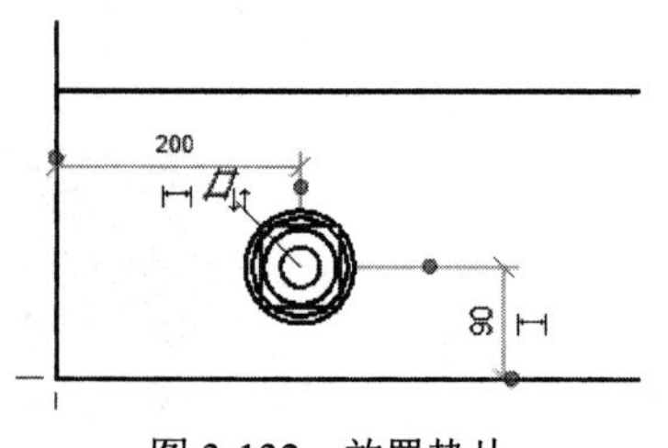

图 3-132 放置垫片

（5）选择项目浏览器的“族”→“常规模型”→“M24 螺母”节点下“M24 螺母”，将其拖曳到垫片处，捕捉垫片的中心线，如图 3-133 所示，单击放置螺母。采用相同的方法，在另一个垫片处放置螺母，将视图切换至前视图，如图 3-134 所示。

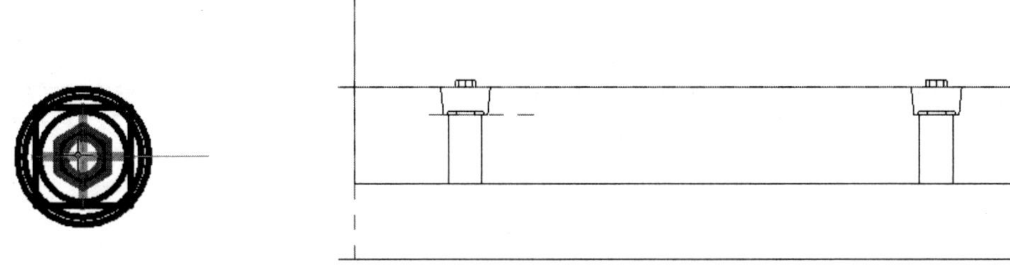

图 3-133　捕捉中心线　　　　图 3-134　放置螺母

（6）单击“修改”选项卡“修改”面板中的“对齐”按钮（快捷键：AL），先拾取垫片的上端面，然后拾取螺母的下端面，单击“创建或删除长度或对齐约束”图标，将垫片端面与螺母下端面对齐锁定，如图 3-135 所示。

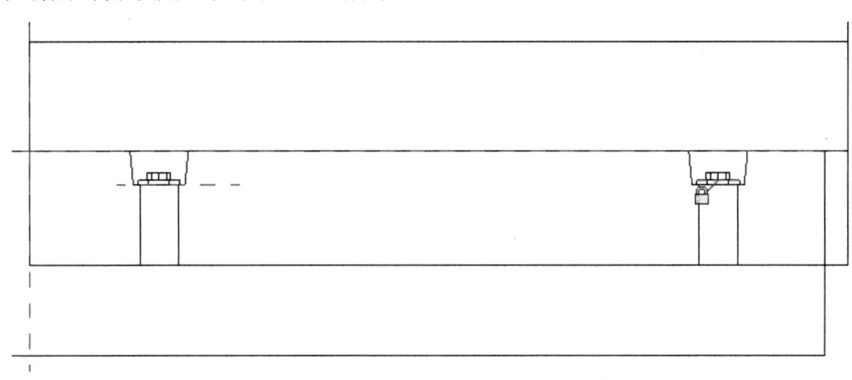

图 3-135　添加对齐约束

（7）单击“创建”选项卡“基准”面板中的“参照平面”按钮（快捷键：RP），打开“修改|放置 参照平面”选项卡和选项栏，系统默认激活“线”按钮，在梯段的上端绘制水平参照平面，修改临时尺寸调整水平参照平面的位置，水平参照平面与梯段上端面的距离为 55，如图 3-136 所示。

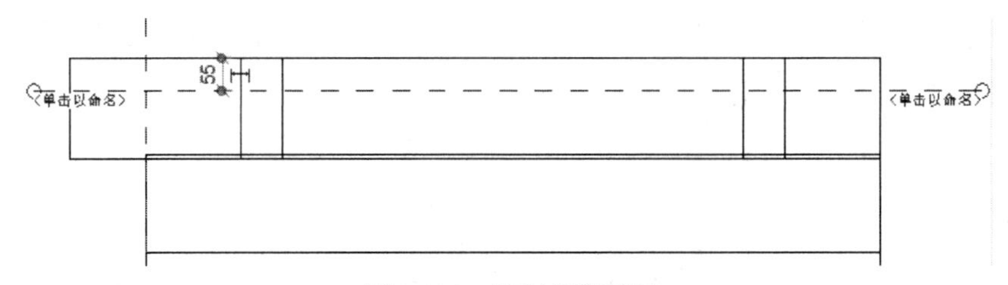

图 3-136　绘制参照平面

（8）按住 Ctrl 键拾取视图中的两个螺母，单击“修改”面板中的“复制”按钮（快捷键：CO），在选项栏中勾选“约束”复选框，选取螺母下端面上任意一点为复制起点，向上移动光标捕捉上一步绘制的参照平面，如图 3-137 所示。

（9）将视图切换至右视图。按住 Ctrl 键拾取视图中的两个螺母，单击“修改”面板中的“移动”按钮（快捷键：MV），在选项栏中勾选“约束”复选框，选取螺母下端面上任意一点为移动起点，向右移动光标，输入尺寸值 3340，按回车键确认，如图 3-138 所示。

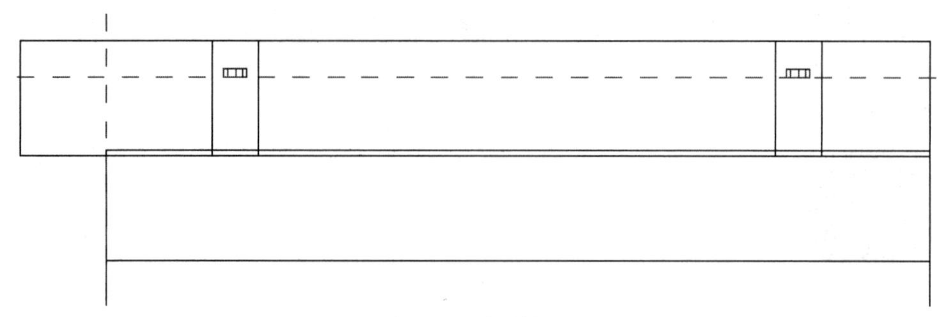

图 3-137　复制螺母

（10）将视图切换至参照标高视图。单击“创建”选项卡“控件”面板中的“控件”按钮，打开“修改|放置 控制点”选项卡，分别单击“控制点类型”面板中的“双向垂直”按钮和“双向水平”按钮，将其放置在视图中适当位置，如图 3-139 所示。

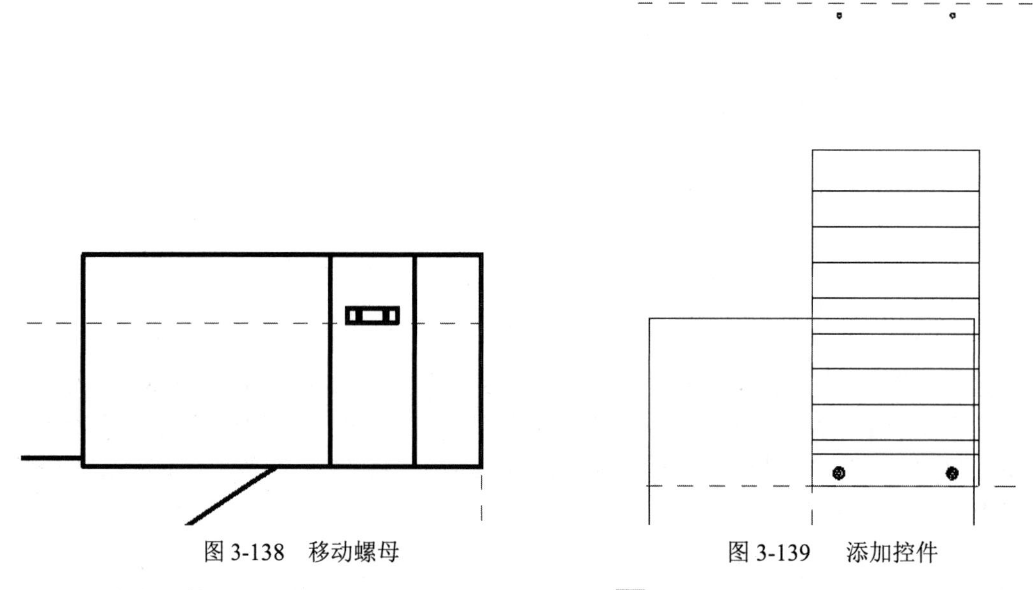

图 3-138　移动螺母　　图 3-139　添加控件

（11）单击“快速访问”工具栏中的“保存”按钮（快捷键：Ctrl+S），打开“另存为”对话框，输入名称“预制梯段”，单击“保存”按钮，保存族文件。

3.5　预制梯梁

3.5.1　创建梯梁主体

视频：创建梯梁主体

（1）在主视图中单击“族”→“新建”或者单击“文件”→“新建”→“族”命令，打开“新族-选择样板文件”对话框，选择“公制结构框架-梁和支撑.rft”为样板族，如图 3-140 所示，单击“打开”按钮进入族编辑器界面，如图 3-141 所示。

图 3-140　“新族-选择样板文件”对话框

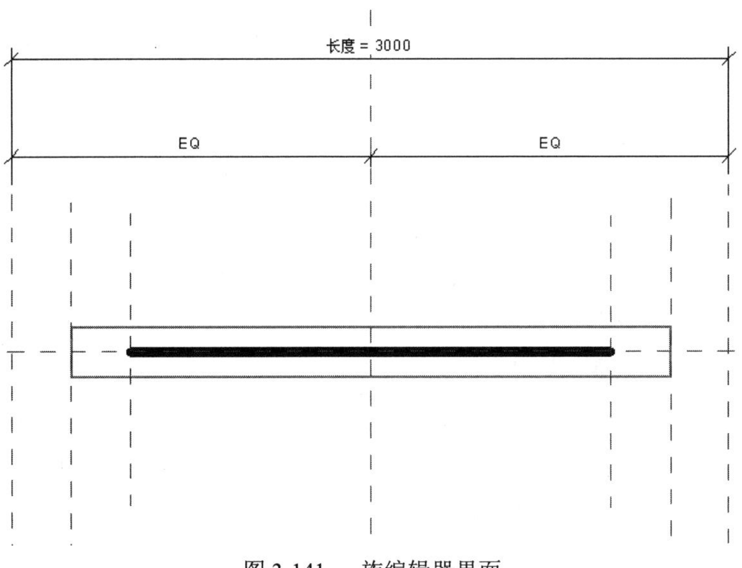

图 3-141　族编辑器界面

（2）将视图切换至右视图。双击拉伸体，打开“修改|编辑拉伸”选项卡，对拉伸截面进行编辑。

（3）选取右侧竖直参照平面，单击“修改”面板中的“复制”按钮（快捷键：CO），在选项栏中勾选“约束”复选框，选取参照平面上任意一点为复制起点，向右移动光标，输入尺寸值 200，按回车键确认，复制参照平面，如图 3-142 所示。

（4）选取下端的水平参照平面，双击临时尺寸，更改尺寸值为 210，调整下端水平参照平面位置；选取上端的水平参照平面，双击临时尺寸，更改尺寸值为 400，调整上端水平参照平面位置，如图 3-143 所示。

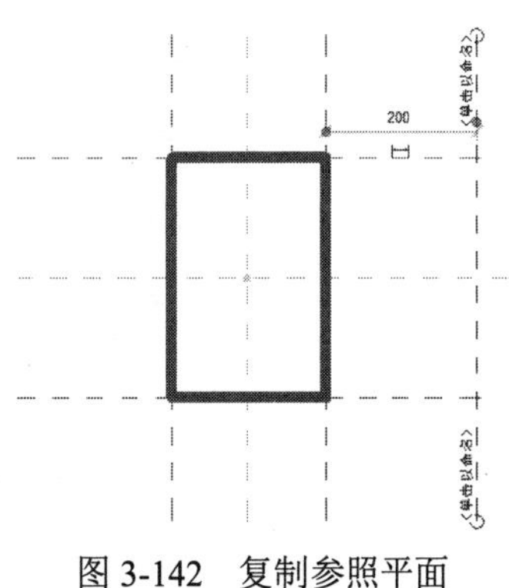

图 3-142　复制参照平面

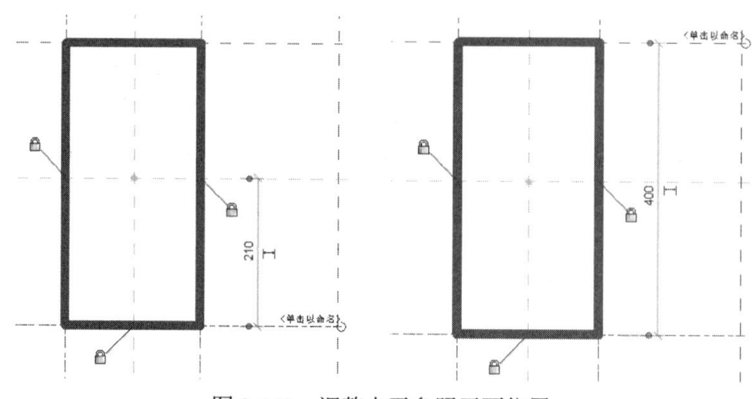

图 3-143　调整水平参照平面位置

（5）选取竖直线段，拖动控制点至中间的水平参照平面，然后选取水平线段，拖动控制点至右侧竖直参照平面，如图 3-144 所示。

（6）单击“绘制”面板中的“线”按钮，沿着参照平面绘制线段，在绘制过程中单击视图中的“创建或删除长度或对齐约束”图标，将线段与参照平面进行锁定，如图 3-145 所示。

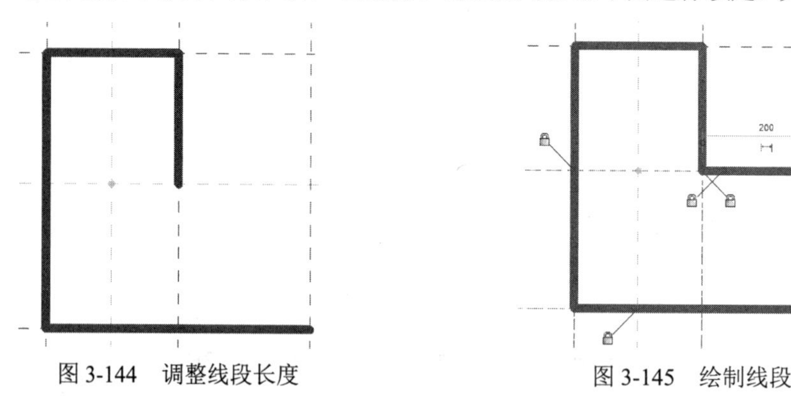

图 3-144　调整线段长度　　　　图 3-145　绘制线段

（7）在“属性”选项板的材质栏中单击，显示按钮并单击，打开“材质浏览器”对话框，单击“主视图”→“收藏夹”节点，在列表中选择“预制混凝土”材质，单击“将材质添加到文档中”按钮，将其添加到项目材质列表中，如图 3-146 所示，单击“确定”按钮。

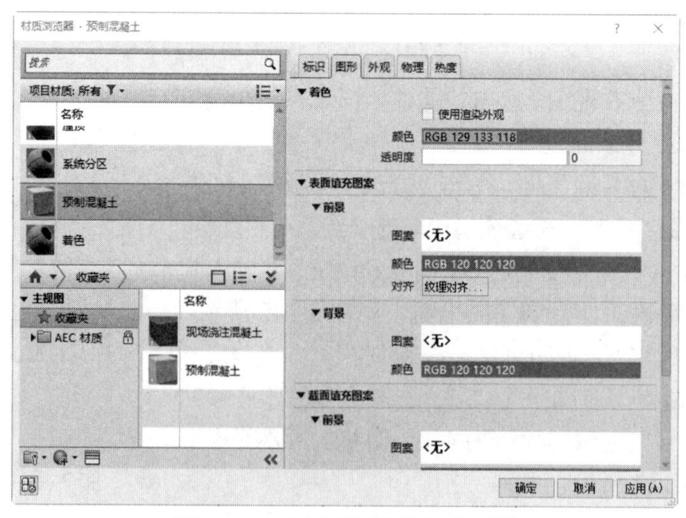

图 3-146　“材质浏览器”对话框

（8）单击“模式”面板中的“完成编辑模式”按钮✔，完成拉伸体的编辑，将视图切换至三维视图，如图 3-147 所示。

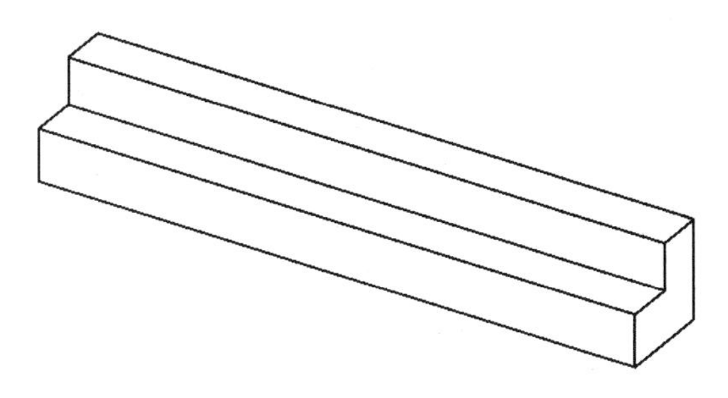

图 3-147　编辑拉伸体

3.5.2　插入预埋件

视频：插入预埋件

（1）将视图切换至参照平面视图。单击“创建”选项卡“基准”面板中的“参照平面”按钮（快捷键：RP），打开“修改|放置 参照平面”选项卡和选项栏，系统默认激活“线”按钮，绘制参照平面并修改临时尺寸调整参照平面位置；单击“修改”选项卡“测量”面板中的“对齐尺寸标注”按钮，标注参照平面和拉伸体端面之间的尺寸并将其锁定，如图 3-148 所示。

（2）单击“插入”选项卡“从库中载入”面板中的“载入族”按钮，打开“载入族”对话框，选择“螺杆.rfa”族文件，单击“打开”按钮，将其载入当前族文件中。

（3）选择项目浏览器的“族”→“常规模型”→“螺杆”节点下“螺杆”，将其拖曳到视图中，在打开的“修改|放置 构件”选项卡“放置”面板中单击“放置在面上”按钮，按 Tab 键调整螺杆方向，捕捉参照平面的交点单击鼠标将其放置，如图 3-149 所示。

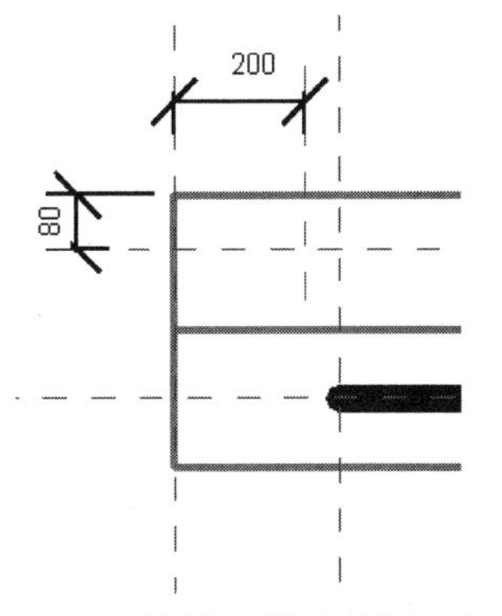

图 3-148　绘制参照平面并标注尺寸

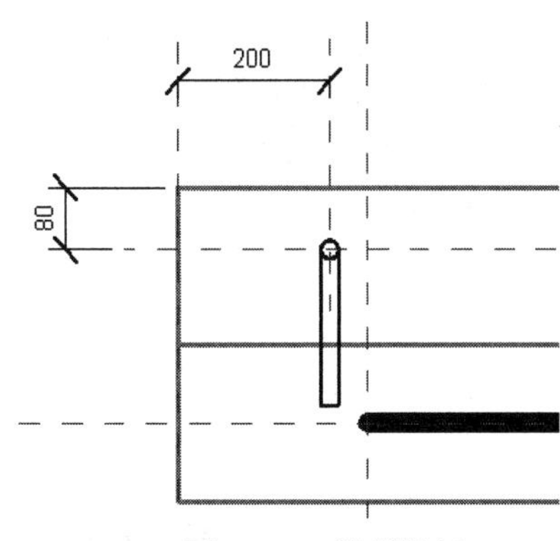

图 3-149　放置螺杆

（4）单击“修改”选项卡“修改”面板中的“对齐”按钮（快捷键：AL），先拾取左侧竖直参照平面，然后拾取螺杆中心，单击“创建或删除长度或对齐约束”图标，将参照平面和螺杆中心对齐锁定，如图 3-150 所示。

（5）将视图切换至右视图。单击“修改”选项卡“修改”面板中的“对齐”按钮（快捷键：AL），先拾取右侧竖直参照平面，然后拾取螺杆中心，单击“创建或删除长度或对齐约束”图标，将参照平面和螺杆中心对齐锁定，如图 3-151 所示。

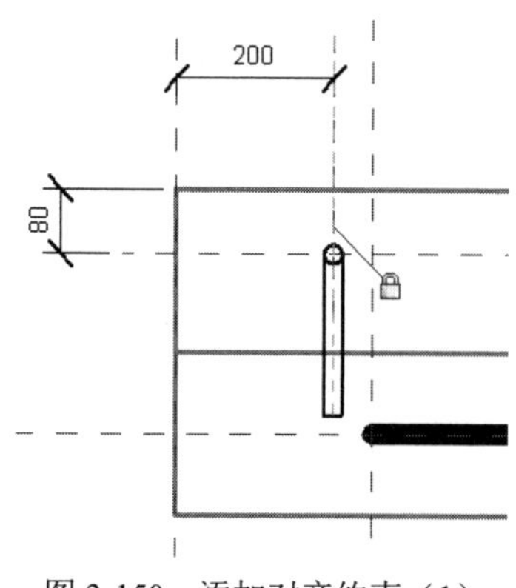

图 3-150　添加对齐约束（1）

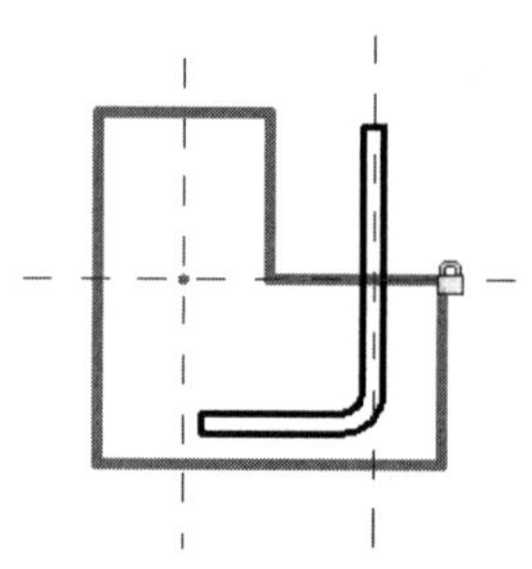

图 3-151　添加对齐约束（2）

（6）将视图切换至参照标高视图。选取竖直参照平面和螺杆，单击“修改”面板中的“复制”按钮（快捷键：CO），选取参照平面上任意一点为复制起点，在选项栏中勾选“约束”复选框，向右移动光标并输入 855，按回车键确认，单击“修改”选项卡“测量”面板中的“对齐尺寸标注”按钮，标注两个竖直参照平面之间的尺寸并将其锁定，如图 3-152 所示。

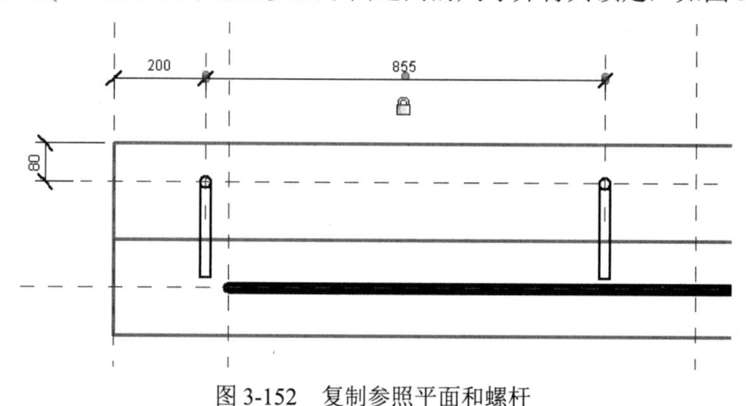

图 3-152　复制参照平面和螺杆

（7）选取上一步创建的竖直参照平面、尺寸和螺杆，单击“修改”面板中的“镜像-拾取轴”按钮（快捷键：MM），拾取中间的竖直参照平面为镜像轴，将参照平面、尺寸和螺杆进行镜像，如图 3-153 所示。

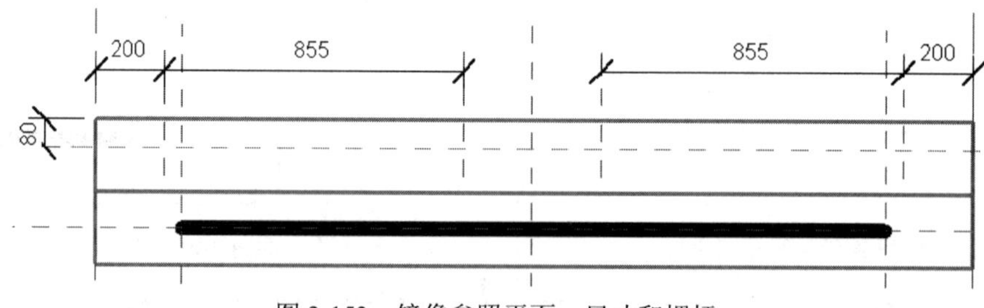

图 3-153　镜像参照平面、尺寸和螺杆

（8）单击“创建”选项卡“控件”面板中的“控件”按钮，打开“修改|放置 控制点”选项卡，分别单击“控制点类型”面板中的“双向垂直”按钮和“双向水平”按钮，将其放置在视图中适当位置，如图 3-154 所示。

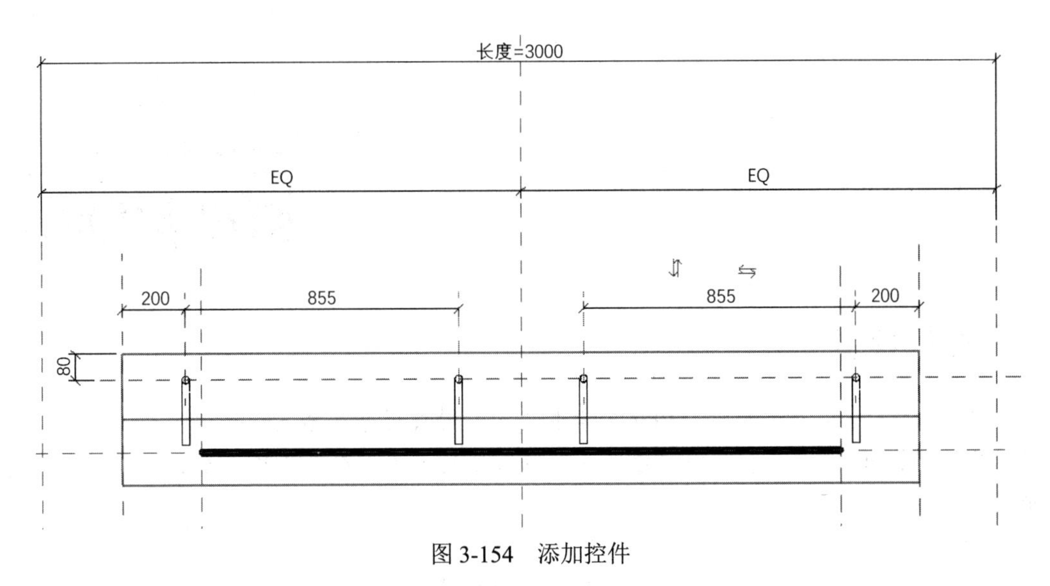

图 3-154　添加控件

（9）单击“快速访问”工具栏中的“保存”按钮（快捷键：Ctrl+S），打开“另存为”对话框，输入名称“预制梯梁”，单击“保存”按钮，保存族文件。

第 4 章

标高和轴网

知识导引

在 Autodesk Revit 中，标高和轴网是用来定位和定义楼层高度及视图平面的，也就是设计基准。在 Autodesk Revit 中，轴网确定了一个不可见的工作平面。轴网编号及标高符号样式均可被定制修改。

4.1 标高

在 Autodesk Revit 中，几乎所有的建筑构件都是基于标高创建的，标高不仅可以作为楼层层高，还可以作为窗台和其他构件的定位依据。标高被修改后，这些建筑构件会随着标高的改变而在高度上发生变化。

在 Autodesk Revit 中，标高是由标头和标高线组成的，如图 4-1 所示。标头包括标高的标头符号样式、标高值、标高名称等，标头符号由该标高采用的标头族定义。标高线用于反映标高对象投影的位置和线型、线宽和线颜色等，它由标高类型参数中对应的参数定义。

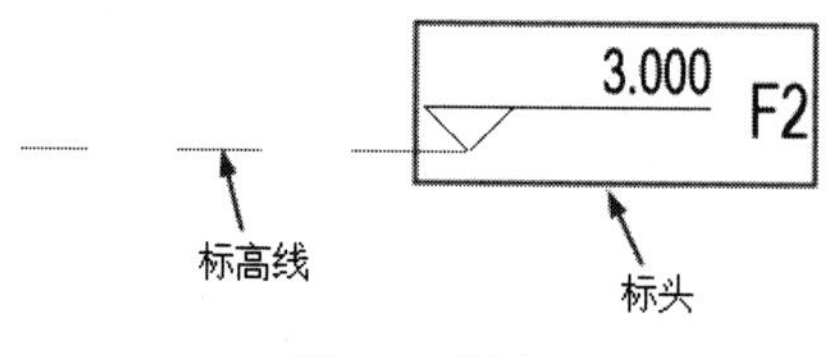

图 4-1 标高

4.1.1 创建建筑标高

视频：创建建筑标高

使用“标高”工具，可定义垂直高度或建筑内的楼层标高，也可为每个已知楼层或其他必需的建筑参照（如第二层、墙顶或基础底端）创建标高。

在 Autodesk Revit 中，只有在立面和剖面视图中才能使用“标高”命令，因此在正式开始项目设计之前，必须先打开一个立面视图。

创建建筑标高的具体绘制步骤如下。

（1）单击主页上的“模型”→“新建”按钮 新建...，打开“新建项目”对话框，在“样板文件”下拉列表中选择“构造样板”，选择“项目”单选按钮，如图 4-2 所示。单击“确定”按钮，新建项目 1 文件，并显示楼层平面标高 1。

（2）在如图 4-3 所示的项目浏览器中的“立面（建筑立面）”节点下，双击“东”，将视图切换至东立面视图。在东立面视图中显示预设的标高，如图 4-4 所示。

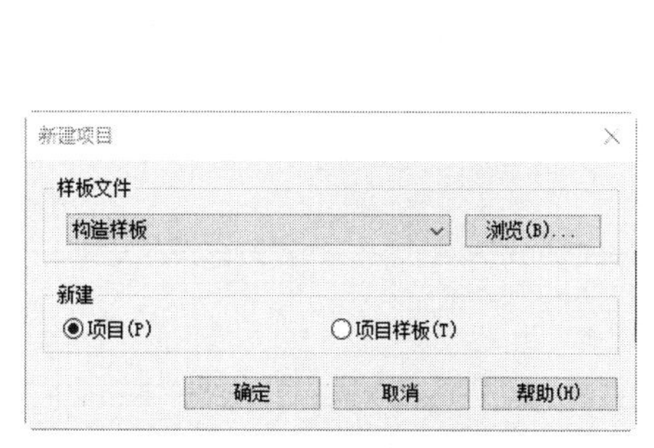

图 4-2　“新建项目”对话框

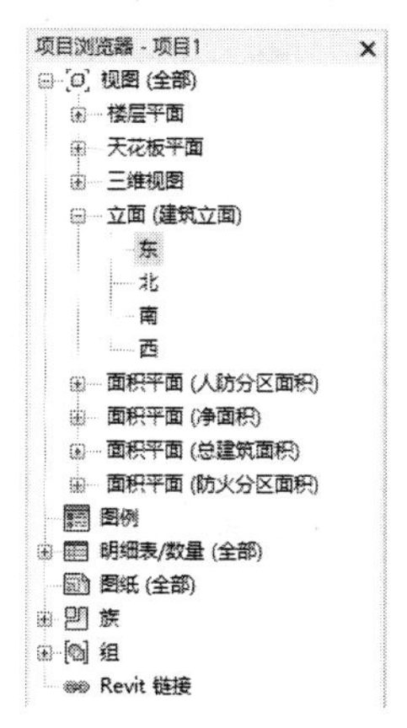

图 4-3　项目浏览器

提示：

一般，建筑专业选择“建筑样板”，结构专业选择“结构样板”。如果项目中既有建筑又有结构，或者不完全为单一专业绘图，那么选择“构造样板”。

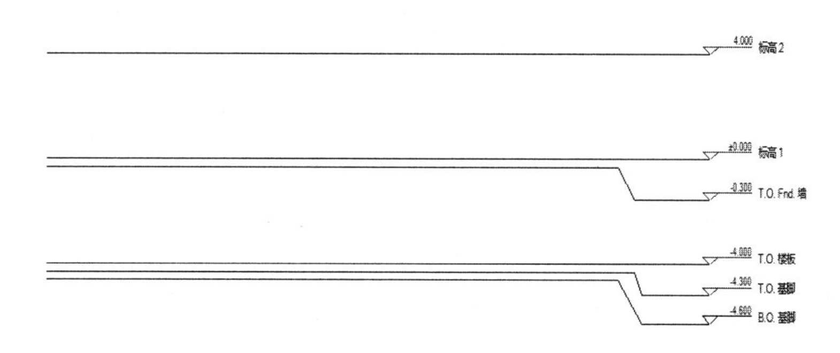

图 4-4　预设标高

（3）单击“建筑”选项卡“基准”面板中的“标高”按钮（快捷键：LL），打开“修改|放置 标高”选项卡和选项栏，如图 4-5 所示。系统默认激活“线”按钮。

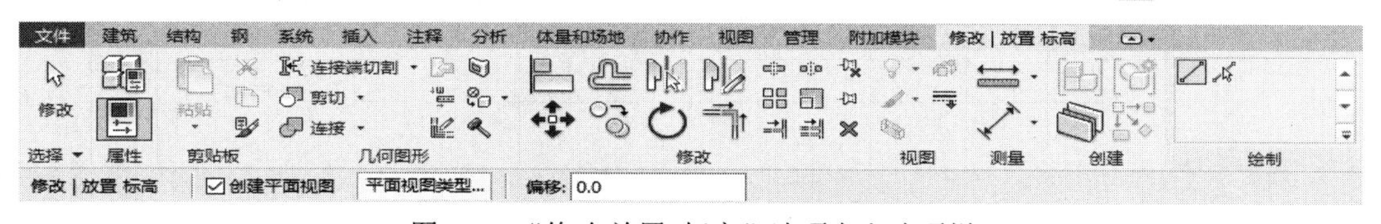

图 4-5　“修改|放置 标高”选项卡和选项栏

“修改|放置 标高”选项卡和选项栏中的选项说明如下。

- 创建平面视图：默认勾选此复选框，创建的每个标高都是一个楼层，并且拥有关联楼层平面视图和天花板投影平面视图。如果取消此复选框的勾选，则认为标高是非楼层的标高或参照标高，并且不创建关联的平面视图。墙及其他以标高为主体的图元可以将参照标高用作自己的墙顶定位标高或墙底定位标高。
- 平面视图类型：单击此选项，打开如图 4-6 所示的“平面视图类型”对话框，选择要创建的视图类型。

（4）当放置光标以创建标高时，如果光标与现有标高线对齐，则在光标和该标高线之间会显示一个临时的垂直尺寸标注，如图 4-7 所示，单击确定标高线的起点。

（5）通过水平移动光标绘制标高线，直到捕捉到另一侧标头，如图 4-8 所示，单击确定标高线的终点。

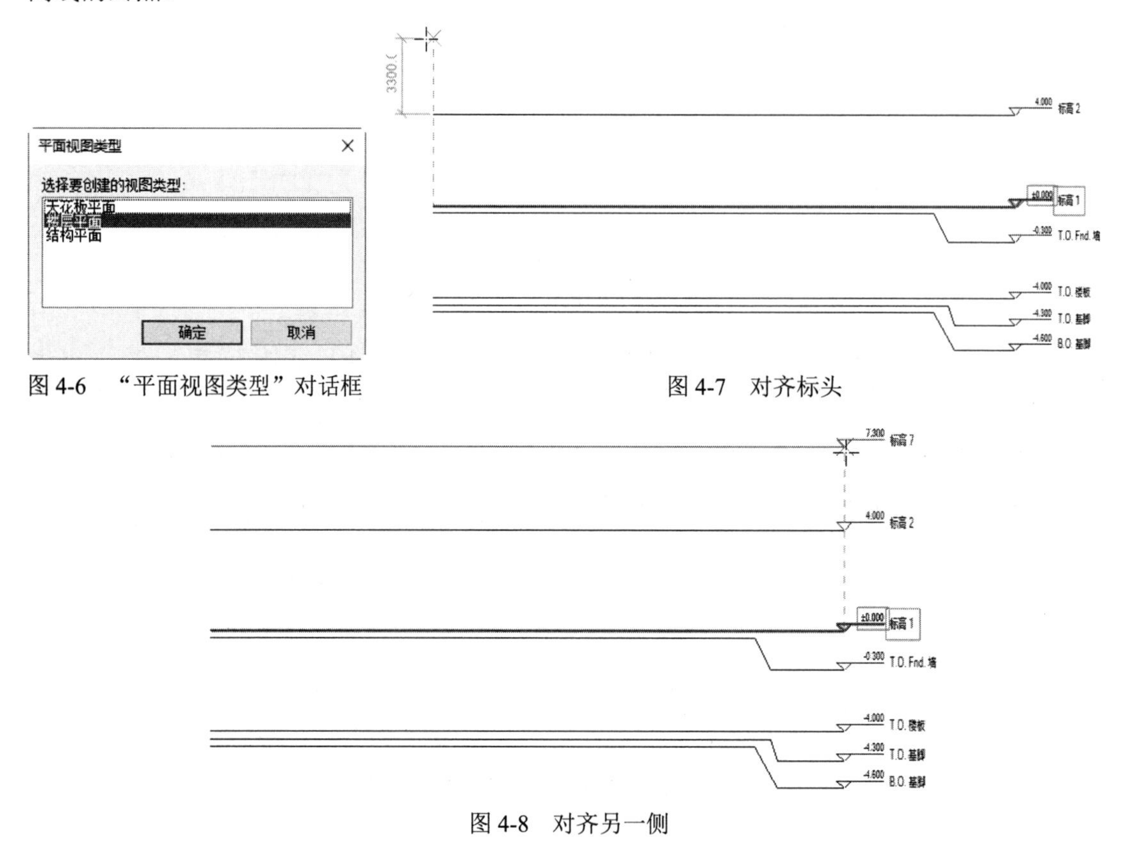

图 4-6　“平面视图类型”对话框

图 4-7　对齐标头

图 4-8　对齐另一侧

（6）在选择与其他标高线对齐的标高线时，将会出现一个锁的图标以显示对齐，如图 4-9 所示。如果水平移动标高线，则全部对齐的标高线会随之移动。

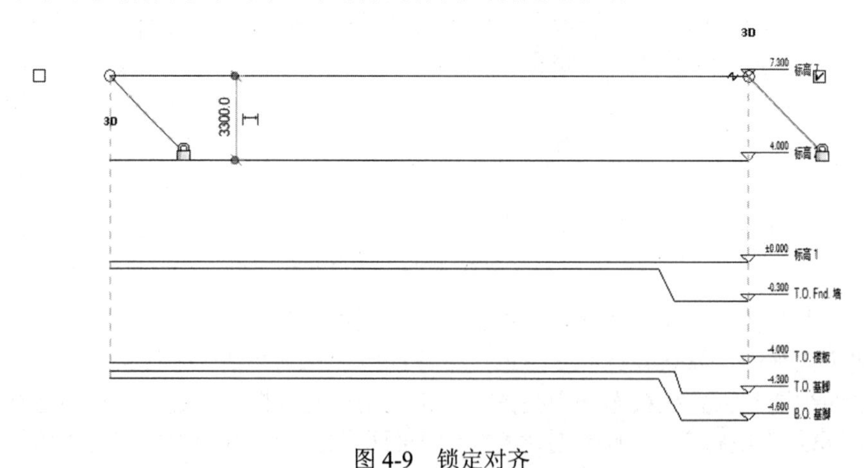

图 4-9　锁定对齐

（7）在视图中选取多余的标高线，如“T.O.楼板”标高线，单击鼠标右键，在弹出的快捷菜单中选择“删除”选项，如图 4-10 所示，系统弹出如图 4-11 所示的“警告”对话框，单击“确定”按钮，删除选中的标高线。采用相同的方法，删除其他多余的标高线，如图 4-12 所示。

（8）选取视图中标高 2，显示临时尺寸值，双击尺寸值 4000.0，在文本框中输入新的尺寸值 5200，按回车键更改标高的高度，系统将自动调整标高位置，如图 4-13 所示。

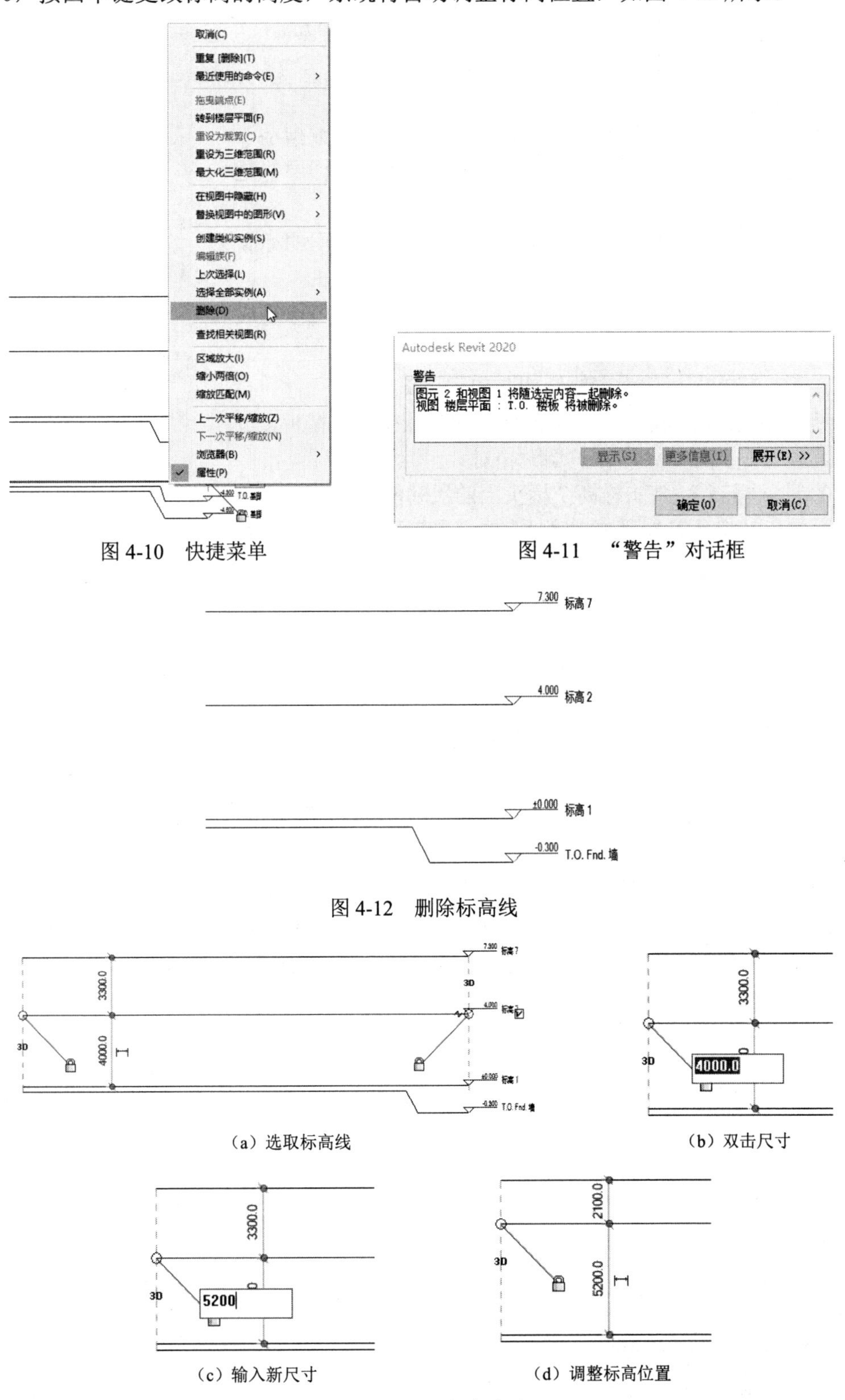

图 4-10　快捷菜单

图 4-11　“警告”对话框

图 4-12　删除标高线

（a）选取标高线

（b）双击尺寸

（c）输入新尺寸

（d）调整标高位置

图 4-13　更改标高高度

（9）还可以在“属性”选项板中通过修改实例属性来指定标高的高程、计算高度和名称，如图 4-14 所示。对实例属性的修改只影响当前选中的图元。

标高“属性”选项板中的主要选项说明如下。

- 立面：标高的垂直高度。
- 上方楼层：与“建筑楼层”参数结合使用，此参数指示该标高的下一个建筑楼层。在默认情况下，“上方楼层”是下一个启用“建筑楼层”的最高标高。
- 计算高度：在计算房间周长、面积和体积时要使用的标高之上的距离。
- 名称：标高的标签。可以为该属性指定任何所需的标签或名称。
- 结构：将标高标识为主要结构（如钢顶部）。
- 建筑楼层：指示标高对应于模型中的功能楼层或楼板，与其他标高（如平台和保护墙）相对。

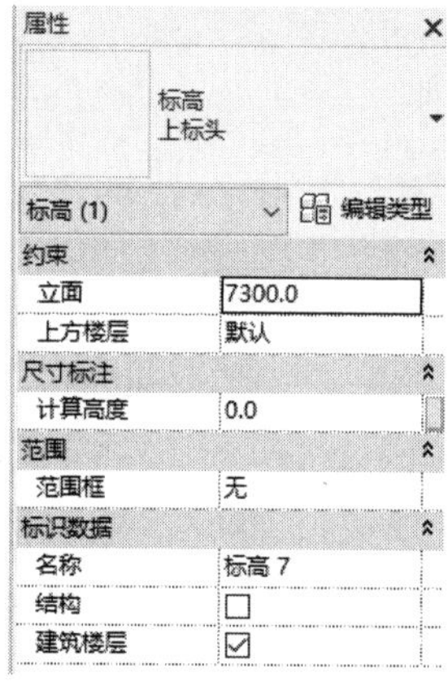

图 4-14 “属性”选项板

（10）选取标高 7，双击标高 7 标头上的尺寸值 7.300，在文本框中输入新的尺寸值 9.4（标头上显示的尺寸值是以 m 为单位的），按回车键更改标高的高度，系统自动调整标高线位置，如图 4-15 所示。

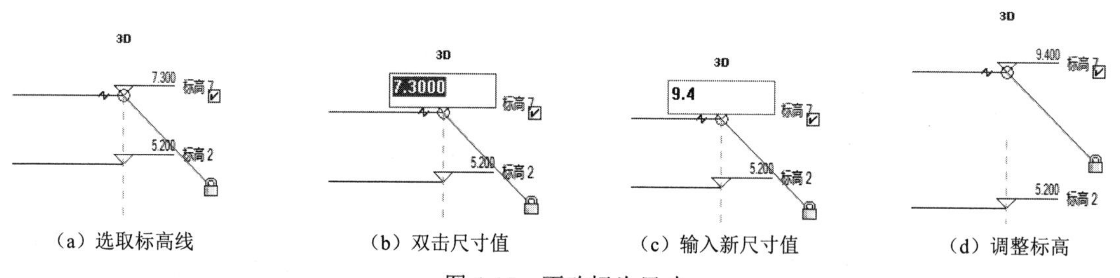

（a）选取标高线 （b）双击尺寸值 （c）输入新尺寸值 （d）调整标高

图 4-15 更改标头尺寸

（11）选取“T.O.Fnd.墙”标高线，单击标高的名称，在文本框中输入新的名称“室外地面”，按回车键，打开“确认标高重命名”对话框，单击“是”按钮，则相关的楼层平面将随之更新，如图 4-16 所示。采用相同的方法，分别将标高 1、标高 2 和标高 7 重命名为 1F、2F 和 3F。

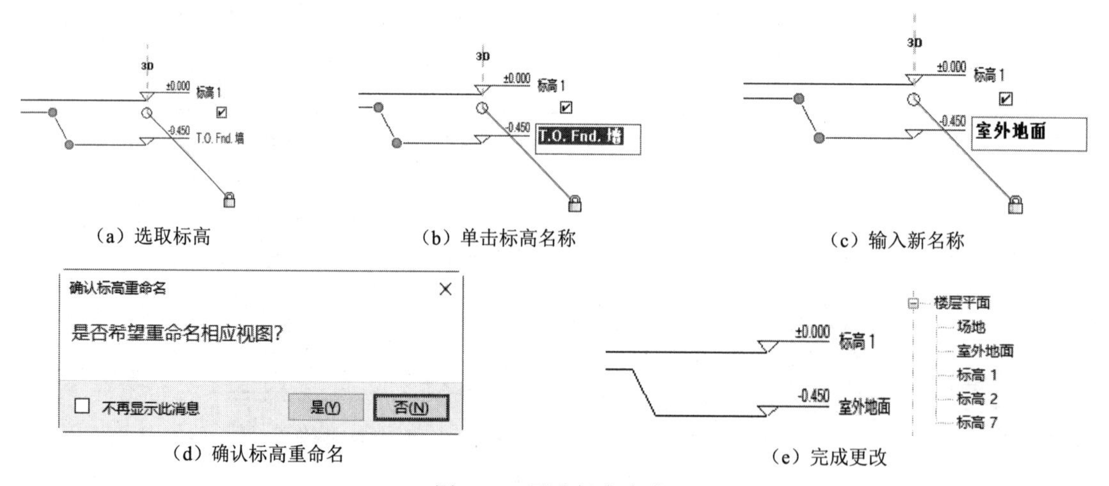

（a）选取标高 （b）单击标高名称 （c）输入新名称

（d）确认标高重命名 （e）完成更改

图 4-16 更改标高名称

提示：

如果输入的名称已存在，则会打开如图 4-17 所示的“Autodesk Revit 2020”错误提示对话框，单击“取消”按钮，重新输入名称。

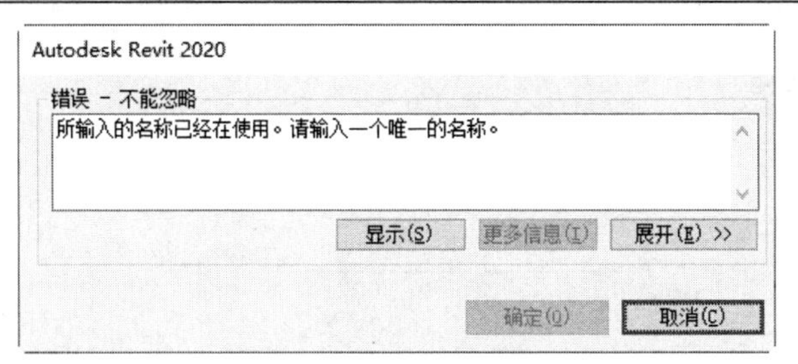

图 4-17　“Autodesk Revit 2020”错误提示对话框

注意：

在绘制标高时，要注意光标的位置。如果光标在现有标高的上方，则会在当前标高上方生成新的标高；如果光标在现有标高的下方，则会在当前标高的下方生成新的标高。在拾取时，视图中会以虚线表示即将生成的标高位置，可以根据此预览判断标高的位置是否正确。

（12）单击“建筑”选项卡“基准”面板中的“标高”按钮（快捷键：LL），打开“修改|放置 标高”选项卡和选项栏，系统默认激活“线”按钮，当光标与标高线之间显示一个临时的垂直尺寸时，输入尺寸值 4200，按回车键确认标高的起点。水平移动光标绘制标高线，直到捕捉到另一侧标头，单击确定标高线的终点，如图 4-18 所示。

（13）选取上一步创建的标高线，双击标高的名称，在文本框中输入新的名称“4F”，按回车键，打开“确认标高重命名”对话框，单击“是”按钮，更改标高名称，如图 4-19 所示。

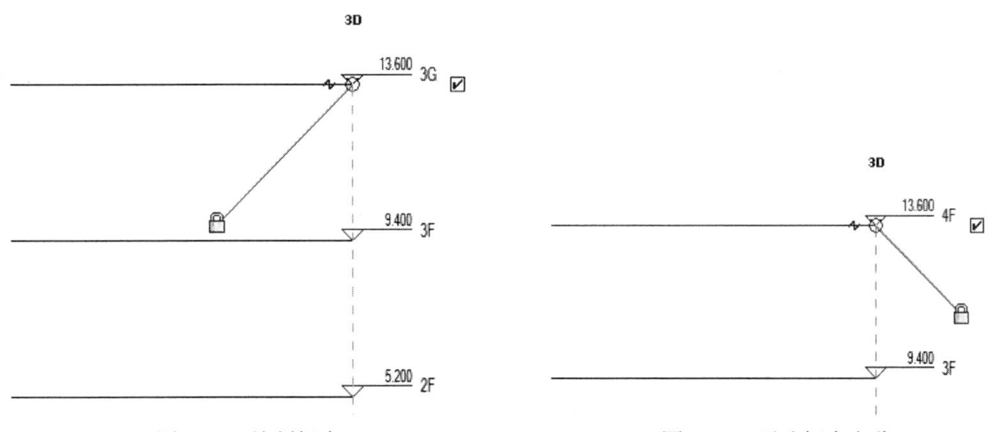

图 4-18　绘制标高　　　图 4-19　更改标高名称

（14）单击“修改”选项卡“修改”面板中的“阵列”按钮（快捷键：AR），选取“4F”标高线，按回车键，打开“阵列”选项栏，单击“线性”按钮，取消“成组并关联”复选框，选择移动到“第二个”线性，输入项目数 18，勾选“约束”复选框，捕捉标高线上任意一点，竖直向上移动光标，并输入距离 3900，按回车键，完成阵列，如图 4-20 所示。

（15）重复步骤（13），更改标高名称，如图 4-21 所示。

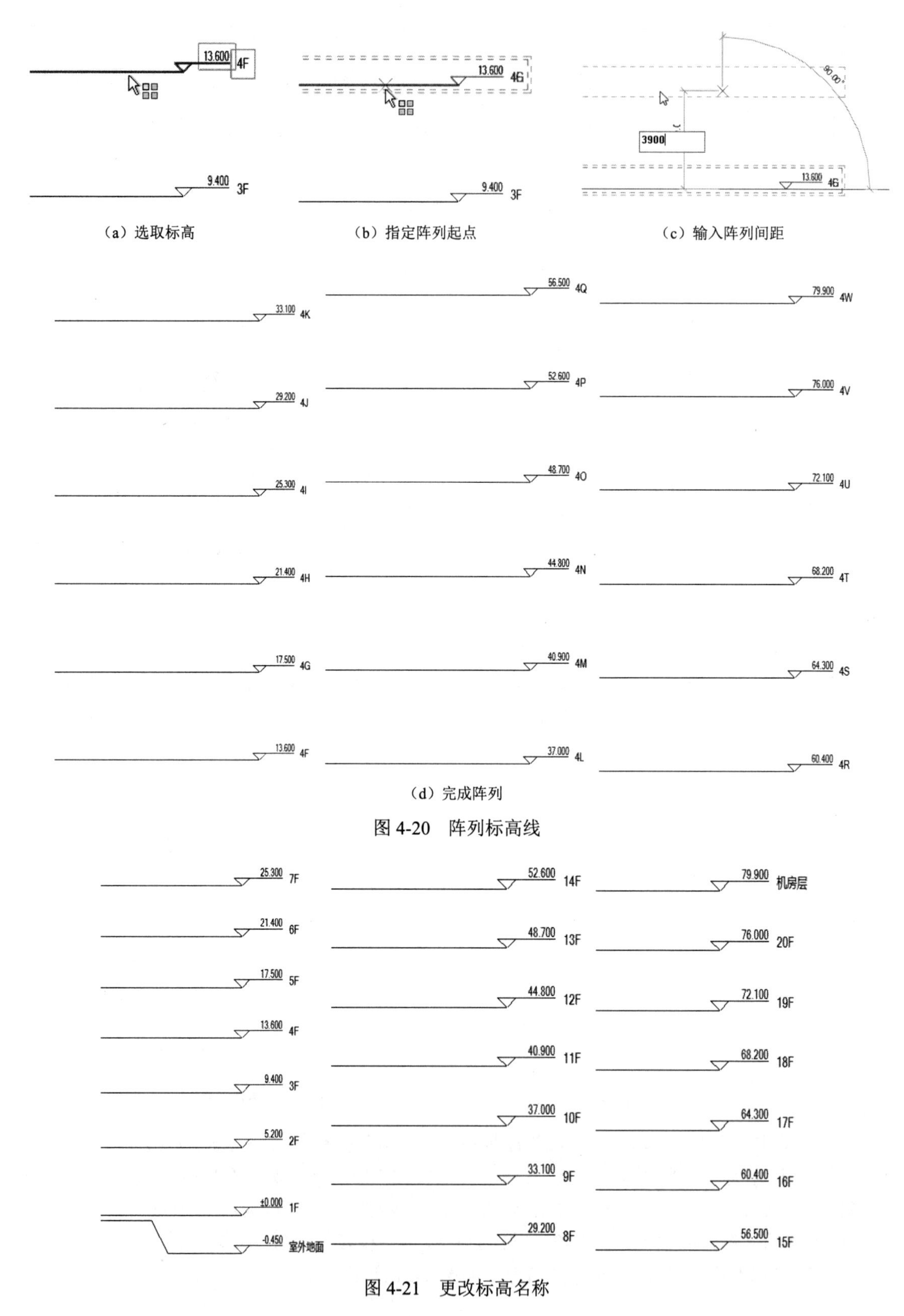

（a）选取标高　　（b）指定阵列起点　　（c）输入阵列间距

（d）完成阵列

图 4-20　阵列标高线

图 4-21　更改标高名称

（16）阵列的标高线在项目浏览器的楼层平面节点中没有显示。单击“视图”选项卡“创建”面板“平面视图”按钮 下拉列表中的“楼层平面”按钮，打开如图 4-22 所示的“新建楼层平面”对话框，勾选“不复制现有视图”复选框，选择对话框中所有标高，单击“确定”按钮，将把所有标高添加到项目浏览器的楼层平面节点中，如图 4-23 所示。

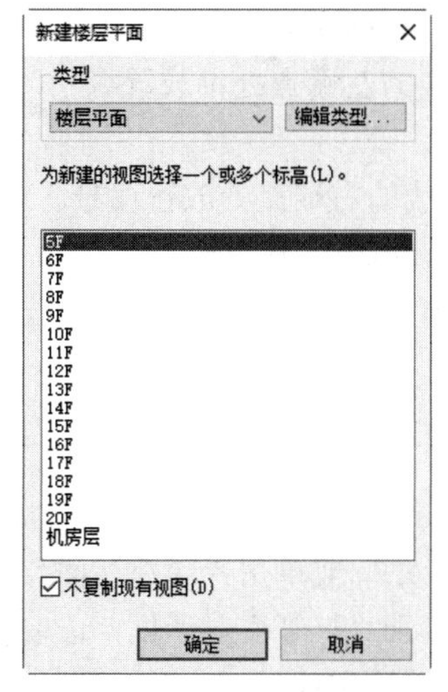

图 4-22　“新建楼层平面”对话框

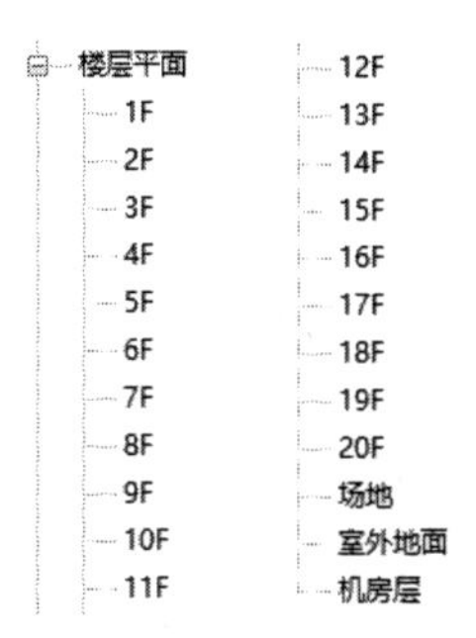

图 4-23　楼层平面

（17）选取标高线，拖动标高线两端的操纵柄，向左或向右移动光标，调整标高线的长度，如图 4-24 所示。

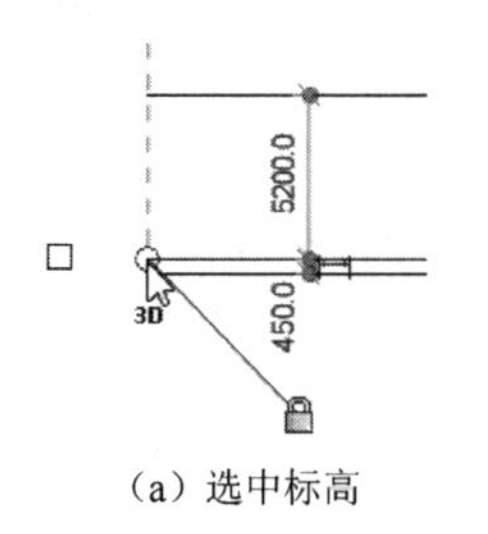

（a）选中标高　　（b）拖动操纵柄

图 4-24　调整标高线长度

（18）单击“属性”选项板中的“编辑类型”按钮，打开如图 4-25 所示的“类型属性”对话框，可以在该对话框中修改标高类型中“基面”“线宽”“颜色”等属性。

“类型属性”对话框中的选项说明如下。

- 基面：包括项目基点和测量点。如果选择项目基点，则在某一标高上报告的高程基于项目原点。如果选择测量点，则报告的高程基于固定测量点。
- 线宽：设置标高类型的线宽。可以从值列表中选择线宽型号。
- 颜色：设置标高线的颜色。单击颜色，打开“颜色”对话框，从对话框的颜色列表中选择颜色或自定义颜色。
- 线型图案：设置标高线的线型图案。线型图案可

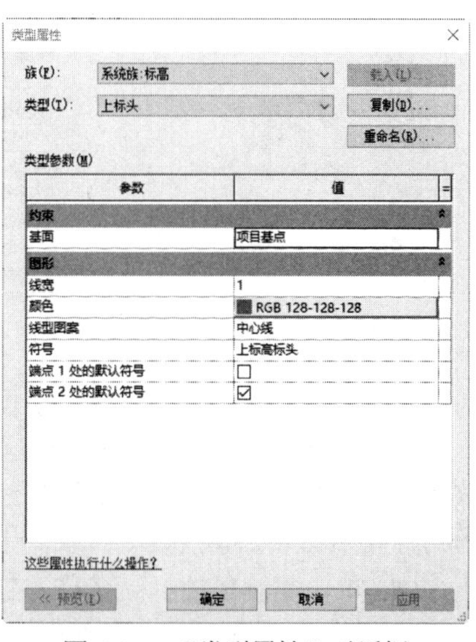

图 4-25　“类型属性”对话框

以是实线或虚线和圆点的组合。可以从 Revit 定义的值列表中选择线型图案，或自定义线型图案。

- 符号：确定标高线的标头是否显示编号中的标高号（标高标头-圆圈）、显示标高号但不显示编号（标高标头-无编号）或不显示标高号（<无>）。
- 端点 1 处的默认符号：默认情况下，在标高线的左端点处不放置编号，勾选此复选框，显示编号。
- 端点 2 处的默认符号：默认情况下，在标高线的右端点处放置编号。选择标高线时，标高编号旁边将显示复选框，取消此复选框的勾选，隐藏编号。

（19）单击"文件"下拉菜单中的"另存为"→"项目"命令，打开"另存为"对话框，指定保存位置并输入文件名，单击"保存"按钮。

4.1.2 创建结构标高

视频：创建结构标高

（1）单击主页上的"模型"→"打开"按钮 打开... 或单击"快速访问"工具栏中的"打开"按钮（快捷键：Ctrl+O），打开"打开"对话框，选取 4.1.1 节保存的项目文件，单击"打开"按钮，打开项目文件。

（2）在项目浏览器的结构平面节点下选取所有的标高线，单击鼠标右键，在弹出的快捷菜单中选择"删除"选项，删除标高线，如图 4-26 所示。

（3）单击"建筑"选项卡"基准"面板中的"标高"按钮（快捷键：LL），在"属性"选项板中选择"下标头"类型，取消"建筑楼层"复选框的勾选，然后勾选"结构"复选框，如图 4-27 所示。选取基础标高，在"属性"选项板中更改类型为"下标头"。

（4）从左向右绘制标高线，然后更改名称和标高尺寸，如图 4-28 所示。

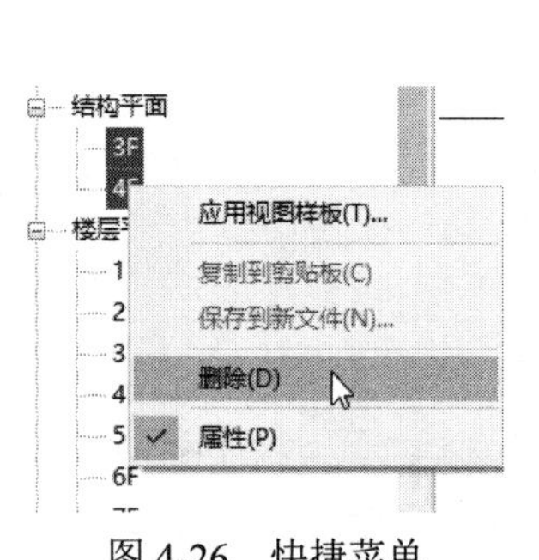

图 4-26 快捷菜单

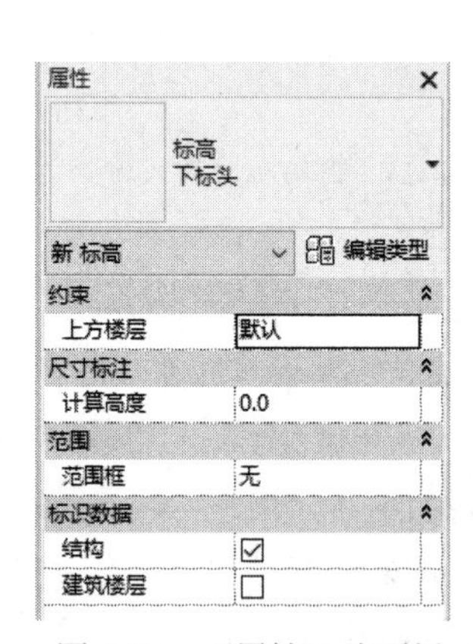

图 4-27 "属性"选项板

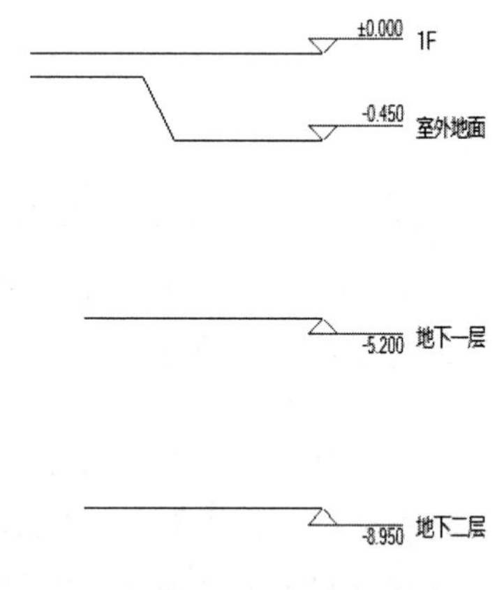

图 4-28 绘制标高线

（5）框选建筑标高 1F～20F，单击"修改"面板中的"复制"按钮，捕捉标高线上任意一点，竖直向下移动光标，并输入距离 50，按回车键，完成复制。在"属性"选项板中更改标头类型为"下标头"，取消"建筑楼层"复选框的勾选，然后勾选"结构"复选框，复制后的标高如图 4-29 所示。

（6）单击复制后的标高名称，在文本框中输入新的名称，按回车键确认，如图 4-30 所示。

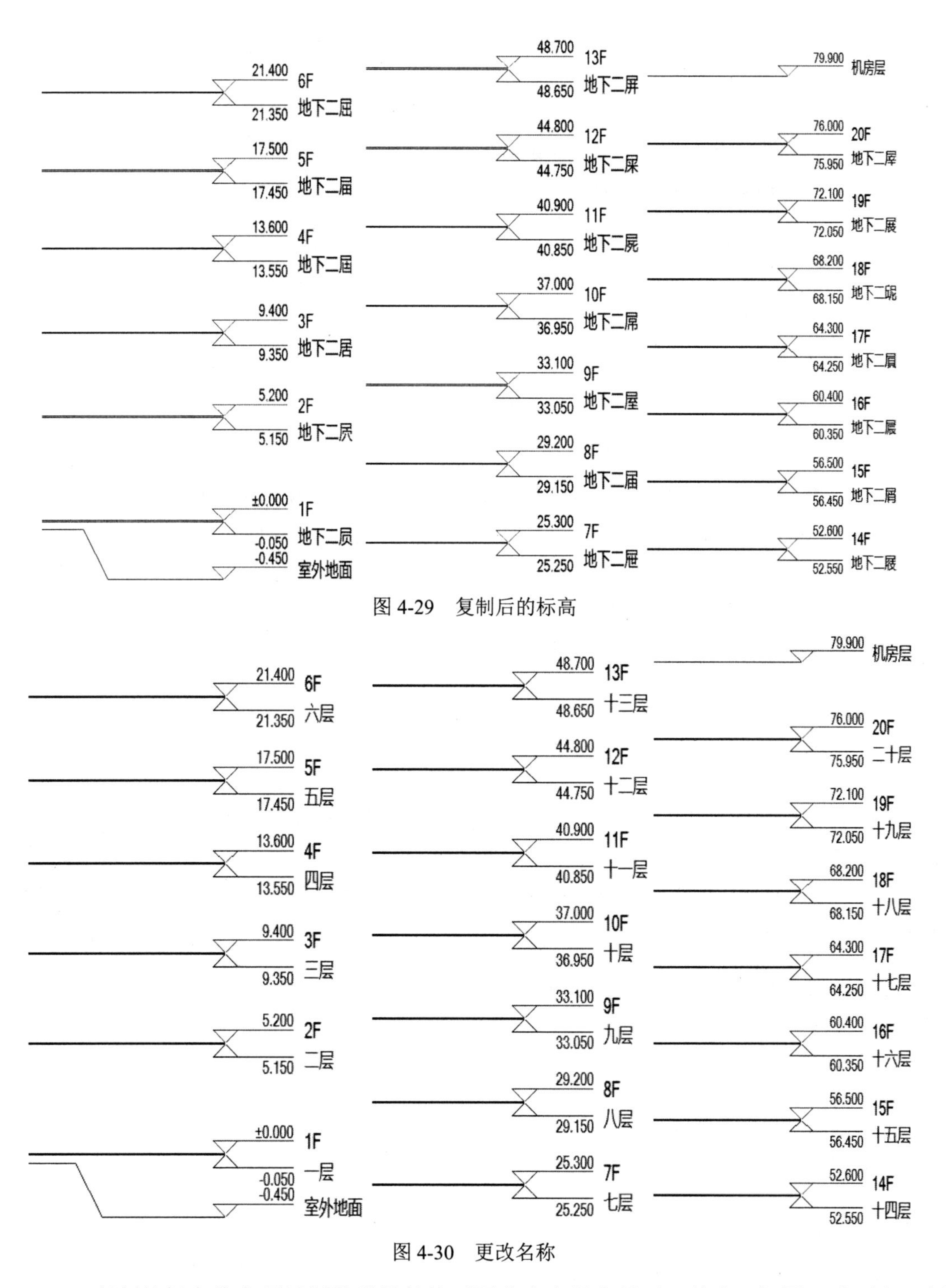

图 4-29　复制后的标高

图 4-30　更改名称

（7）复制的标高线在项目浏览器的结构平面节点中没有显示。单击“视图”选项卡“创建”面板“平面视图”按钮 下拉列表中的“结构平面”按钮，打开如图 4-31 所示的“新建结构平面”对话框，勾选“不复制现有视图”复选框，选择对话框中一层至二十层，单击“确定”按钮，把所选标高添加到项目浏览器的结构平面节点中，如图 4-32 所示。

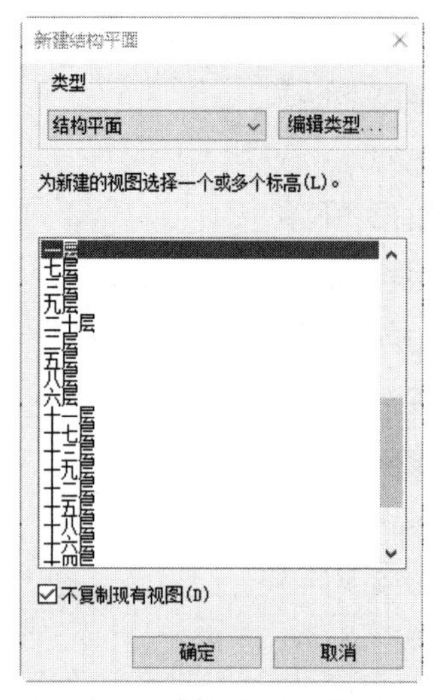

图 4-31 “新建结构平面”对话框

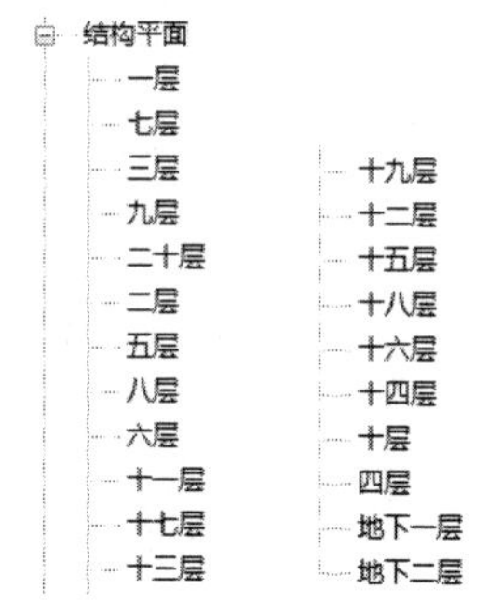

图 4-32 结构平面

（8）在项目浏览器的楼层平面节点中选取本节绘制的标高线（地下一层和地下二层），单击鼠标右键，在打开的快捷菜单中单击“删除”选项，删除标高线。

（9）单击“文件”下拉菜单中的“另存为”→“项目”命令，打开“另存为”对话框，指定保存位置并输入文件名，单击“保存”按钮。

4.2 轴网

轴网用于为构件定位，在 Revit 中轴网确定了一个不可见的工作平面。目前该软件可被用于绘制弧形和直线轴网，不支持折线轴网。

视频：创建轴网

4.2.1 创建轴网

使用“轴网”工具，可以在建筑设计中放置柱轴网线。轴网可以是直线、圆弧或多段线。

在 Revit 中只需在任意剖面视图中绘制一次轴网，在其他平面、立面、剖面视图中都将自动显示轴网。

创建轴网的具体操作步骤如下。

（1）打开 4.1.2 节绘制的文件，在项目浏览器中的结构平面节点下双击“一层”，将视图切换至一层平面。

（2）单击“建筑”选项卡“基准”面板中的“轴网”按钮（快捷键：GR），打开“修改|放置 轴网”选项卡和选项栏，如图 4-33 所示。系统默认激活“线”按钮。

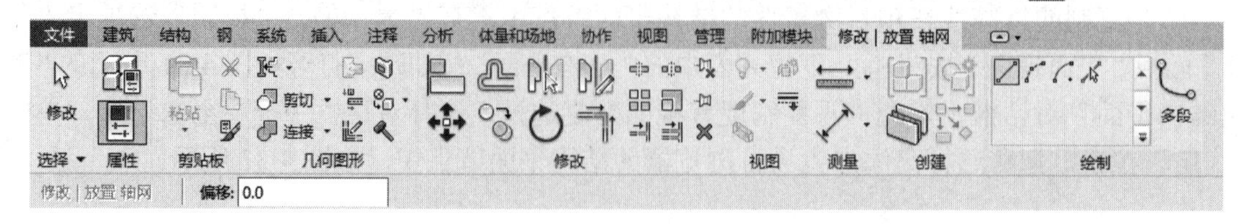

图 4-33 “修改|放置 轴网”选项卡和选项栏

（3）单击确定轴线的起点，向下移动光标，系统将在光标位置和起点之间显示轴线预览，并给出当前轴线方向与水平方向的临时角度，如图 4-34 所示，移动光标到适当位置单击确定轴线的终点，完成一条竖直轴线的绘制，如图 4-35 所示。

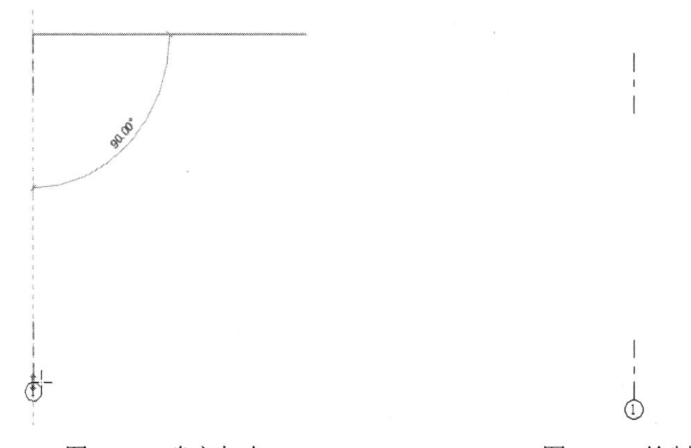

图 4-34　确定起点　　　　图 4-35　绘制轴线 1

（4）移动光标到轴线 1 起点的右侧，系统将自动捕捉该轴线的起点，给出端点对齐捕捉参考线，并在光标和轴线之间显示临时尺寸，单击确定轴线的起点，向下移动光标，直到捕捉轴线 1 另一侧端点时单击鼠标确定轴线的终点，完成轴线 2 的绘制，系统自动对轴线编号为 2，如图 4-36 所示。

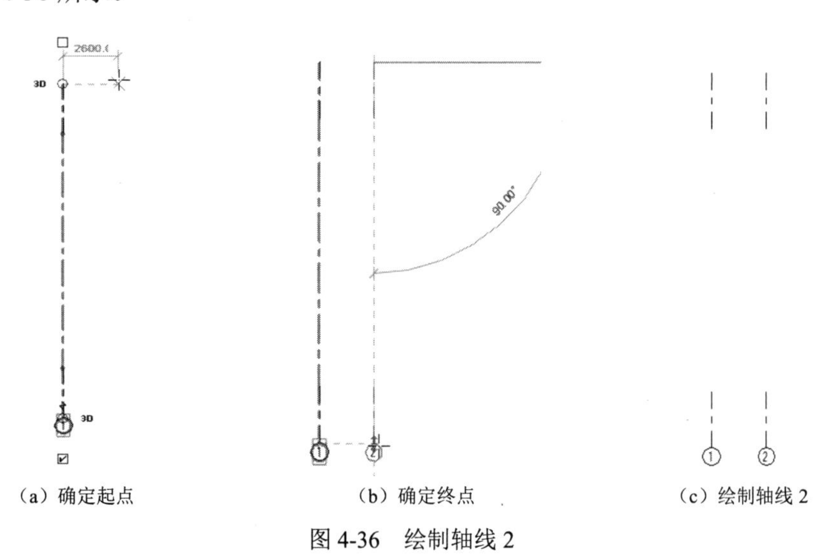

（a）确定起点　　（b）确定终点　　（c）绘制轴线 2

图 4-36　绘制轴线 2

（5）也可以单击“修改”选项卡“修改”面板中的“复制”按钮（快捷键：CO），框选上一步绘制的轴线 2，然后按回车键，指定起点，移动光标到适当位置单击确定终点，如图 4-37 所示。也可以直接输入尺寸值确定两轴线之间的间距。复制的轴线编号是自动排序的。

（6）继续绘制其他竖轴线，如图 4-38 所示。如果轴线是对齐的，则选择线时会出现一个锁以指明对齐。如果移动轴网范围，则所有对齐的轴线都会随之移动。

（7）继续指定轴线的起点，水平移动光标到适当位置单击确定终点，绘制一条水平轴线，如图 4-39 所示。系统将自动按轴线编号累计的方式命名此轴线编号为 6。

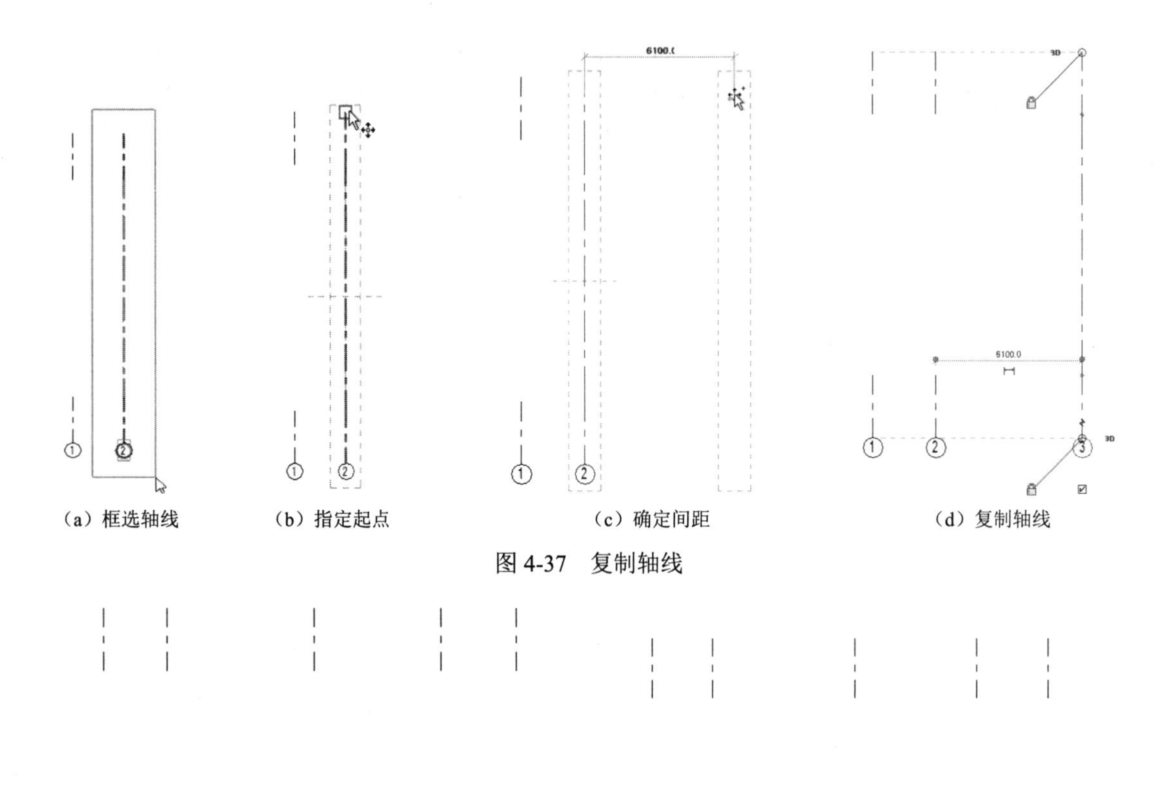

（a）框选轴线　（b）指定起点　（c）确定间距　（d）复制轴线

图 4-37　复制轴线

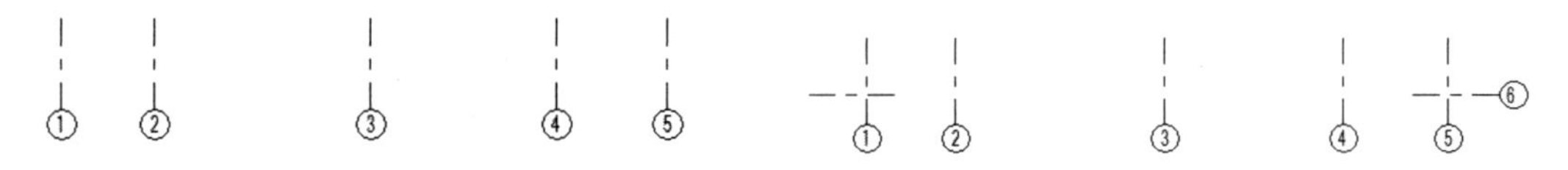

图 4-38　绘制竖轴线　　图 4-39　绘制水平轴线（1）

（8）继续绘制水平轴线，或者利用“复制”命令，继续绘制其他水平轴线，如图 4-40 所示。

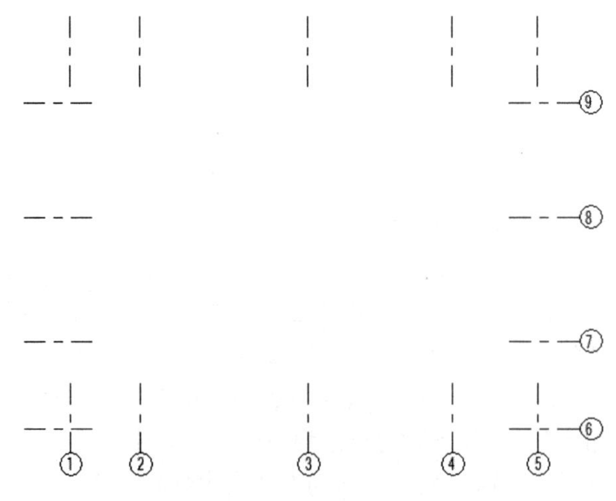

图 4-40　绘制水平轴线（2）

（9）单击“文件”下拉菜单中的“另存为”→“项目”命令，打开“另存为”对话框，指定保存位置并输入文件名，单击“保存”按钮。

视频：编辑轴网

4.2.2　编辑轴网

绘制完轴网后会发现轴网中有的地方不符合要求，需要进行修改，具体操作步骤如下。

（1）打开 4.2.1 节绘制的文件，选取所有轴线，然后在“属性”选项板中选择“6.5mm 编号”类型，如图 4-41 所示，更改轴线类型，如图 4-42 所示。

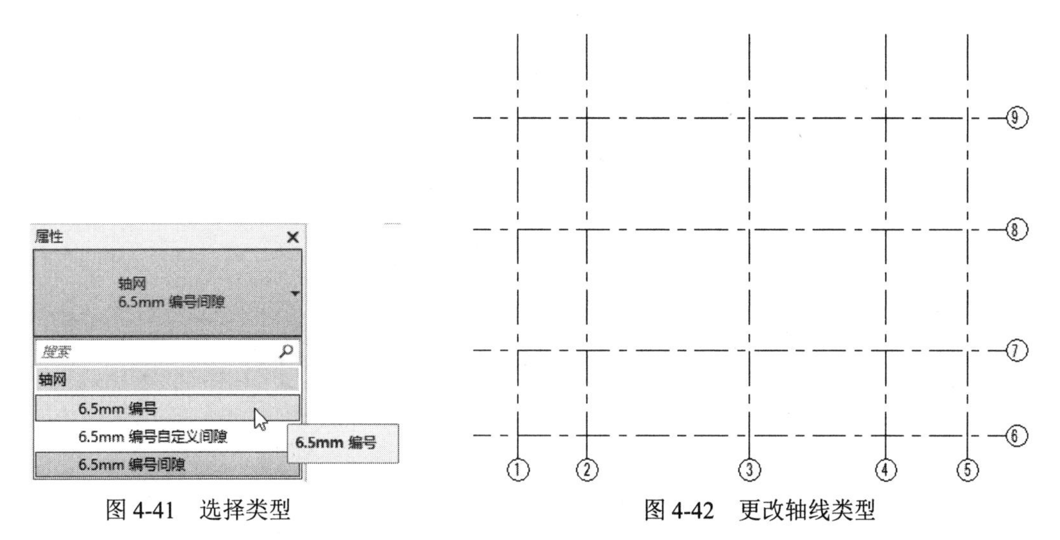

图 4-41　选择类型　　图 4-42　更改轴线类型

（2）一般情况下，横向轴线的编号是按从左到右的顺序编写的，纵向轴线的编号则是用大写的拉丁字母从下到上编写的，不能用字母 I 和 O 编号。选择最下端水平轴线，单击数字“6”，更改为“A”，按回车键确认，如图 4-43 所示。

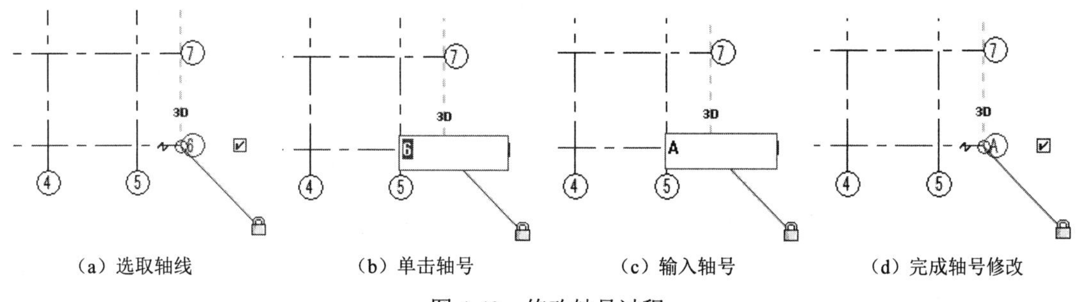

（a）选取轴线　（b）单击轴号　（c）输入轴号　（d）完成轴号修改

图 4-43　修改轴号过程

（3）采用相同方法更改其他纵向轴线的编号，如图 4-44 所示。

（4）选取轴线 2，图中将会显示临时尺寸，单击轴线 2 左侧的临时尺寸 2600，输入新的尺寸值 8100，按回车键确认，轴线会根据新的尺寸值移动位置，如图 4-45 所示。

（5）采用相同的方法，更改轴线之间的尺寸调整轴线位置，如图 4-46 所示。也可以直接拖动轴线调整轴线之间的间距。

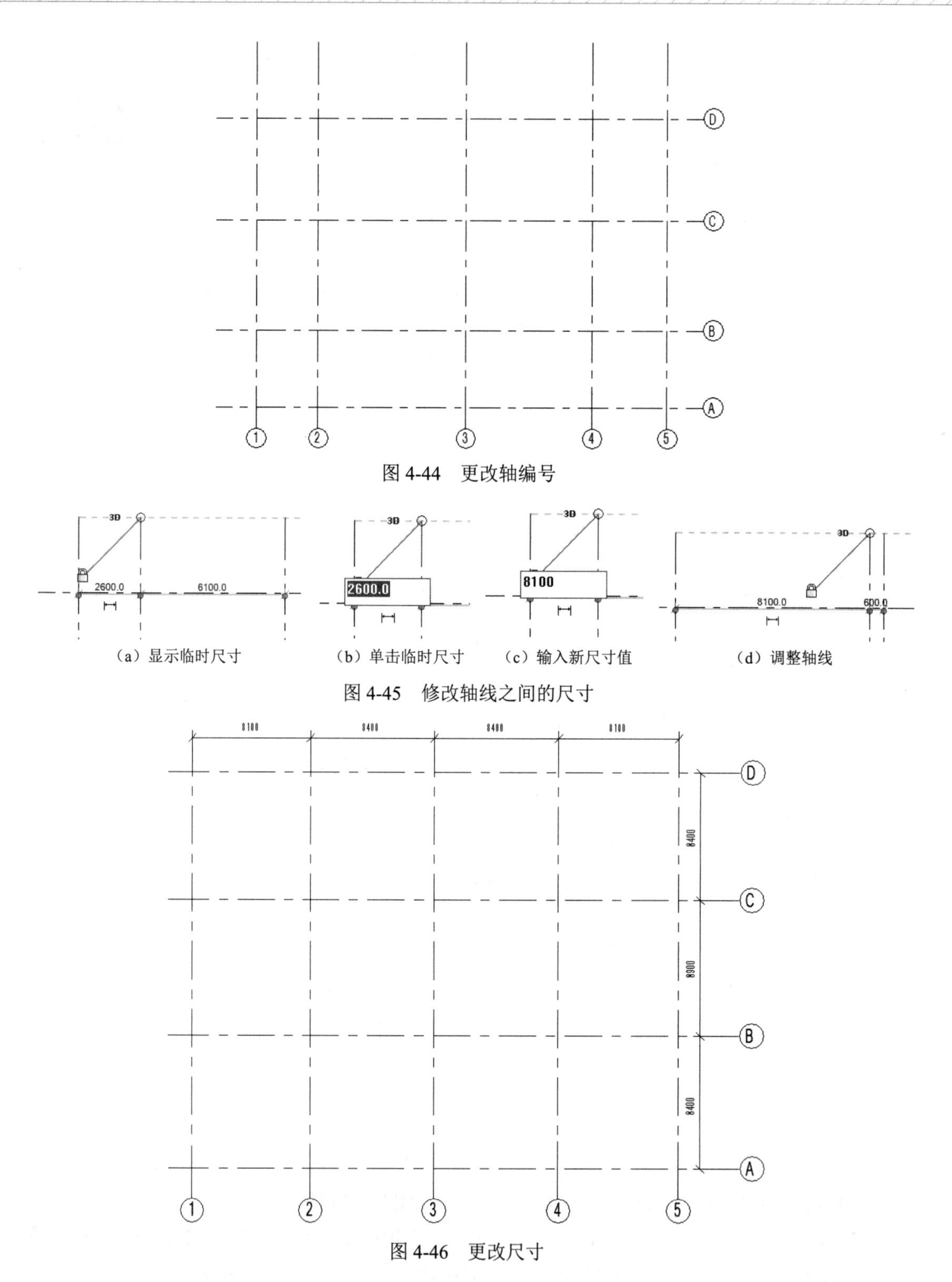

图 4-44　更改轴编号

（a）显示临时尺寸　（b）单击临时尺寸　（c）输入新尺寸值　（d）调整轴线

图 4-45　修改轴线之间的尺寸

图 4-46　更改尺寸

（6）选取轴线，通过拖曳轴线端点修改轴线的长度，如图 4-47 所示。

（7）选取视图中任一轴线，单击“属性”选项板中的“编辑类型”按钮，打开如图 4-48 所示的“类型属性”对话框，可以在该对话框中修改轴线类型中“符号”“轴线末段颜色”等属性，然后勾选“平面视图轴号端点 1（默认）”选项，单击“确定”按钮，如图 4-49 所示。

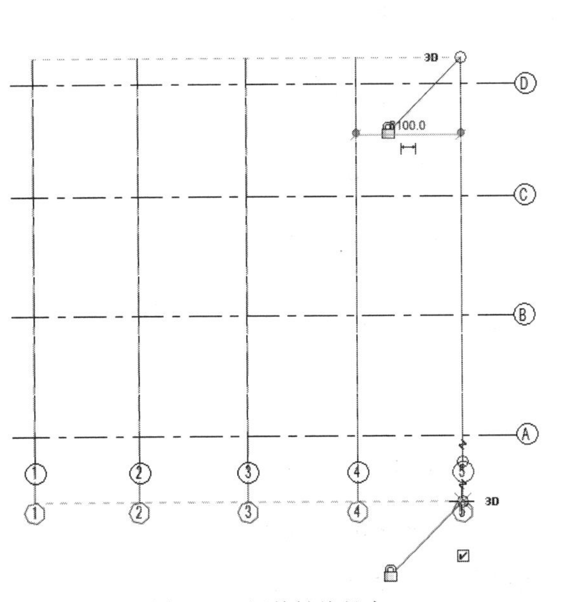

图 4-47 调整轴线长度

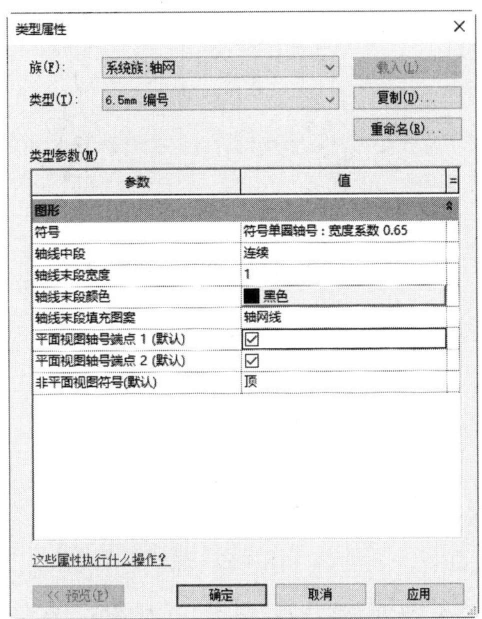

图 4-48 “类型属性”对话框

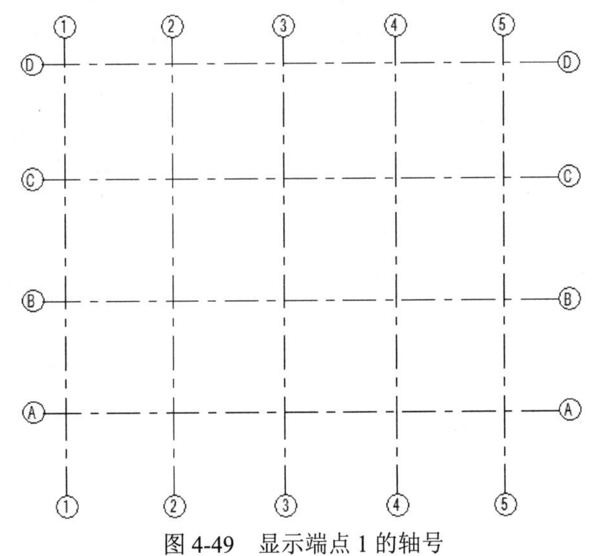

图 4-49 显示端点 1 的轴号

“类型属性”对话框中的选项说明如下。

- 符号：用于轴线端点的符号。
- 轴线中段：在轴线中显示的轴线中段的类型。类型包括“无”“连续”“自定义”，如图 4-50 所示。
- 轴线末段宽度：表示连续轴线的线宽，或者在“轴线中段”为“无”或“自定义”的情况下表示轴线末段的线宽，如图 4-51 所示。
- 轴线末段颜色：表示连续轴线的线颜色，或者在“轴线中段”为“无”或“自定义”的情况下表示轴线末段的线颜色，如图 4-52 所示。
- 轴线末段填充图案：表示连续轴线的线样式，或者在“轴线中段”为“无”或“自定义”的情况下表示轴线末段的线样式，如图 4-53 所示。

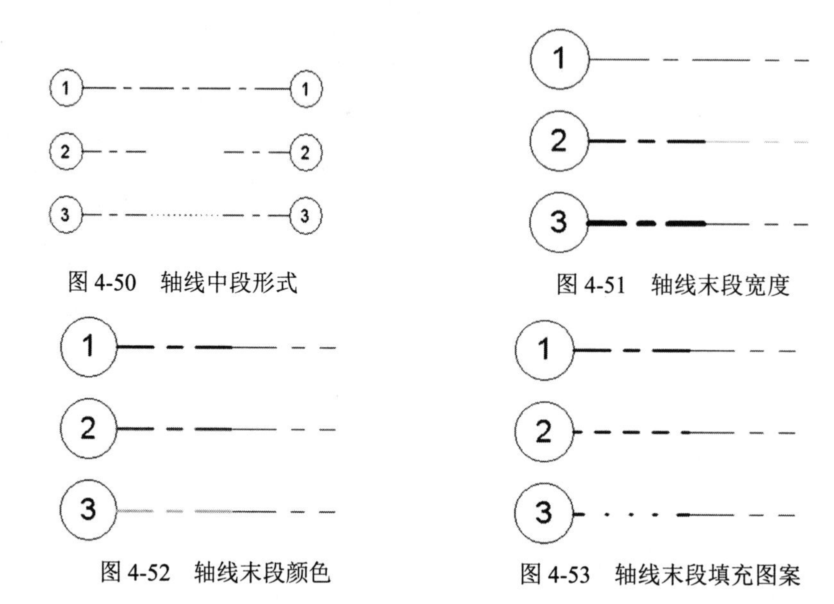

图 4-50　轴线中段形式　　图 4-51　轴线末段宽度

图 4-52　轴线末段颜色　　图 4-53　轴线末段填充图案

- 平面视图轴号端点 1（默认）：在平面视图中，在轴线的起点处显示编号的默认设置。也就是说，在绘制轴线时，编号在其起点处显示。
- 平面视图轴号端点 2（默认）：在平面视图中，在轴线的终点处显示编号的默认设置。也就是说，在绘制轴线时，编号在其终点处显示。
- 非平面视图符号（默认）：在非平面视图的项目视图（如立面视图和剖面视图）中，轴线上显示编号的默认位置有“顶”“底”“两者”（顶和底）或“无”。 如果需要，可以显示或隐藏视图中各轴网线的编号。

（8）单击“文件”下拉菜单中的“另存为”→“项目”命令，打开“另存为”对话框，指定保存位置并输入文件名，单击“保存”按钮。

第 5 章

柱和梁

知识导引

本工程预制体系为装配整体式混凝土框架结构。框架结构是指由梁和柱以钢筋相连接而构成承重体系的结构，即由梁和柱组成框架共同抵抗使用过程中出现的水平荷载和纵向荷载。

本章主要介绍预制的柱、梁和现场浇注柱、梁的布置方法。

5.1 创建结构柱

尽管结构柱与建筑柱共享许多属性，但结构柱还具有许多由它自己的配置和行业标准定义的其他属性，可提供不同的行为。

视频：布置预制结构柱

5.1.1 布置预制结构柱

布置预制结构柱的具体操作步骤如下。

（1）打开 4.2.2 节绘制的项目文件，本工程一至六层采用现场浇注混凝土结构，本书不再做介绍，读者可以根据 CAD 图纸自行绘制。这里主要以第七层为例介绍装配建筑的创建，将视图切换至第七层结构平面视图。

（2）单击“结构”选项卡“结构”面板中的“柱”按钮（快捷键：CL），打开“修改|放置 结构柱”选项卡和选项栏，如图 5-1 所示。默认激活“垂直柱”按钮，绘制垂直柱。

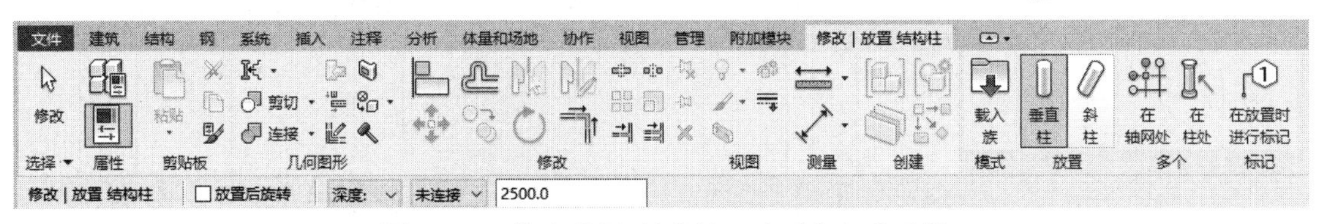

图 5-1 “修改|放置 结构柱”选项卡和选项栏

“修改|放置 结构柱”选项卡和选项栏中的选项说明如下。

- 放置后旋转：选择此选项可以在放置柱后立即将其旋转。
- 深度：若选择此选项，则从柱的底部向下绘制。若要从柱的底部向上绘制，则选择“高度”选项。
- 标高/未连接：选择柱的顶部标高；或者选择“未连接”，然后指定柱的高度。

（3）单击“模式”面板中的“载入族”按钮，打开如图 5-2 所示的“载入族”对话框，选择已创建的“预制结构柱.rfa”族文件。

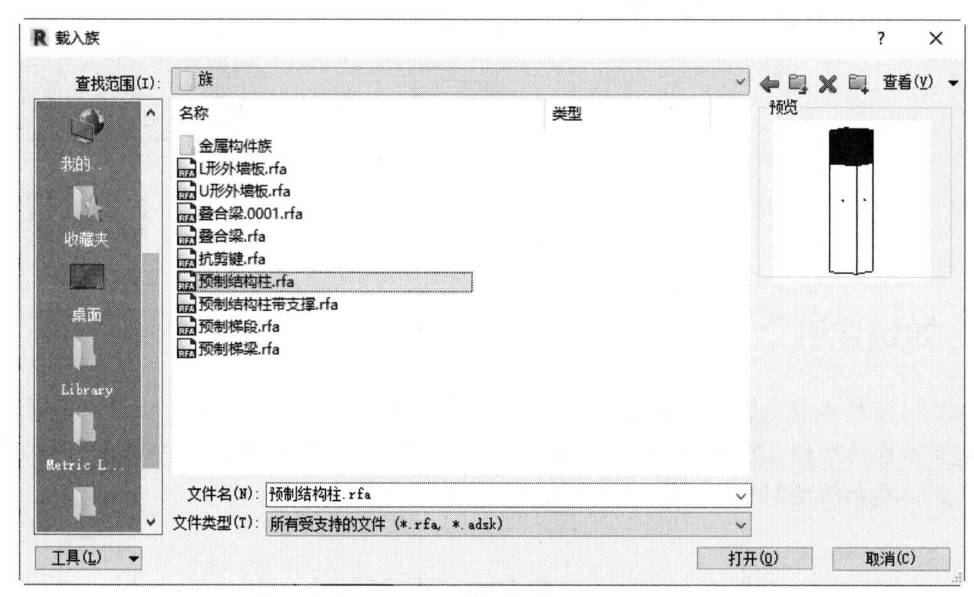

图 5-2 “载入族”对话框

（4）单击“打开”按钮，加载“预制结构柱.rfa”族文件，在选项栏中设置高度：八层，在“属性”选项板中选择“900mm×900mm”类型，当光标放置在轴网上时，轴网将高亮显示，在轴线 1 和轴线 A 的交点处单击放置预制结构柱，在放置过程中按空格键调整柱的方向，也可以放置后通过“旋转”按钮调整柱的方向，如图 5-3 所示。

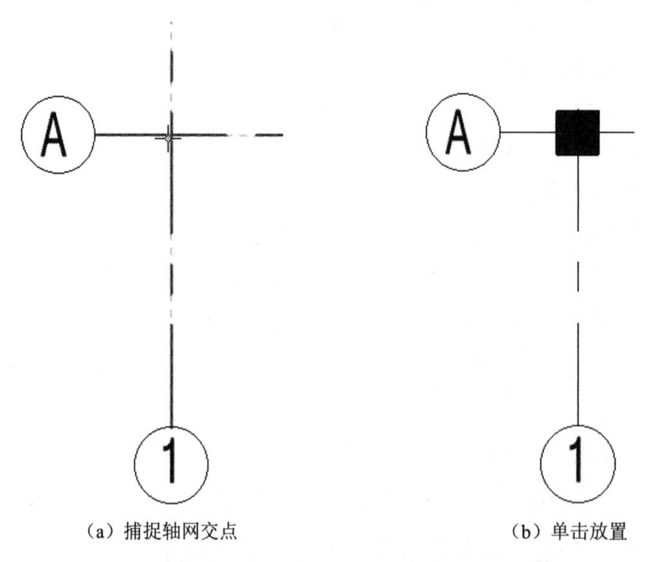

（a）捕捉轴网交点　　（b）单击放置

图 5-3 放置预制结构柱

（5）选取上一步创建的结构柱，显示结构柱中心距离轴线的临时尺寸，选取临时尺寸 8100，双击使其处于编辑状态，输入新尺寸“=8100-150”或直接输入“7950”，按回车键确认，结构根据新尺寸调整位置，采用相同的方法将临时尺寸“8400”更改为“=8400-150”，调整结构柱位置，如图 5-4 所示。

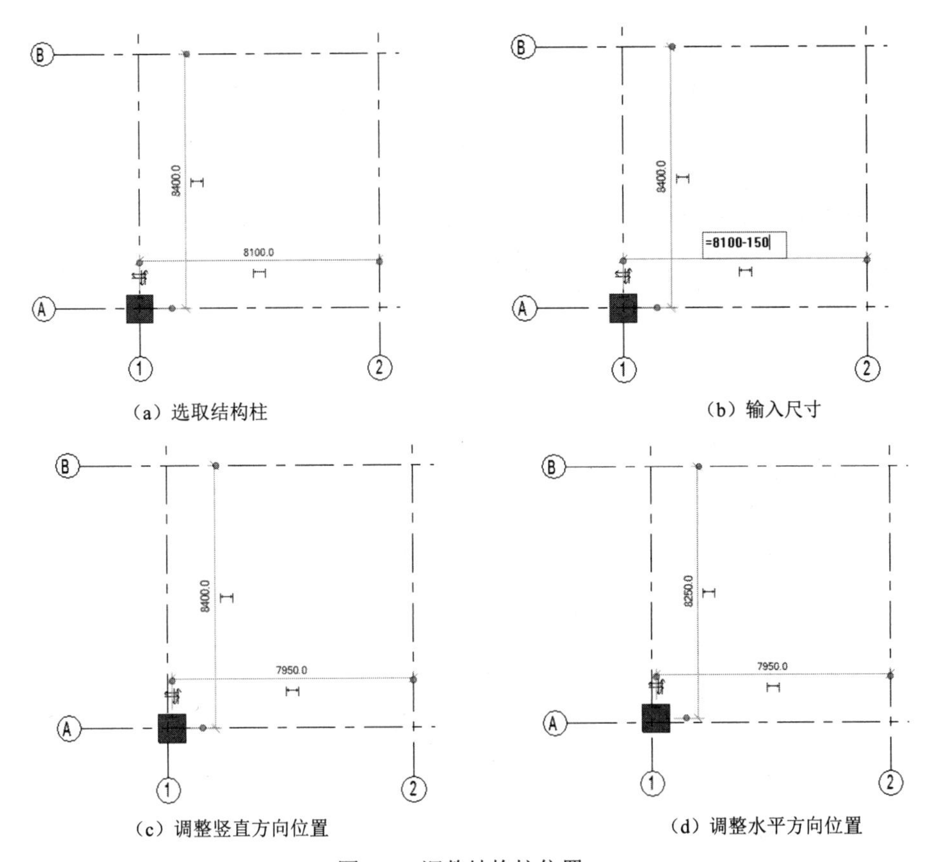

（a）选取结构柱　（b）输入尺寸

（c）调整竖直方向位置　（d）调整水平方向位置

图 5-4　调整结构柱位置

（6）单击“结构”选项卡“结构”面板中的“柱”按钮（快捷键：CL），继续在轴网上布置 900mm×900mm 的预制结构柱，并通过修改临时尺寸调整结构柱位置，如图 5-5 所示。

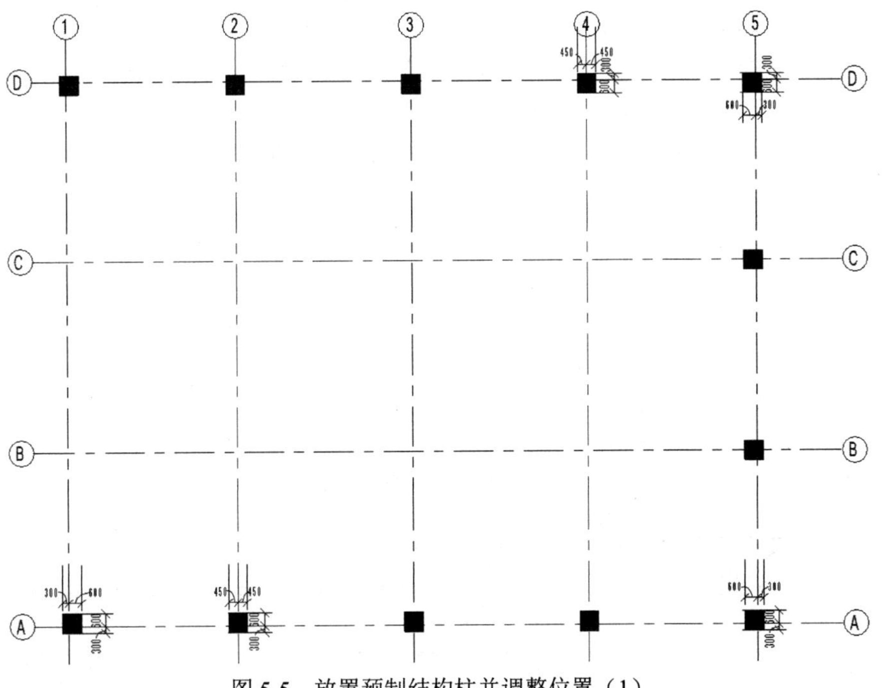

图 5-5　放置预制结构柱并调整位置（1）

（7）单击“结构”选项卡“结构”面板中的“柱”按钮（快捷键：CL），打开“修改|放置 结构柱”选项卡和选项栏，在“属性”选项板中选择“预制结构柱 1000mm×1000mm”类型，将其放置在轴线 1 与轴线 B 和轴线 C 的交点处，通过修改临时尺寸调整结构柱的位置，如图 5-6 所示。

（8）将视图切换至三维视图。从图中可以看出轴线 D 和轴线 5 上预制结构柱的放置支撑杆位置不符合要求，将视图切换至第七层结构平面视图，分别选取轴线 D 和轴线 5 上预制结构柱，单击“翻转实例面”图标和“翻转实例开门方向”图标，调整结构柱的方向，使旋转支撑杆的位置朝向建筑内部，如图 5-7 所示。

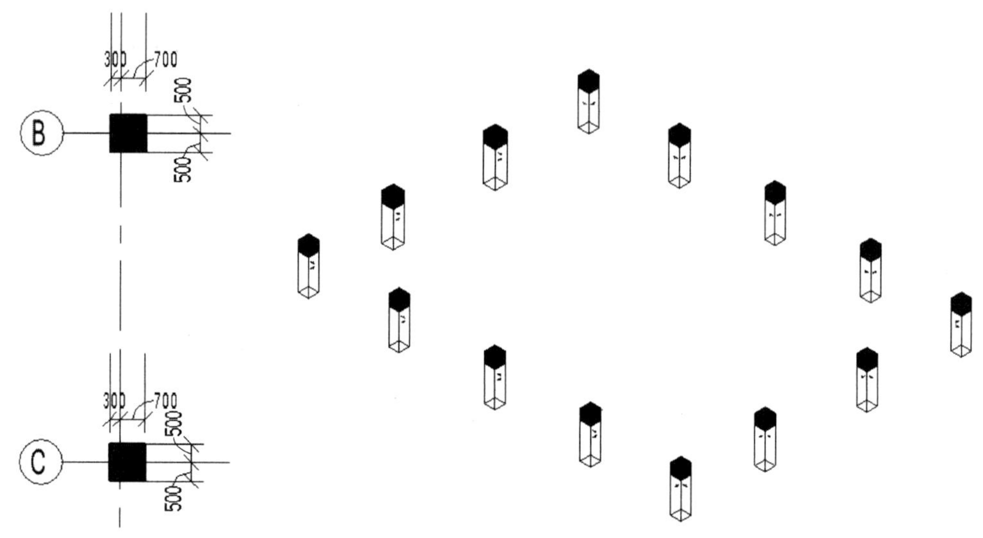

图 5-6　放置预制结构柱并调整位置（2）　　　　图 5-7　调整结构柱方向

（9）将视图切换至第七层结构平面视图。单击“建筑”选项卡“构建”面板“构件”按钮下拉列表中的“放置构件”按钮（快捷键：CM），打开如图 5-8 所示的“修改|放置 构件”选项卡，单击“载入族”按钮，打开“载入族”对话框，选择“斜撑杆.rfa”族文件，单击“打开”按钮，将其载入当前族文件中。

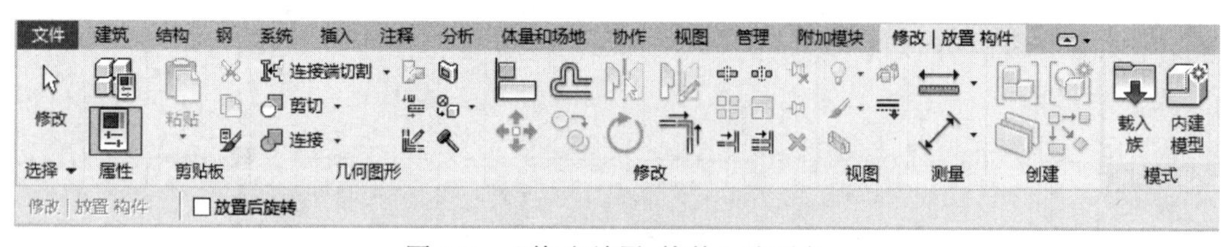

图 5-8　“修改|放置 构件”选项卡

（10）按 Tab 键调整斜撑杆的放置方向，捕捉结构柱上预埋螺母的端面中心，单击放置斜撑杆组件，如图 5-9 所示。

提示：

如果斜撑杆组件在平面图中显示不全，在“属性”选项板的视图范围栏中单击“编辑”按钮 编辑... ，打开“视图范围”对话框，修改顶面偏移为 2300，剖切面偏移为 2200，其他采用默认设置，如图 5-10 所示，单击“确定”按钮。

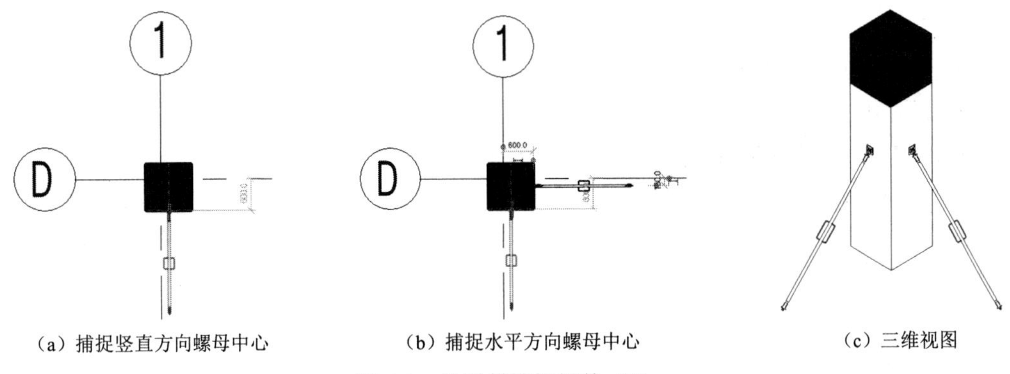

（a）捕捉竖直方向螺母中心　　（b）捕捉水平方向螺母中心　　（c）三维视图

图 5-9　放置斜撑杆组件（1）

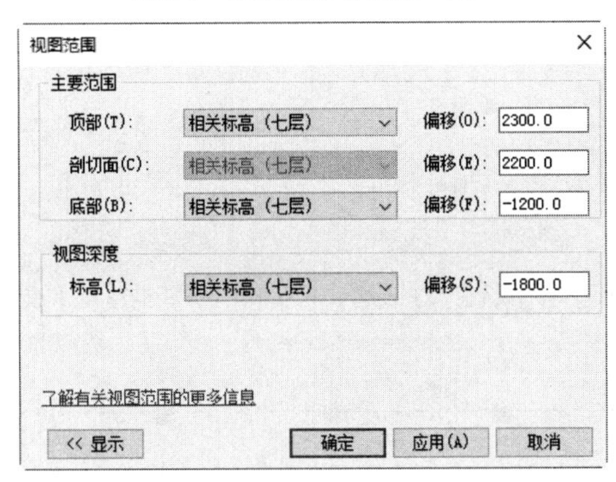

图 5-10　“视图范围”对话框

（11）采用相同的方法，在预制结构柱的预埋螺母处放置斜撑杆组件，如图 5-11 所示。

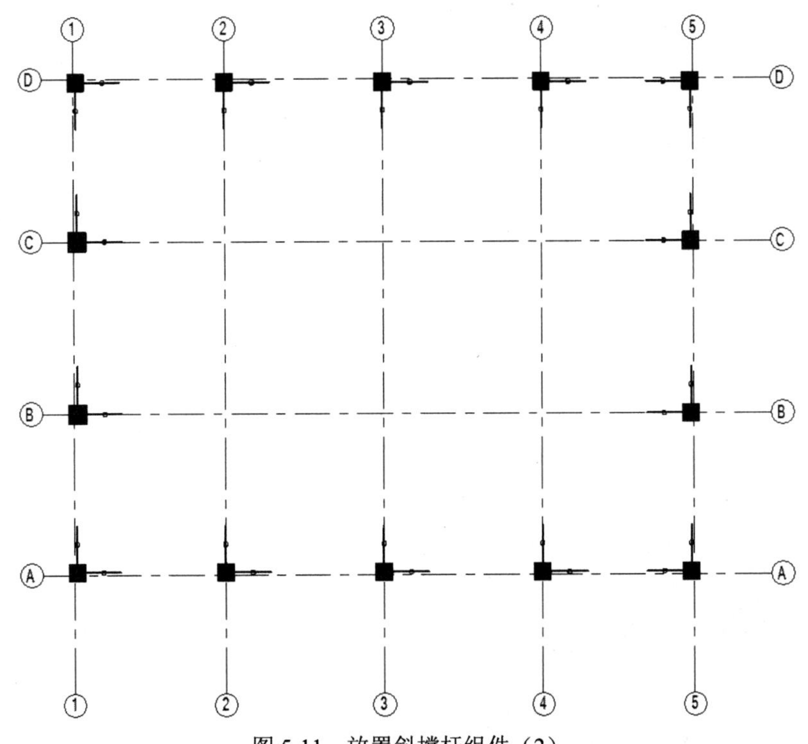

图 5-11　放置斜撑杆组件（2）

（12）为了使平面图看起来不混乱，双击斜撑杆组件，打开斜撑杆组件族文件，框选视图中所有的构件，在“属性”选项板中的“可见性/图形”替换栏中单击“编辑”按钮 编辑... ，打开“族图元可见性设置”对话框，取消“平面/天花板平面视图”复选框的勾选，如图 5-12 所示，单击“确定”按钮，使斜撑杆组件在平面图中不可见。

（13）单击“载入到项目”按钮，切换至办公大楼项目文件，弹出“族已存在”提示对话框，如图 5-13 所示，选择“覆盖现有版本及其参数值”选项，斜撑杆组件在平面图中不可见，如图 5-14 所示。

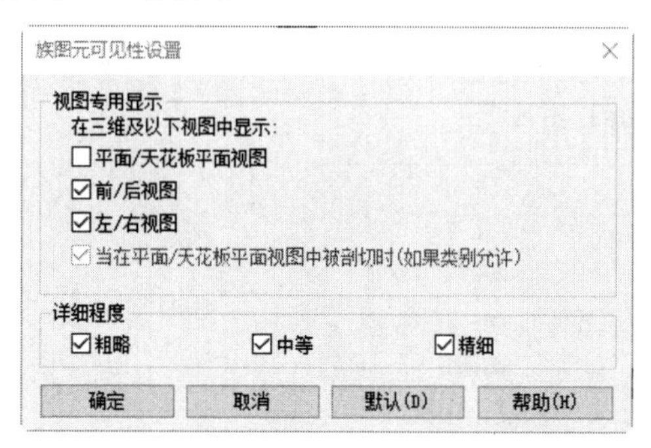

图 5-12 “族图元可见性设置”对话框

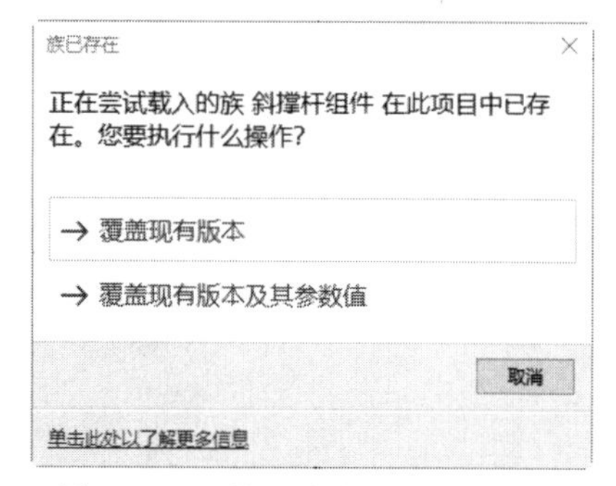

图 5-13 “族已存在”提示对话框

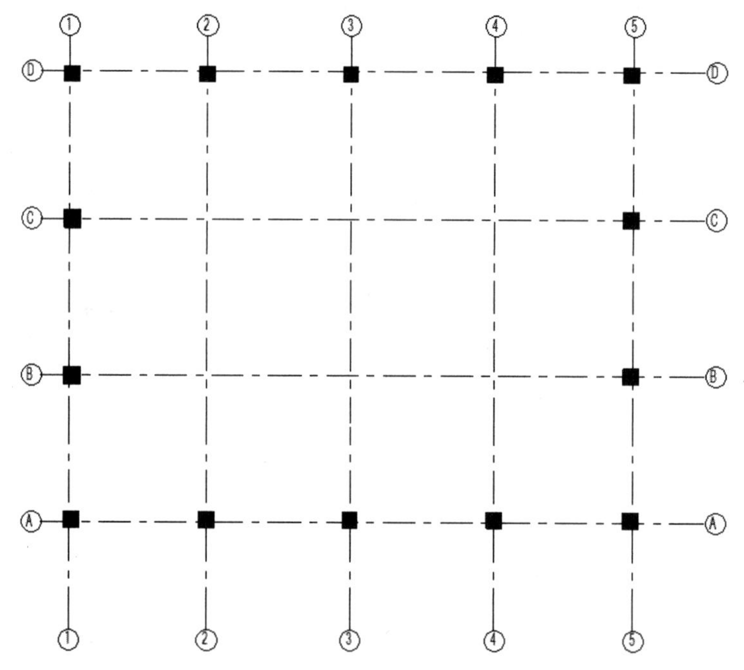

图 5-14 斜撑杆组件在平面图中不可见

（14）单击“文件”下拉菜单中的“另存为”→“项目”命令，打开“另存为”对话框，指定保存位置并输入文件名，单击“保存”按钮。

5.1.2 布置现浇结构柱

视频：布置现浇结构柱

布置现浇结构柱的具体操作步骤如下。

（1）打开 5.1.1 节绘制的项目文件。

（2）单击“结构”选项卡“结构”面板中的“柱”按钮▯（快捷键：CL），打开“修改|放置 结构柱”选项卡和选项栏，单击“模式”面板中的“载入族”按钮，打开“载入族”对话框，选择“China”→“结构”→“柱”→“混凝土”文件夹中的“混凝土-矩形-柱.rfa”，如图 5-15 所示。

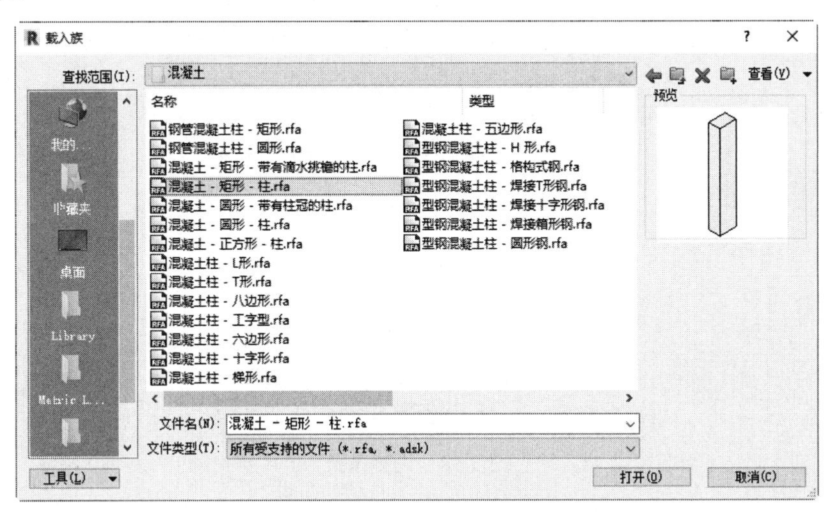

图 5-15　“载入族”对话框

（3）单击“打开”按钮，加载“混凝土-矩形-柱.rfa”族文件，在“属性”选项板中单击“编辑类型”按钮，打开如图 5-16 所示的“类型属性”对话框，单击“复制”按钮，打开“名称”对话框，输入名称“400mm×500mm”，如图 5-17 所示，单击“确定”按钮，返回“类型属性”对话框，更改“b”为 400，“h”为 500，其他采用默认设置，如图 5-18 所示，单击“确定”按钮，完成“混凝土-矩形-柱 400mm×500mm”类型的创建。

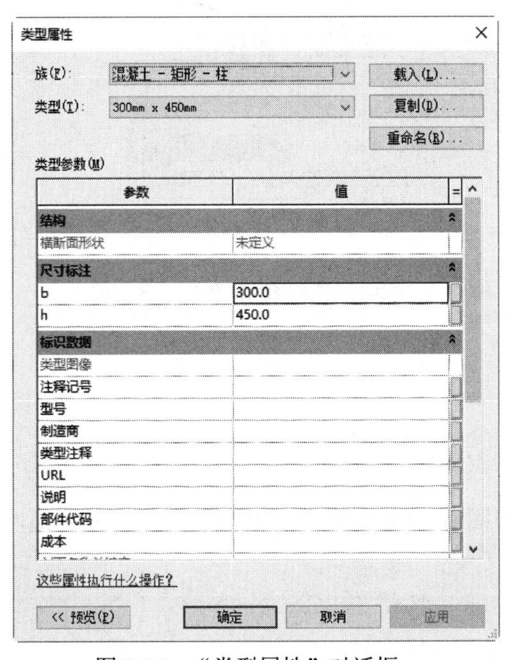

图 5-16　“类型属性”对话框

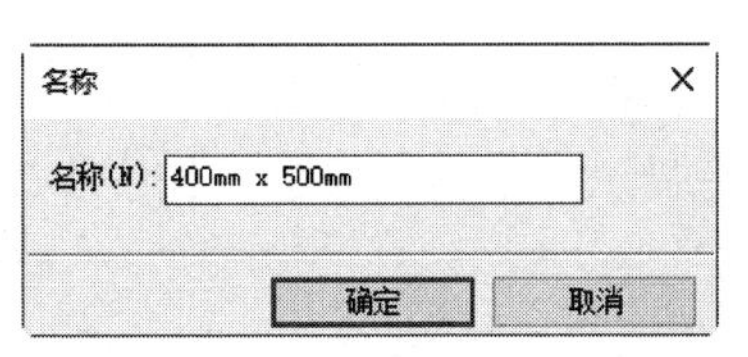

图 5-17　“名称”对话框

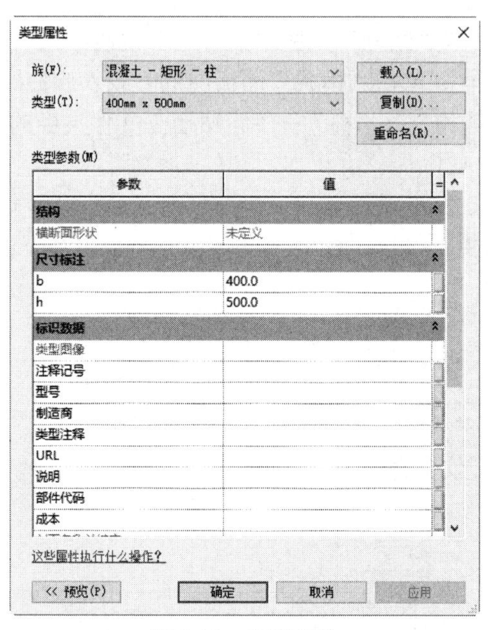

图 5-18 设置参数

（4）在“属性”选项板结构材质栏中单击，显示…并单击此按钮，打开“材质浏览器”对话框，单击“主视图”→“收藏夹”节点，在列表中选择“现场浇注混凝土”材质，单击“将材质添加到文档中”按钮，将材质添加到项目材质列表中并选中，如图 5-19 所示，单击“确定”按钮，完成材质的设置。

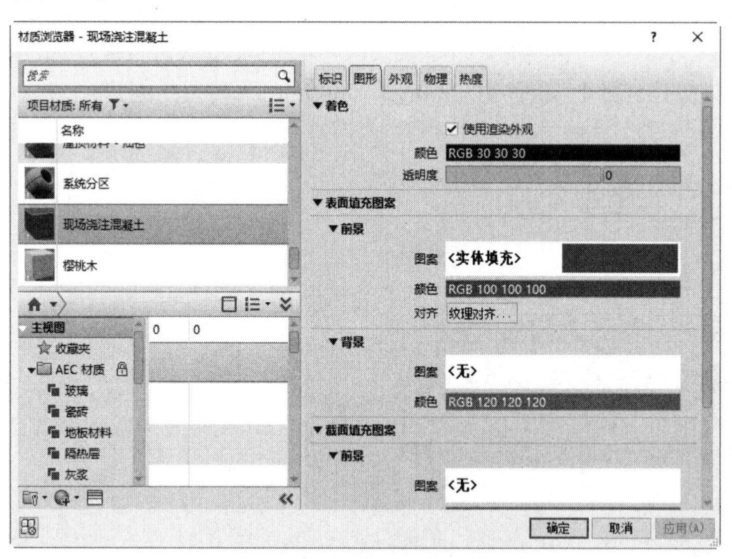

图 5-19 “材质浏览器”对话框

（5）在选项栏中设置高度：第八层，在轴线 C 和轴线 2 交点处放置柱，此时两组网格线将高亮显示，单击放置柱，如图 5-20 所示。

提示：

放置柱时，使用空格键更改柱的方向。每次按空格键时，柱将发生旋转，以便与选定位置的相交轴网对齐。在不存在任何轴网的情况下，按空格键会使柱旋转 90°。

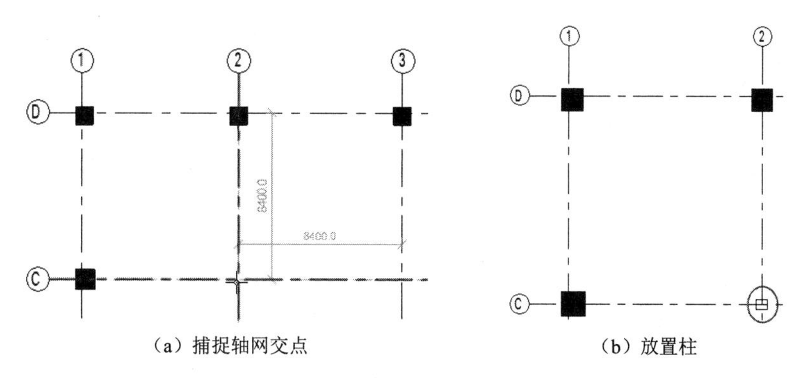

（a）捕捉轴网交点　　（b）放置柱

图 5-20　放置现浇混凝土柱

（6）单击“注释”选项卡“尺寸标注”面板中的“对齐”按钮（快捷键：DI），标注柱边线到轴线的距离，然后选取柱，使尺寸处于激活状态，输入新的尺寸，按回车键调整柱的位置，如图 5-21 所示。

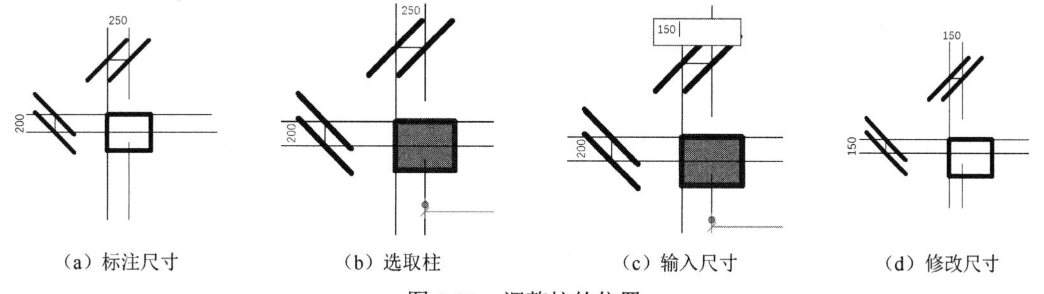

（a）标注尺寸　　（b）选取柱　　（c）输入尺寸　　（d）修改尺寸

图 5-21　调整柱的位置

（7）单击“结构”选项卡“结构”面板中的“柱”按钮（快捷键：CL），继续在轴网上布置 400mm×500mm 的结构柱，并通过修改临时尺寸调整结构柱的位置，如图 5-22 所示。

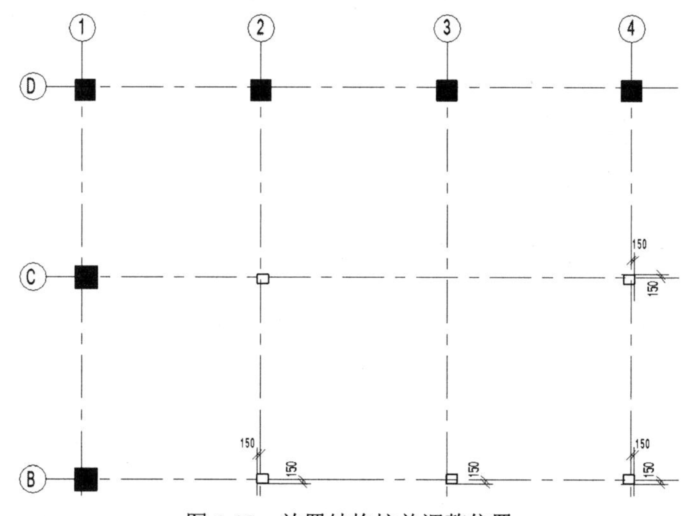

图 5-22　放置结构柱并调整位置

（8）单击“结构”选项卡“结构”面板中的“柱”按钮（快捷键：CL），在“属性”选项板中单击“编辑类型”按钮，打开“类型属性”对话框，单击“复制”按钮，打开“名称”对话框，输入名称“400mm×400mm”，单击“确定”按钮，返回“类型属性”对话框，更改“b”为 400，“h”为 400，其他采用默认设置，单击“确定”按钮，完成“混凝土-矩形-柱 400mm×400mm”类型的创建，将其放置在轴线 3 和轴线 C 的交点处，如图 5-23 所示。

（9）单击“修改”选项卡“修改”面板中的“对齐”按钮（快捷键：AL），先选取轴线 3，然后选中上一步放置正方形结构柱的右侧边线添加对齐约束；选取矩形结构柱的下边线，然后选取正方形结构的下边线添加对齐约束，如图 5-24 所示。

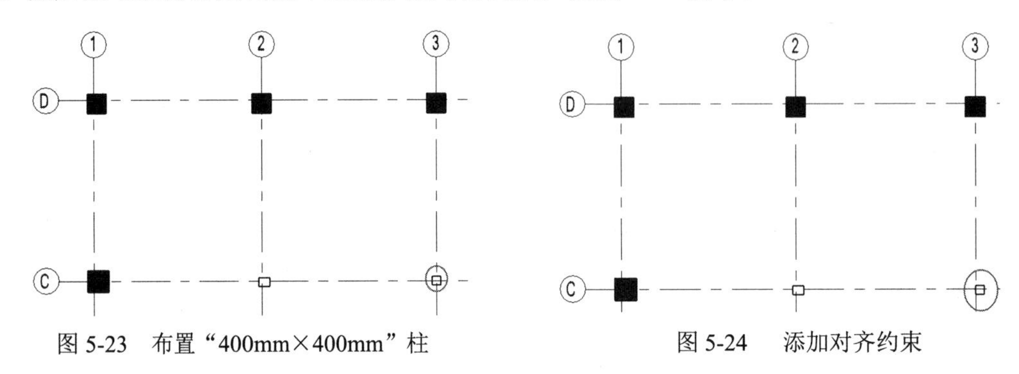

图 5-23　布置“400mm×400mm”柱　　图 5-24　添加对齐约束

（10）单击“文件”下拉菜单中的“另存为”→“项目”命令，打开“另存为”对话框，指定保存位置并输入文件名，单击“保存”按钮。

5.2　梁

由支座支承，承受的外力以横向力和剪力为主，以弯曲为主要变形的构件称为梁。

将梁添加到平面视图中时，必须将底剪裁平面设置为低于当前标高，否则，梁在该视图中不可见。但是如果使用结构样板，视图范围和可见性设置会相应地显示梁。每个梁的图元是通过特定梁族的类型属性定义的。此外，还可以通过修改各种实例属性来定义梁的功能。

梁及其结构属性还具有以下特性。

- 可以使用“属性”选项板修改默认的“结构用途”设置。
- 可以将梁附着到任何其他结构图元（包括结构墙）上，但是它们不会连接到非承重墙。
- 结构用途参数可以包括在结构框架明细表中，这样可以计算大梁、托梁、檩条和水平支撑的数量。
- 可通过结构用途参数值确定粗略比例视图中梁的线样式。可使用“对象样式”对话框修改结构用途的默认样式。
- 梁的另一结构用途是作为结构桁架的弦杆。

5.2.1　布置叠合梁

视频：布置叠合梁

施工阶段在预制梁下设有可靠支撑，能保证施工阶段作用的荷载不使预制梁受力而全部传给支撑，待叠合层后浇混凝土达到一定强度后，再拆除支撑，而由整个截面来承受全部荷载。

布置叠合梁的具体绘制过程如下。

（1）打开 5.1.2 节绘制的项目文件。

（2）单击“结构”选项卡“结构”面板中的“梁”按钮（快捷键：BM），打开“修改|放置

梁”选项卡和选项栏，如图 5-25 所示。系统默认激活“线”按钮。

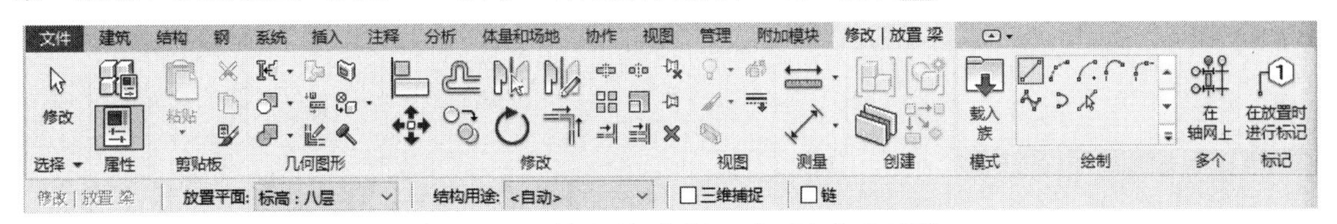

图 5-25　“修改|放置 梁”选项卡和选项栏

“修改|放置 梁”选项卡和选项栏中的选项说明如下。

- 放置平面：在列表中可以选择梁的放置平面。
- 结构用途：指定梁的结构用途，包括大梁、水平支撑、托梁、檩条及其他。
- 三维捕捉：勾选此选项来捕捉任何视图中的其他结构图元，不论高程如何，屋顶梁都将捕捉到柱的顶部。
- 链：勾选此选项后依次连续放置梁。在放置梁时，第二次单击的位置将作为下一个梁的起点。 按 Esc 键完成链式放置梁。

（3）单击“模式”面板中的“载入族”按钮，打开“载入族”对话框，选择已创建的“叠合梁.rfa”族文件，如图 5-26 所示。

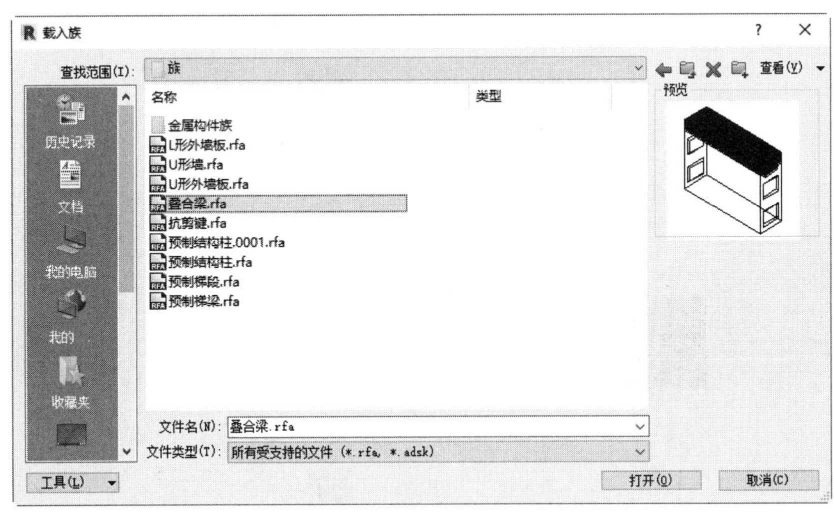

图 5-26　“载入族”对话框

（4）在“属性”选项板中单击“编辑类型”按钮，打开“类型属性”对话框，单击“复制”按钮，打开“名称”对话框，输入名称“350mm×800mm”，单击“确定”按钮，返回“类型属性”对话框，设置“b”为 350，“h”为 800，槽高为 180，槽间距自动更改为 150，其他采用默认设置，如图 5-27 所示，单击“确定”按钮。

（5）在绘图区域中捕捉轴线 C 与轴线 1 上预制柱的下边线中点为梁的起点，移动光标，光标将捕捉到其他结构图元（如柱的质心或墙的中心线），状态栏将显示光标的捕捉位置，这里捕捉轴线 B 与轴线 1 上预制柱的下边线中点作为终点，如图 5-28 所示。

提示：

若要在绘制时指定梁的精确长度，则在起点处单击，按其延伸的方向移动光标，键入所需长度，然后按回车键以放置梁。

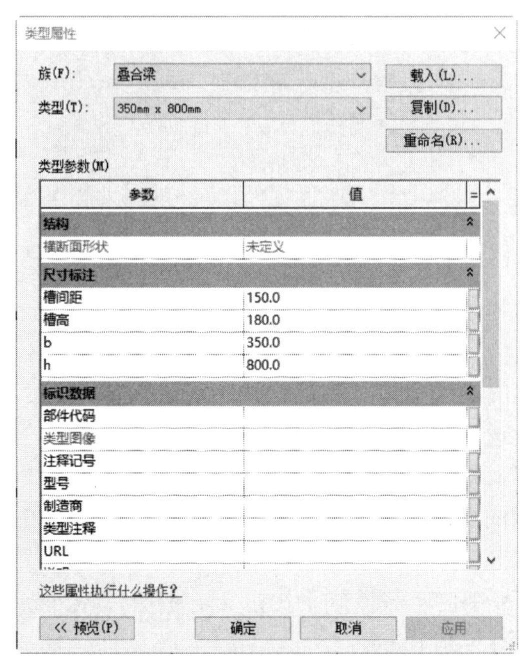

图 5-27　“类型属性”对话框

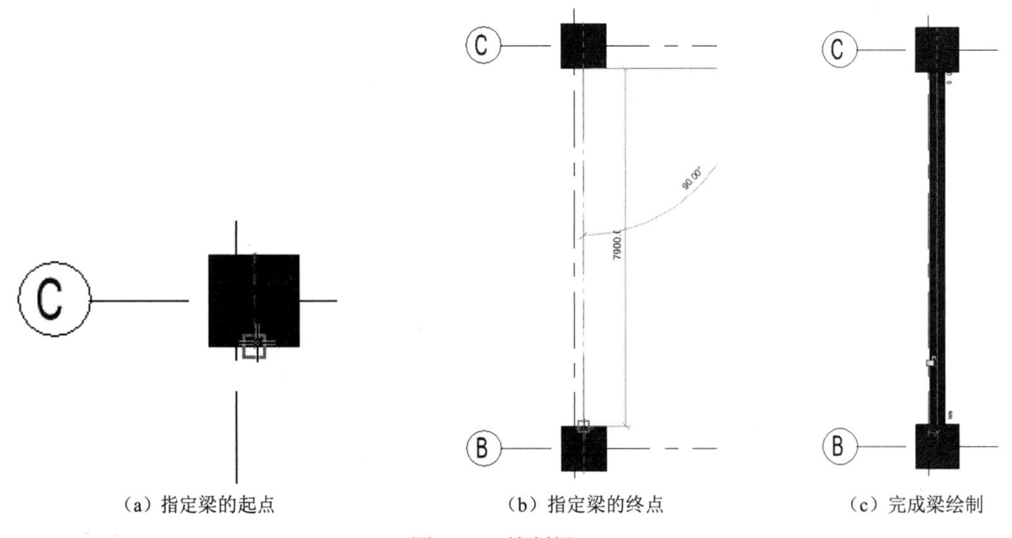

（a）指定梁的起点　（b）指定梁的终点　（c）完成梁绘制

图 5-28　绘制梁

（6）单击“注释”选项卡“尺寸标注”面板中的“对齐”按钮（快捷键：DI），标注梁边线到轴线的距离，然后选取梁，使尺寸处于激活状态，输入新的尺寸，按回车键调整梁的位置，如图 5-29 所示。

（7）单击“结构”选项卡“结构”面板中的“梁”按钮（快捷键：BM），在“属性”选项板中单击“编辑类型”按钮，打开“类型属性”对话框，单击“复制”按钮，打开“名称”对话框，输入名称“300mm×900mm”，单击“确定”按钮，返回“类型属性”对话框，设置“b”为 300，“h”为 900，槽高为 200，槽间距自动更改为 170，其他采用默认设置，如图 5-30 所示，单击“确定”按钮。分别沿着轴线 1、2、3、4、5 绘制 300mm×900mm 框梁，如图 5-31 所示。

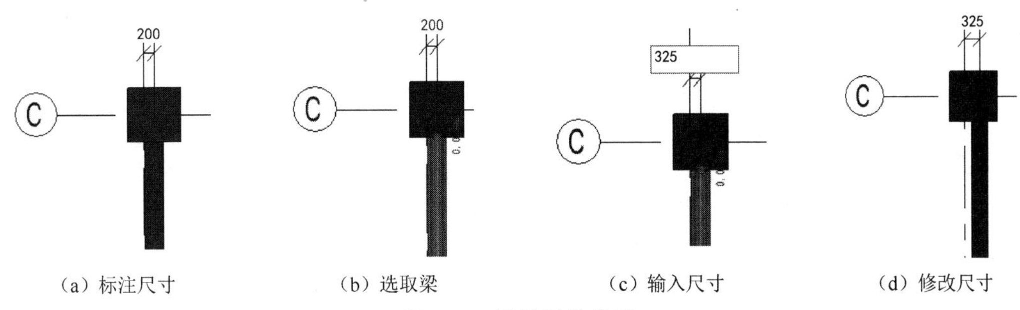

（a）标注尺寸　　（b）选取梁　　（c）输入尺寸　　（d）修改尺寸

图 5-29　调整梁的位置

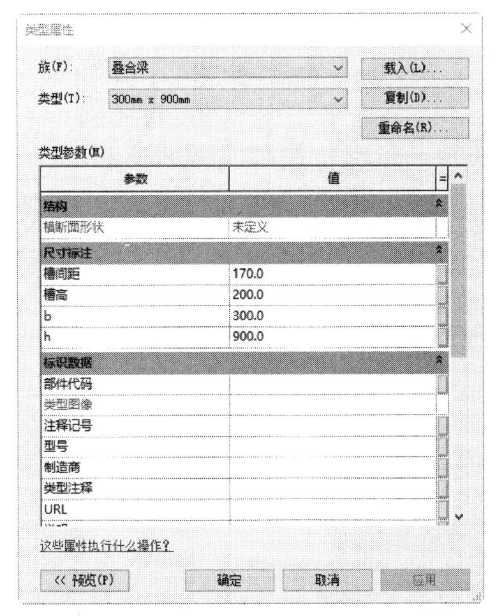

图 5-30　新建“300mm×900mm”类型

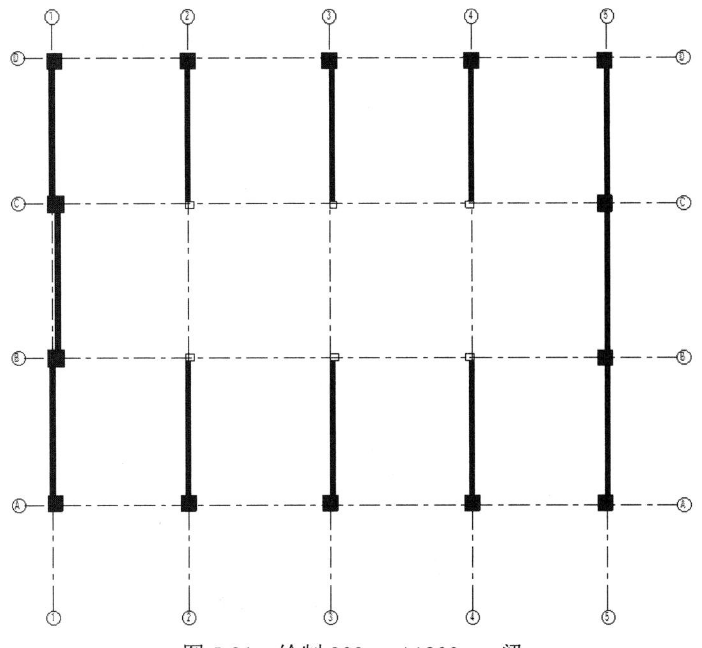

图 5-31　绘制 300mm×900mm 梁

（8）单击“结构”选项卡“结构”面板中的“梁”按钮（快捷键：BM），在“属性”选项板中单击“编辑类型”按钮，打开“类型属性”对话框，单击“复制”按钮，打开“名称”对话框，输入名称“300mm×800mm”，单击“确定”按钮，返回“类型属性”对话框，设置“b”为 300，“h”为 800，槽高为 180，槽间距自动更改为 150，其他采用默认设置，如图 5-32 所示，单击“确定”按钮。分别沿着轴线 A 和轴线 D 绘制 300mm×800mm 框梁，如图 5-33 所示。

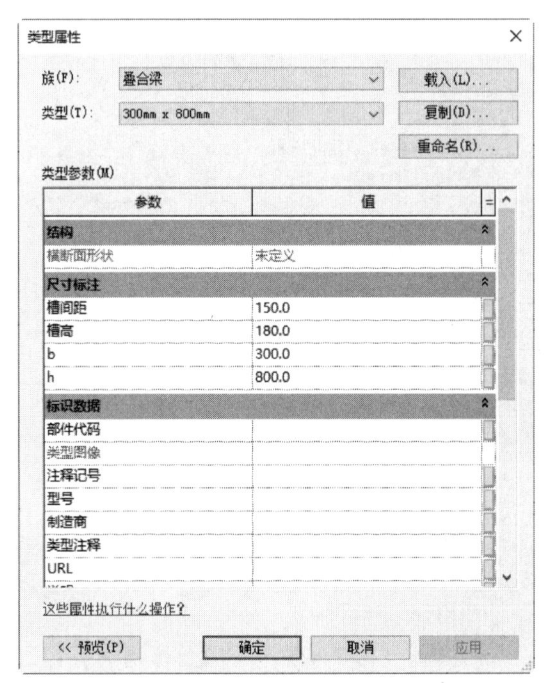

图 5-32　新建“300mm×800mm”类型

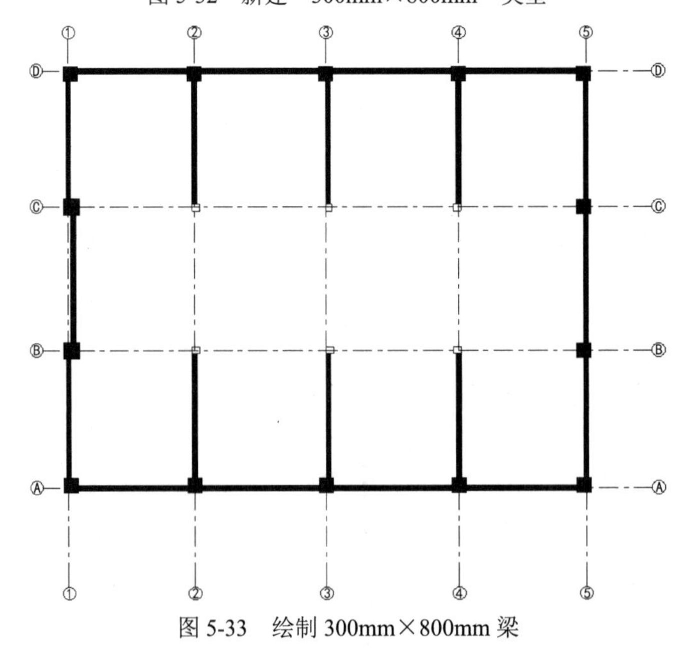

图 5-33　绘制 300mm×800mm 梁

（9）单击“结构”选项卡“结构”面板中的“梁”按钮（快捷键：BM），在“属性”选项板中单击“编辑类型”按钮，打开“类型属性”对话框，单击“复制”按钮，打开“名称”对话框，输入名称“300mm×600mm”，单击“确定”按钮，返回“类型属性”对话框，设置“b”为 300，“h”为 600，槽高为 120，槽间距自动更改为 90，其他采用默认设置，如图 5-34 所示，单击“确定”按钮。分别沿着轴线 B 和轴线 C 绘制 300mm×600mm 框梁，如图 5-35 所示。

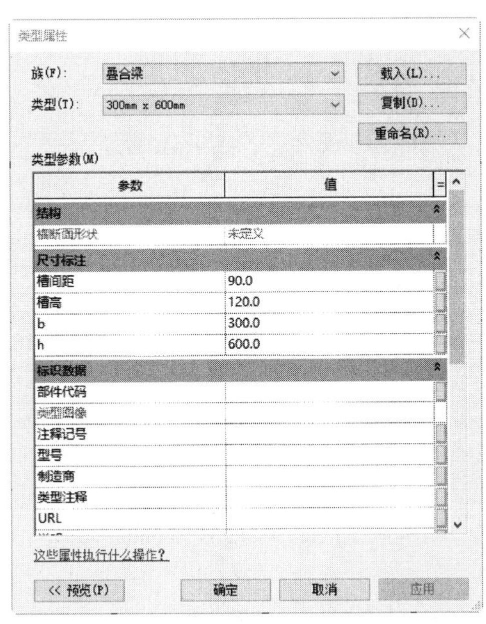

图 5-34　新建“300mm×600mm”类型

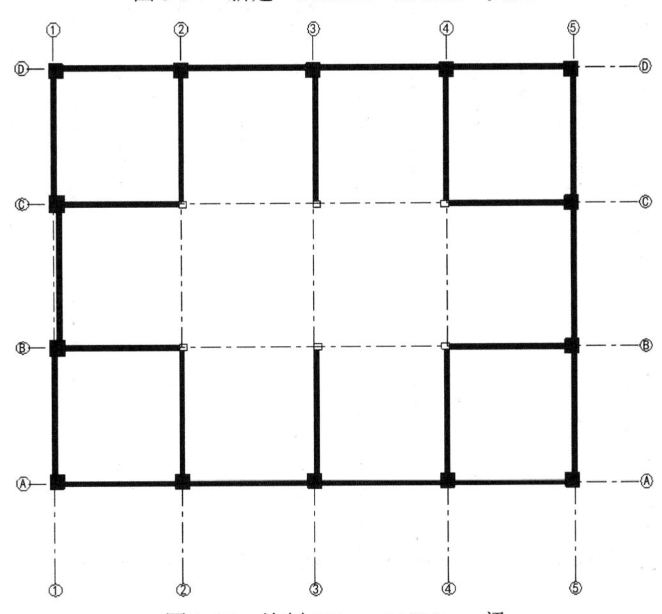

图 5-35　绘制 300mm×600mm 梁

（10）单击“结构”选项卡“结构”面板中的“梁”按钮（快捷键：BM），在“属性”选项板中单击“编辑类型”按钮，打开“类型属性”对话框，单击“复制”按钮，打开“名称”对话框，输入名称“250mm×600mm”，单击“确定”按钮，返回“类型属性”对话框，设置“b”为 250，其他采用默认设置，如图 5-36 所示，单击“确定”按钮。绘制 250mm×600mm 梁，如图 5-37 所示。

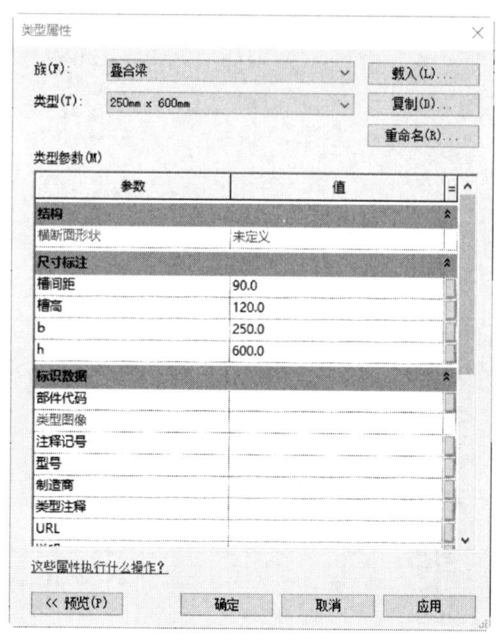

图 5-36　新建“250mm×600mm”类型

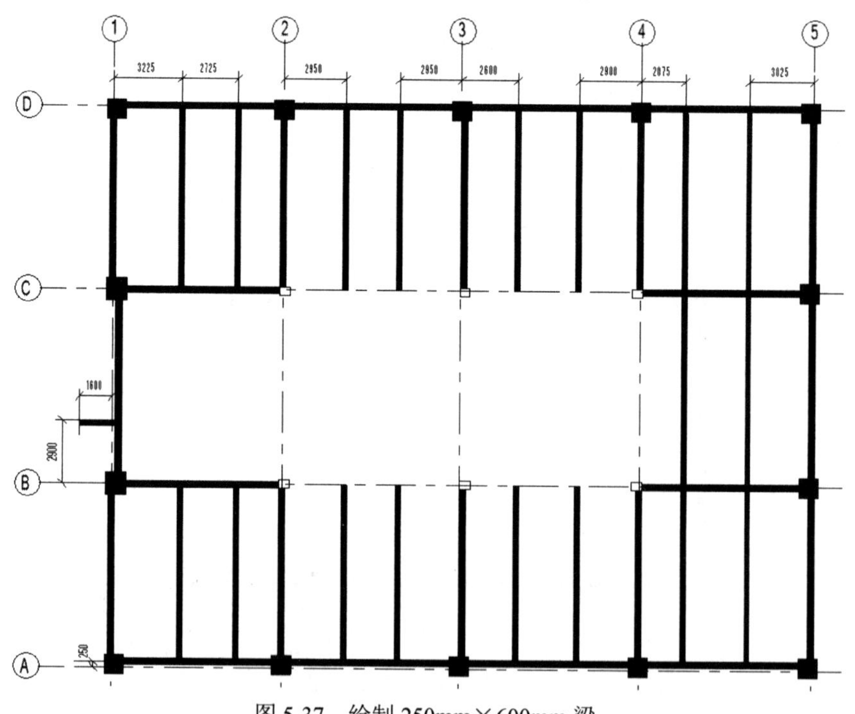

图 5-37　绘制 250mm×600mm 梁

（11）单击“结构”选项卡“结构”面板中的“梁”按钮（快捷键：BM），在“属性”选项板中单击“编辑类型”按钮，打开“类型属性”对话框，单击“复制”按钮，打开“名称”对话框，输入名称“200mm×750mm”，单击“确定”按钮，返回“类型属性”对话框，设置“b”为 200，“h”为 750，槽高为 140，槽间距随之更改为 110，其他采用默认设置，如

图 5-38 所示，单击“确定”按钮。分别绘制 200mm×750mm 梁，如图 5-39 所示。

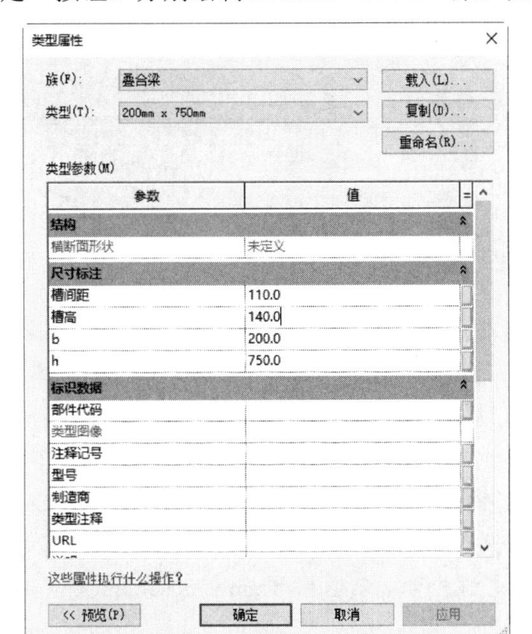

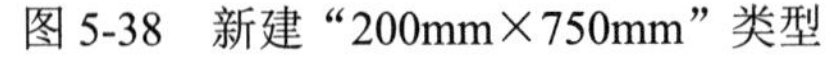
图 5-38　新建“200mm×750mm”类型

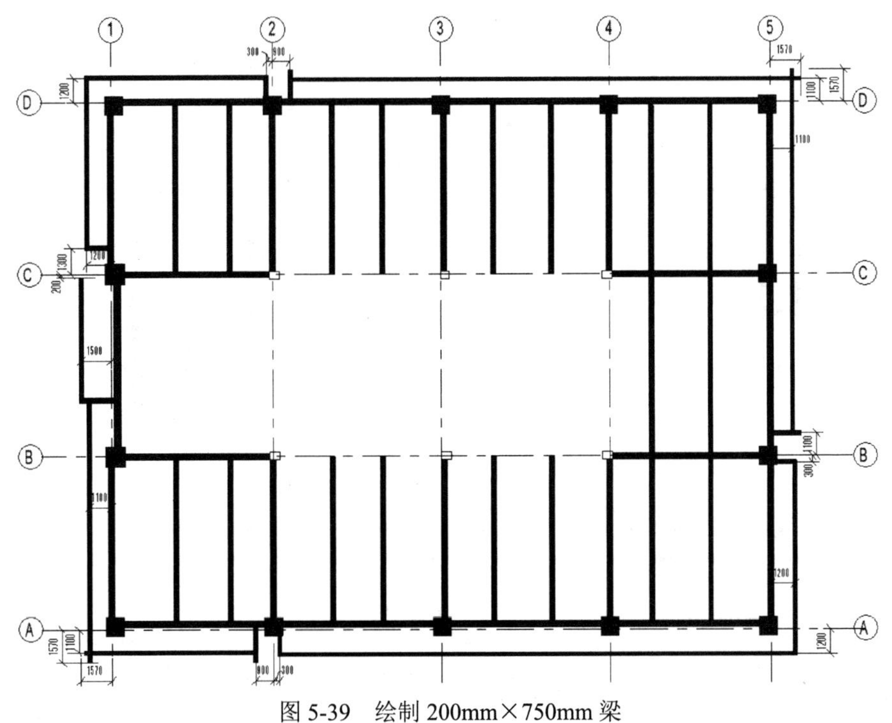

图 5-39　绘制 200mm×750mm 梁

（12）单击“结构”选项卡“结构”面板中的“梁”按钮（快捷键：BM），在“属性”选项板中单击“编辑类型”按钮，打开“类型属性”对话框，单击“复制”按钮，打开“名称”对话框，输入名称“300mm×750mm”，单击“确定”按钮，返回“类型属性”对话框，设置“b”为 300，其他采用默认设置，如图 5-40 所示，单击“确定”按钮。绘制 300mm×750mm 梁，如图 5-41 所示。

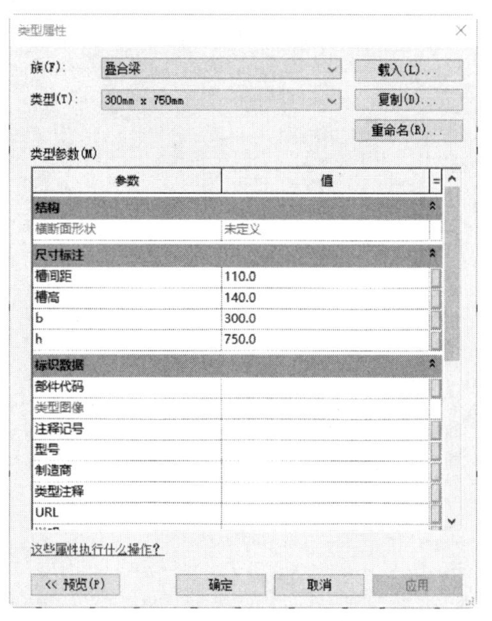

图 5-40　新建“300mm×750mm”类型

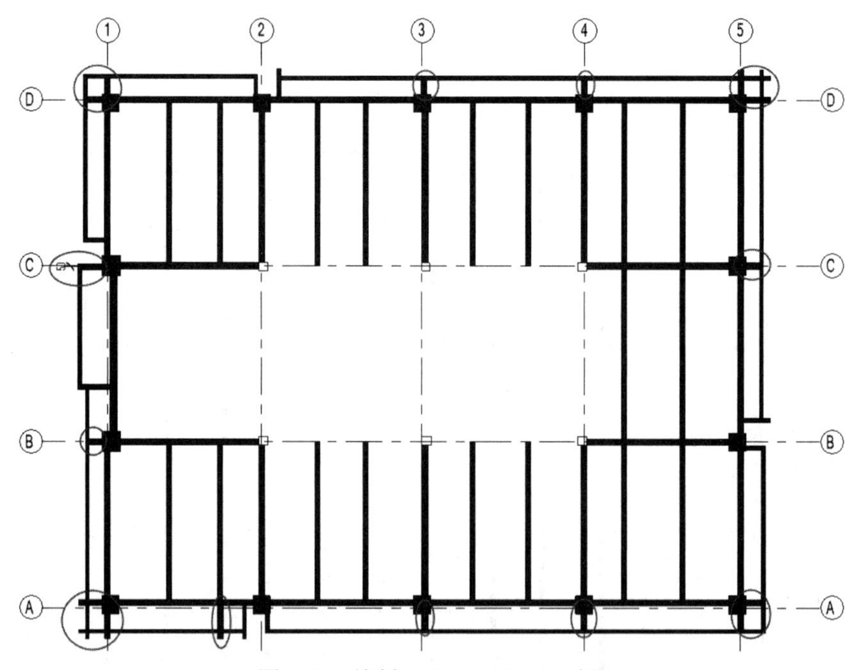

图 5-41　绘制 300mm×750mm 梁

提示：

在 Revit 中沿轴线放置梁时，将使用下列条件。

- 将扫描所有与轴线相交的可能支座，如柱、墙或梁。
- 如果墙位于轴线上，则不会在该墙上放置梁。墙的各端被用作支座。
- 如果梁与轴线相交并穿过轴线，则此梁被认为是中间支座，因为此梁支座是在轴线上创建的新梁。
- 如果梁与轴线相交但不穿过轴线，则此梁由在轴线上创建的新梁支撑。

（13）单击“文件”下拉菜单中的“另存为”→“项目”命令，打开“另存为”对话框，指定保存位置并输入文件名，单击“保存”按钮。

5.2.2　布置现浇梁

视频：布置现浇梁

（1）打开 5.2.1 节绘制的项目文件，将视图切换至基础结构平面视图。

（2）单击“结构”选项卡“结构”面板中的“梁”按钮（快捷键：BM），打开“修改|放置 梁”选项卡和选项栏，系统默认激活“线”按钮。

（3）单击“模式”面板中的“载入族”按钮，打开“载入族”对话框，选择“China”→“结构”→“框架”→“混凝土”文件夹中的“混凝土-矩形梁.rfa”，如图 5-42 所示。

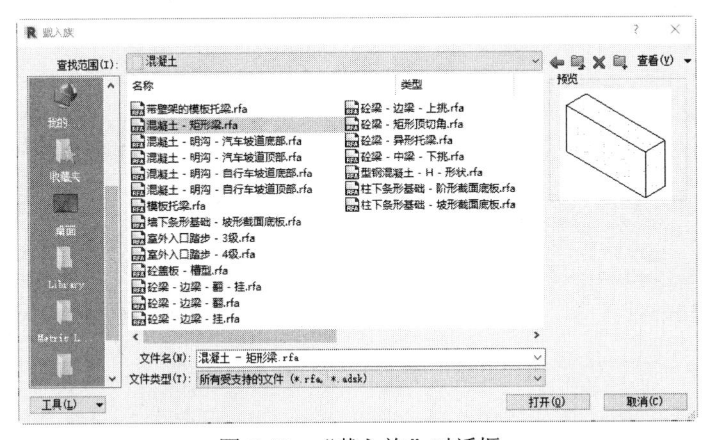

图 5-42　“载入族”对话框

（4）在“属性”选项板中选择“混凝土-矩形梁 300mm×600mm”，单击“编辑类型”按钮，打开“类型属性”对话框，单击“复制”按钮，打开“名称”对话框，输入名称“250mm×800mm”，单击“确定”按钮，返回“类型属性”对话框，设置“b”为 250，“h”为 800，其他采用默认设置，如图 5-43 所示，单击“确定”按钮。

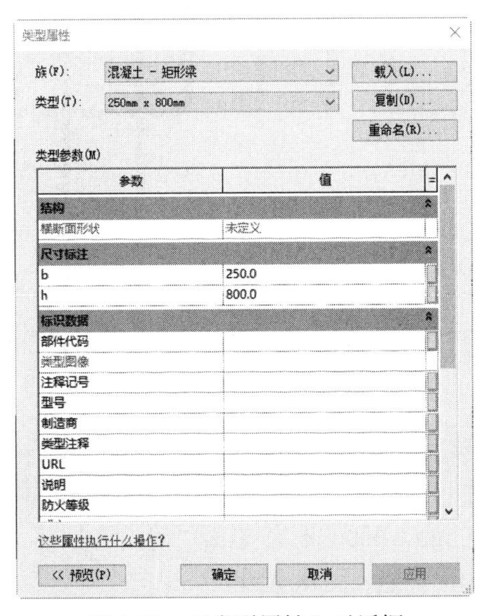

图 5-43　“类型属性”对话框

（5）在如图 5-44 所示的“属性”选项板的结构材质栏中单击▢按钮，打开“材质浏览器”对话框，单击“主视图”→“AEC 材质”→“混凝土”节点，显示混凝土材质，选择“现场浇注混凝土”材质，单击“将材质添加到文档中”按钮⬆，将材质添加到项目材质列表中并选中，如图 5-45 所示，单击“确定”按钮，完成混凝土-矩形梁材质的设置。

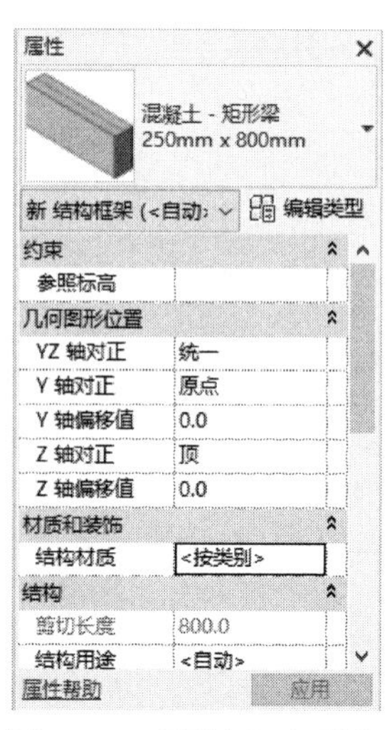

图 5-44　“属性”选项板

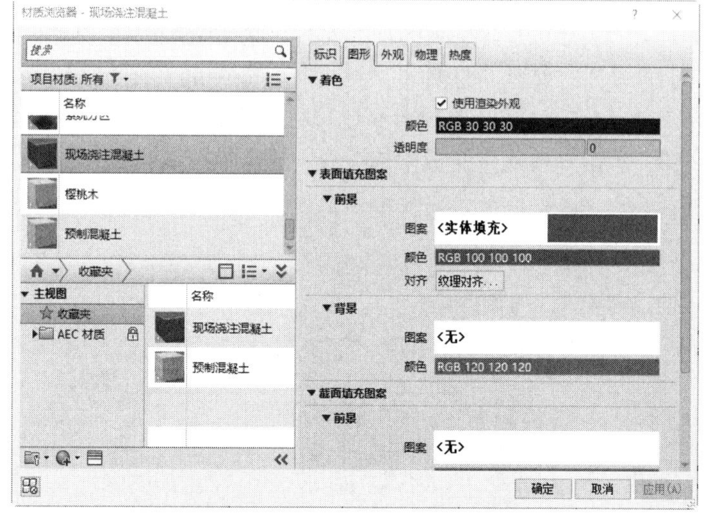

图 5-45　“材质浏览器”对话框

（6）沿着轴线绘制 250mm×800mm 梁，拖动叠合梁的控制点，调整梁的长度使其与现浇梁不相交，如图 5-46 所示。

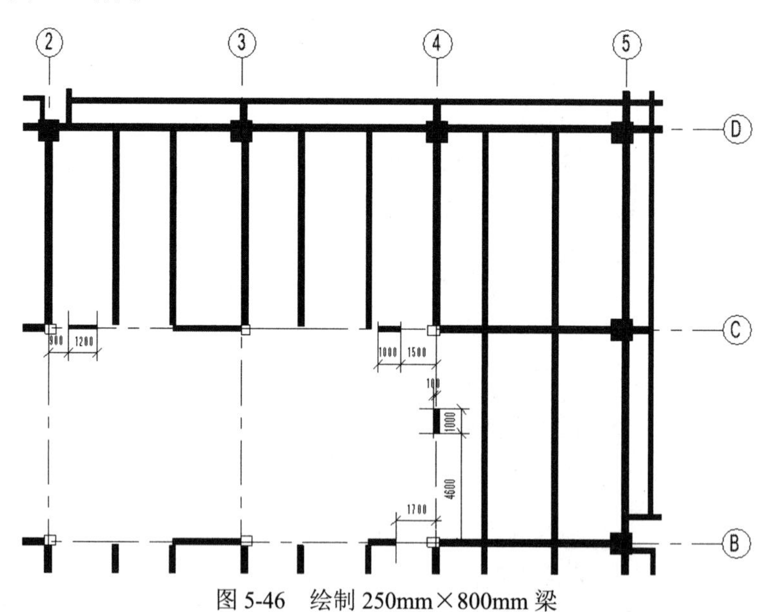

图 5-46　绘制 250mm×800mm 梁

（7）单击“结构”选项卡“结构”面板中的“梁”按钮（快捷键：BM），在“属性”选项板中单击“编辑类型”按钮，打开“类型属性”对话框，单击“复制”按钮，打开“名称”对话框，输入名称“200mm×600mm”，单击“确定”按钮，返回“类型属性”对话框，设置“b”为 200，“h”为 600，其他采用默认设置，单击“确定”按钮。绘制 200mm×600mm 梁，如图 5-47 所示。

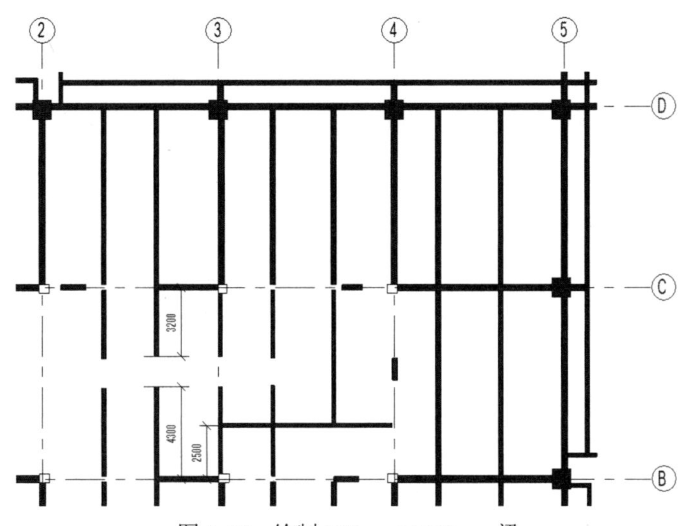

图 5-47　绘制 200mm×600mm 梁

（8）单击“结构”选项卡“结构”面板中的“梁”按钮（快捷键：BM），在“属性”选项板中单击“编辑类型”按钮，打开“类型属性”对话框，单击“复制”按钮，打开“名称”对话框，输入名称“250mm×600mm”，单击“确定”按钮，返回“类型属性”对话框，设置“b”为 250，“h”为 600，其他采用默认设置，单击“确定”按钮。绘制 250mm×600mm 梁，如图 5-48 所示。

（9）单击“结构”选项卡“结构”面板中的“梁”按钮（快捷键：BM），在“属性”选项板中选择“300mm×600mm”，单击“确定”按钮，返回“类型属性”对话框，设置“b”为 300，“h”为 600，其他采用默认设置，单击“确定”按钮。捕捉叠合梁的中点绘制 300mm×600mm 梁，然后利用“对齐”命令，选取 300mm×600mm 梁右侧边线和叠合梁右侧边线添加对齐约束，如图 5-49 所示。

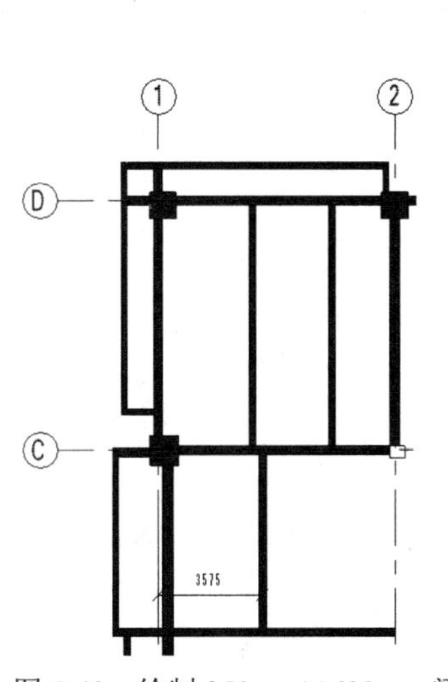

图 5-48　绘制 250mm×600mm 梁

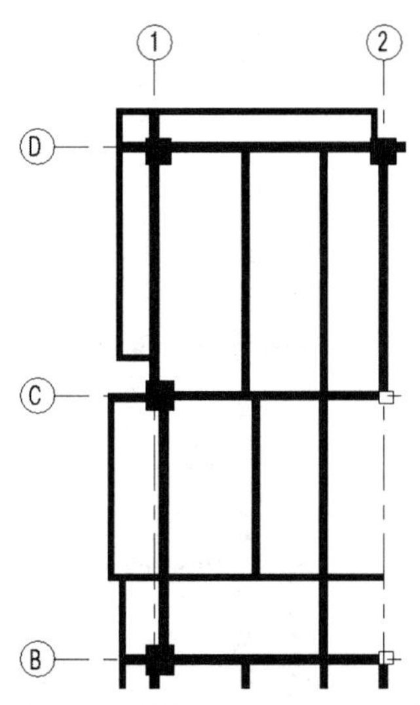

图 5-49　绘制 300mm×600mm 梁

（10）单击“结构”选项卡“结构”面板中的“梁”按钮（快捷键：BM），在“属性”选项板中单击“编辑类型”按钮，打开“类型属性”对话框，单击“复制”按钮，打开“名称”对话框，输入名称“250mm×1100mm”，单击“确定”按钮，返回“类型属性”对话框，设置“b”为 250，“h”为 1100，其他采用默认设置，单击“确定”按钮。沿着轴线绘制 250mm×1100mm 梁，利用“对齐”命令，选取叠合梁左侧边线和梁左侧边线添加对齐约束，如图 5-50 所示。

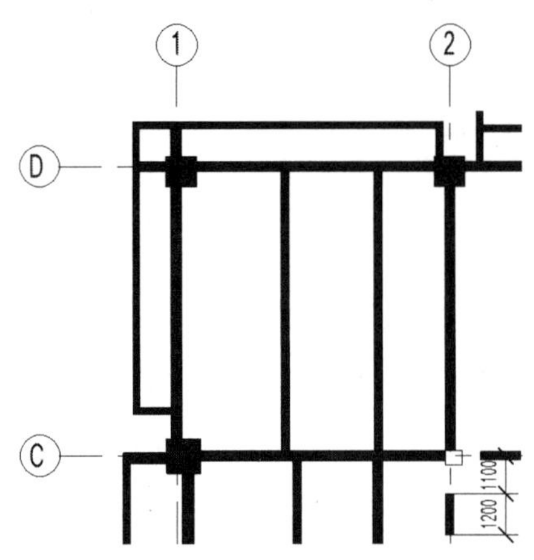

图 5-50　绘制 250mm×1100mm 梁

（11）单击“结构”选项卡“结构”面板中的“梁”按钮（快捷键：BM），在“属性”选项板中单击“编辑类型”按钮，打开“类型属性”对话框，单击“复制”按钮，打开“名称”对话框，输入名称“200mm×400mm”，单击“确定”按钮，返回“类型属性”对话框，设置“b”为 200，“h”为 400，其他采用默认设置，单击“确定”按钮。绘制 200mm×400mm 梁，如图 5-51 所示。

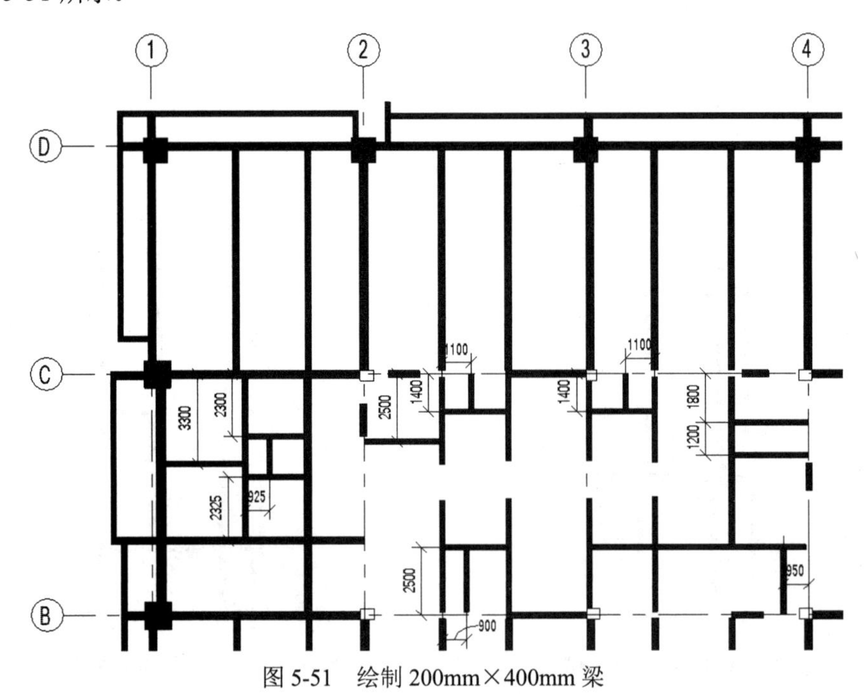

图 5-51　绘制 200mm×400mm 梁

（12）单击“结构”选项卡“结构”面板中的“梁”按钮（快捷键：BM），在“属性”选项板中单击“编辑类型”按钮，打开“类型属性”对话框，单击“复制”按钮，打开“名称”对话框，输入名称“150mm×300mm”，单击“确定”按钮，返回“类型属性”对话框，设置“b”为 150，“h”为 300，其他采用默认设置，单击“确定”按钮。绘制 150mm×300mm 梁，如图 5-52 所示。

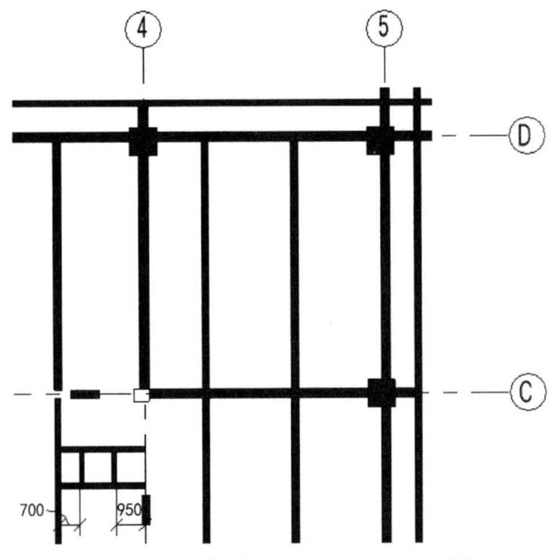

图 5-52　绘制 150mm×300mm 梁

（13）单击“修改”选项卡“修改”面板中的“对齐”按钮（快捷键：AL），选取轴线 2 和轴线 C 交点处的结构柱上边线，然后选取水平梁（250mm×800mm 梁）上边线添加对齐约束，采用相同的方法，添加梁与柱之间、梁与梁之间的对齐约束，如图 5-53 所示。

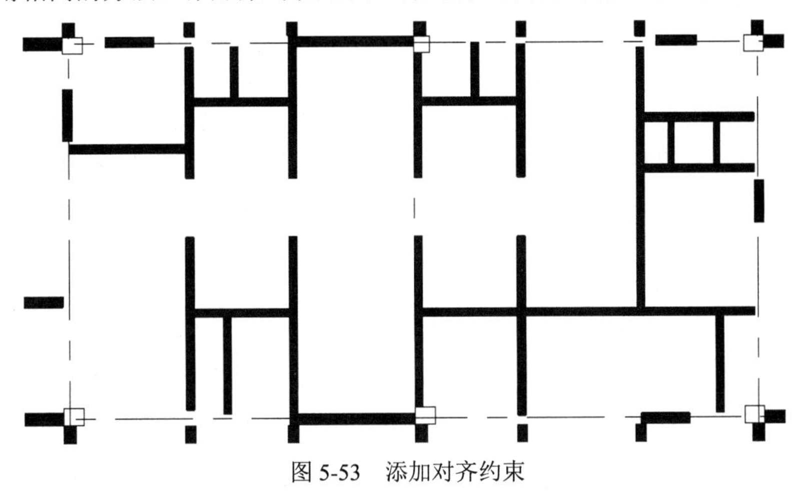
图 5-53　添加对齐约束

（14）单击“文件”下拉菜单中的“另存为”→“项目”命令，打开“另存为”对话框，指定保存位置并输入文件名，单击“保存”按钮。

第 6 章

楼板和楼梯

知识导引

楼板是分隔承重构件，它将房屋垂直方向分隔为若干层，并把人和家具等纵向荷载及楼板自重通过墙体、梁或柱传给基础。

楼梯是建筑物中作为楼层间交通用的构件，由连续梯级的梯段、平台和围护结构等组成。

6.1 楼板

本工程中的楼板包括叠合楼板和现浇混凝土楼板，本节将详细介绍这两种楼板的创建过程。

6.1.1 创建叠合楼板

视频：创建叠合楼板

叠合楼板是由预制板和现浇钢筋混凝土层叠合而成的复合楼板，预制板既是楼板结构的组成部分，又是楼板现浇钢筋混凝土层的永久性模板。此叠合板按照双向受力模型进行设计，不仅整体刚度好，承载力高，而且最大限度节约了传统楼板木模的使用，改良了楼板支模的施工工艺，缩短了施工周期，改善了施工环境，提高了施工的质量和精度。

叠合楼板的具体绘制步骤如下。

（1）打开 5.2.2 节绘制的项目文件，将视图切换至第七层结构平面视图。

（2）单击“结构”选项卡“结构”面板“楼板”按钮下拉列表中的“楼板：结构”按钮（快捷键：SB），打开“修改|创建楼层边界”选项卡和选项栏，如图 6-1 所示。

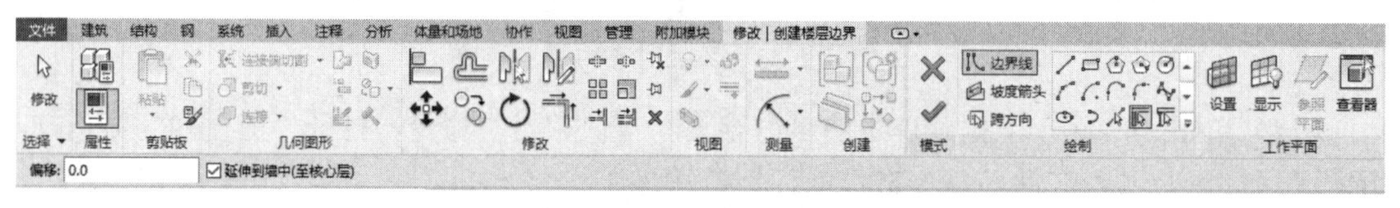

图 6-1 “修改|创建楼层边界”选项卡和选项栏

“修改|创建楼层边界”选项卡和选项栏中的选项说明如下。

- 偏移：指定相对于楼板边缘的偏移值。
- 延伸到墙中（至核心层）：测量到墙核心层之间的偏移。

（3）在“属性”选项板中选择“楼板 现场浇注混凝土 225mm”类型，单击“编辑类型”按钮，打开“类型属性”对话框，单击“复制”按钮，打开“名称”对话框，输入名称“叠合板 150mm”，单击“确定”按钮，返回“类型属性”对话框，单击结构栏中的“编辑”按钮编辑... ，打开如图 6-2 所示的“编辑部件”对话框，选择“涂膜层”，单击“删除”按钮 删除(D) ，将其删除。

（4）在面层 1[4]栏对应的材质列中单击按钮，打开“材质浏览器”对话框，选择“现场浇注混凝土”材质，单击“确定”按钮，返回“编辑部件”对话框，将厚度更改为 90。

（5）在结构[1]栏对应的材质列中单击按钮，打开“材质浏览器”对话框，选择“预制混凝土”材质，单击“确定”按钮，返回“编辑部件”对话框，将厚度更改为 60，如图 6-3 所示，连续单击“确定”按钮，完成“叠合板 150mm”类型的设置。

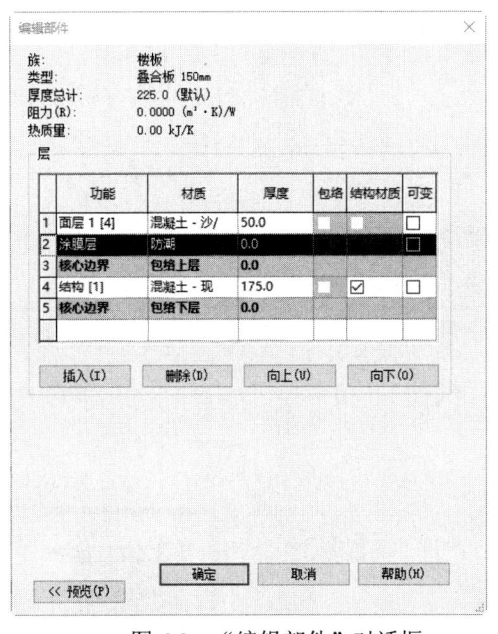

图 6-2　“编辑部件”对话框

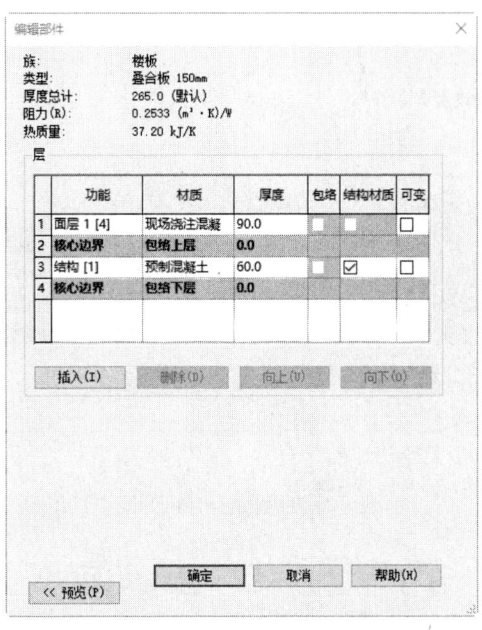

图 6-3　设置参数

（6）在“属性”选项板中取消“启用分析模型”复选框的勾选，其他采用默认设置，如图 6-4 所示。

（7）单击“绘制”面板中的“边界线”按钮和“拾取线”按钮，拾取梁的边线作为楼板边界线，如图 6-5 所示。

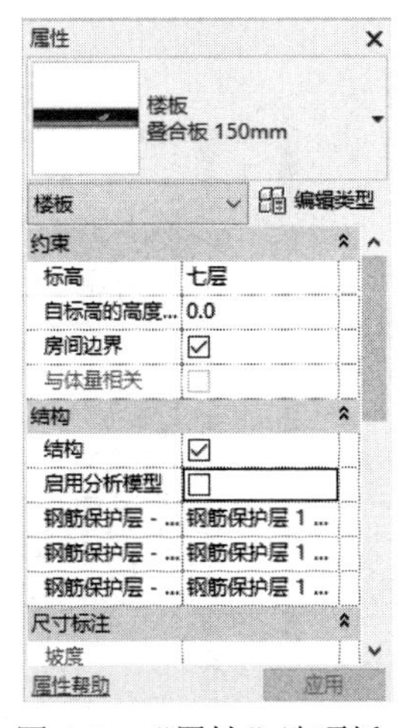

图 6-4　“属性”选项板

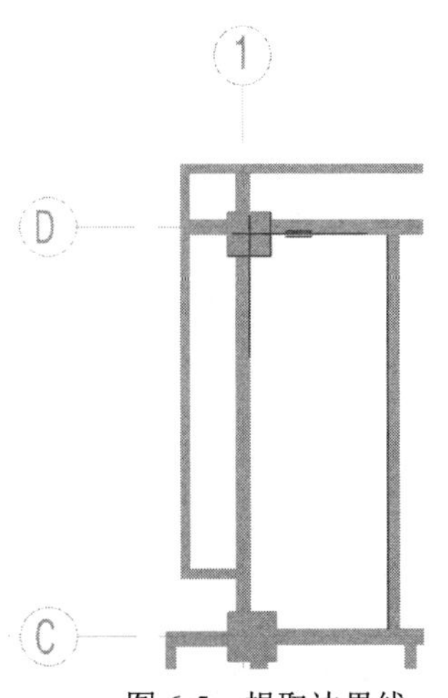

图 6-5　提取边界线

（8）单击“线”按钮，在适当位置绘制水平边界线；单击“对齐尺寸标注”按钮（快捷键：DI），标注边界线之间的尺寸，并选取下端水平边界线，使尺寸处于编辑状态，双击尺寸值更改尺寸为 2700，按回车键确认，调整边界线位置；单击“修剪/延伸为角”按钮，分别选取边界线，修剪/延伸边界线使边界线形成封闭环，如图 6-6 所示。

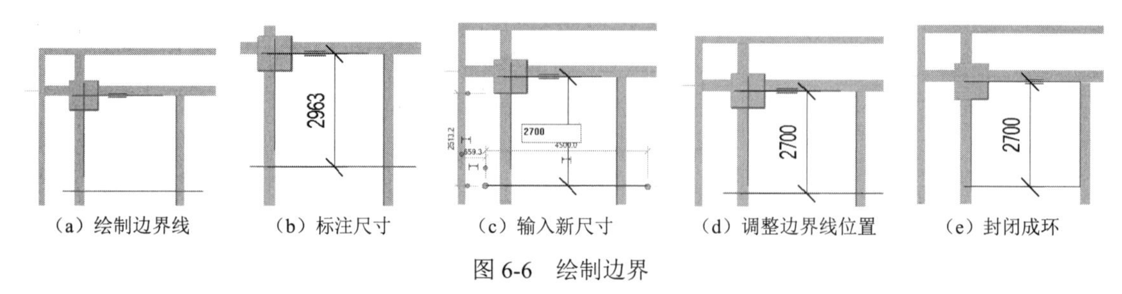

（a）绘制边界线　（b）标注尺寸　（c）输入新尺寸　（d）调整边界线位置　（e）封闭成环

图 6-6　绘制边界

提示：

如果边界线没有形成闭环，单击“完成编辑模式”按钮，弹出如图 6-7 所示的错误提示对话框，视图中相交的边界线或没有闭环的边界线会高亮显示。

（9）单击“模式”面板中的“完成编辑模式”按钮，完成 7PCB-1 楼板的创建，删除系统自动生成的跨方向符号，如图 6-8 所示。

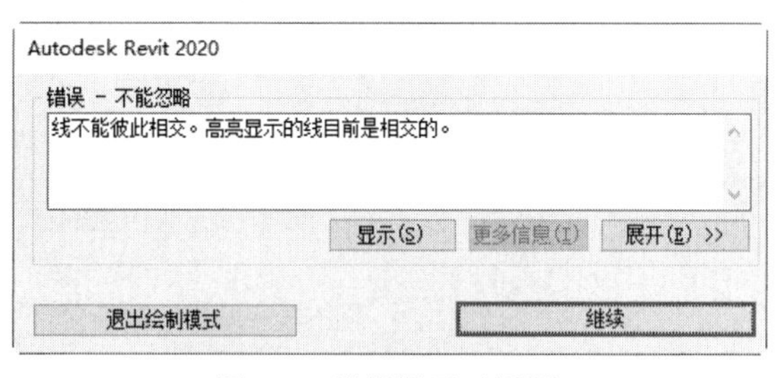

图 6-7　错误提示对话框

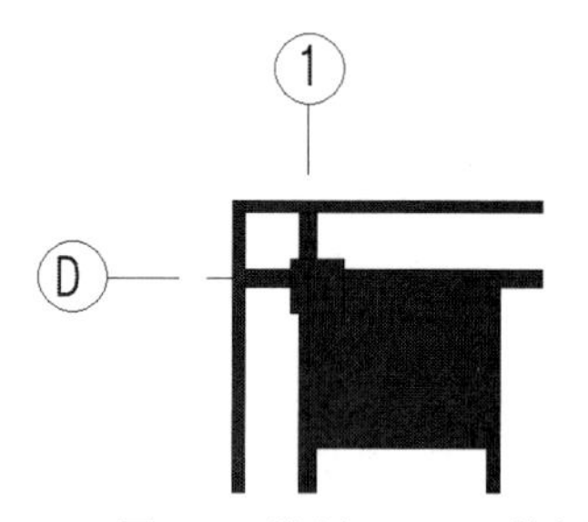

图 6-8　绘制 7PCB-1 楼板

（10）单击“结构”选项卡“结构”面板“楼板”按钮下拉列表中的“楼板：结构”按钮（快捷键：SB），打开“修改|创建楼层边界”选项卡，利用“拾取线”按钮和“线”按钮，绘制边界线，如图 6-9 所示，单击“完成编辑模式”按钮，完成 7PCB-2 楼板的创建，如图 6-10 所示。

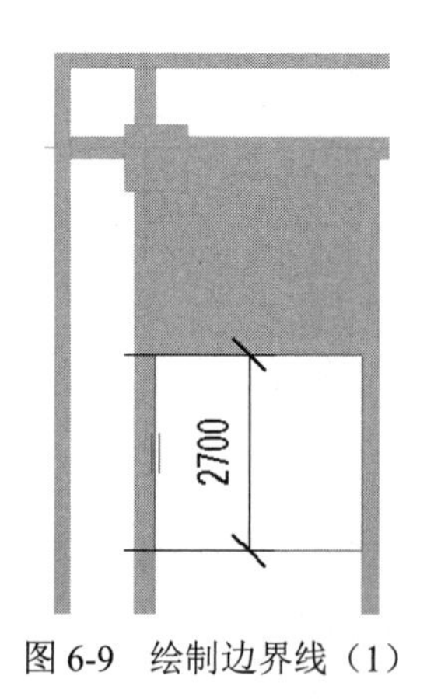

图 6-9　绘制边界线（1）

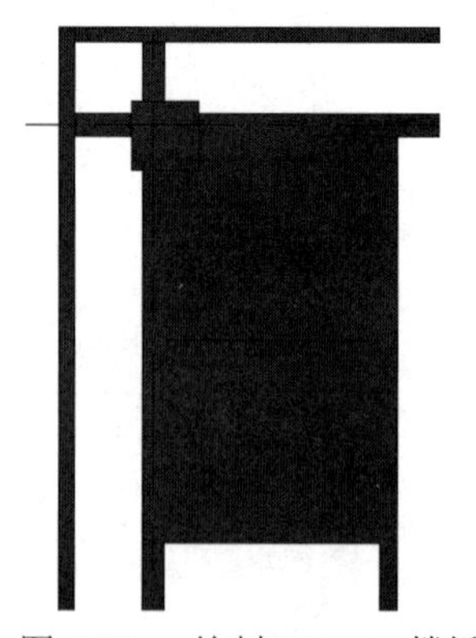
图 6-10　绘制 7PCB-2 楼板

（11）单击“结构”选项卡“结构”面板“楼板”按钮下拉列表中的“楼板：结构”按钮（快捷键：SB），打开“修改|创建楼层边界”选项卡，利用“拾取线”按钮和“修剪/延伸为角”按钮，绘制边界线，如图6-11所示，单击“完成编辑模式”按钮，完成7PCB-3楼板的创建，如图6-12所示。

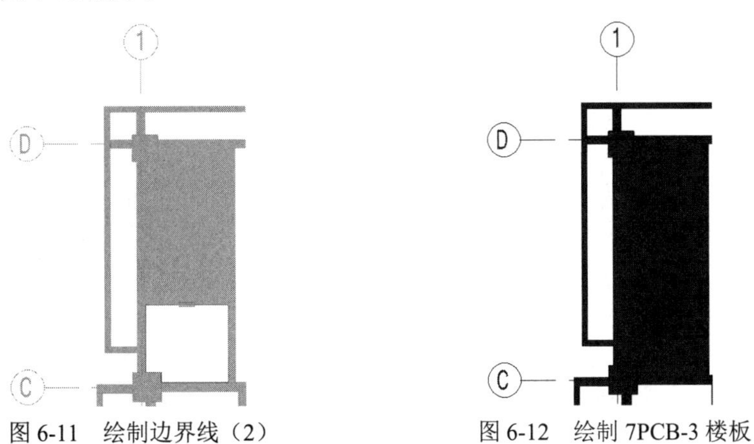

图6-11　绘制边界线（2）　　图6-12　绘制7PCB-3楼板

（12）单击“结构”选项卡“结构”面板“楼板”按钮下拉列表中的“楼板：结构”按钮（快捷键：SB），打开“修改|创建楼层边界”选项卡，利用“拾取线”按钮和“修剪/延伸为角”按钮，绘制边界线，如图6-13所示，单击“完成编辑模式”按钮，完成7PCB-Y1楼板的创建，如图6-14所示。

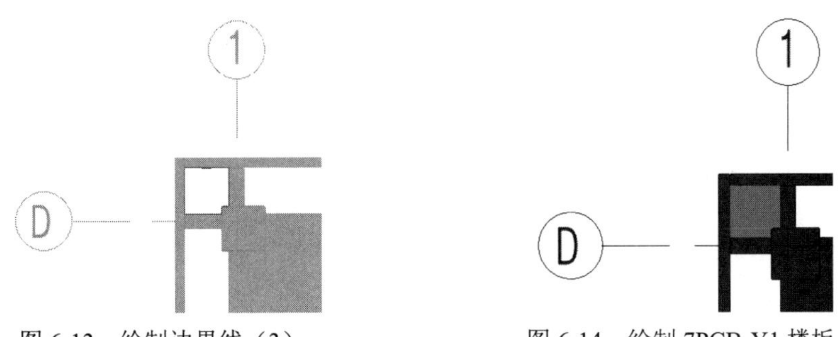

图6-13　绘制边界线（3）　　图6-14　绘制7PCB-Y1楼板

（13）单击“结构”选项卡“结构”面板“楼板”按钮下拉列表中的“楼板：结构”按钮（快捷键：SB），打开“修改|创建楼层边界”选项卡，利用“拾取线”按钮、“线”按钮和“修剪/延伸为角”按钮，绘制边界线，如图6-15所示，单击“完成编辑模式”按钮，完成7PCB-Y2楼板的创建，如图6-16所示。

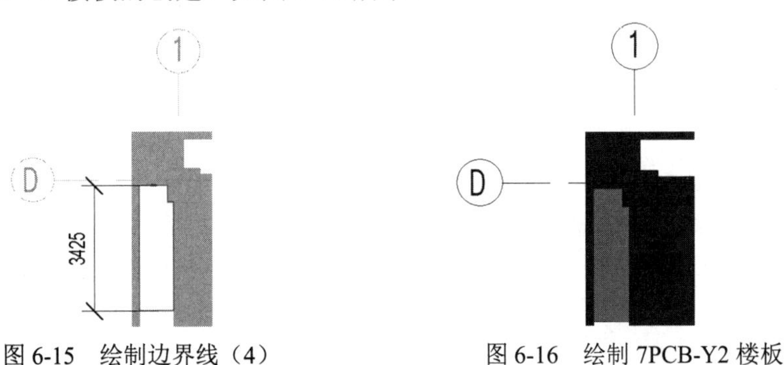

图6-15　绘制边界线（4）　　图6-16　绘制7PCB-Y2楼板

（14）单击“结构”选项卡“结构”面板“楼板”按钮下拉列表中的“楼板：结构”按钮（快捷键：SB），打开“修改|创建楼层边界”选项卡，利用“拾取线”按钮和“修剪/延伸为角”按钮，绘制边界线，如图 6-17 所示，单击“完成编辑模式”按钮，完成 7PCB-Y3 楼板的创建，如图 6-18 所示。

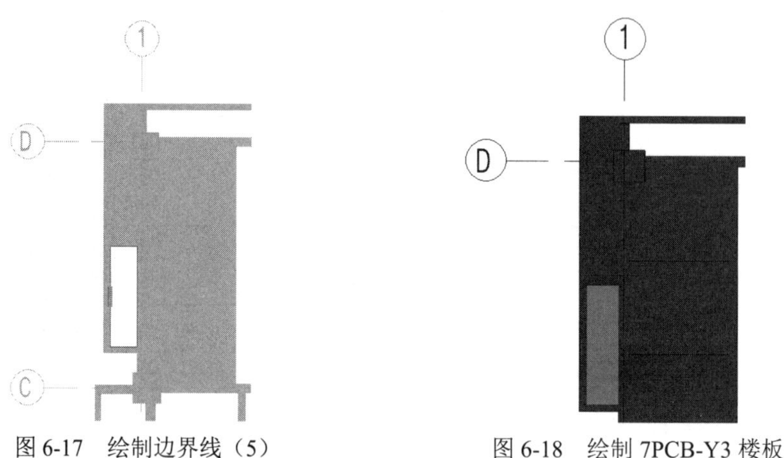

图 6-17　绘制边界线（5）　　图 6-18　绘制 7PCB-Y3 楼板

（15）单击“结构”选项卡“结构”面板“楼板”按钮下拉列表中的“楼板：结构”按钮（快捷键：SB），打开“修改|创建楼层边界”选项卡，利用“拾取线”按钮、“线”按钮和“修剪/延伸为角”按钮，绘制边界线，如图 6-19 所示，单击“完成编辑模式”按钮，完成 7PCB-4 楼板的创建。

（16）单击“结构”选项卡“结构”面板“楼板”按钮下拉列表中的“楼板：结构”按钮（快捷键：SB），打开“修改|创建楼层边界”选项卡，利用“拾取线”按钮、“线”按钮和“修剪/延伸为角”按钮，绘制边界线，如图 6-20 所示，单击“完成编辑模式”按钮，完成 7PCB-5 楼板的创建。

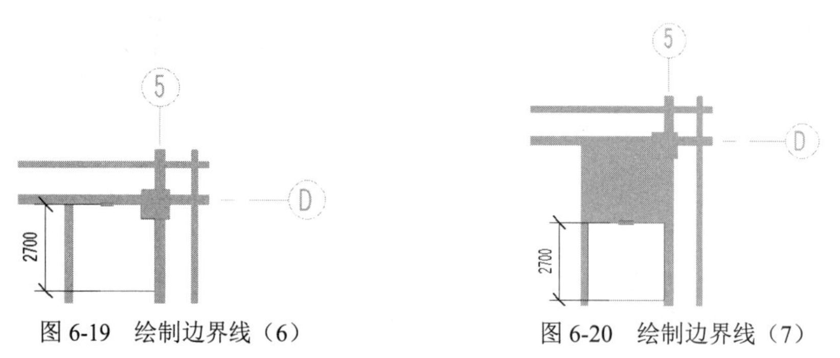

图 6-19　绘制边界线（6）　　图 6-20　绘制边界线（7）

（17）单击“结构”选项卡“结构”面板“楼板”按钮下拉列表中的“楼板：结构”按钮（快捷键：SB），打开“修改|创建楼层边界”选项卡，利用“拾取线”按钮、“线”按钮和“修剪/延伸为角”按钮，绘制边界线，如图 6-21 所示，单击“完成编辑模式”按钮，完成 7PCB-6 楼板的创建。

（18）单击“结构”选项卡“结构”面板“楼板”按钮下拉列表中的“楼板：结构”按钮（快捷键：SB），打开“修改|创建楼层边界”选项卡，利用“拾取线”按钮和“修剪/延伸为角”按钮，绘制边界线，如图 6-22 所示，单击“完成编辑模式”按钮，完成 7PCB-Y4 楼板的创建。

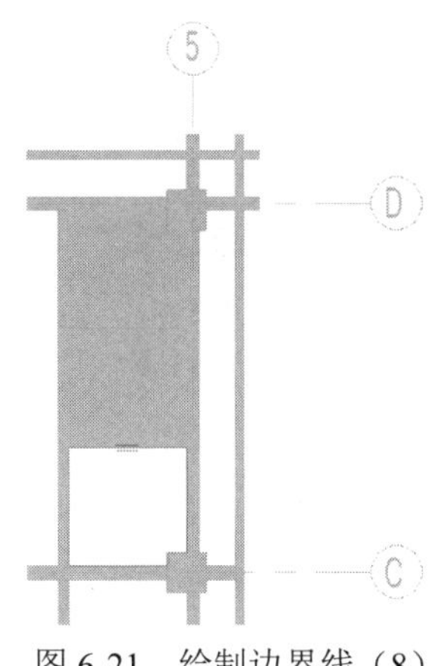

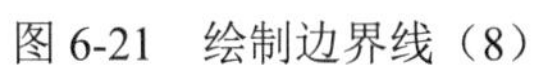
图 6-21　绘制边界线（8）

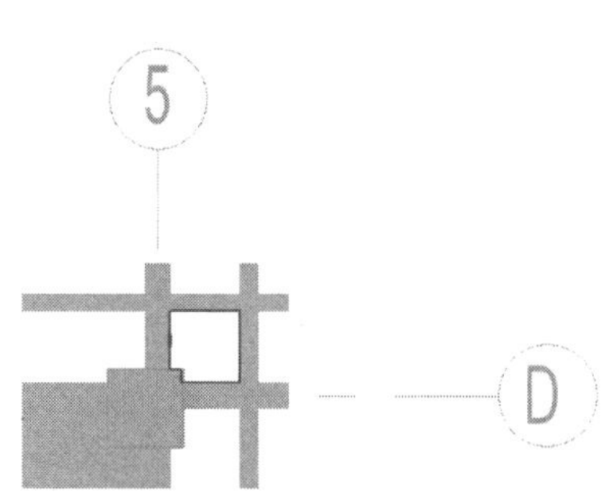

图 6-22　绘制边界线（9）

（19）单击“结构”选项卡“结构”面板“楼板”按钮下拉列表中的“楼板：结构”按钮（快捷键：SB），打开“修改|创建楼层边界”选项卡，利用“拾取线”按钮、“线”按钮和“修剪/延伸为角”按钮，绘制边界线，如图 6-23 所示，单击“完成编辑模式”按钮，完成 7PCB-Y5 楼板的创建。

（20）单击“结构”选项卡“结构”面板“楼板”按钮下拉列表中的“楼板：结构”按钮（快捷键：SB），打开“修改|创建楼层边界”选项卡，利用“拾取线”按钮、“线”按钮和“修剪/延伸为角”按钮，绘制边界线，如图 6-24 所示，单击“完成编辑模式”按钮，完成 7PCB-Y6 楼板的创建。

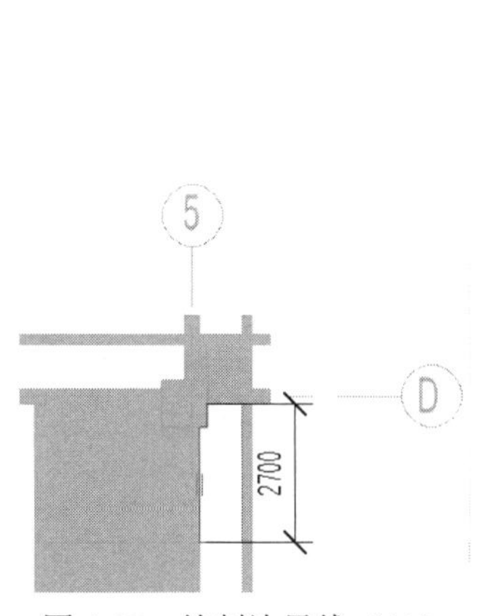

图 6-23　绘制边界线（10）

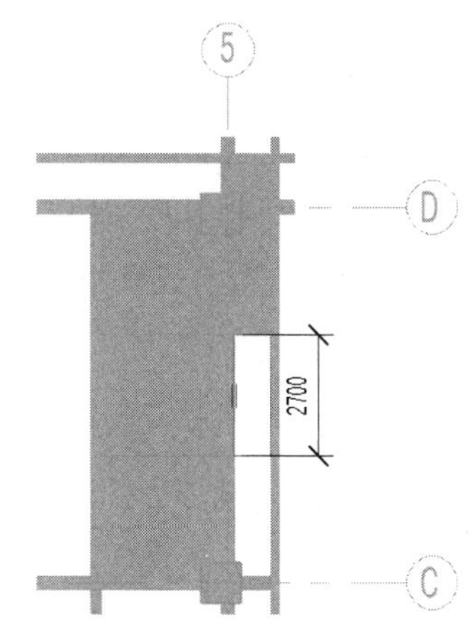

图 6-24　绘制边界线（11）

（21）单击“结构”选项卡“结构”面板“楼板”按钮下拉列表中的“楼板：结构”按钮（快捷键：SB），打开“修改|创建楼层边界”选项卡，利用“拾取线”按钮和“修剪/延伸为角”按钮，绘制边界线，如图 6-25 所示，单击“完成编辑模式”按钮，完成 7PCB-Y7 楼板的创建。

（22）单击“结构”选项卡“结构”面板“楼板”按钮下拉列表中的“楼板：结构”按钮（快捷键：SB），打开“修改|创建楼层边界”选项卡，利用“拾取线”按钮、“线”按钮和“修剪/延伸为角”按钮，绘制边界线，如图 6-26 所示，单击“完成编辑模式”按钮，完成 7PCB-7 楼板的创建。

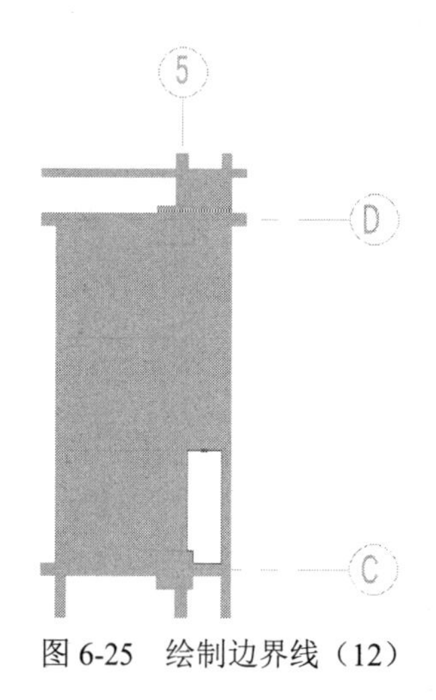

图 6-25　绘制边界线（12）

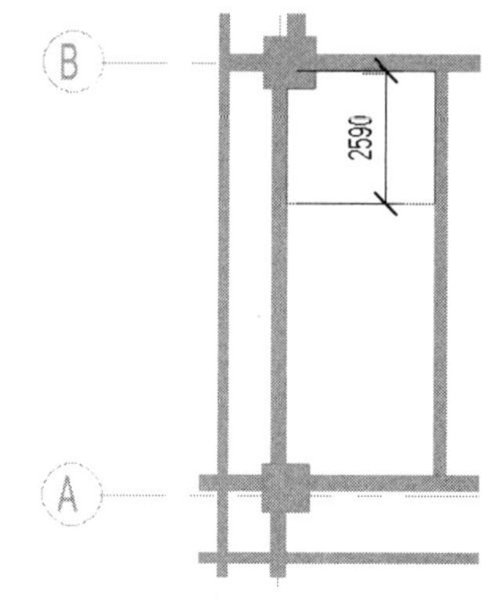

图 6-26　绘制边界线（13）

（23）单击“结构”选项卡“结构”面板“楼板”按钮下拉列表中的“楼板：结构”按钮（快捷键：SB），打开“修改|创建楼层边界”选项卡，利用“拾取线”按钮、“线”按钮和“修剪/延伸为角”按钮，绘制边界线，如图 6-27 所示，单击“完成编辑模式”按钮，完成 7PCB-8 楼板的创建。

（24）单击“结构”选项卡“结构”面板“楼板”按钮下拉列表中的“楼板：结构”按钮（快捷键：SB），打开“修改|创建楼层边界”选项卡，利用“拾取线”按钮和“修剪/延伸为角”按钮，绘制边界线，如图 6-28 所示，单击“完成编辑模式”按钮，完成 7PCB-9 楼板的创建。

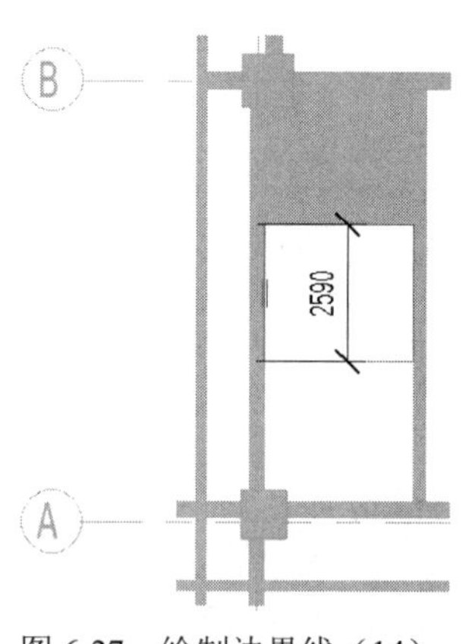

图 6-27　绘制边界线（14）

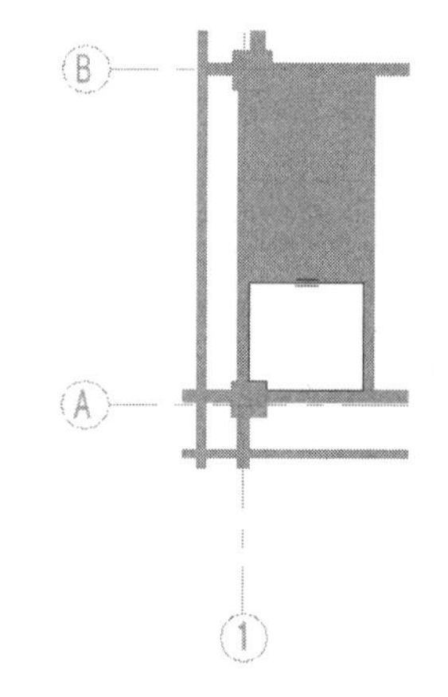

图 6-28　绘制边界线（15）

（25）单击“结构”选项卡“结构”面板“楼板”按钮下拉列表中的“楼板：结构”按钮（快捷键：SB），打开“修改|创建楼层边界”选项卡，利用“拾取线”按钮和“修剪/延伸为角”按钮，绘制边界线，如图 6-29 所示，单击“完成编辑模式”按钮，完成 7PCB-10 楼板的创建。

（26）单击“结构”选项卡“结构”面板“楼板”按钮下拉列表中的“楼板：结构”按钮（快捷键：SB），打开“修改|创建楼层边界”选项卡，利用“拾取线”按钮、“线”按钮和“修剪/延伸为角”按钮，绘制边界线，如图 6-30 所示，单击“完成编辑模式”按钮，完成 7PCB-Y8 楼板的创建。

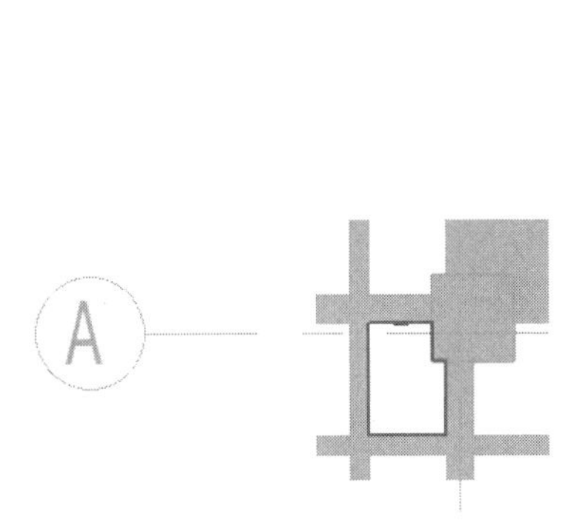

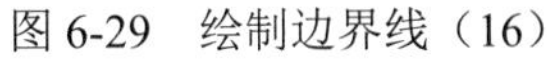

图 6-29　绘制边界线（16）

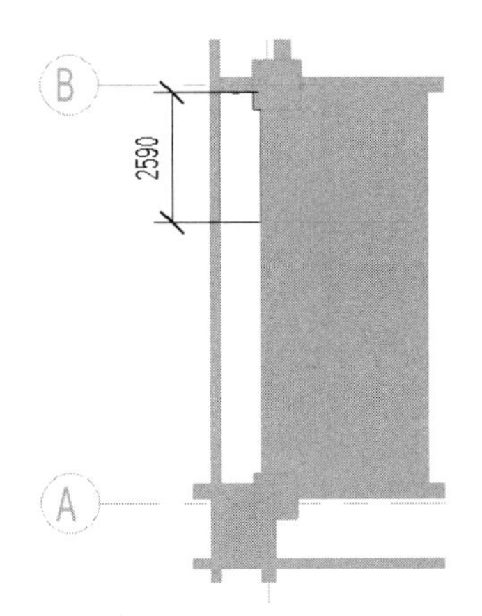

图 6-30　绘制边界线（17）

（27）单击“结构”选项卡“结构”面板“楼板”按钮下拉列表中的“楼板：结构”按钮（快捷键：SB），打开“修改|创建楼层边界”选项卡，利用“拾取线”按钮、“线”按钮 和“修剪/延伸为角”按钮，绘制边界线，如图 6-31 所示，单击“完成编辑模式”按钮，完成 7PCB-Y9 楼板的创建。

（28）单击“结构”选项卡“结构”面板“楼板”按钮下拉列表中的“楼板：结构”按钮（快捷键：SB），打开“修改|创建楼层边界”选项卡，利用“拾取线”按钮和“修剪/延伸为角”按钮，绘制边界线，如图 6-32 所示，单击“完成编辑模式”按钮，完成 7PCB-Y10 楼板的创建。

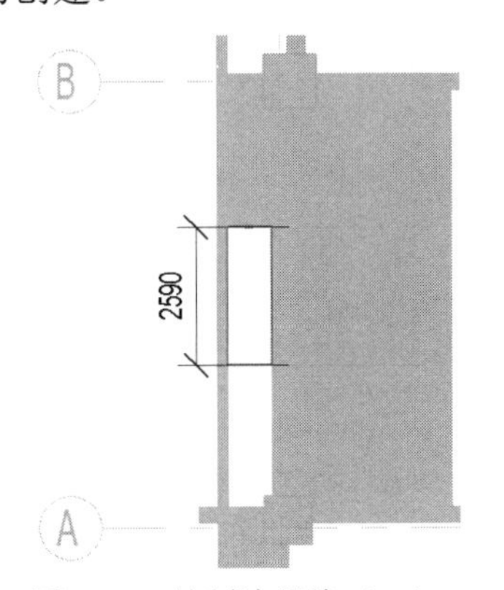

图 6-31　绘制边界线（18）

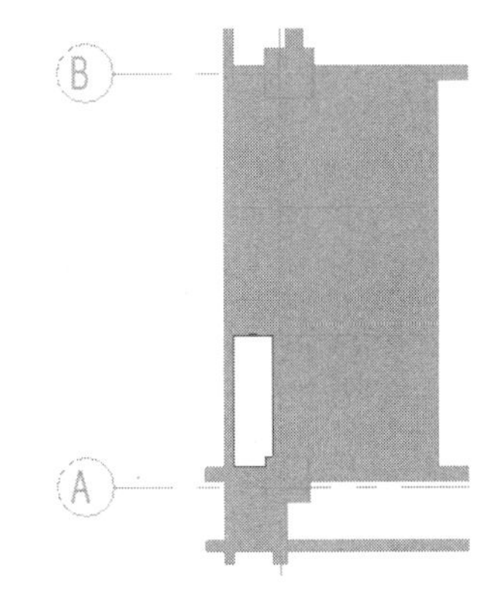

图 6-32　绘制边界线（19）

（29）单击“结构”选项卡“结构”面板“楼板”按钮下拉列表中的“楼板：结构”按钮（快捷键：SB），打开“修改|创建楼层边界”选项卡，利用“拾取线”按钮、“线”按钮 和“修剪/延伸为角”按钮，绘制边界线，如图 6-33 所示，单击“完成编辑模式”按钮，完成 7PCB-11 楼板的创建。

（30）单击“结构”选项卡“结构”面板“楼板”按钮下拉列表中的“楼板：结构”按钮（快捷键：SB），打开“修改|创建楼层边界”选项卡，利用“拾取线”按钮、“线”按钮 和“修剪/延伸为角”按钮，绘制边界线，如图 6-34 所示，单击“完成编辑模式”按钮，完成 7PCB-12 楼板的创建。

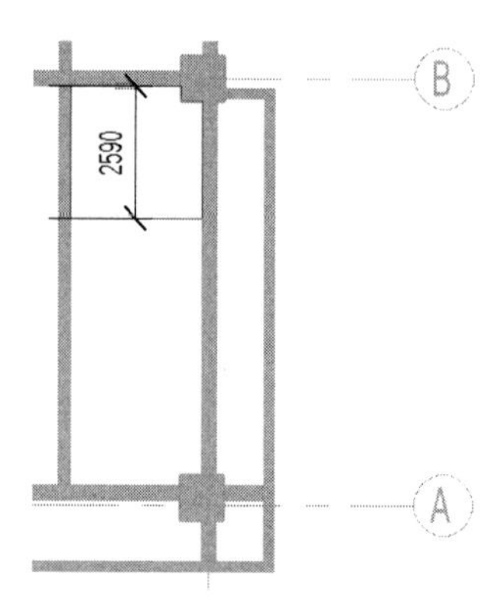

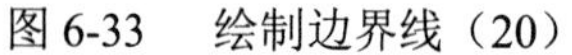

图 6-33　绘制边界线（20）

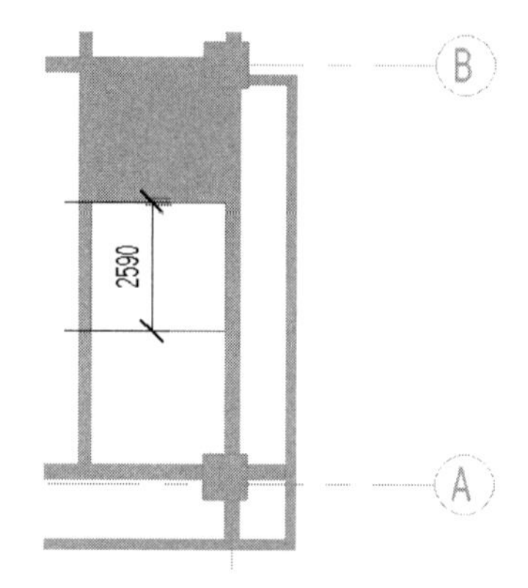

图 6-34　绘制边界线（21）

（31）单击“结构”选项卡“结构”面板“楼板”按钮下拉列表中的“楼板：结构”按钮（快捷键：SB），打开“修改|创建楼层边界”选项卡，利用“拾取线”按钮和“修剪/延伸为角”按钮，绘制边界线，如图 6-35 所示，单击“完成编辑模式”按钮，完成 7PCB-13 楼板的创建。

（32）单击“结构”选项卡“结构”面板“楼板”按钮下拉列表中的“楼板：结构”按钮（快捷键：SB），打开“修改|创建楼层边界”选项卡，利用“拾取线”按钮和“修剪/延伸为角”按钮，绘制边界线，如图 6-36 所示，单击“完成编辑模式”按钮，完成 7PCB-14 楼板的创建。

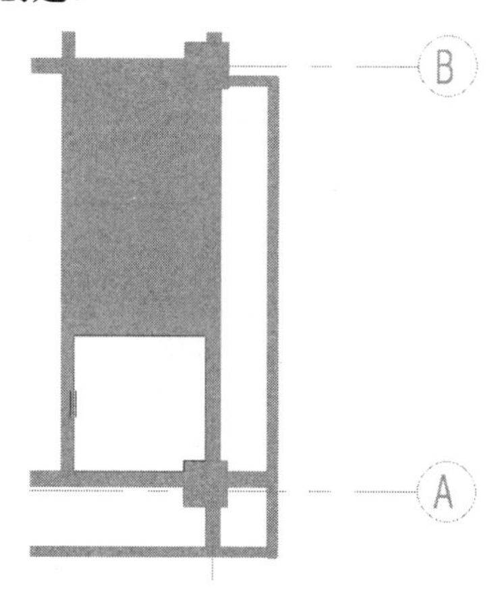

图 6-35 绘制边界线（22）

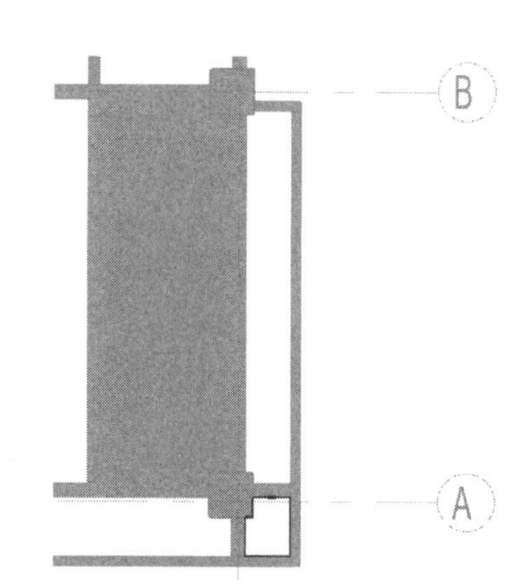

图 6-36　绘制边界线（23）

（33）单击“结构”选项卡“结构”面板“楼板”按钮下拉列表中的“楼板：结构”按钮（快捷键：SB），打开“修改|创建楼层边界”选项卡，利用“拾取线”按钮、“线”按钮和“修剪/延伸为角”按钮，绘制边界线，如图 6-37 所示，单击“完成编辑模式”按钮，完成 7PCB-Y11 楼板的创建。

（34）单击“结构”选项卡“结构”面板“楼板”按钮下拉列表中的“楼板：结构”按钮（快捷键：SB），打开“修改|创建楼层边界”选项卡，利用“拾取线”按钮、“线”按钮和“修剪/延伸为角”按钮，绘制边界线，如图 6-38 所示，单击“完成编辑模式”按钮，完成 7PCB-Y12 楼板的创建。

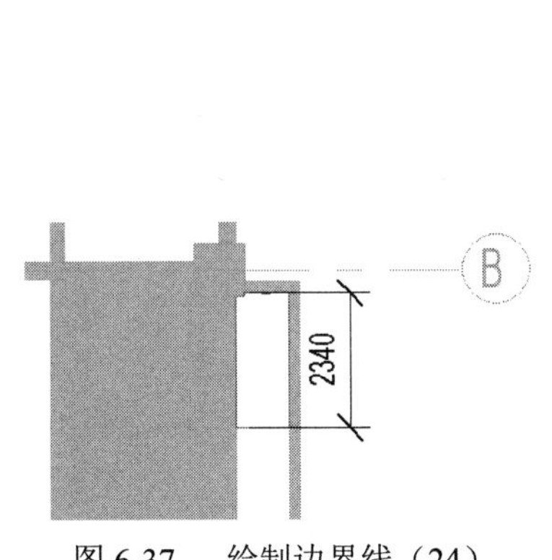

图 6-37　绘制边界线（24）

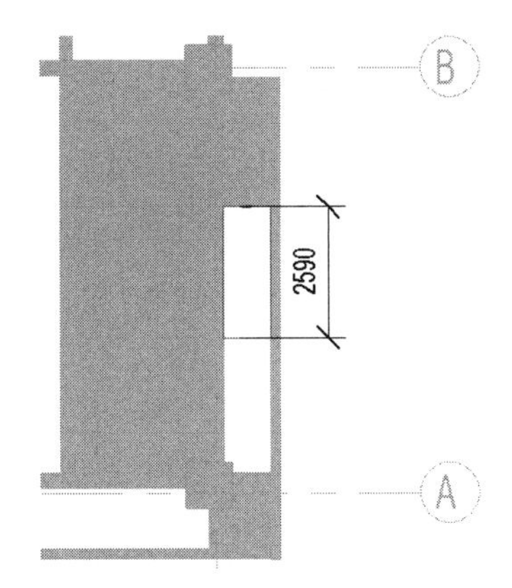

图 6-38　绘制边界线（25）

（35）单击“结构”选项卡“结构”面板“楼板”按钮下拉列表中的“楼板：结构”按钮（快捷键：SB），打开“修改|创建楼层边界”选项卡，利用“拾取线”按钮和“修剪/延伸为角”按钮，绘制边界线，如图 6-39 所示，单击“完成编辑模式”按钮，完成 7PCB-Y13 楼板的创建。

（36）单击“结构”选项卡“结构”面板“楼板”按钮下拉列表中的“楼板：结构”按钮（快捷键：SB），在“属性”选项板中单击“编辑类型”按钮，打开“类型属性”对话框，单击“复制”按钮，打开“名称”对话框，输入名称“叠合板 130mm”，单击“确定”按钮，返回“类型属性”对话框，单击结构栏中的“编辑”按钮 编辑... ，打开“编辑部件”对话框，如图 6-40 所示，更改面层 1[4]厚度为 70，连续单击“确定”按钮。

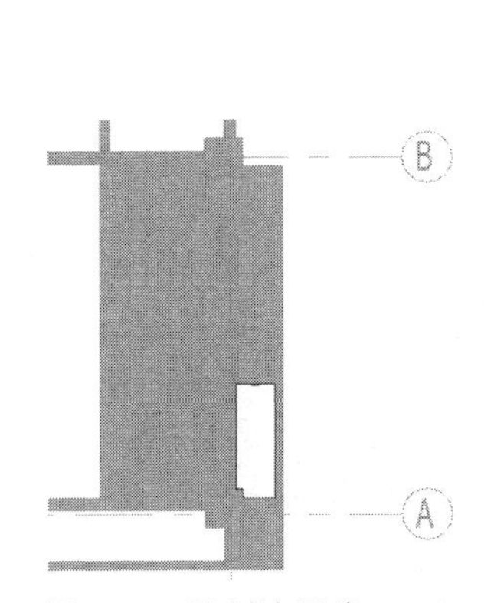

图 6-39　绘制边界线（26）

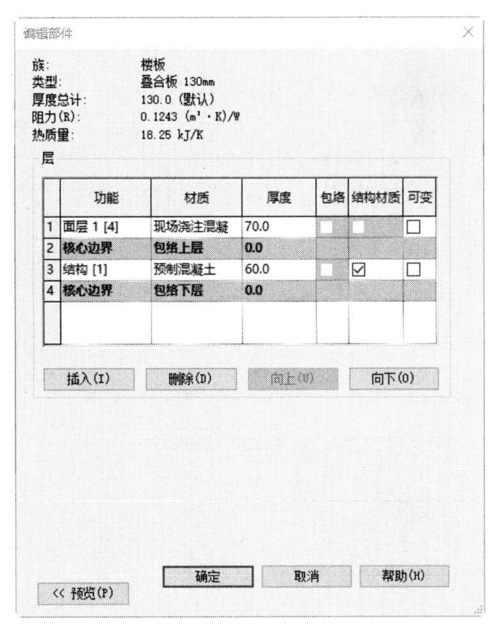

图 6-40　“编辑部件”对话框

（37）单击“绘制”面板中的“边界线”按钮和“拾取线”按钮，拾取梁边线和厚度为 150mm 的楼板右边线为楼板边界，单击“线”按钮，捕捉第一块楼板的端点绘制水平直线，如图 6-41 所示。

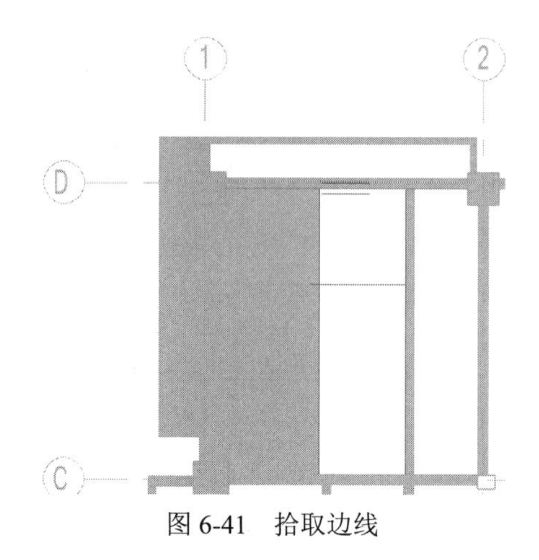

图 6-41　拾取边线

（38）选取竖直边界线，拖动边界线的下端点调整边界线的长度，直到水平边界线，然后拖动水平边界线的端点使其与竖直边界线重合，如图 6-42 所示。

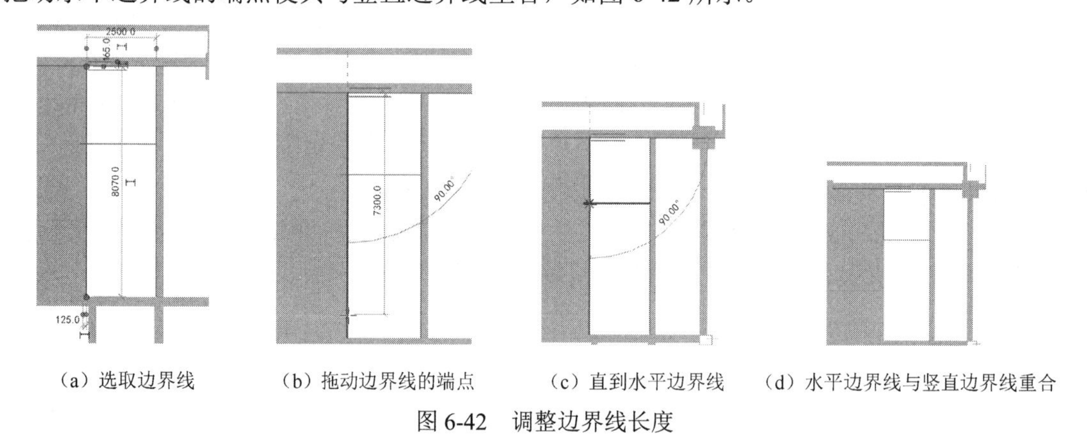

（a）选取边界线　（b）拖动边界线的端点　（c）直到水平边界线　（d）水平边界线与竖直边界线重合

图 6-42　调整边界线长度

（39）采用相同的方法，使边界形成闭合环，如图 6-43 所示。单击“模式”面板中的“完成编辑模式”按钮✔，完成 7PCB-15 楼板的创建，如图 6-44 所示。

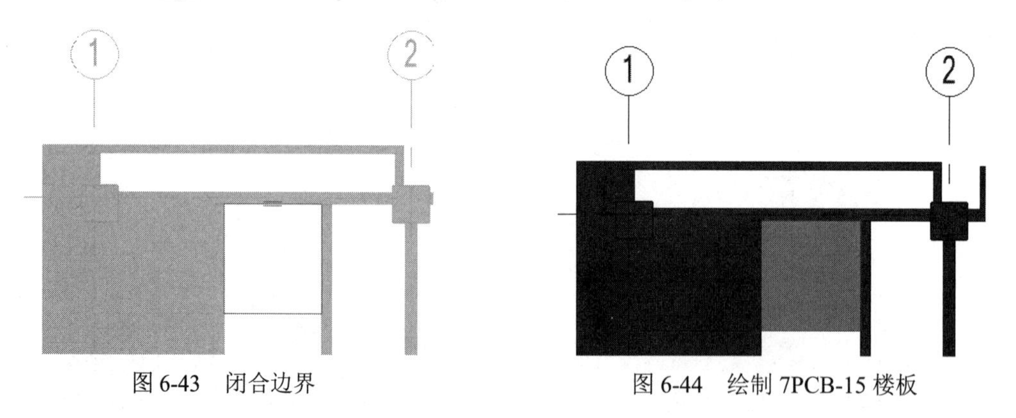

图 6-43　闭合边界　　图 6-44　绘制 7PCB-15 楼板

（40）选取上一步创建的 7PCB-15 楼板，单击“修改”面板中的“复制”按钮（快捷键：CO），在选项栏中勾选“约束”复选框和“多个”复选框，捕捉 7PCB-15 楼板上任意一点为起点，竖直向下移动光标并输入距离 2700，按回车键确认，继续向下移动光标输入距离 2700，按回车键确认，创建 7PCB-16 楼板和 7PCB-17 楼板，如图 6-45 所示。

（41）单击“结构”选项卡“结构”面板“楼板”按钮下拉列表中的“楼板：结构”按钮（快捷键：SB），打开“修改|创建楼层边界”选项卡，利用“拾取线”按钮、“线”按钮和“修剪/延伸为角”按钮，绘制边界线，如图 6-46 所示，单击“完成编辑模式”按钮，完成 7PCB-18 楼板的创建。

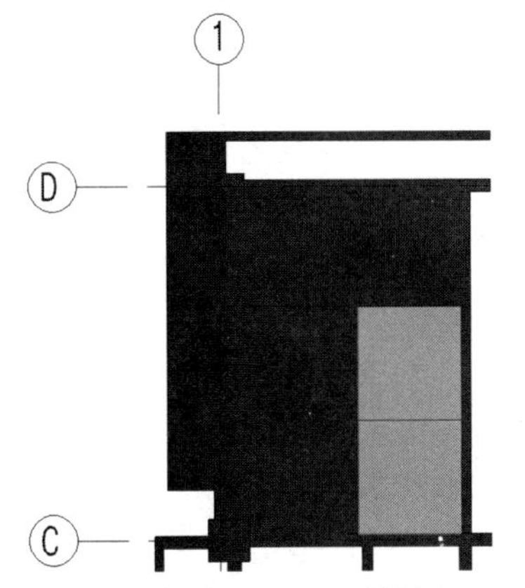

图 6-45　创建 7PCB-16 楼板和 7PCB-17 楼板

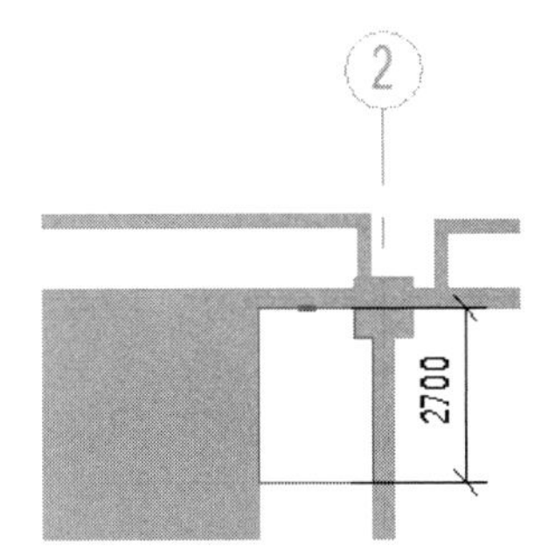

图 6-46　绘制边界线（27）

（42）单击“结构”选项卡“结构”面板“楼板”按钮下拉列表中的“楼板：结构”按钮（快捷键：SB），打开“修改|创建楼层边界”选项卡，利用“拾取线”按钮、“线”按钮和“修剪/延伸为角”按钮，绘制边界线，如图 6-47 所示，单击“完成编辑模式”按钮，完成 7PCB-19 楼板的创建。

（43）选取上一步创建的 7PCB-19 楼板，单击“修改”面板中的“复制”按钮（快捷键：CO），在选项栏中勾选“约束”复选框和“多个”复选框，捕捉 7PCB-19 楼板上任意一点为起点，竖直向下移动光标并输入距离 2700，按回车键确认，创建 7PCB-20 楼板。

（44）单击“结构”选项卡“结构”面板“楼板”按钮下拉列表中的“楼板：结构”按钮（快捷键：SB），打开“修改|创建楼层边界”选项卡，利用“拾取线”按钮、“线”按钮和“修剪/延伸为角”按钮，绘制边界线，如图 6-48 所示，单击“完成编辑模式”按钮，完成 7PCB-21 楼板的创建。

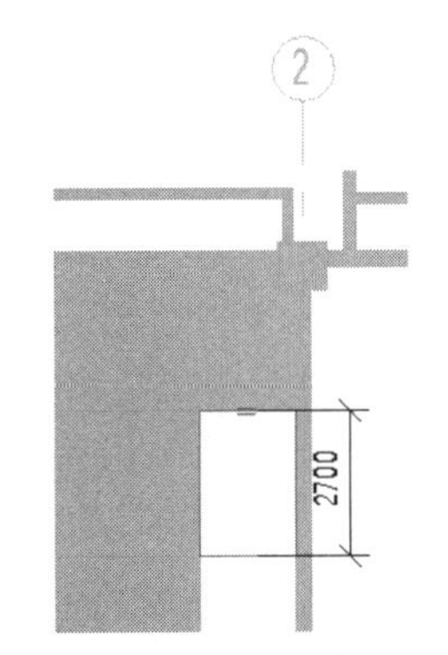

图 6-47　绘制边界线（28）

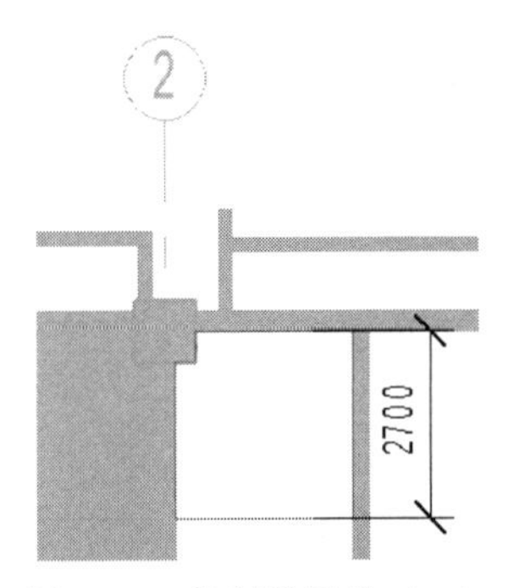

图 6-48　绘制边界线（29）

（45）单击“结构”选项卡“结构”面板“楼板”按钮下拉列表中的“楼板：结构”按钮（快捷键：SB），打开“修改|创建楼层边界”选项卡，利用“拾取线”按钮、“线”按钮和“修剪/延伸为角”按钮，绘制边界线，如图 6-49 所示，单击“完成编辑模式”按

钮，完成 7PCB-22 楼板的创建。

（46）选取上一步创建的 7PCB-22 楼板，单击“修改”面板中的“复制”按钮（快捷键：CO），在选项栏中勾选“约束”复选框和“多个”复选框，捕捉 7PCB-22 楼板上任意一点为起点，竖直向下移动光标并输入距离 2700，按回车键确认，创建 7PCB-23 楼板。

（47）单击“结构”选项卡“结构”面板“楼板”按钮下拉列表中的“楼板：结构”按钮（快捷键：SB），打开“修改|创建楼层边界”选项卡，利用“拾取线”按钮、“线”按钮和“修剪/延伸为角”按钮，绘制边界线，如图 6-50 所示，单击“完成编辑模式”按钮，完成 7PCB-24 楼板的创建。

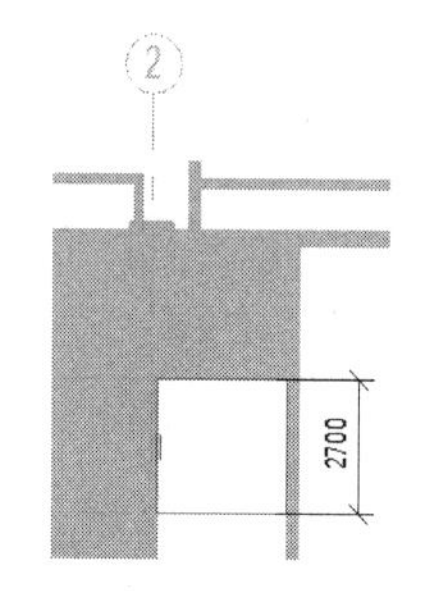

图 6-49　绘制边界线（30）

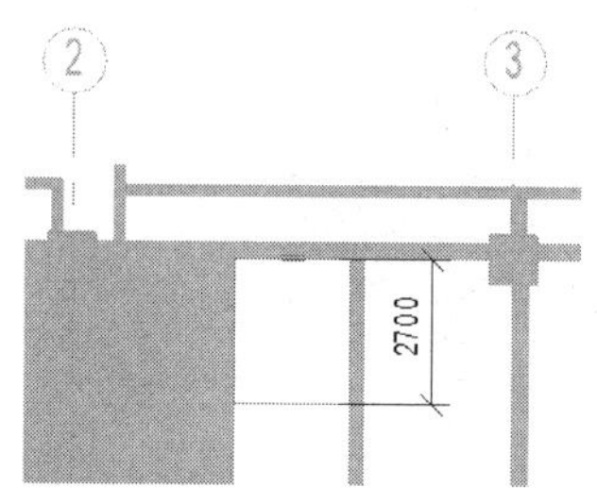

图 6-50　绘制边界线（31）

（48）选取上一步创建的 7PCB-24 楼板，单击“修改”面板中的“复制”按钮（快捷键：CO），在选项栏中勾选“约束”复选框和“多个”复选框，捕捉 7PCB-24 楼板上任意一点为起点，竖直向下移动光标并输入距离 2700，按回车键确认，继续向下移动光标输入距离 2700，按回车键确认，创建 7PCB-25 楼板和 7PCB-26 楼板。

（49）单击“结构”选项卡“结构”面板“楼板”按钮下拉列表中的“楼板：结构”按钮（快捷键：SB），打开“修改|创建楼层边界”选项卡，利用“拾取线”按钮、“线”按钮和“修剪/延伸为角”按钮，绘制边界线，如图 6-51 所示，单击“完成编辑模式”按钮，完成 7PCB-27 楼板的创建。

（50）单击“结构”选项卡“结构”面板“楼板”按钮下拉列表中的“楼板：结构”按钮（快捷键：SB），打开“修改|创建楼层边界”选项卡，利用“拾取线”按钮、“线”按钮和“修剪/延伸为角”按钮，绘制边界线，如图 6-52 所示，单击“完成编辑模式”按钮，完成 7PCB-28 楼板的创建。

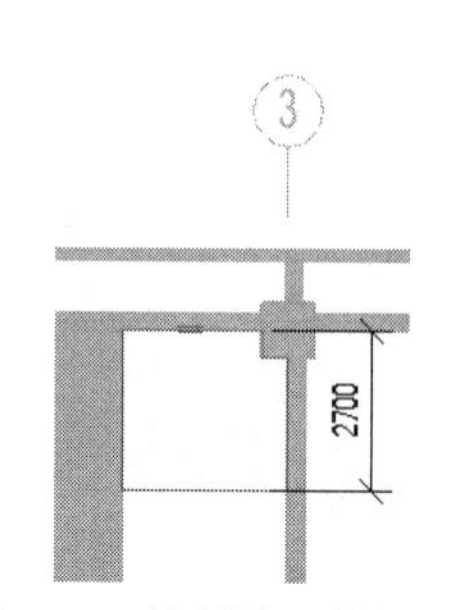

图 6-51　绘制边界线（32）

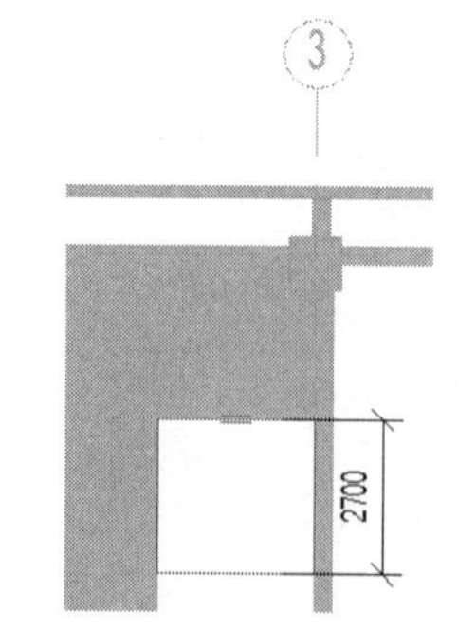

图 6-52　绘制边界线（33）

（51）选取上一步创建的 7PCB-28 楼板，单击“修改”面板中的“复制”按钮（快捷键：CO），在选项栏中勾选“约束”复选框和“多个”复选框，捕捉 7PCB-28 楼板上任意一点为起点，竖直向下移动光标并输入距离 2700，按回车键确认，创建 7PCB-29 楼板。

（52）重复上述方法，创建轴线 C 和轴线 D 之间的厚度为 130mm 的叠合楼板，如图 6-53 所示。

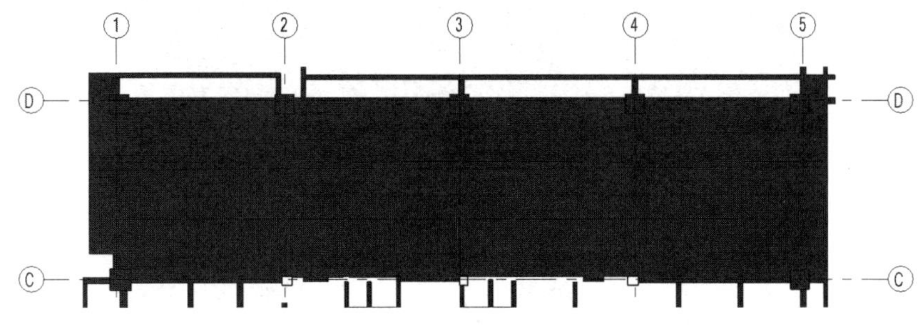

图 6-53　创建叠合楼板

（53）单击“结构”选项卡“结构”面板“楼板”按钮下拉列表中的“楼板：结构”按钮（快捷键：SB），打开“修改|创建楼层边界”选项卡，利用“拾取线”按钮、“线”按钮和“修剪/延伸为角”按钮，绘制边界线，如图 6-54 所示，单击“完成编辑模式”按钮，完成 7PCB-30 楼板的创建。

（54）选取上一步创建的 7PCB-30 楼板，单击“修改”面板中的“复制”按钮（快捷键：CO），在选项栏中勾选“约束”复选框和“多个”复选框，捕捉 7PCB-30 楼板上任意一点为起点，竖直向下移动光标并输入距离 2590，按回车键确认，继续向下移动光标输入距离 2590，按回车键确认，创建 7PCB-31 楼板和 7PCB-32 楼板，如图 6-55 所示。

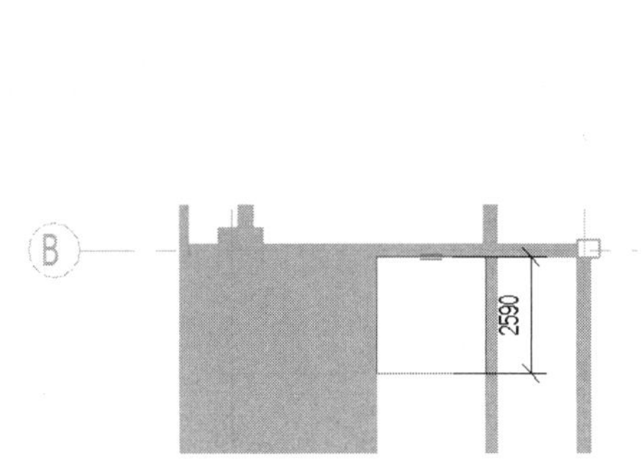

图 6-54　绘制边界线（34）

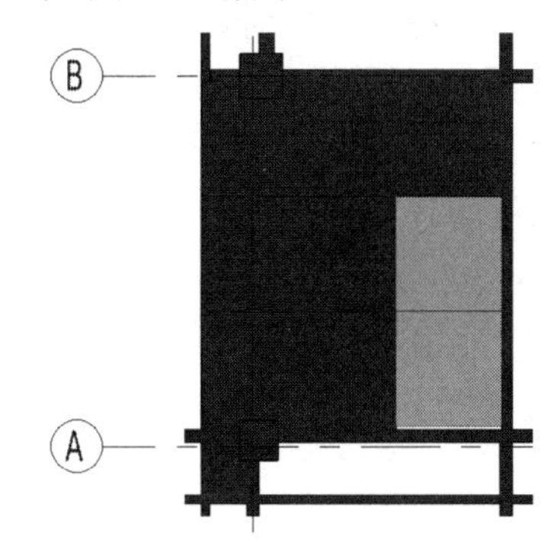

图 6-55　创建 7PCB-31 楼板和 7PCB-32 楼板

（55）从图 6-55 中可以看出 7PCB-32 楼板不符合要求，双击 7PCB-32 楼板，打开“修改|编辑边界”选项卡，对楼板边界进行编辑，单击“修改”面板中的“对齐”按钮，添加最下端边界线与水平梁上边线的对齐关系，如图 6-56 所示。单击“完成编辑模式”按钮，完成 7PCB-32 楼板的编辑。

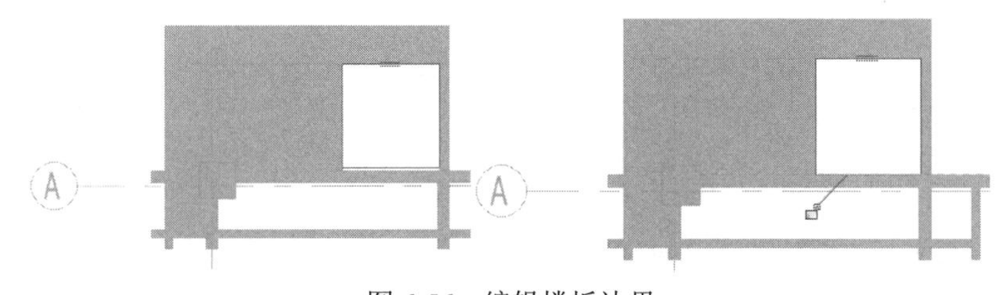

图 6-56　编辑楼板边界

（56）采用上述方法，继续创建厚度为 130mm 的叠合楼板，如图 6-57 所示。

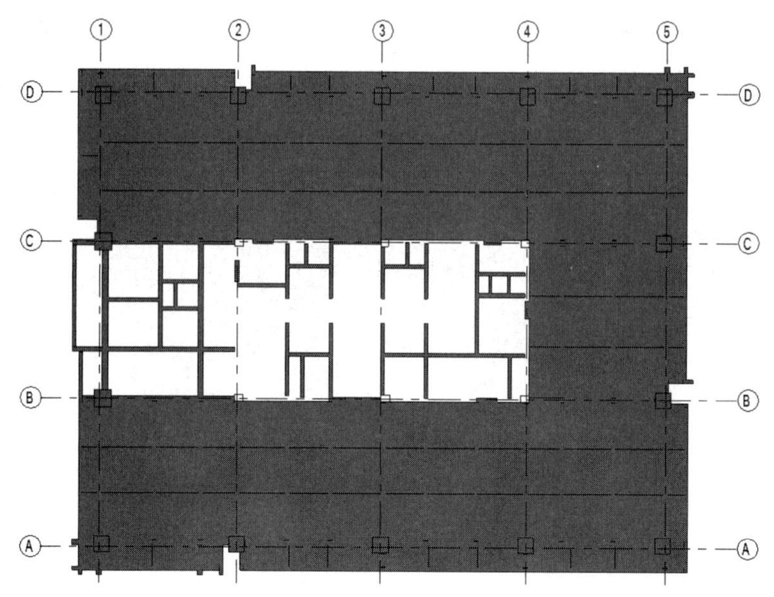

图 6-57 创建叠合楼板

（57）单击“结构”选项卡“结构”面板“楼板”按钮下拉列表中的“楼板：结构”按钮（快捷键：SB），在“属性”选项板中单击“编辑类型”按钮，打开“类型属性”对话框，单击“复制”按钮，打开“名称”对话框，输入名称“叠合板 120mm”，单击“确定”按钮，返回“类型属性”对话框，单击结构栏中的“编辑”按钮 编辑... ，打开“编辑部件”对话框，如图 6-58 所示，更改面层 1[4]厚度为 60，连续单击“确定”按钮。

（58）利用“拾取线”按钮和“修剪/延伸为角”按钮，绘制边界线，如图 6-59 所示，单击“完成编辑模式”按钮，完成 7PCB-Y14 楼板的创建。

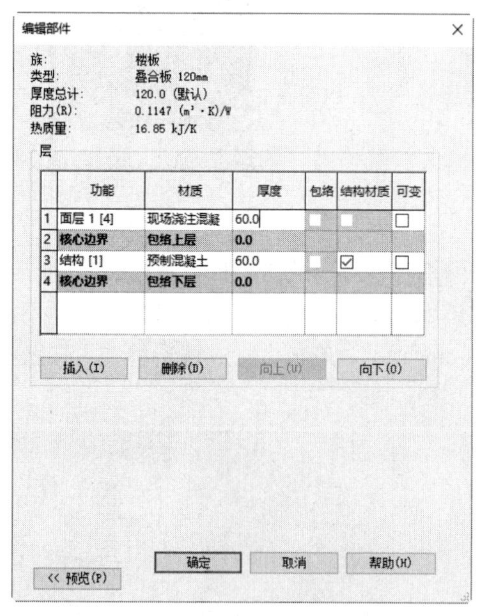

图 6-58 “编辑部件”对话框

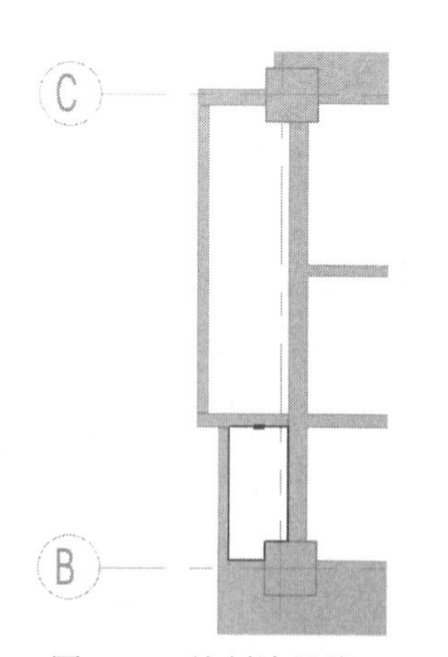

图 6-59 绘制边界线（35）

（59）单击“结构”选项卡“结构”面板“楼板”按钮下拉列表中的“楼板：结构”按钮（快捷键：SB），在“属性”选项板中更改自标高的高度偏移为-30，其他采用默认设置，如图 6-60 所示。利用“拾取线”按钮和“修剪/延伸为角”按钮，绘制边界线，如图 6-61 所示，单击“完成编辑模式”按钮，完成 7PCB-Y15 楼板的创建。

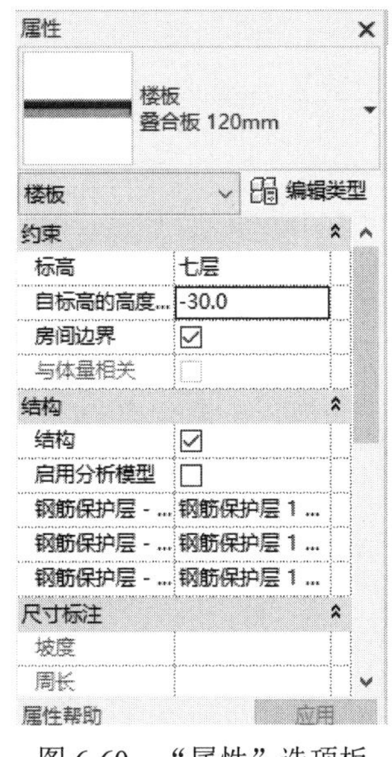

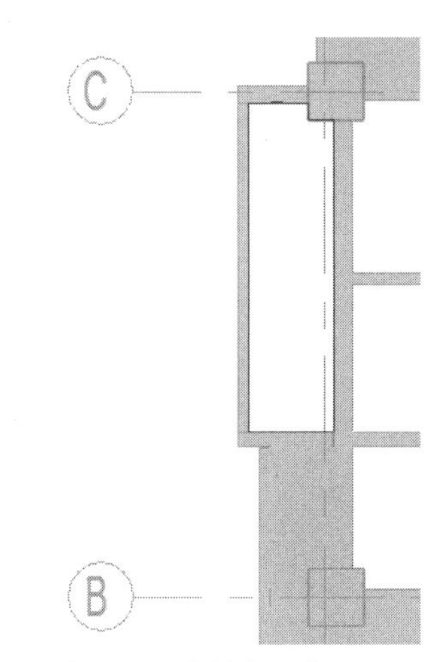

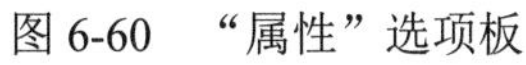

图 6-60　“属性”选项板　　　图 6-61　绘制边界线（36）

（60）单击“文件”下拉菜单中的“另存为”→“项目”命令，打开“另存为”对话框，指定保存位置并输入文件名，单击“保存”按钮。

6.1.2　创建现浇混凝土结构楼板

视频：创建现浇混凝土结构楼板

可以通过拾取墙或使用绘制工具定义楼板的边界来创建结构楼板，具体绘制步骤如下。

（1）打开 6.1.1 节绘制的项目文件。

（2）单击“结构”选项卡“结构”面板“楼板”按钮下拉列表中的“楼板：结构”按钮（快捷键：SB），在“属性”选项板中设置自标高的高度偏移为-30，选择“叠合板 120mm”类型，单击“编辑类型”按钮，打开“类型属性”对话框，单击“复制”按钮，打开“名称”对话框，输入名称“现浇楼板 120mm”，单击“确定”按钮，返回“类型属性”对话框，单击结构栏中的“编辑”按钮 编辑... ，打开“编辑部件”对话框，选取“面层 1[4]”，单击“删除”按钮 删除(D) ，将其删除，然后更改结构[1]层的材质为现场浇注混凝土，厚度为 120，其他采用默认设置，如图 6-62 所示，单击“确定”按钮。

（3）单击“绘制”面板中的“拾取线”按钮和“修剪/延伸为角”按钮，绘制封闭的边界，如图 6-63 所示。单击“完成编辑模式”按钮，完成卫生间楼板的创建，如图 6-64 所示。

（4）单击“结构”选项卡“结构”面板“楼板”按钮下拉列表中的“楼板：结构”按钮（快捷键：SB），在“属性”选项板中设置自标高的高度偏移为 0，单击“拾取线”按钮、“线”按钮和“修剪/延伸为角”按钮，绘制封闭的边界，如图 6-65 所示。单击“模式”面板中的“完成编辑模式”按钮✔，完成楼梯间楼板的创建，如图 6-66 所示。

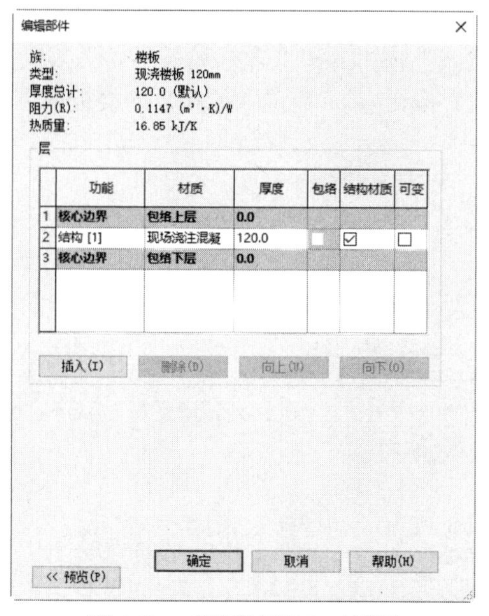

图 6-62 “编辑部件”对话框

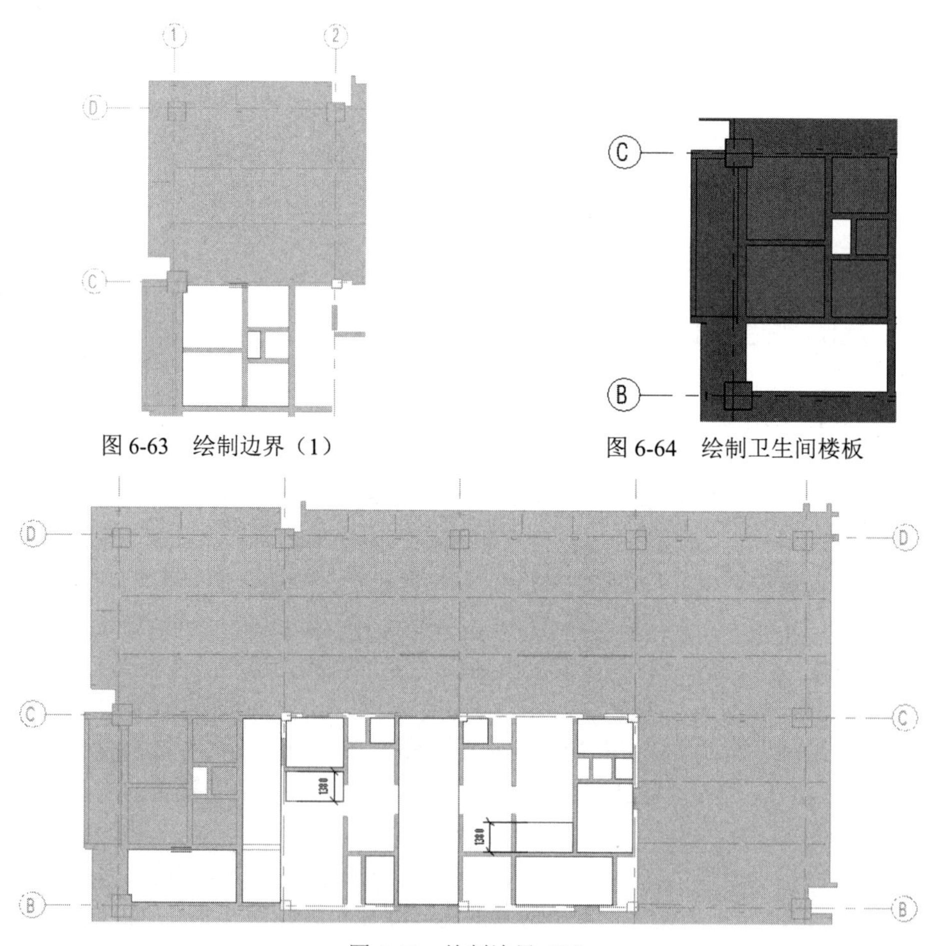

图 6-63 绘制边界（1）

图 6-64 绘制卫生间楼板

图 6-65 绘制边界（2）

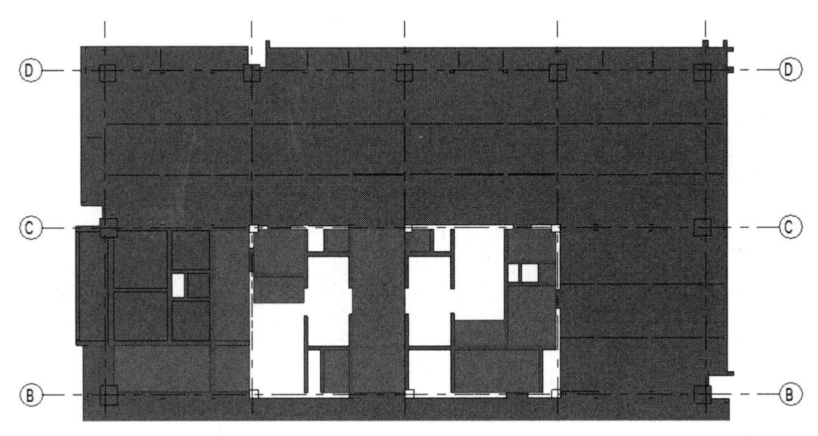

图 6-66 绘制楼梯间楼板

（5）单击“结构”选项卡“结构”面板“楼板”按钮下拉列表中的“楼板：结构”按钮（快捷键：SB），在“属性”选项板中设置自标高的高度偏移为1950，单击“编辑类型”按钮，打开“类型属性”对话框，单击“复制”按钮，打开“名称”对话框，输入名称“现浇楼板 100mm”，单击“确定”按钮，返回“类型属性”对话框，单击结构栏中的“编辑”按钮 编辑... ，打开“编辑部件”对话框，然后更改结构[1]层的厚度为100，其他采用默认设置，如图6-67所示，单击“确定”按钮。

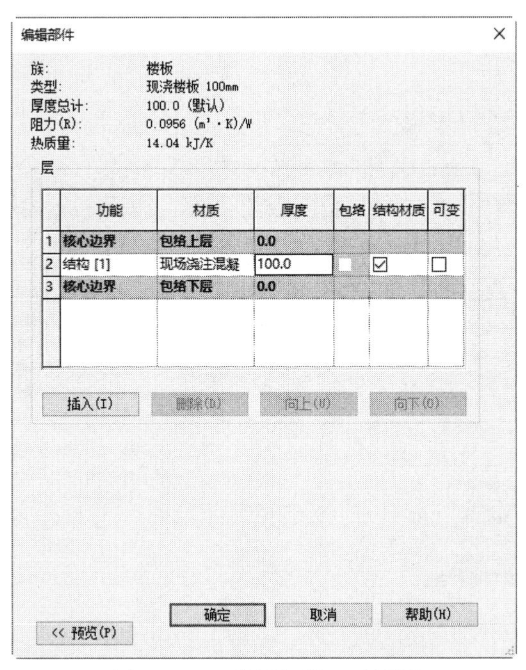

图 6-67 “编辑部件”对话框

（6）单击“绘制”面板中的“拾取线”按钮和“修剪/延伸为角”按钮，绘制封闭的边界，如图6-68所示。单击“完成编辑模式”按钮，完成楼梯平台的创建，如图6-69所示。

（7）单击“文件”下拉菜单中的“另存为”→“项目”命令，打开“另存为”对话框，指定保存位置并输入文件名，单击“保存”按钮。

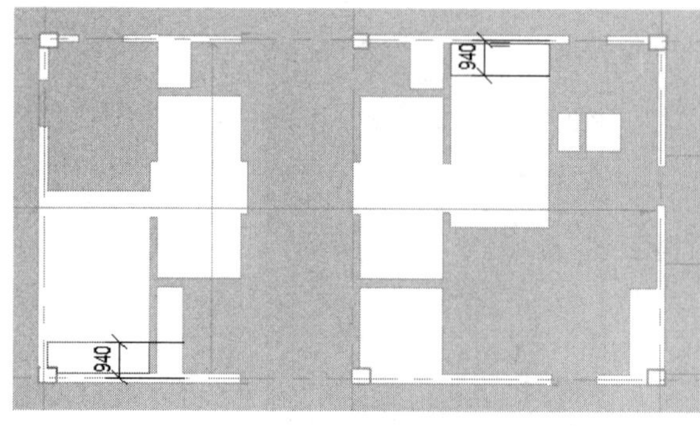

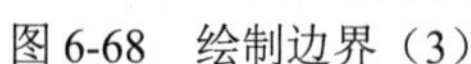

图 6-68 绘制边界（3）

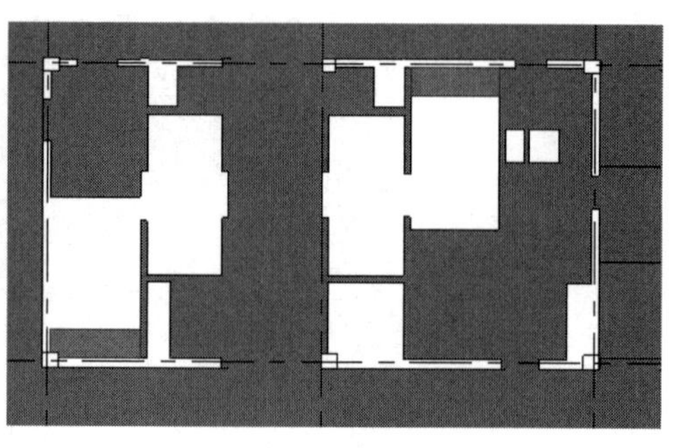

图 6-69 绘制卫生间楼板

6.2 楼梯

预制楼梯板与楼梯梁的连接节点为铰接，可提高楼梯在地震作用下的抗震性能。

预制楼梯工业化生产的烙印非常明显，机械化施工程度较高，预制楼梯在工厂中整体为清水混凝土浇注，外表肌理异常细密，无须做装饰面。预制楼梯的安装很便捷，减少了现场施工量，品质坚固，外表美观。

6.2.1 布置预制梯梁

视频：布置预制梯梁

布置预制梯梁的具体绘制步骤如下。

（1）打开 6.1.2 节绘制的项目文件。

（2）单击“结构”选项卡“结构”面板中的“梁”按钮（快捷键：BM），打开“修改|放置 梁”选项卡，单击“模式”面板中的“载入族”按钮，打开“载入族”对话框，选择已创建的“预制梯梁.rfa”族文件，如图 6-70 所示。单击“打开”按钮，将其载入当前项目中。

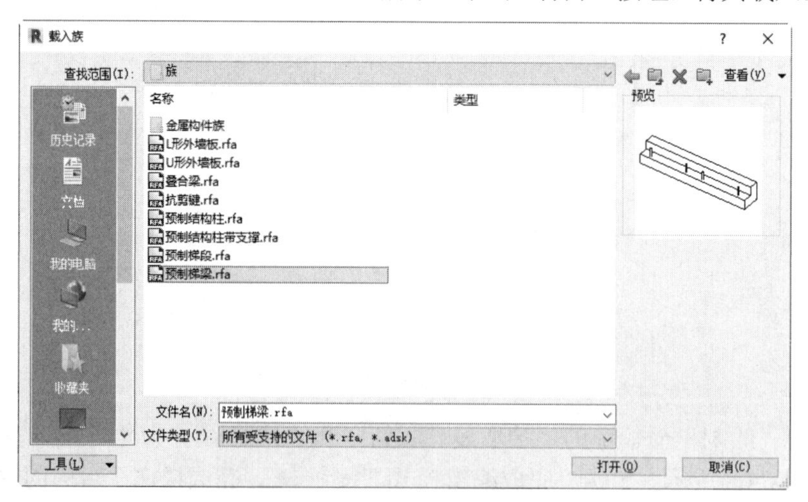

图 6-70 “载入族”对话框

（3）在视图中楼梯间位置水平绘制梯梁，然后单击“翻转实例面”图标⇅，调整梯梁方向，如图 6-71 所示。

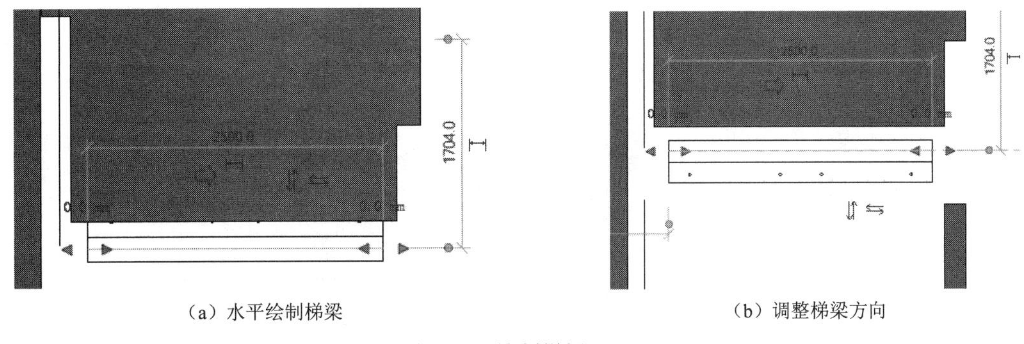

（a）水平绘制梯梁　　（b）调整梯梁方向

图 6-71　绘制梯梁（1）

提示：

如果绘制的梯梁在视图中不显示，则需要将详细程度更改为“中等”或“精细”。

（4）将视图切换至三维视图。单击“修改”选项卡“修改”面板中的“对齐”按钮（快捷键：AL），先选取楼板右侧面，然后选取梯梁右侧面，单击“创建或删除长度或对齐约束”图标，将侧面进行锁定，如图 6-72 所示。

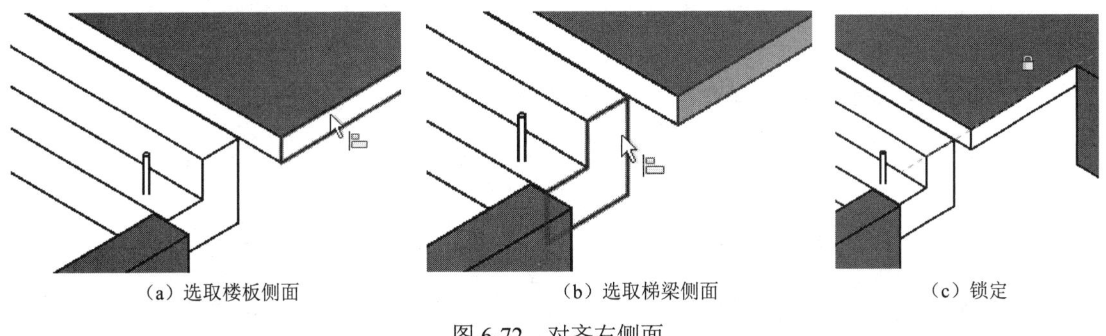

（a）选取楼板侧面　　（b）选取梯梁侧面　　（c）锁定

图 6-72　对齐右侧面

（5）继续选取楼板左侧面和梯梁左侧面添加对齐约束并锁定；选取楼板端面和梯梁端面添加对齐约束并锁定，如图 6-73 所示。

（6）将视图切换至第七层结构楼层平面视图。单击“结构”选项卡“结构”面板中的“梁”按钮（快捷键：BM），打开“修改|放置 梁”选项卡，系统默认激活“线”按钮，在视图中楼梯间楼梯平台前端位置水平绘制梯梁，如图 6-74 所示。

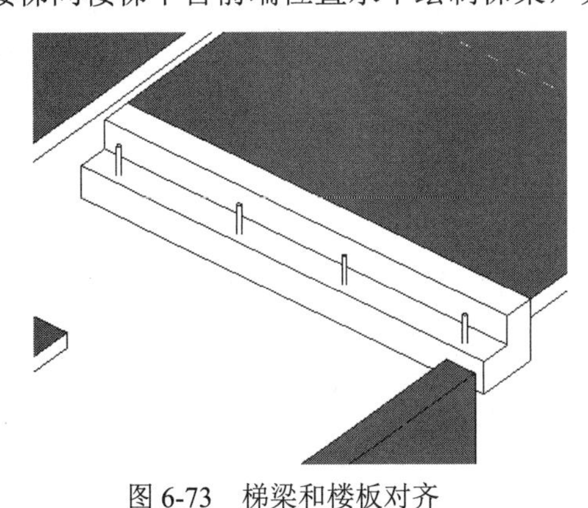

图 6-73　梯梁和楼板对齐

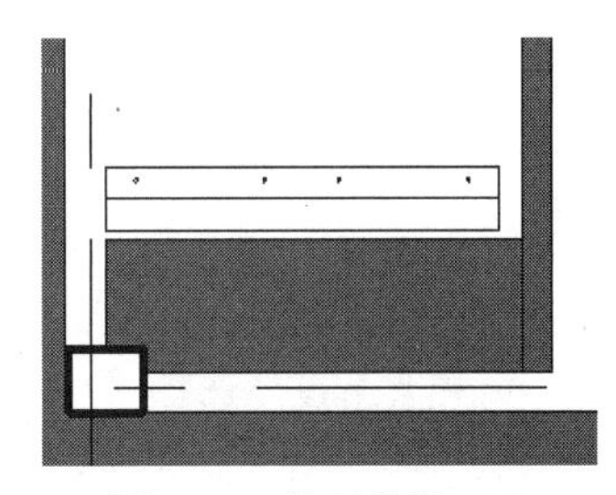

图 6-74　绘制梯梁（2）

（7）选取上一步绘制的梯梁，在“属性”选项板中更改起点标高偏移为 1950，更改终点标高偏移为 1950，调整梯梁的标高，如图 6-75 所示。

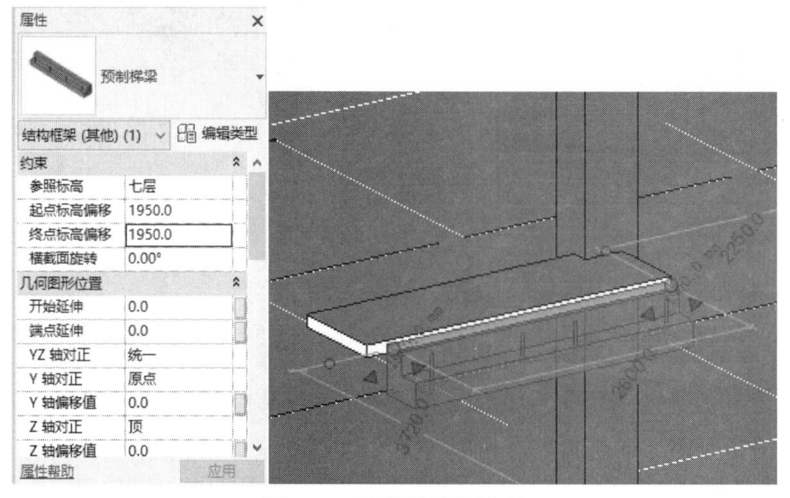

图 6-75　调整梯梁的标高

（8）将视图切换至三维视图。单击“修改”选项卡“修改”面板中的“对齐”按钮（快捷键：AL），分别选取梯梁与楼梯平台的侧面和端面添加对齐约束并锁定，如图 6-76 所示。

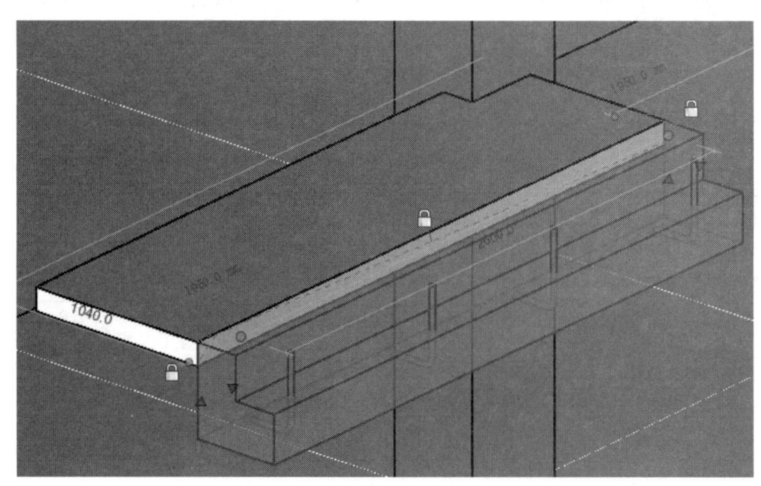

图 6-76　梯梁和楼梯平台对齐

（9）单击“文件”下拉菜单中的“另存为”→“项目”命令，打开“另存为”对话框，指定保存位置并输入文件名，单击“保存”按钮。

6.2.2　装配预制梯段

装配预制梯段的具体绘制步骤如下。

视频：装配预制梯段

（1）打开 6.2.1 节绘制的项目文件，将视图切换至第七层结构平面视图。

（2）单击“建筑”选项卡“构建”面板“构件”按钮下拉列表中的“放置构件”按钮，打开如图 6-77 所示的“修改|放置 构件”选项卡，单击“载入族”按钮，打开“载入族”对话框，如图 6-78 所示，选择“预制梯段.rfa”族文件，单击“打开”按钮，将其载入当前项目中。

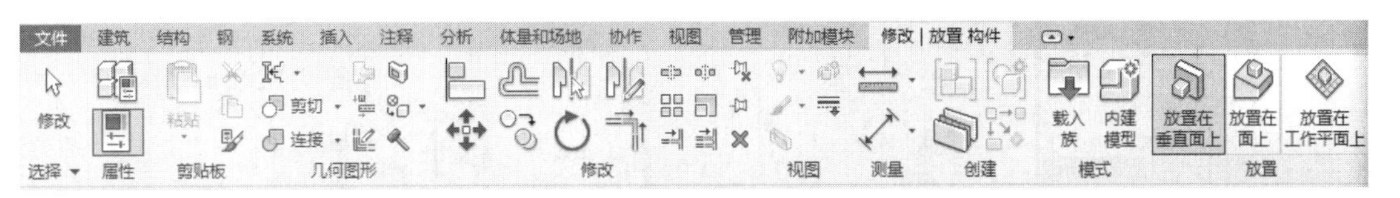

图 6-77 “修改|放置 构件”选项卡

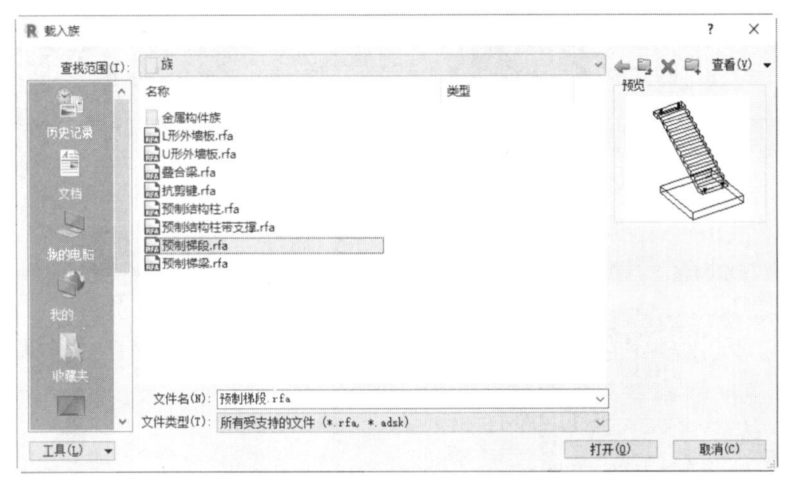

图 6-78 “载入族”对话框

（3）单击“修改|放置 构件”选项卡“放置”面板中的“放置在工作平面上”按钮，将预制梯段放置在楼梯间适当位置，然后选取梯段，单击“翻转实例面”图标，调整梯段方向，如图 6-79 所示。

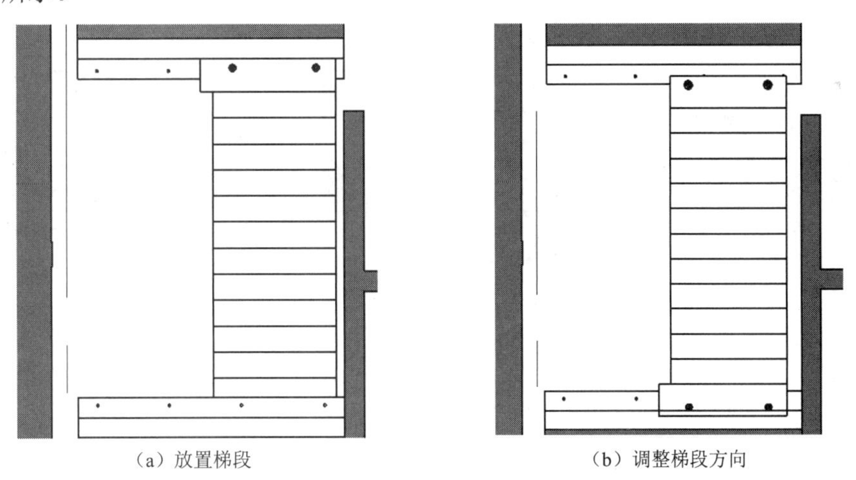

（a）放置梯段　　（b）调整梯段方向

图 6-79 放置梯段

（4）单击“修改”选项卡“测量”面板中的“对齐尺寸标注”按钮（快捷键：DI），标注梯梁端面与梯段端面的尺寸，然后选取梯段，使尺寸处于编辑状态，双击尺寸值，输入新的尺寸值 30，按回车键确认，调整梯段位置，如图 6-80 所示。

（5）将视图切换至三维视图。单击“修改”选项卡“修改”面板中的“对齐”按钮（快捷键：AL），先选取低端梯梁侧面，然后选取梯段侧面，单击“创建或删除长度或对齐约束”图标，将侧面进行锁定，如图 6-81 所示。低端的梯段装配完成。

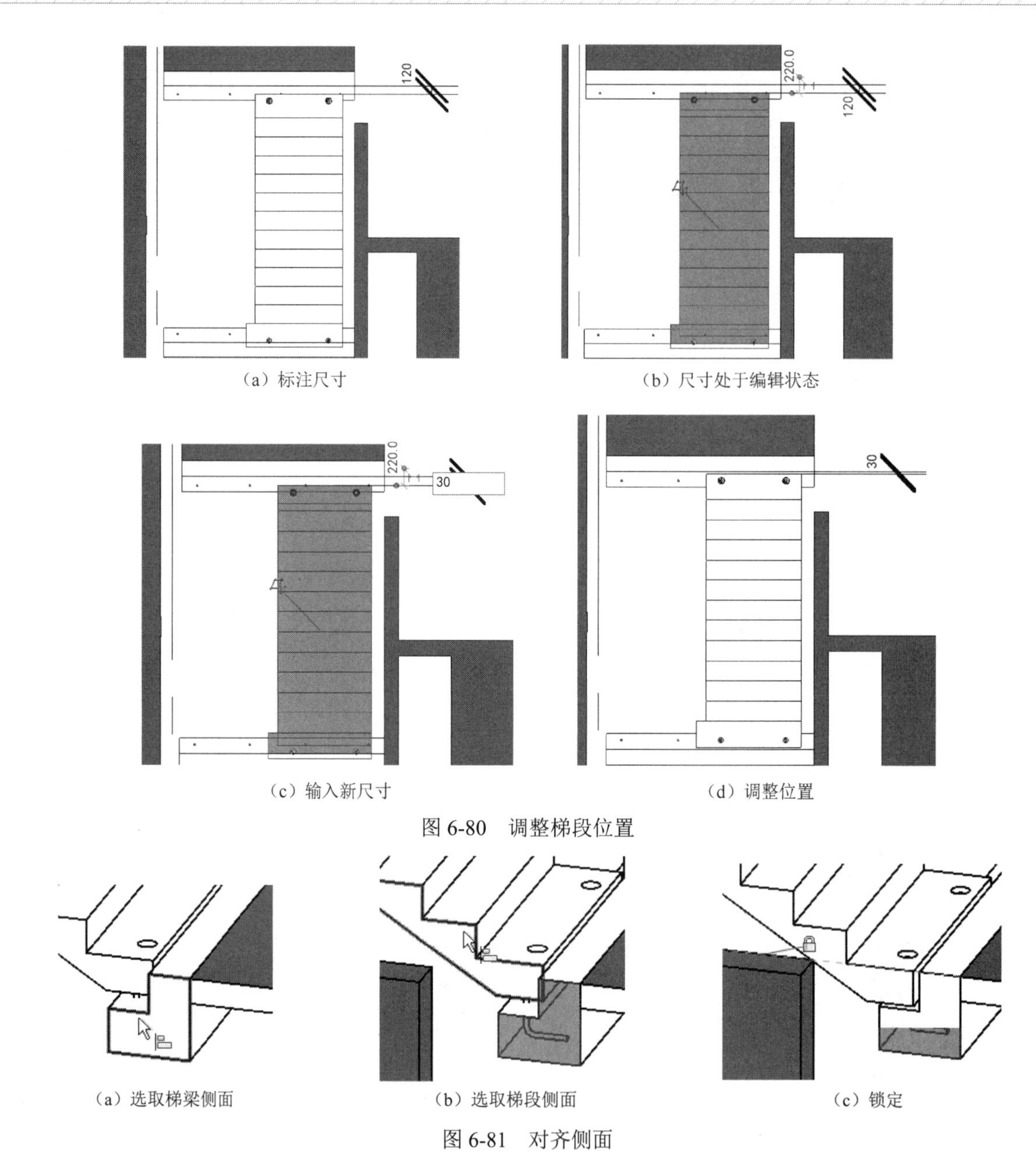

（a）标注尺寸　（b）尺寸处于编辑状态

（c）输入新尺寸　（d）调整位置

图 6-80　调整梯段位置

（a）选取梯梁侧面　（b）选取梯段侧面　（c）锁定

图 6-81　对齐侧面

（6）将视图切换至东视图。单击“建筑”选项卡“工作平面”面板中的“参照平面”按钮（快捷键：RP），打开“修改|放置 参照平面”选项卡和选项栏，系统默认激活“线”按钮，在距离第七层结构标高 1950 的位置绘制水平参照平面，如图 6-82 所示。

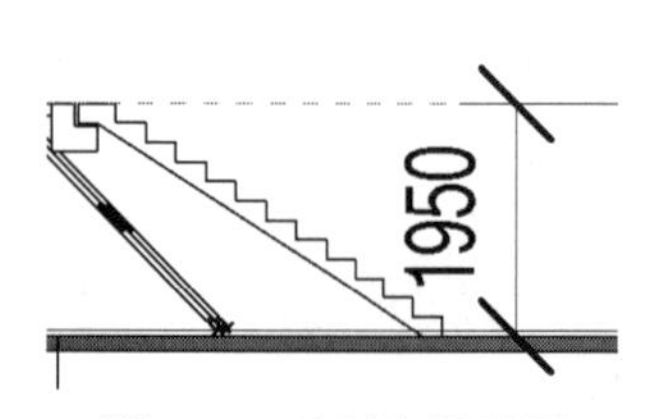

图 6-82　绘制参照平面

（7）单击“建筑”选项卡“工作平面”面板中的“设置”按钮，打开“工作平面”对话框，选择“拾取一个平面”选项，如图 6-83 所示，单击“确定”按钮，拾取上一步绘制的参照平面，打开“转到视图”对话框，选择“结构平面：七层”，如图 6-84 所示，单击“打开视图”按钮，打开第七层结构平面视图。

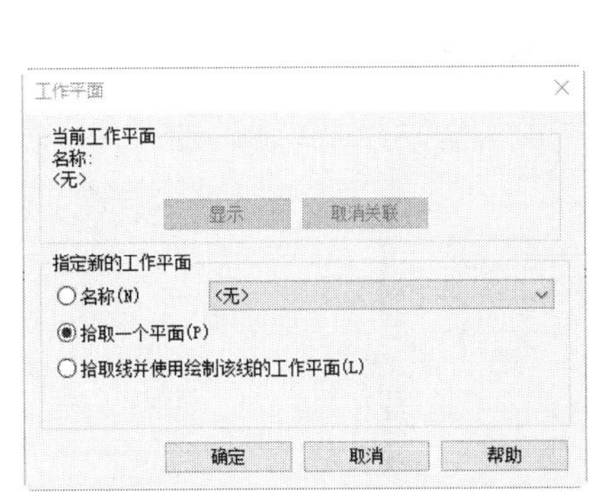

图 6-83　“工作平面”对话框

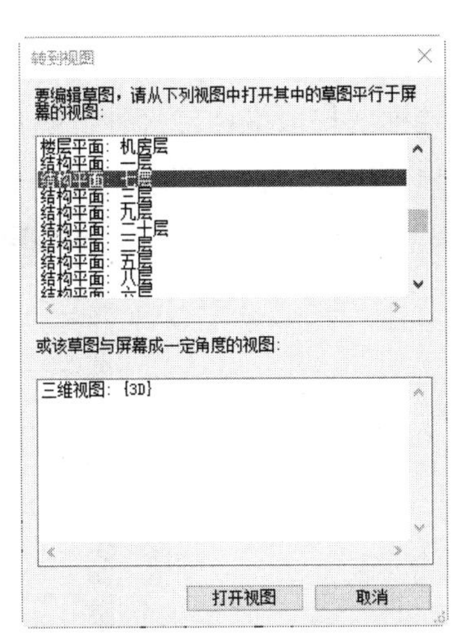

图 6-84　“转到视图”对话框

（8）在“属性”选项板中单击视图范围栏的“编辑”按钮 编辑... ，打开“视图范围”对话框，更改顶部偏移和剖切面偏移为 3900，如图 6-85 所示，单击“确定”按钮，更改视图显示范围。

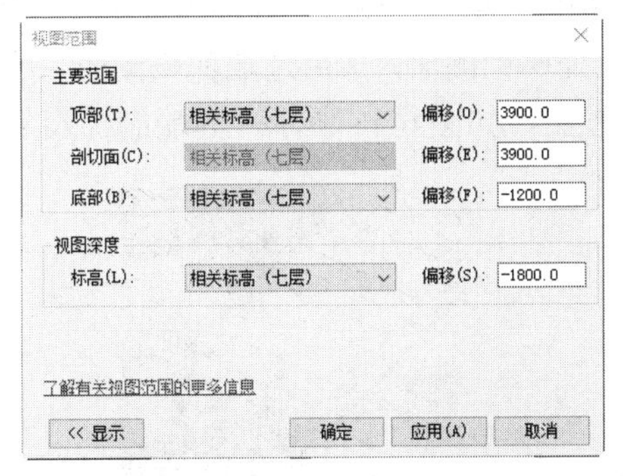

图 6-85　“视图范围”对话框

（9）单击“建筑”选项卡“构建”面板“构件”按钮 下拉列表中的“放置构件”按钮，打开“修改|放置 构件”选项卡，单击“放置”面板上的“放置在工作平面上”按钮，将预制梯段放置在参照平面上楼梯间适当位置，然后选取梯段，单击“翻转实例开门方向”图标，调整梯段方向，如图 6-86 所示。

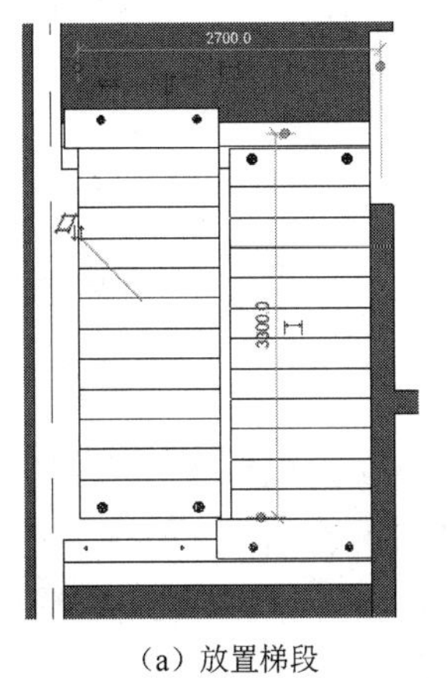

（a）放置梯段

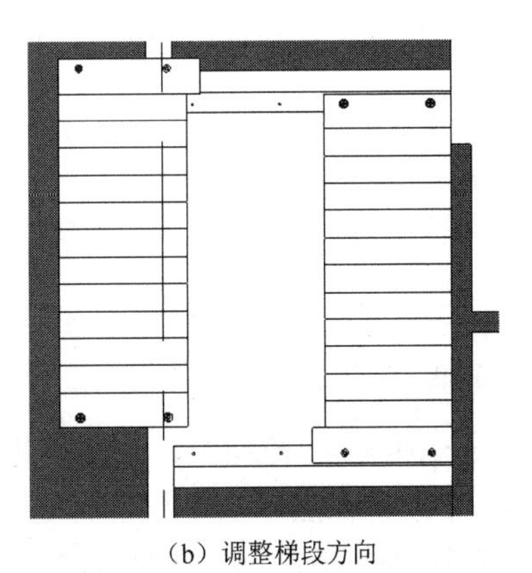

（b）调整梯段方向

图 6-86　放置梯段

（10）单击“修改”选项卡“测量”面板中的“对齐尺寸标注”按钮（快捷键：DI），标注梯梁端面与梯段端面的尺寸，然后选取梯段，使尺寸处于编辑状态，双击尺寸值，输入新的尺寸值 30，按回车键确认，调整梯段位置，如图 6-87 所示。

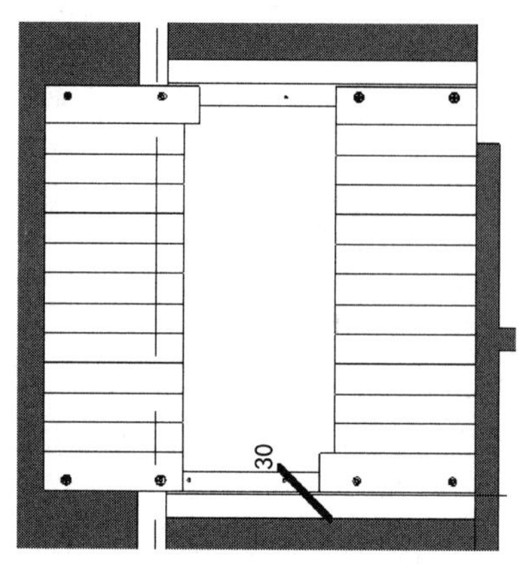

图 6-87　调整梯段位置

（11）将视图切换至三维视图。单击“修改”选项卡“修改”面板中的“对齐”按钮（快捷键：AL），先选取楼梯平台处梯梁侧面，然后选取梯段侧面，单击“创建或删除长度或对齐约束”图标，将侧面进行锁定，如图 6-88 所示。高端的梯段装配完成。

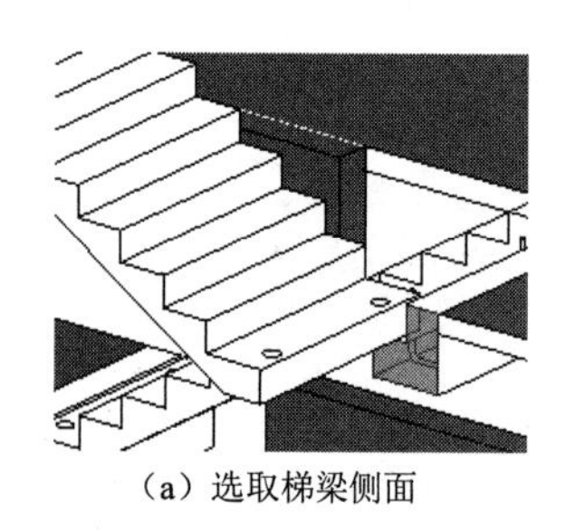

（a）选取梯梁侧面

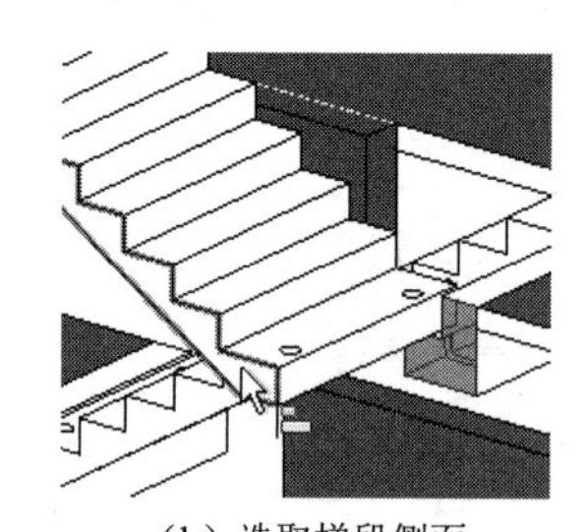

（b）选取梯段侧面

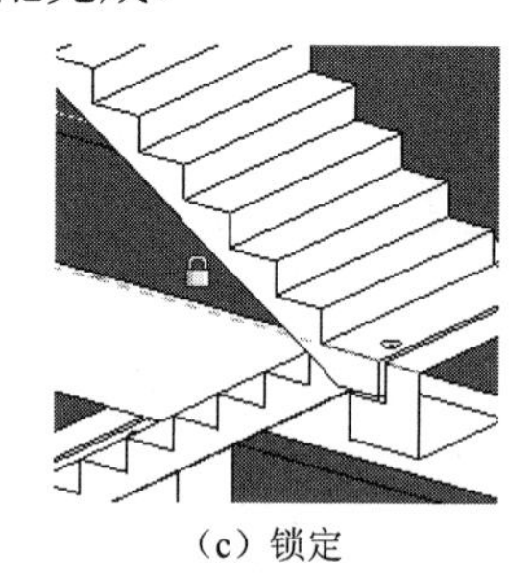

（c）锁定

图 6-88　对齐侧面

（12）将视图切换至第七层结构平面视图。单击“修改”选项卡“修改”面板中的“创建组”按钮（快捷键：GP），打开“创建组”对话框，输入名称“楼梯组”，其他采用默认设置，如图 6-89 所示，单击“确定”按钮，打开如图 6-90 所示的“编辑组”面板，单击“添加”按钮，选取梯梁和梯段，单击“完成”按钮，将梯梁和梯段创建成组。

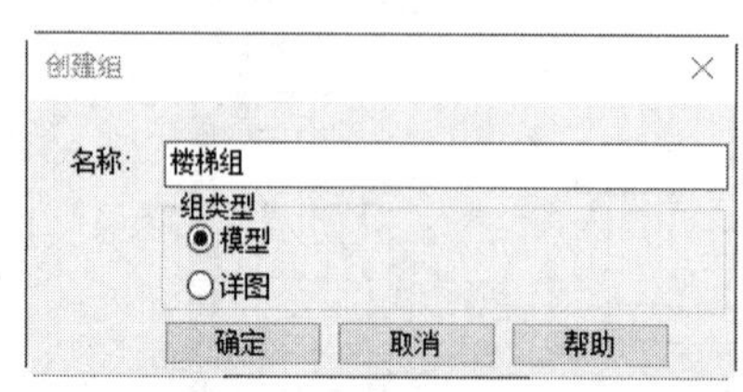

图 6-89　“创建组”对话框

图 6-90　“编辑组”面板

（13）选取上一步创建的楼梯组，单击“修改|模型组”选项卡“修改”面板中的“复制”按钮（快捷键：CO），在选项栏中取消勾选“约束”和“多个”复选框，捕捉楼梯组上任意一点作为起点，将其复制到另一个楼梯间，如图 6-91 所示。

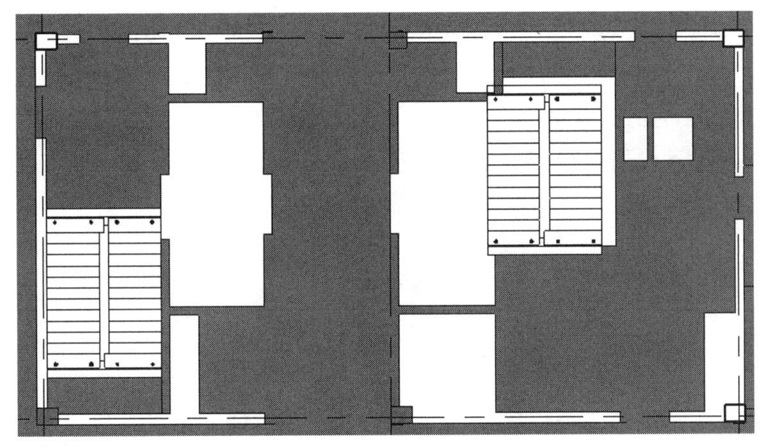

图 6-91　复制楼梯组

（14）选取复制后的楼梯组，单击“修改|模型组”选项卡“修改”面板中的“旋转”按钮（快捷键：RO），在选项栏中取消勾选“复制”复选框，单击鼠标确定旋转起点，然后旋转鼠标并输入旋转角度 180，按回车键确认，如图 6-92 所示。

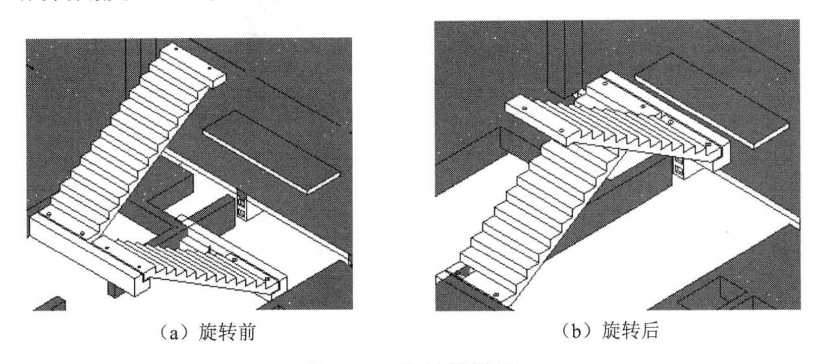

（a）旋转前　　（b）旋转后

图 6-92　旋转楼梯组

（15）单击“修改”选项卡“修改”面板中的“对齐”按钮（快捷键：AL），先选取楼梯平台下端面，然后选取梯梁上端面，单击“创建或删除长度或对齐约束”图标，将侧面进行锁定，最后添加平台右侧面与梯段右侧面的对齐约束并锁定，如图 6-93 所示。

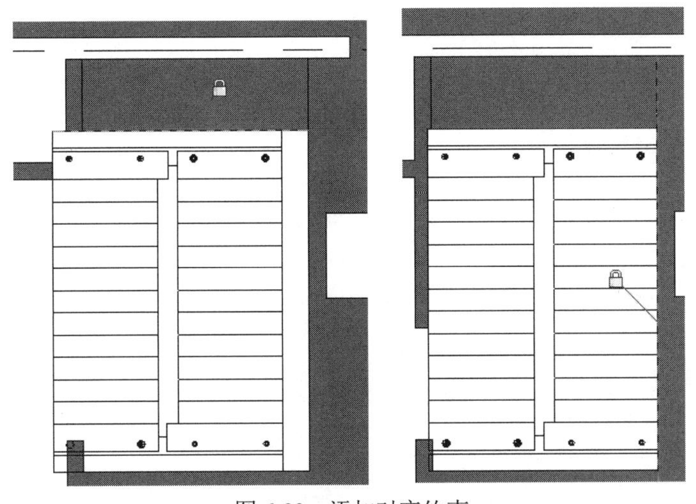

图 6-93　添加对齐约束

（16）选取复制后的楼梯组，单击“修改|模型组”选项卡“成组”面板中的“解组”按钮（快捷键：UG），将复制后的楼梯组解组，单击“修改”选项卡“修改”面板中的“对齐”按钮（快捷键：AL），添加平台左侧面与梯梁左侧面的对齐约束并锁定，添加梯梁左侧面和梯段左侧面的对齐约束并锁定，如图 6-94 所示。

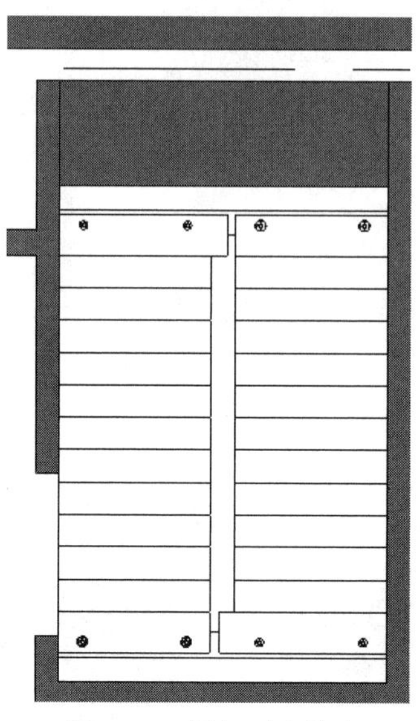

图 6-94　添加对齐约束

（17）单击“文件”下拉菜单中的“另存为”→“项目”命令，打开“另存为”对话框，指定保存位置并输入文件名，单击“保存”按钮。

第 7 章

墙体设计

知识导引

墙体是建筑物重要的组成部分，起着承重、围护和分隔空间的作用，同时具有保温、隔热、隔声等功能。墙体的材料和构造方法的选择，将直接影响房屋的质量和造价，因此合理地选择墙体材料和构造方法十分重要。

视频：绘制剪力墙

7.1 绘制剪力墙

与建筑模型中的其他基本图元类似，墙也是预定义系统族类型的实例，表示墙功能、组合和厚度的标准变化形式。通过修改墙的类型属性来添加或删除层、将层分割为多个区域，以及修改层的厚度或指定的材质，可以自定义这些特性。

通过单击“墙”工具，选择所需的墙类型，并将该类型的实例放置在平面视图或三维视图中，可以将墙添加到建筑模型中。

可以在功能区中选择一个绘制工具，在绘图区域中绘制墙的线性范围，或者通过拾取现有线、边或面来定义墙的线性范围。墙相对于所绘制路径或所选现有图元的位置是由墙的某个实例属性的值来确定的，即“定位线”。

绘制剪力墙的具体操作步骤如下。

（1）打开 6.2.2 节绘制的项目文件。

（2）单击“建筑”选项卡“构建”面板中的“墙”按钮下拉列表中的“墙：结构”按钮，打开“修改|放置 结构墙”选项卡和选项栏，如图 7-1 所示。系统默认激活“线”按钮。

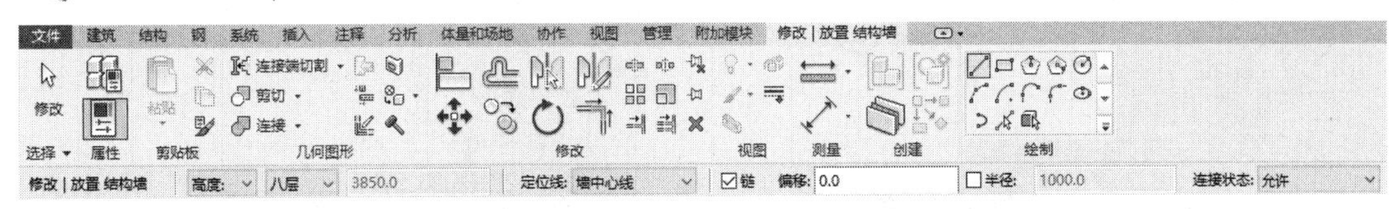

图 7-1 “修改|放置 结构墙”选项卡和选项栏

“修改|放置 结构墙”选项卡和选项栏中的选项说明如下。

- 高度：墙的墙顶定位标高，或者默认设置为“未连接”，然后输入高度值。
- 定位线：指定使用墙的哪一个垂直平面相对于所绘制的路径或在绘图区域中指定的路径来定位墙。定位线下拉列表中的选项包括“墙中心线”“核心层中心线”“面层面：外部”“面层面：内部”“核心面：外部”“核心面：内部”。在简单的砖墙中，“墙中心线”和“核心层中心线”平面会重合，然而它们在复合墙中可能不同，当从左到右绘制墙时，其外部面（面层面：外部）默认情况下位于顶部。

- 链：勾选此复选框，可以绘制一系列在端点处连接的墙分段。
- 偏移：输入一个距离，以指定墙的定位线与光标位置或选定的线或面之间的偏移。
- 连接状态：选择“允许”选项以在墙相交位置自动创建对接（默认）；选择“不允许”选项以防止各墙在相交时连接。当打开软件时系统默认选择“允许”选项，但上一选定选项在当前会话期间保持不变。

（3）在“属性”选项板中单击“编辑类型”按钮，打开如图 7-2 所示的“类型属性”对话框，单击“复制”按钮，打开“名称”对话框，输入名称“剪力墙 250mm”，如图 7-3 所示，单击“确定”按钮，返回“类型属性”对话框。

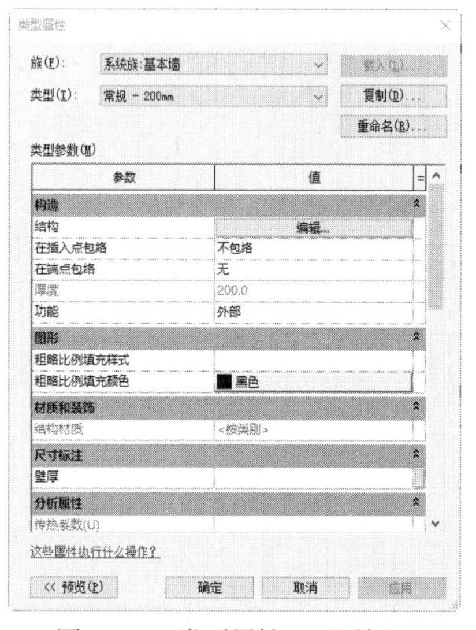

图 7-2　“类型属性”对话框

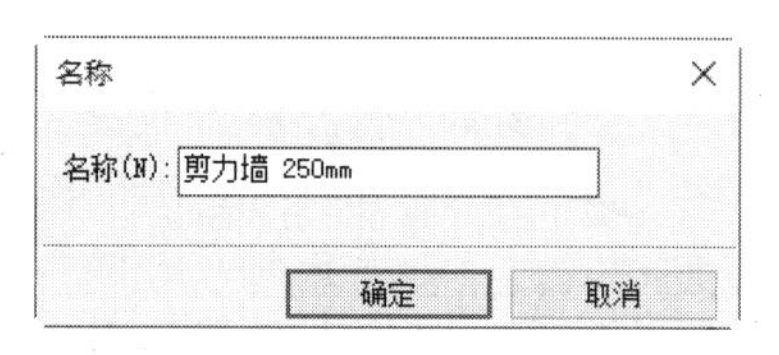

图 7-3　“名称”对话框

（4）单击“编辑”按钮，打开“编辑部件”对话框，如图 7-4 所示。在结构[1]栏对应的材质列中单击按钮，打开“材质浏览器”对话框，选择“现场浇注混凝土”材质，单击“确定”按钮，返回“编辑部件”对话框，将厚度更改为 250，如图 7-5 所示，连续单击“确定”按钮，完成剪力墙类型的设置。

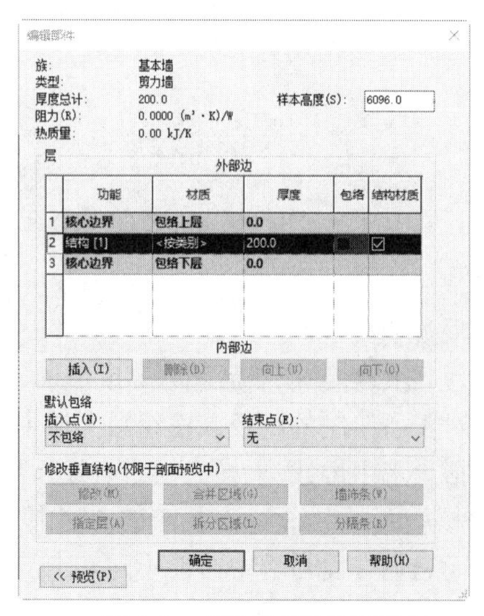

图 7-4　“编辑部件”对话框

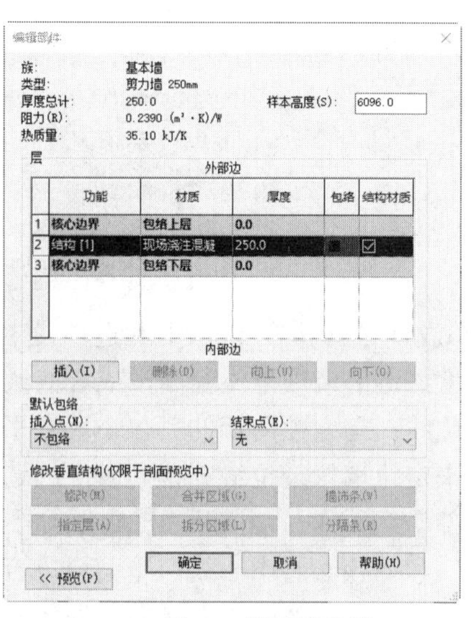

图 7-5　设置墙参数

提示：

Revit 软件提供了 6 种层，分别为结构[1]、衬底[2]、保温层/空气层[3]、涂膜层、面层 1[4]、面层 2[5]。

结构[1]是指用于支承其余墙、楼板或屋顶的层。

衬底[2]是指作为其他材质基础的材质（如胶合板或石膏板）。

保温层/空气层[3]用于隔绝并防止空气渗透。

涂膜层是指用于防止水蒸气渗透的薄膜。涂膜层的厚度应该为零。

面层 1[4]通常是外层。

面层 2[5]通常是内层。

层的功能具有优先顺序，其规则如下。

（1）结构层具有最高优先级（优先级为 1）。

（2）“面层 2”具有最低优先级（优先级为 5）。

（3）Revit 首先连接优先级最高的层，然后连接优先级较低的层。

例如，假设连接两个复合墙，第一面墙中优先级为 1 的层会连接到第二面墙中优先级为 1 的层上。优先级为 1 的层可穿过其他优先级较低的层与另一个优先级为 1 的层相连接。优先级低的层不能穿过与其优先级相同或比其优先级高的层进行连接。

当层连接时，如果两个层具有相同的材质，则接缝会被清除。如果两个不同材质的层进行连接，则在连接处会出现一条线。

对于 Revit 来说，每一层必须带有指定的功能，以使其准确地进行层匹配。

墙核心内的层可穿过并连接墙核心外的优先级较高的层。即使核心层的优先级被设置为 5，核心层也可连接墙的核心。

（5）在选项栏中设置墙体高度为“八层”，定位线为“面层面：外部”，其他采用默认设置，如图 7-6 所示。

图 7-6　选项栏

（6）在视图中捕捉结构柱与楼板的交点为墙的起点，水平移动光标捕捉梁的端点作为墙的终点，如图 7-7 所示。

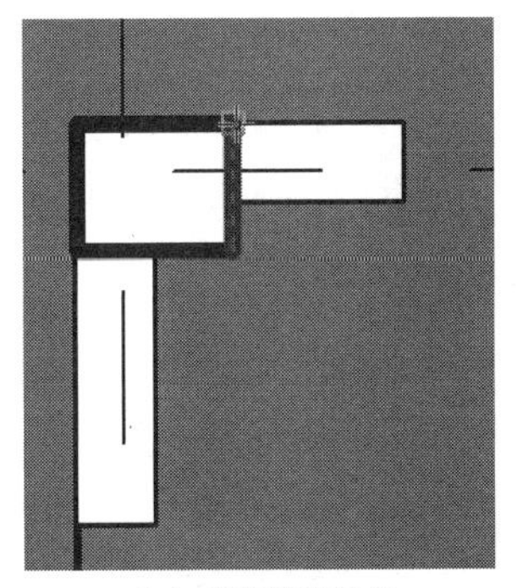

（a）指定墙体起点

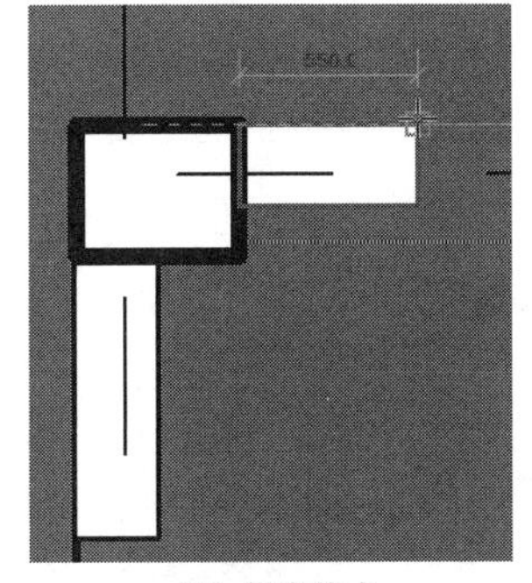

（b）指定终点

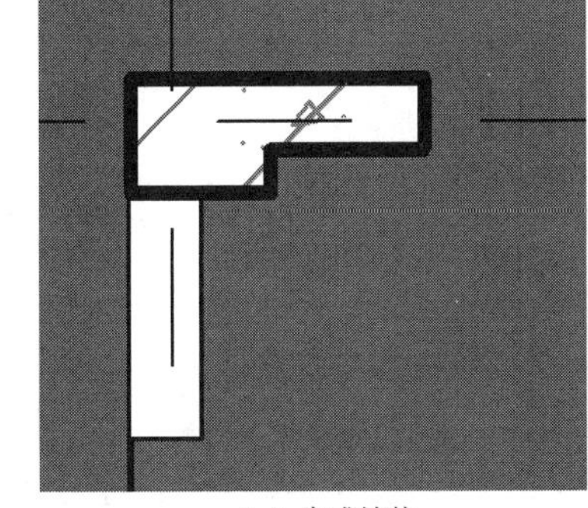

（c）生成墙体

图 7-7　绘制墙体

可以使用三种方法来放置墙，具体如下。

- 绘制墙。使用默认的“线”工具通过在图形中指定起点和终点来放置直墙分段。或者可以指定起点，沿所需方向移动光标，然后输入墙长度值。
- 沿着现有的线放置墙。使用“拾取线”工具可以沿在图形中选择的线来放置墙分段。线可以是模型线、参照平面或图元（如屋顶、幕墙嵌板和其他墙）边缘。
- 将墙放置在现有面上。使用“拾取面”工具可以将墙放置于在图形中选择的体量面或常规模型面上。

（7）采用相同的方法，根据轴网绘制厚度为 250mm 的剪力墙，如图 7-8 所示。

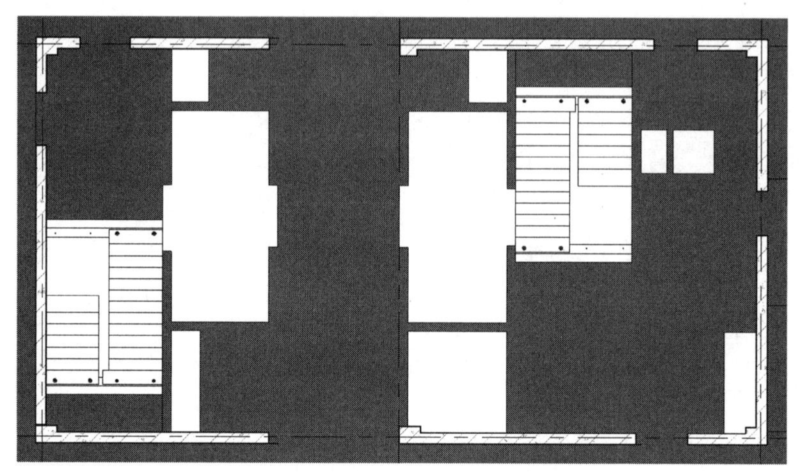

图 7-8　绘制厚度为 250mm 的剪力墙

（8）单击“建筑”选项卡“构建”面板中的“墙”按钮下拉列表中的“墙：结构”按钮，在“属性”选项板中单击“编辑类型”按钮，打开“类型属性”对话框，单击“复制”按钮，打开“名称”对话框，输入名称“剪力墙 200mm”，单击“确定”按钮，返回“类型属性”对话框。单击“编辑”按钮，打开“编辑部件”对话框，更改结构[1]层厚度为 200，如图 7-9 所示，连续单击“确定”按钮，完成剪力墙 200mm 类型的设置。

图 7-9　“编辑部件”对话框

（9）单击“绘制”面板中的“线”按钮，绘制厚度为 200mm 的剪力墙，如图 7-10 所示。

（10）单击“文件”下拉菜单中的“另存为”→“项目”命令，打开“另存为”对话框，指定保存位置并输入文件名，单击“保存”按钮。

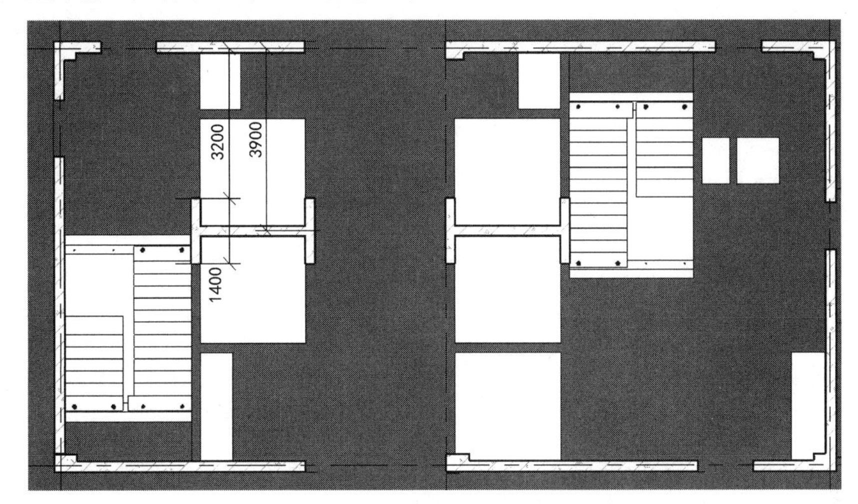

图 7-10　绘制厚度为 200mm 的剪力墙

7.2　布置预制外墙

视频：布置预制外墙

外墙挂板是自重构件，不分担主体结构所承受的荷载和作用，只承受作用于自身的荷载，包括自重、风荷载、地震荷载，以及施工阶段的荷载。

外墙挂板与主体结构的连接形式灵活多样，设计与施工可选择性强，工程造价合理，围护使用成本低，耐久性好，可与混凝土结构同寿命。

（1）打开 7.1 节绘制的项目文件。

（2）单击“建筑”选项卡“构建”面板“构件”按钮下拉列表中的“放置构件”按钮，打开如图 7-11 所示的“修改|放置 构件”选项卡，单击“载入族”按钮，打开“载入族”对话框，如图 7-12 所示，选择“直墙板.rfa”族文件，单击“打开”按钮，将其载入当前项目中。

图 7-11　“修改|放置 构件”选项卡

（3）单击“修改|放置 构件”选项卡“放置”面板中的“放置在工作平面上”按钮，在选项栏中设置放置平面为“标高：七层”。

（4）在“属性”选项板中选择“直墙板”类型，单击“编辑类型”按钮，打开“类型属性”对话框，单击“复制”按钮，打开“名称”对话框，输入名称“7PCQ1”，单击“确定”按钮，返回“类型属性”对话框，设置墙厚为 180，墙长为 1160，组件定位距离为 240，其他采用默认设置，如图 7-13 所示，单击“确定”按钮，完成 7PCQ1 外墙板的设置。

图 7-12 “载入族”对话框

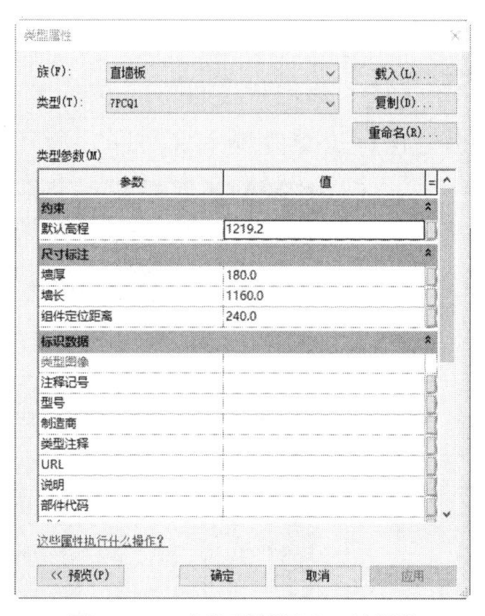

图 7-13 “类型属性”对话框

（5）按空格键调整外墙板方向，将 7PCQ1 外墙板放置在轴线 2 和轴线 A 交点附近，如图 7-14 所示。

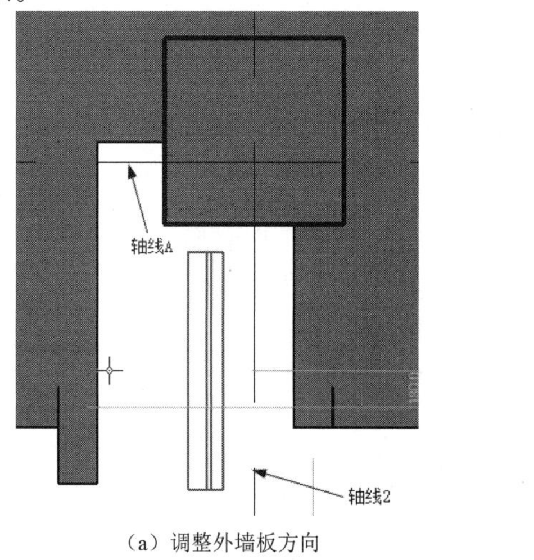

（a）调整外墙板方向

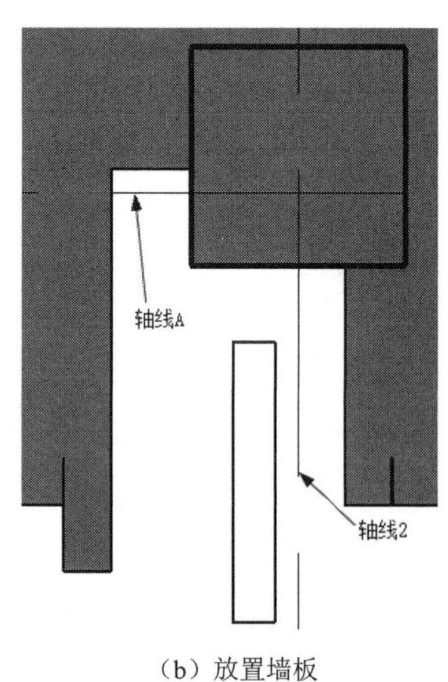

（b）放置墙板

图 7-14 放置 7PCQ1 外墙板

（6）单击“注释”选项卡“尺寸标注”面板中的“对齐”按钮（快捷键：DI），标注墙板边线到梁边的距离，然后选取墙板，使尺寸处于激活状态，输入新的尺寸，按回车键调整外墙板位置，如图 7-15 所示。

（7）单击“建筑”选项卡“构建”面板“构件”按钮下拉列表中的“放置构件”按钮，打开“修改|放置 构件”选项卡，单击“载入族”按钮，打开“载入族”对话框，选择“L 形外墙板.rfa”族文件，单击“打开”按钮，将其载入当前项目中。

（8）在“属性”选项板中选择“L 形外墙板”类型，单击“编辑类型”按钮，打开“类型属性”对话框，单击“复制”按钮，打开“名称”对话框，输入名称“7PCQ2”，单击“确定”按钮，返回“类型属性”对话框，设置墙厚为 180，墙长为 2330，组件定位距离为 330，其他采用默认设置，如图 7-16 所示，单击“确定”按钮，完成 7PCQ2 外墙板的设置。

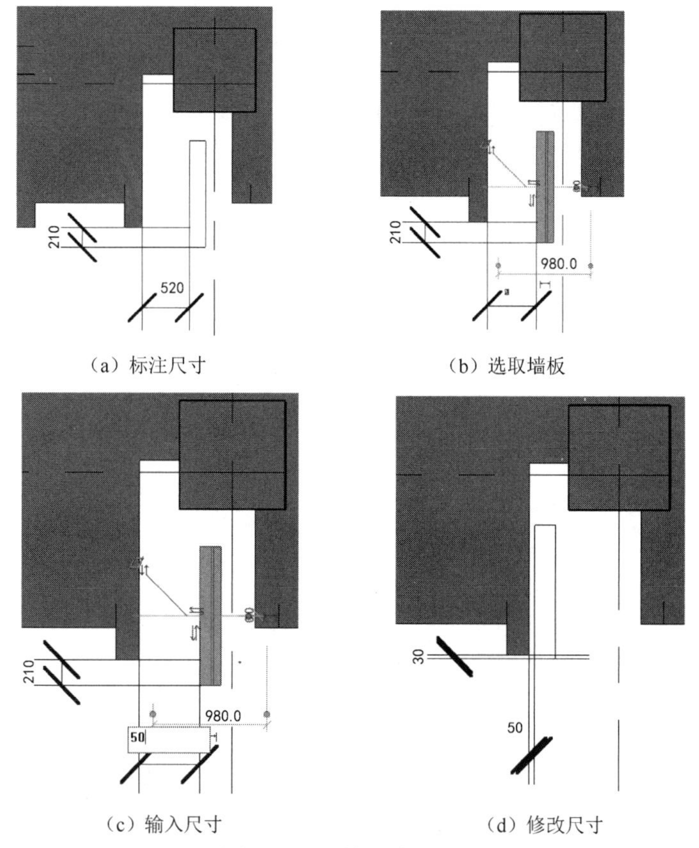

（a）标注尺寸　（b）选取墙板

（c）输入尺寸　（d）修改尺寸

图 7-15　调整外墙板位置

（9）单击“修改|放置 构件”选项卡“放置”面板中的“放置在工作平面上”按钮，按空格键调整外墙板方向，将 7PCQ2 外墙板放置在适当位置，利用“对齐尺寸标注”命令和“对齐”命令，调整 7PCQ2 外墙板的位置，如图 7-17 所示。

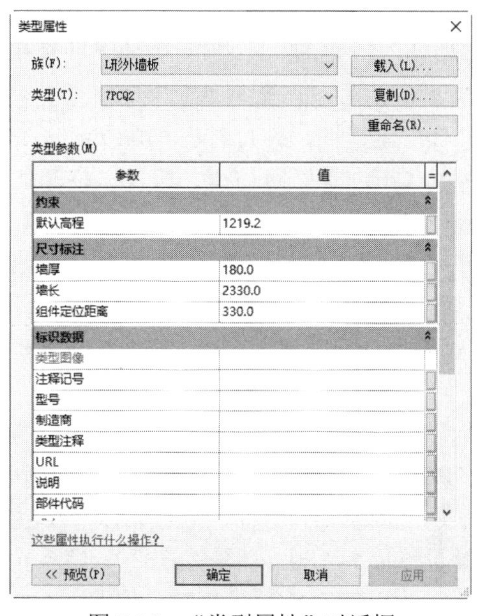
类型属性

族(F)：L形外墙板　载入(L)...

类型(T)：7PCQ2　复制(D)...

重命名(R)...

类型参数(M)

参数	值
约束	
默认高程	1219.2
尺寸标注	
墙厚	180.0
墙长	2330.0
组件定位距离	330.0
标识数据	
类型图像	
注释记号	
型号	
制造商	
类型注释	
URL	
说明	
部件代码	

这些属性执行什么操作？

<< 预览(P)　确定　取消　应用

图 7-16　“类型属性”对话框

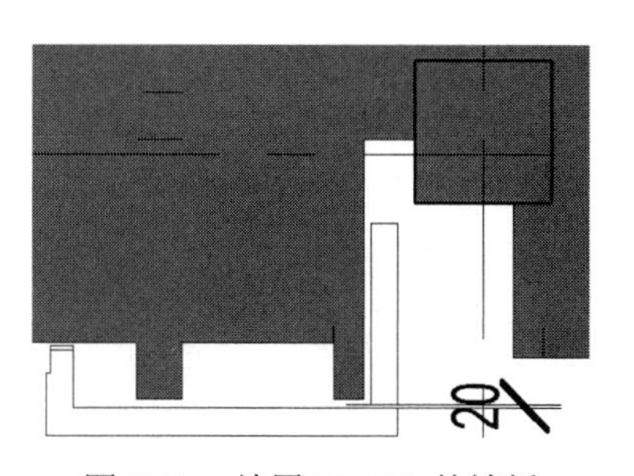

图 7-17　放置 7PCQ2 外墙板

（10）单击“建筑”选项卡“构建”面板“构件”按钮 下拉列表中的“放置构件”按钮 ，打开“修改|放置 构件”选项卡，单击“载入族”按钮 ，打开“载入族”对话框，选择“U 形外墙板.rfa”族文件，单击“打开”按钮，将其载入当前项目中。

（11）在“属性”选项板中选择“U 形外墙板”类型，单击“编辑类型”按钮 ，打开“类型属性”对话框，单击“复制”按钮，打开“名称”对话框，输入名称“7PCQ3”，单击“确定”按钮，返回“类型属性”对话框，设置墙厚为 180，墙长为 2160，其他采用默认设置，如图 7-18 所示，单击“确定”按钮，完成 7PCQ3 外墙板的设置。

（12）单击“修改|放置 构件”选项卡“放置”面板中的“放置在工作平面上”按钮 ，按空格键调整外墙板方向，将 7PCQ3 外墙板放置在适当位置，利用“对齐尺寸标注”命令和“对齐”命令，调整 7PCQ3 外墙板的位置，如图 7-19 所示。

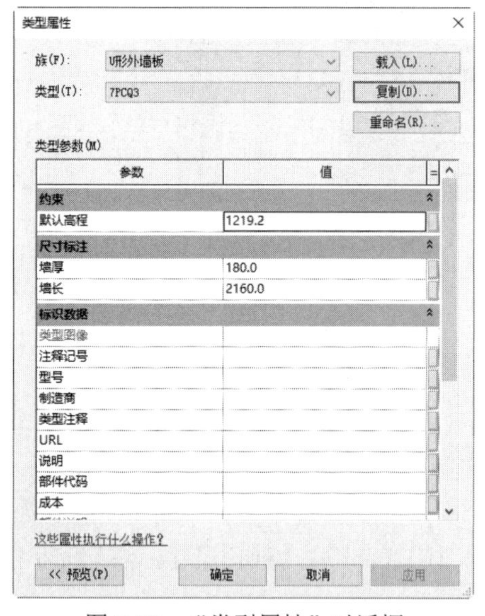

图 7-18 “类型属性”对话框

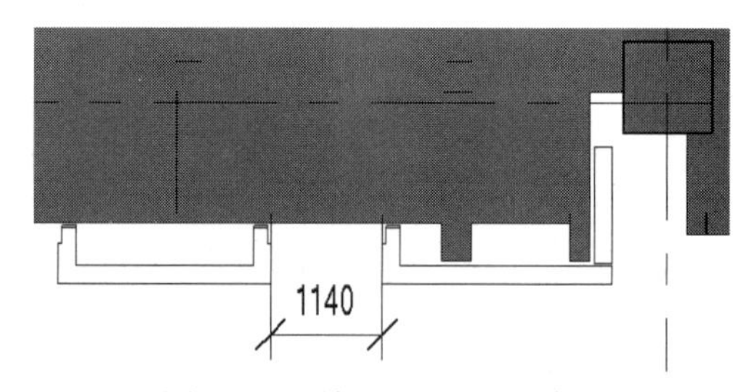

图 7-19 放置 7PCQ3 外墙板

（13）单击“建筑”选项卡“构建”面板“构件”按钮 下拉列表中的“放置构件”按钮 ，在“属性”选项板中选择“L 形外墙板”类型，单击“编辑类型”按钮 ，打开“类型属性”对话框，单击“复制”按钮，打开“名称”对话框，输入名称“7PCQ4”，单击“确定”按钮，返回“类型属性”对话框，设置墙厚为 180，墙长为 2560，组件定位距离为 670，其他采用默认设置，如图 7-20 所示，单击“确定”按钮，完成 7PCQ4 外墙板的设置。

（14）单击“修改|放置 构件”选项卡“放置”面板中的“放置在工作平面上”按钮 ，按空格键调整外墙板方向，将 7PCQ4 外墙板放置在适当位置，单击“翻转实例面”图标 ，翻转外墙板，利用“对齐尺寸标注”命令和“对齐”命令，调整 7PCQ4 外墙板的位置，如图 7-21 所示。

（15）单击“建筑”选项卡“构建”面板“构件”按钮 下拉列表中的“放置构件”按钮 ，在“属性”选项板中选择“L 形外墙板 7PCQ4”类型，单击“编辑类型”按钮 ，打开“类型属性”对话框，单击“复制”按钮，打开“名称”对话框，输入名称“7PCQ5”，单击“确定”按钮，返回“类型属性”对话框，设置墙厚为 180，墙长为 2330，组件定位距离为 520，其他采用默认设置，单击“确定”按钮，完成 7PCQ5 外墙板的设置。

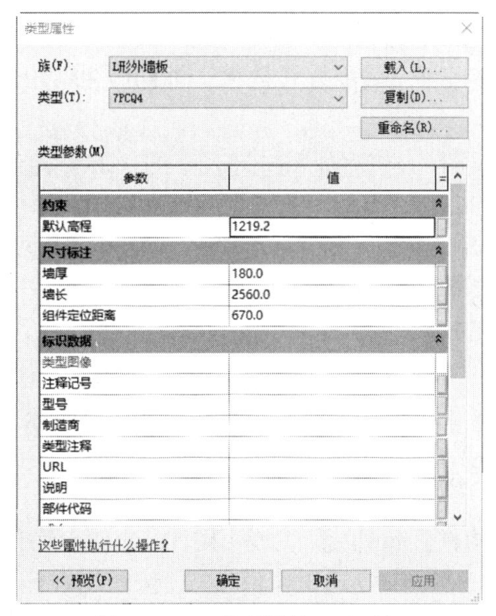

图 7-20　“类型属性”对话框

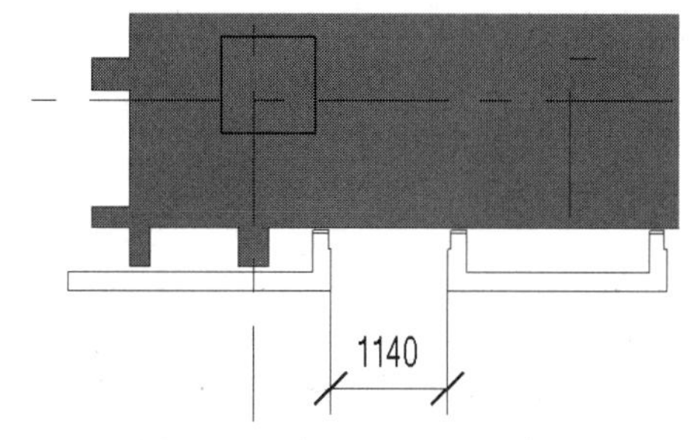

图 7-21　放置 7PCQ4 外墙板

（16）单击“修改|放置 构件”选项卡“放置”面板中的“放置在工作平面上”按钮，按空格键调整外墙板方向，将 7PCQ5 外墙板放置在适当位置，利用“对齐”命令，调整 7PCQ5 外墙板位置，如图 7-22 所示。

（17）单击“建筑”选项卡“构建”面板“构件”按钮下拉列表中的“放置构件”按钮，在“属性”选项板中选择“U 形外墙板 7PCQ3”类型，单击“编辑类型”按钮，打开“类型属性”对话框，单击“复制”按钮，打开“名称”对话框，输入名称“7PCQ6”，单击“确定”按钮，返回“类型属性”对话框，设置墙厚为 180，墙长为 1560，其他采用默认设置，单击“确定”按钮，完成 7PCQ6 外墙板的设置。

（18）单击“修改|放置 构件”选项卡“放置”面板中的“放置在工作平面上”按钮，按空格键调整外墙板方向，将 7PCQ6 外墙板放置在适当位置，利用“对齐尺寸标注”命令和“对齐”命令，调整 7PCQ6 外墙板位置，如图 7-23 所示。

（19）选取上一步布置的 7PCQ6 外墙板，单击“修改”面板中的“阵列”按钮（快捷键：AR），在选项栏中单击“线性”按钮，取消勾选“成组并关联”复选框，设置项目数为 3，选择移动到“第二个”选项，捕捉外墙上任意一点为阵列起点，竖直向上移动光标并输入间距 2700，按回车键确认，完成阵列，如图 7-24 所示。

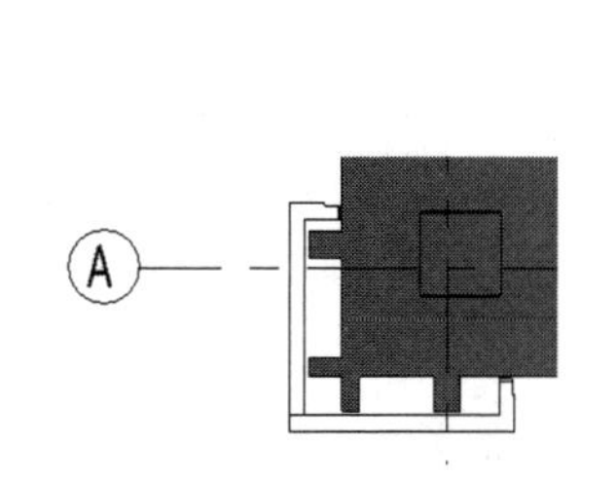

图 7-22　放置 7PCQ5 外墙板

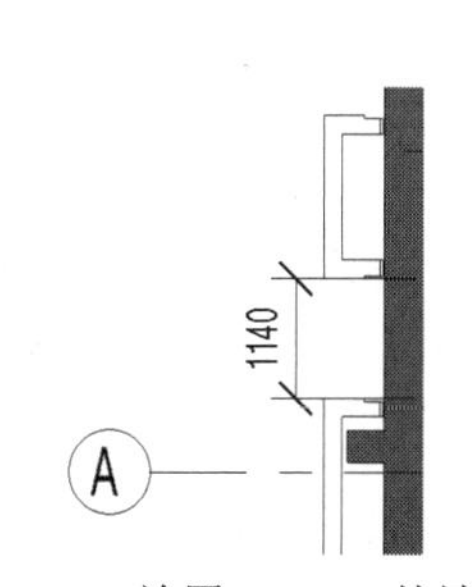

图 7-23　放置 7PCQ6 外墙板

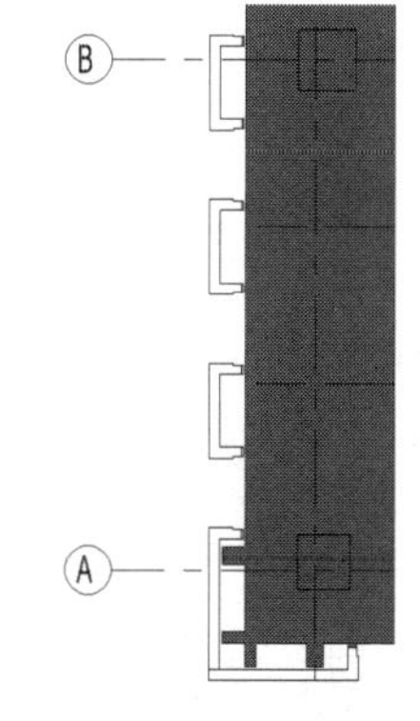

图 7-24　阵列外墙板

（20）依次选取阵列后的外墙板，在“属性”选项板中单击“编辑类型”按钮，打开“类型属性”对话框，单击“复制”按钮，打开“名称”对话框，依次输入名称“7PCQ7”和“7PCQ8”，单击“确定”按钮。

（21）单击“建筑”选项卡“构建”面板“构件”按钮下拉列表中的“放置构件”按钮，在“属性”选项板中选择“L 形外墙板 7PCQ5”类型，单击“编辑类型”按钮，打开“类型属性”对话框，单击“复制”按钮，打开“名称”对话框，输入名称“7PCQ9”，单击“确定”按钮，返回“类型属性”对话框，设置墙厚为 180，墙长为 1580，组件定位距离为 300，其他采用默认设置，单击“确定”按钮，完成 7PCQ9 外墙板的设置。

（22）单击“修改|放置 构件”选项卡“放置”面板中的“放置在工作平面上”按钮，按空格键调整外墙板方向，将 7PCQ9 外墙板放置在适当位置，单击“翻转实例面”图标，翻转外墙板，利用“对齐尺寸标注”命令和“对齐”命令，调整 7PCQ9 外墙板位置，如图 7-25 所示。

（23）单击“建筑”选项卡“构建”面板“构件”按钮下拉列表中的“放置构件”按钮，在“属性”选项板中选择“直墙板 7PCQ1”类型，单击“编辑类型”按钮，打开“类型属性”对话框，单击“复制”按钮，打开“名称”对话框，输入名称“7PCQ10”，单击“确定”按钮，返回“类型属性”对话框，采用默认设置，单击“确定”按钮，完成 7PCQ10 外墙板的设置。

（24）单击“修改|放置 构件”选项卡“放置”面板中的“放置在工作平面上”按钮，按空格键调整外墙板方向，将 7PCQ10 外墙板放置在适当位置，利用“对齐尺寸标注”命令，调整 7PCQ10 外墙板位置，如图 7-26 所示。

（25）单击“建筑”选项卡“构建”面板“构件”按钮下拉列表中的“放置构件”按钮，在“属性”选项板中选择“L 形外墙板 7PCQ4”类型，单击“编辑类型”按钮，打开“类型属性”对话框，单击“复制”按钮，打开“名称”对话框，输入名称“7PCQ11”，单击“确定”按钮，返回“类型属性”对话框，设置墙厚为 180，墙长为 2760，组件定位距离为 330，其他采用默认设置，单击“确定”按钮，完成 7PCQ11 外墙板的设置。

（26）单击“修改|放置 构件”选项卡“放置”面板中的“放置在工作平面上”按钮，按空格键调整外墙板方向，将 7PCQ11 外墙板放置在适当位置，利用“对齐尺寸标注”命令和“对齐”命令，调整 7PCQ11 外墙板位置，如图 7-27 所示。

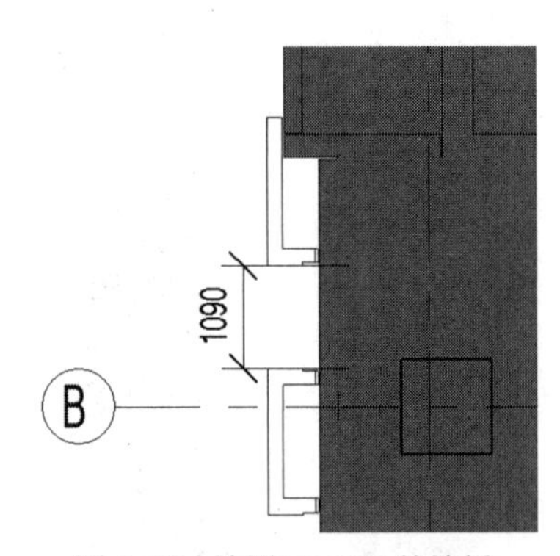

图 7-25 放置 7PCQ9 外墙板

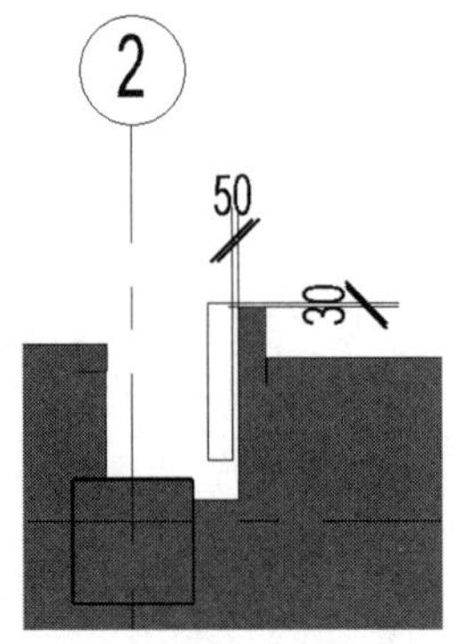

图 7-26 放置 7PCQ10 外墙板

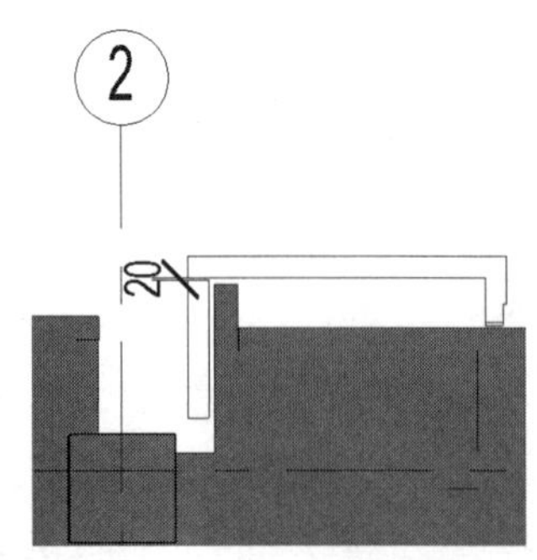

图 7-27 放置 7PCQ11 外墙板

（27）单击“建筑”选项卡“构建”面板“构件”按钮下拉列表中的“放置构件”按钮，在“属性”选项板中选择“U 形外墙板”类型，单击“编辑类型”按钮，打开“类型属性”对话框，单击“复制”按钮，打开“名称”对话框，输入名称“7PCQ12”，单击“确定”按钮，返回“类型属性”对话框，其他采用默认设置，单击“确定”按钮，完成 7PCQ12 外墙板的设置。

（28）单击“修改|放置 构件”选项卡“放置”面板中的“放置在工作平面上”按钮，按空格键调整外墙板方向，将 7PCQ12 外墙板放置在适当位置，利用“对齐尺寸标注”命令和“对齐”命令，调整 7PCQ12 外墙板位置，如图 7-28 所示。

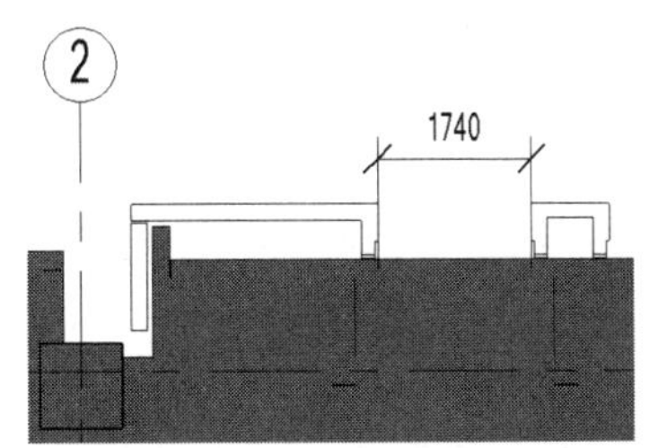

图 7-28　放置 7PCQ12 外墙板

（29）选取上一步布置的 7PCQ12 外墙板，单击“修改”面板中的“阵列”按钮（快捷键：AR），在选项栏中单击“线性”按钮，取消勾选“成组并关联”复选框，设置项目数为 7，选择移动到“第二个”选项，捕捉外墙上任意一点为阵列起点，水平向右移动光标并输入间距 2600，按回车键确认，完成阵列，如图 7-29 所示。

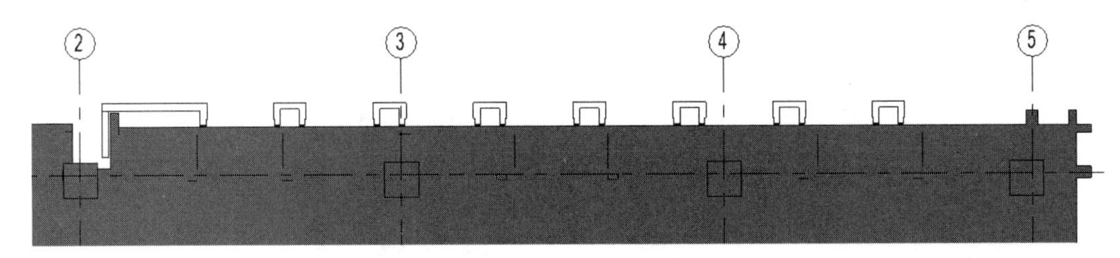

图 7-29　阵列外墙板

（30）依次选取阵列后的外墙板，在“属性”选项板中单击“编辑类型”按钮，打开“类型属性”对话框，单击“复制”按钮，打开“名称”对话框，依次输入名称“7PCQ13”“7PCQ14”“7PCQ15”“7PCQ16”“7PCQ17”“7PCQ18”，单击“确定”按钮。

（31）单击“建筑”选项卡“构建”面板“构件”按钮下拉列表中的“放置构件”按钮，在“属性”选项板中选择“L 形外墙板 7PCQ11”类型，单击“编辑类型”按钮，打开“类型属性”对话框，单击“复制”按钮，打开“名称”对话框，输入名称“7PCQ19”，单击“确定”按钮，返回“类型属性”对话框，设置墙厚为 180，墙长为 3430，组件定位距离为 708，其他采用默认设置，单击“确定”按钮，完成 7PCQ19 外墙板的设置。

（32）单击“修改|放置 构件”选项卡“放置”面板中的“放置在工作平面上”按钮，按空格键调整外墙板方向，将 7PCQ19 外墙板放置在适当位置，单击“翻转实例面”图标，翻转外墙板，利用“对齐尺寸标注”命令和“对齐”命令，调整 7PCQ19 外墙板位置，如图 7-30 所示。

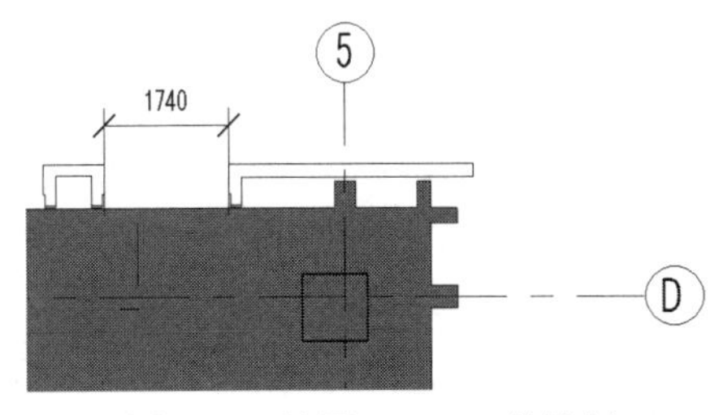

图 7-30　放置 7PCQ19 外墙板

（33）单击“建筑”选项卡“构建”面板“构件”按钮下拉列表中的“放置构件”按钮，在“属性”选项板中选择“L 形外墙板 7PCQ19”类型，单击“编辑类型”按钮，打开“类型属性”对话框，单击“复制”按钮，打开“名称”对话框，输入名称“7PCQ20”，单击“确定”按钮，返回“类型属性”对话框，设置墙厚为 180，墙长为 2980，组件定位距离为 500，其他采用默认设置，单击“确定”按钮，完成 7PCQ20 外墙板的设置。

（34）单击“修改|放置 构件”选项卡“放置”面板中的“放置在工作平面上”按钮，按空格键调整外墙板方向，将 7PCQ20 外墙板放置在适当位置，利用“对齐尺寸标注”命令和“对齐”命令，调整 7PCQ20 外墙板位置，如图 7-31 所示。

（35）单击“建筑”选项卡“构建”面板“构件”按钮下拉列表中的“放置构件”按钮，在“属性”选项板中选择“U 形外墙板 7PCQ6”类型，单击“编辑类型”按钮，打开“类型属性”对话框，单击“复制”按钮，打开“名称”对话框，输入名称“7PCQ21”，单击“确定”按钮，返回“类型属性”对话框，其他采用默认设置，单击“确定”按钮，完成 7PCQ21 外墙板的设置。

（36）单击“修改|放置 构件”选项卡“放置”面板中的“放置在工作平面上”按钮，按空格键调整外墙板方向，将 7PCQ21 外墙板放置在适当位置，利用“对齐尺寸标注”命令和“对齐”命令，调整 7PCQ21 外墙板位置，如图 7-32 所示。

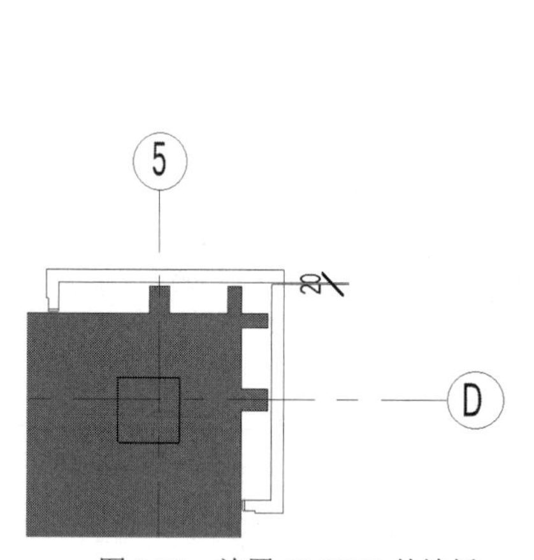

图 7-31　放置 7PCQ20 外墙板

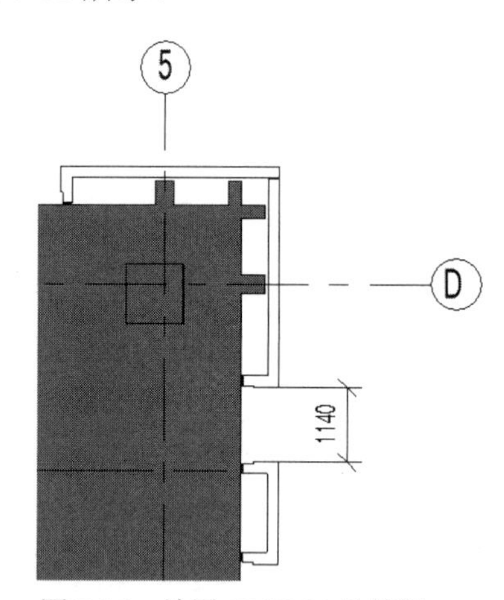

图 7-32　放置 7PCQ21 外墙板

（37）选取上一步布置的 7PCQ21 外墙板，单击“修改”面板中的“阵列”按钮（快捷键：AR），在选项栏中单击“线性”按钮，取消勾选“成组并关联”复选框，输入项目数 4，选择移动到“第二个”选项，捕捉外墙上任意一点为阵列起点，竖直向下移动光标并输入间距 2700，按回车键确认，完成阵列，如图 7-33 所示。

（38）依次选取阵列后的外墙板，在“属性”选项板中单击“编辑类型”按钮，打开“类型属性”对话框，单击“复制”按钮，打开“名称”对话框，依次输入名称“7PCQ22”“7PCQ23”“7PCQ24”，单击“确定”按钮。

（39）单击“建筑”选项卡“构建”面板“构件”按钮下拉列表中的“放置构件”按钮，在“属性”选项板中选择“L 形外墙板 7PCQ20”类型，单击“编辑类型”按钮，打开“类型属性”对话框，单击“复制”按钮，打开“名称”对话框，输入名称“7PCQ25”，单击“确定”按钮，返回“类型属性”对话框，设置墙厚为 180，墙长为 3210，组件定位距离为 330，其他采用默认设置，单击“确定”按钮，完成 7PCQ25 外墙板的设置。

（40）单击“修改|放置 构件”选项卡“放置”面板中的“放置在工作平面上”按钮，按空格键调整外墙板方向，将 7PCQ25 外墙板放置在适当位置，单击“翻转实例面”图标，翻转外墙板，利用“对齐尺寸标注”命令和“对齐”命令，调整 7PCQ25 外墙板位置，如

图 7-34 所示。

（41）单击“建筑”选项卡“构建”面板“构件”按钮下拉列表中的“放置构件”按钮，在“属性”选项板中选择“直墙板 7PCQ10”类型，单击“编辑类型”按钮，打开“类型属性”对话框，单击“复制”按钮，打开“名称”对话框，输入名称“7PCQ26”，单击“确定”按钮，返回“类型属性”对话框，其他采用默认设置，单击“确定”按钮，完成 7PCQ26 外墙板的设置。

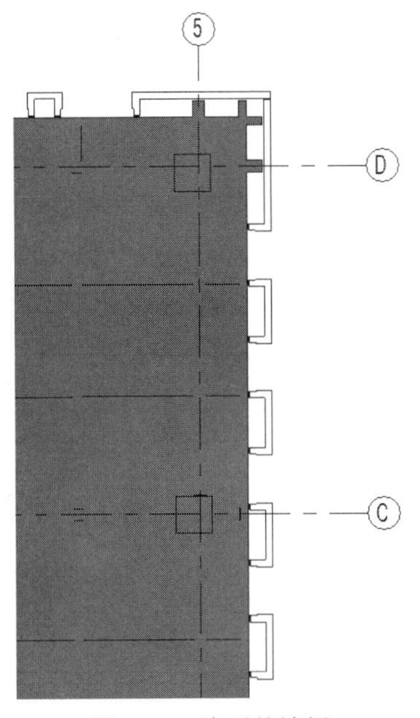

图 7-33　阵列外墙板

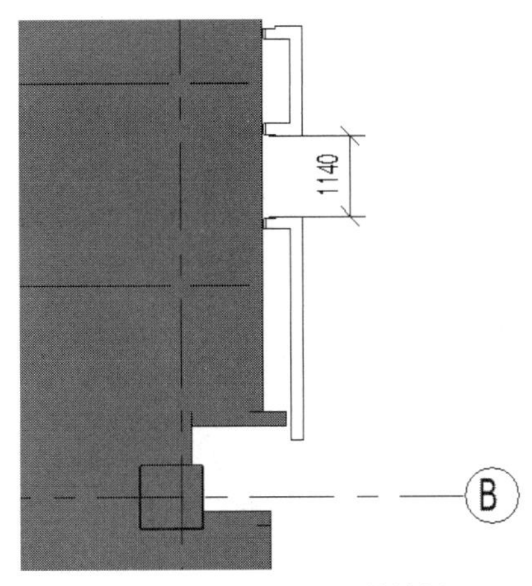

图 7-34　放置 7PCQ25 外墙板

（42）单击“修改|放置 构件”选项卡“放置”面板中的“放置在工作平面上”按钮，按空格键调整外墙板方向，将 7PCQ26 外墙板放置在适当位置，利用“对齐尺寸标注”命令和“对齐”命令，调整 7PCQ26 外墙板位置，如图 7-35 所示。

（43）单击“建筑”选项卡“构建”面板“构件”按钮下拉列表中的“放置构件”按钮，在“属性”选项板中选择“直墙板 7PCQ26”类型，单击“编辑类型”按钮，打开“类型属性”对话框，单击“复制”按钮，打开“名称”对话框，输入名称“7PCQ27”，单击“确定”按钮，返回“类型属性”对话框，设置墙厚为 120，墙长为 1150，组件定位距离为 240，取消勾选“支撑组件是否可见”和“连接组件是否可见”复选框，如图 7-36 所示，其他采用默认设置，单击“确定”按钮，完成 7PCQ27 外墙板的设置。

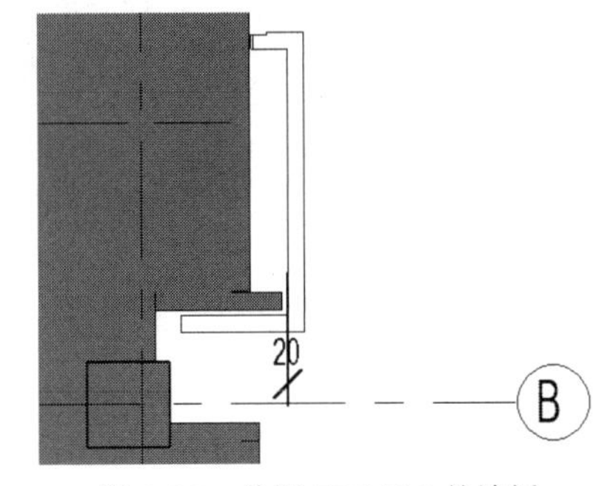

图 7-35　放置 7PCQ26 外墙板

（44）单击“修改|放置 构件”选项卡“放置”面板中的“放置在工作平面上”按钮，按空格键调整外墙板方向，将 7PCQ27 外墙板放置在适当位置，利用“对齐”命令，调整 7PCQ27 外墙板位置，如图 7-37 所示。

图 7-36 “类型属性”对话框

（45）单击“建筑”选项卡“构建”面板“构件”按钮下拉列表中的“放置构件”按钮，在“属性”选项板中选择“直墙板 7PCQ27”类型，单击“编辑类型”按钮，打开“类型属性”对话框，单击“复制”按钮，打开“名称”对话框，输入名称“7PCQ28”，单击“确定”按钮，返回“类型属性”对话框，其他采用默认设置，单击“确定”按钮，完成 7PCQ28 外墙板的设置。

（46）单击“修改|放置 构件”选项卡“放置”面板中的“放置在工作平面上”按钮，按空格键调整外墙板方向，将 7PCQ28 外墙板放置在适当位置，利用“对齐”命令，调整 7PCQ28 外墙板位置，如图 7-38 所示。

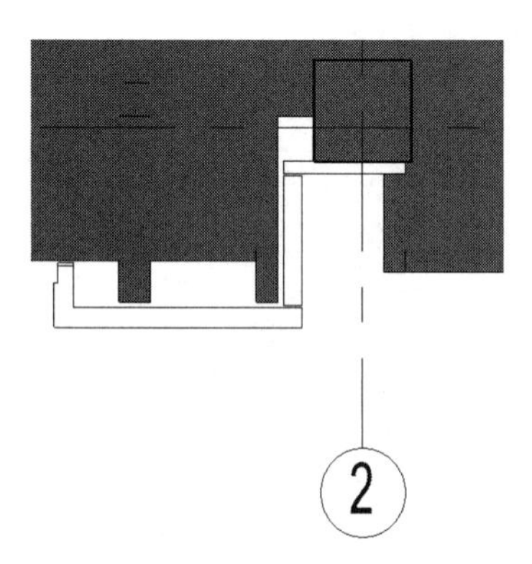

图 7-37 放置 7PCQ27 外墙板

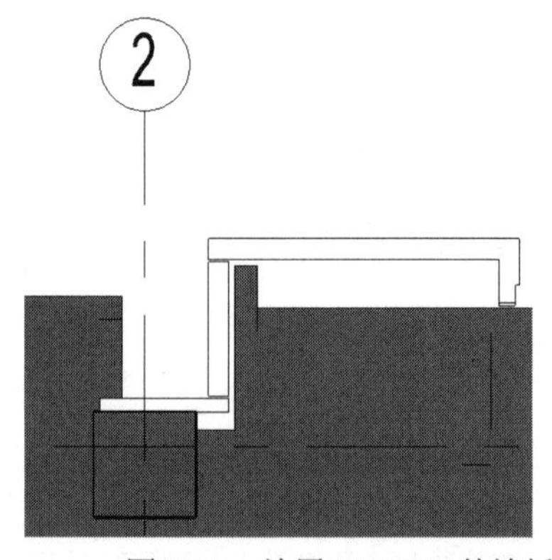

图 7-38 放置 7PCQ28 外墙板

（47）单击“建筑”选项卡“构建”面板“构件”按钮下拉列表中的“放置构件”按钮，在“属性”选项板中选择“直墙板 7PCQ28”类型，单击“编辑类型”按钮，打开“类型属性”对话框，单击“复制”按钮，打开“名称”对话框，输入名称“7PCQ29”，单击“确定”按钮，返回“类型属性”对话框，设置墙厚为 120，墙长为 1350，取消勾选“支撑组件是否可见”和“连接组件是否可见”复选框，其他采用默认设置，单击“确定”按钮，完成

7PCQ29 外墙板的设置。

（48）单击“修改|放置 构件”选项卡“放置”面板中的“放置在工作平面上”按钮◈，按空格键调整外墙板方向，将 7PCQ29 外墙板放置在适当位置，利用“对齐”命令，调整 7PCQ29 外墙板位置，如图 7-39 所示。

（49）单击“文件”下拉菜单中的“另存为”→“项目”命令，打开“另存为”对话框，指定保存位置并输入文件名，单击“保存”按钮。

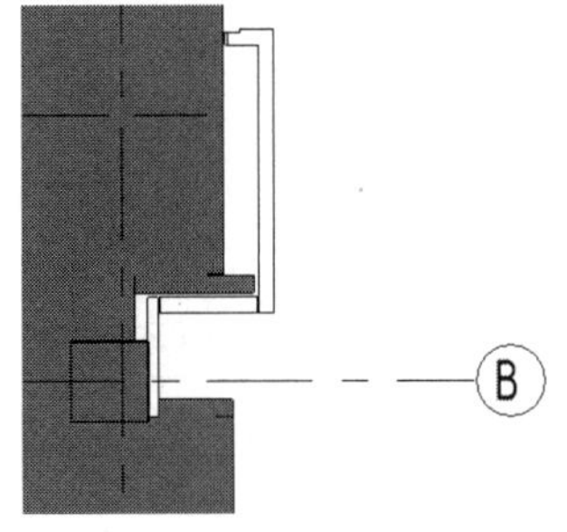

图 7-39　放置 7PCQ29 外墙板

7.3　幕墙

幕墙是建筑物的外墙围护，不承受主体结构载荷，像幕布一样挂上去，故又被称为悬挂墙，是现代大型和高层建筑常用的带有装饰效果的轻质墙体。幕墙由结构框架与镶嵌板材组成，是不承担主体结构载荷与作用的建筑围护结构。

幕墙是利用各种强劲、轻盈、美观的建筑材料取代传统的砖石或窗墙结合的外墙工法，是包围在主结构的外围而使整栋建筑达到美观效果，使用功能健全又安全的外墙工法。

在一般应用中，幕墙通常被定义为薄的、带铝框的墙，包含填充的玻璃、金属嵌板或薄石。在绘制幕墙时，单个嵌板可延伸墙的长度。如果创建的幕墙具有自动幕墙网格，则该墙将被再分为几个嵌板。

在幕墙中，网格线用于定义竖梃的位置。竖梃是分割相邻窗单元的结构图元。可通过选择幕墙并单击鼠标右键访问关联菜单来修改该幕墙。在关联菜单上有几个用于操作幕墙的选项，如选择嵌板和竖梃。

可以使用默认的 Revit 幕墙类型设置幕墙。这些墙类型提供三种复杂程度，可以对其进行简化或增强。

- 幕墙——没有网格或竖梃。没有与此墙类型相关的规则。此墙类型的灵活性最强。
- 外部玻璃——具有预设网格。如果设置不合适，可以修改网格规则。
- 店面——具有预设网格和竖梃。如果设置不合适，可以修改网格和竖梃规则。

7.3.1　编辑竖梃

视频：编辑竖梃

（1）打开 7.2 节绘制的项目文件。

（2）在浏览器中选择“族”→“幕墙竖梃”→“矩形竖梃”→“矩形竖梃 1”，单击鼠标右键，打开快捷菜单，如图 7-40 所示，选择“类型属性”选项，打开“类型属性”对话框。

幕墙竖梃类型介绍如下。

- L 形角竖梃：幕墙嵌板或玻璃斜窗与竖梃的支脚端部相交，如图 7-41 所示。可以在竖梃的类型属性中指定竖梃支脚的长度和厚度。
- V 形角竖梃：幕墙嵌板或玻璃斜窗与竖梃的支脚侧边相交，如图 7-42 所示。可以在竖梃的类型属性中指定竖梃支脚的长度和厚度。

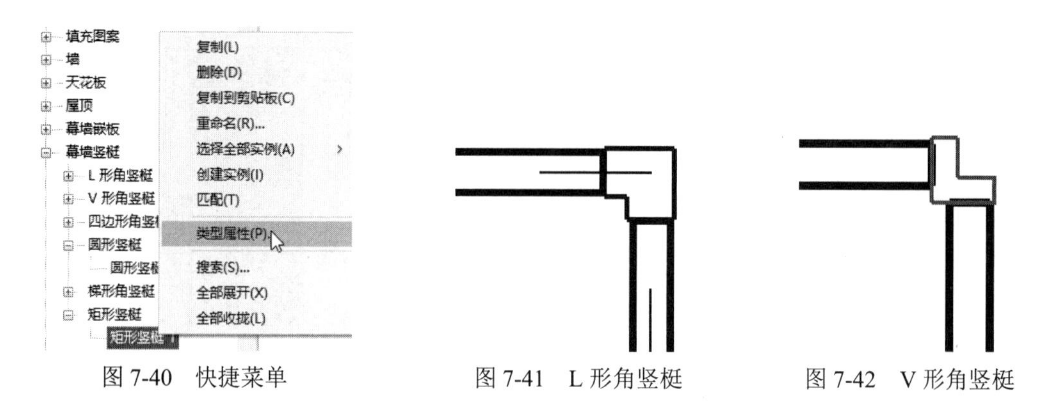

图 7-40　快捷菜单　　图 7-41　L 形角竖梃　　图 7-42　V 形角竖梃

- 四边形角竖梃：幕墙嵌板或玻璃斜窗与竖梃的支脚侧边相交。如果两个竖梃部分相等并且连接处不是 90° 角，则竖梃会呈现出风筝的形状，如图 7-43（a）所示。如果连接处的角度为 90° 并且各部分不相等，则竖梃是矩形的，如图 7-43（b）所示。如果两个部分相等并且连接处是 90° 角，则竖梃是方形的，如图 7-43（c）所示。可以通过定义各个支架的长度、偏移和竖梃厚度来创建四边形角竖梃。

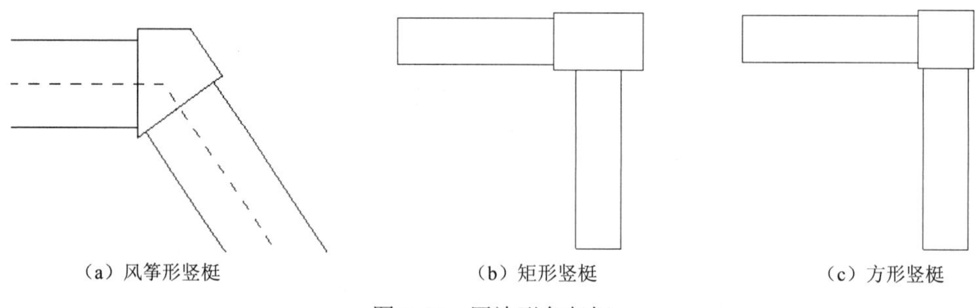

（a）风筝形竖梃　　（b）矩形竖梃　　（c）方形竖梃

图 7-43　四边形角竖梃

- 圆形竖梃：常作为幕墙嵌板之间的分隔或幕墙边界，可以通过定义竖梃的半径及距离幕墙嵌板的偏移来创建圆形竖梃，如图 7-44 所示。
- 梯形角竖梃：幕墙嵌板或玻璃斜窗与竖梃的侧边相交，如图 7-45 所示。可以在竖梃的类型属性中指定与嵌板相交的侧边的中心宽度和长度。可以通过定义中心宽度、深度、偏移和厚度来创建梯形角竖梃。
- 矩形竖梃：常作为幕墙嵌板之间的分隔或幕墙边界，可以通过定义角度、偏移、轮廓、位置和其他属性来创建矩形竖梃，如图 7-46 所示。

图 7-44　圆形竖梃　　图 7-45　梯形角竖梃　　图 7-46　矩形竖梃

（3）单击“复制”按钮，打开“名称”对话框，输入名称“50mm×50mm”，单击“确定”按钮，返回“类型属性”对话框，更改厚度为 50，其他采用默认设置，如图 7-47 所示，完成矩形竖梃“50mm×50mm”类型的创建。

（4）单击“复制”按钮，打开“名称”对话框，输入名称“200mm×50mm”，单击“确定”按钮，返回“类型属性”对话框，更改厚度为 200，其他采用默认设置，如图 7-48 所示，完成矩形竖梃“200mm×50mm”类型的创建。

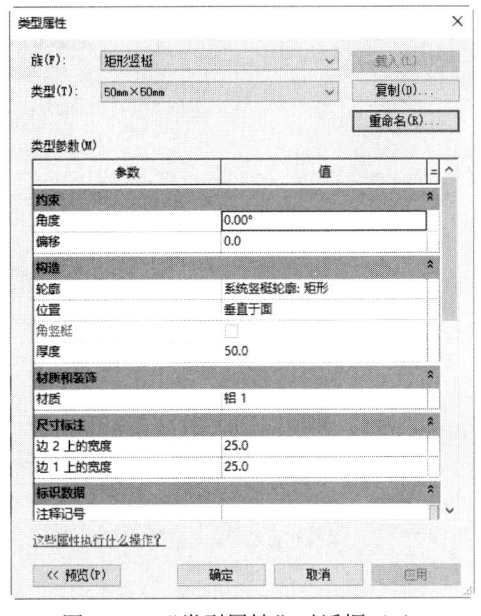

图 7-47　“类型属性”对话框（1）

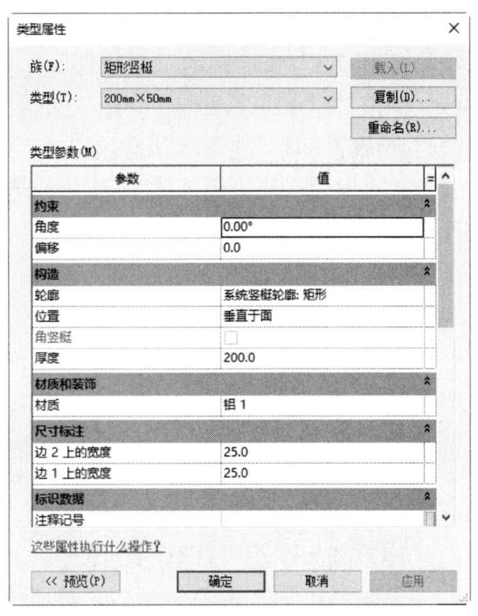

图 7-48　“类型属性”对话框（2）

（5）单击“复制”按钮，打开“名称”对话框，输入名称“500mm×100mm”，单击“确定”按钮，返回“类型属性”对话框，更改偏移为-150，厚度为 500，边 2 上的宽度为 50，边 1 上的宽度为 50，其他采用默认设置，如图 7-49 所示，单击“确定”按钮，完成矩形交通运输梃“500mm×100mm”类型的创建。

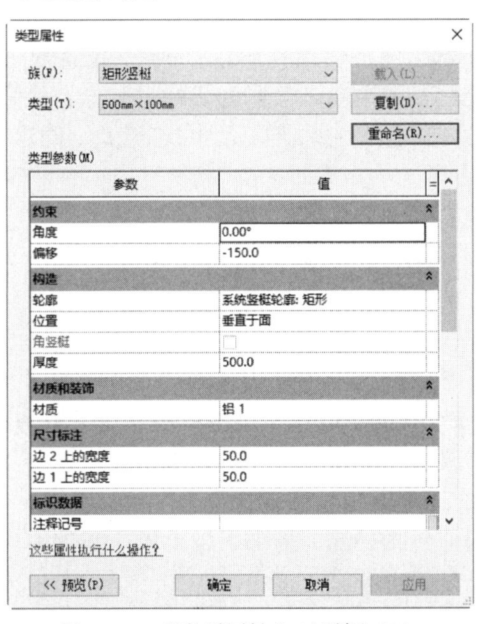

图 7-49　“类型属性”对话框（3）

（6）单击“文件”下拉菜单中的“另存为”→“项目”命令，打开“另存为”对话框，指定保存位置并输入文件名，单击“保存”按钮。

7.3.2 绘制外幕墙

视频：绘制外幕墙

外幕墙的具体绘制过程如下。

（1）打开 7.3.1 节绘制的项目文件。

（2）单击“建筑”选项卡“构建”面板中的“墙”按钮（快捷键：WA），打开“修改|放置 墙”选项卡和选项栏。

（3）从“属性”选项板的类型下拉列表中选择“幕墙”类型，在“属性”选项板中设置底部约束为七层，底部偏移为 0，顶部约束为直到标高：八层，顶部偏移为 0，其他采用默认设置，如图 7-50 所示。

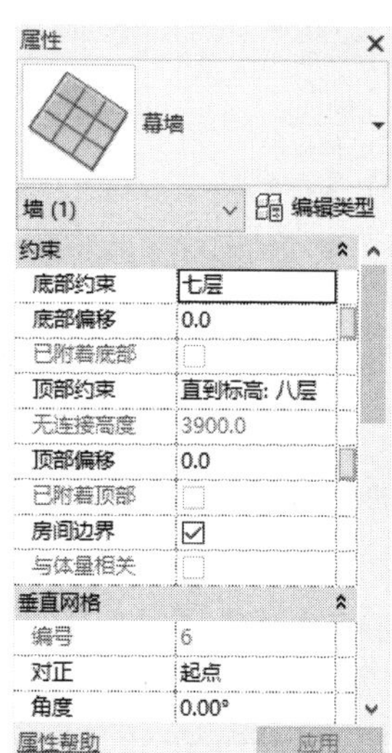

图 7-50 “属性”选项板

“属性”选项板中的选项说明如下。

- 底部约束：设置幕墙的底部标高，如标高 1。
- 底部偏移：输入幕墙距墙底定位标高的高度。
- 已附着底部：勾选此选项，指示幕墙底部附着到另一个模型构件上。
- 顶部约束：设置幕墙的顶部标高。
- 无连接高度：输入幕墙的高度值。
- 顶部偏移：输入距顶部标高的幕墙偏移量。
- 已附着顶部：勾选此选项，指示幕墙顶部附着到另一个模型构件上，如屋顶等。
- 房间边界：勾选此复选框，则幕墙将成为房间边界的组成部分。
- 与体量有关：勾选此选项，表明此图元是从体量图元创建的。
- 编号：如果将“垂直/水平网格样式”下的“布局”设置为“固定数量”，则可以在这里输入幕墙上放置幕墙网格的数量，最多为 200。
- 对正：在网格间距无法平均分割幕墙图元面的长度时，确定 Revit 如何沿幕墙图元面调整网格间距。
- 角度：将幕墙网格旋转到指定角度。
- 偏移量：从起始点到开始放置幕墙网格位置的距离。

（4）单击“编辑类型”按钮，打开“类型属性”对话框，勾选“自动嵌入”复选框，设置幕墙嵌板为系统面板 1：玻璃，垂直网格布局为固定距离，间距为 1500，水平网格布局为固定距离，间距为 3100，垂直竖梃的内部类型为矩形竖梃：500mm×100mm，水平竖梃的内部类型为矩形竖梃：50mm×50mm，边界 1 类型和边界 2 类型为矩形竖梃：200mm×50mm，其他采用默认设置，如图 7-51 所示，单击“确定”按钮。

“类型属性”对话框中的选项说明如下。

- 功能：指定墙的作用，包括外部、内部、挡土墙、基础墙、檐底板或核心竖井。
- 自动嵌入：指示幕墙是否自动嵌入墙中。
- 幕墙嵌板：设置幕墙图元的幕墙嵌板族类型。
- 连接条件：控制在某个幕墙图元类型中在交点处截断哪些竖梃。
- 布局：沿幕墙长度设置幕墙网格线的自动垂直/水平布局，包括固定距离、固定数量、最大间距和最小间距。

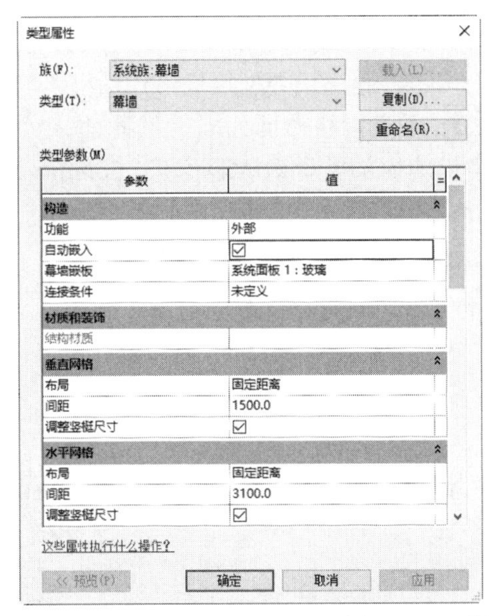

图 7-51　“类型属性”对话框

- 间距：当将“布局”设置为“固定距离”或“最大间距”时启用。如果将“布局”设置为“固定距离”，则 Revit 将使用确切的“间距”值。如果将“布局”设置为“最大间距”，则 Revit 将使用不大于指定值的值对网格进行布局。
- 调整竖梃尺寸：调整从动网格线的位置，以确保幕墙嵌板的尺寸相等（如果可能）。当放置竖梃时，尤其放置在幕墙主体的边界处时，可能导致嵌板的尺寸不相等；即使将“布局”设置为“固定距离”，也是如此。

（5）单击“绘制”面板中的“线”按钮，捕捉 7PCQ28 外墙边线上一点作为起点，沿着梁逆时针绘制外幕墙，如图 7-52 所示。

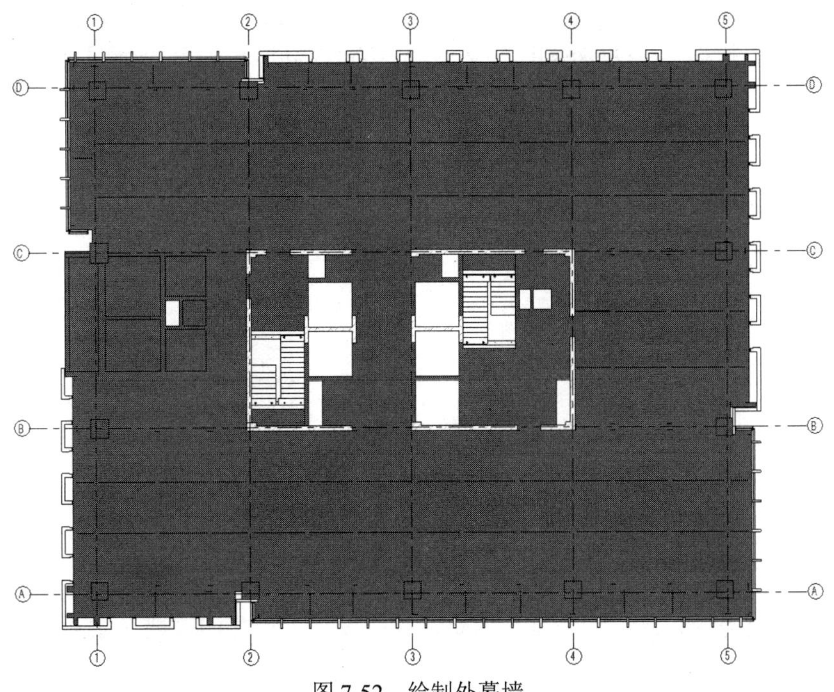

图 7-52　绘制外幕墙

（6）单击“编辑类型”按钮，打开“类型属性”对话框，单击“复制”按钮，打开“名称”对话框，输入名称“幕墙 2”，单击“确定”按钮，返回“类型属性”对话框，勾选“自动嵌入”复选框，设置幕墙嵌板为系统面板 1：玻璃，垂直网格布局为固定距离，间距为 1200，水平网格布局为固定距离，间距为 3900，水平竖梃的内部类型为矩形竖梃：50mm×50mm，垂直竖梃的内部类型为矩形竖梃：200mm×50mm，边界 1 类型和边界 2 类型为矩形竖梃：200mm×50mm，其他采用默认设置，如图 7-53 所示，单击“确定”按钮。

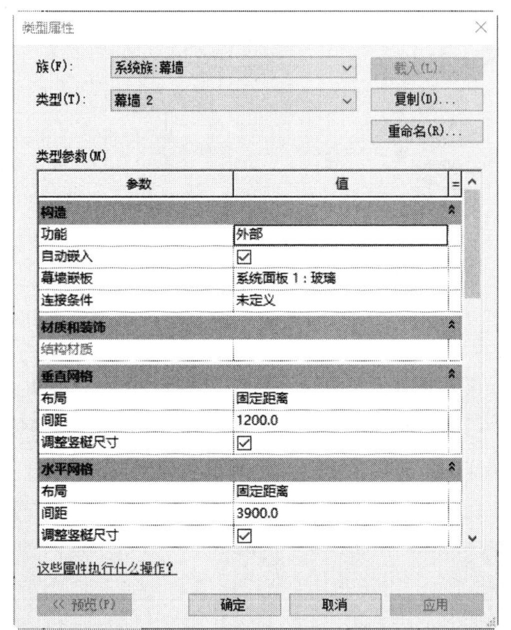

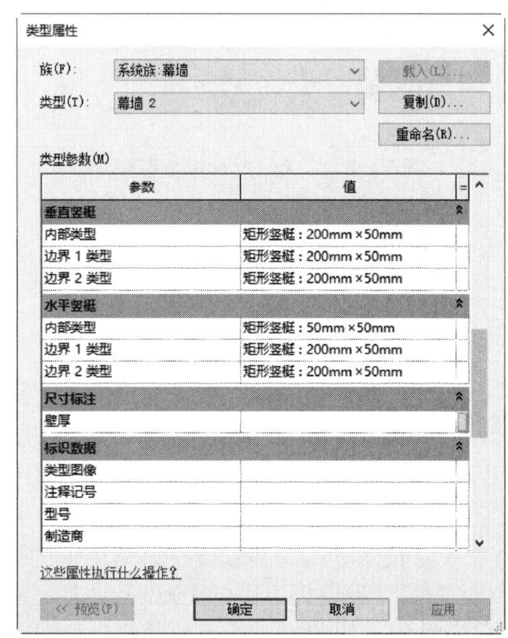

图 7-53 “类型属性”对话框

（7）单击“绘制”面板中的“线”按钮，捕捉 7PCQ9 外墙凹槽边线上一点作为起点，竖直向下移动光标捕捉 7PCQ9 外墙凹槽边线上一点作为终点，绘制外墙间的幕墙，如图 7-54 所示。

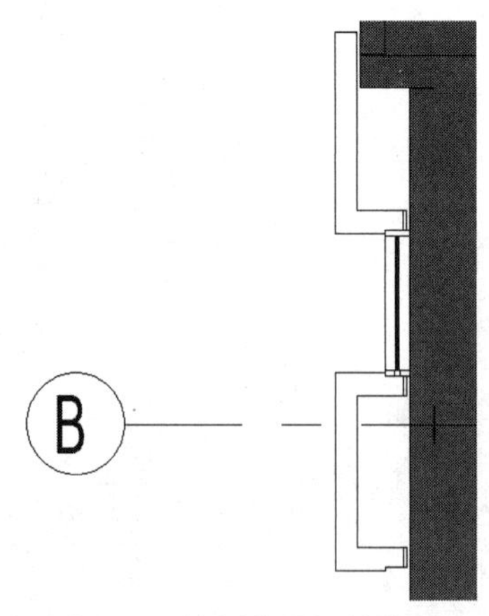

图 7-54 绘制外墙间的幕墙

（8）采用上述方法，结合“复制”命令，绘制其他外墙间的幕墙，如图 7-55 所示。

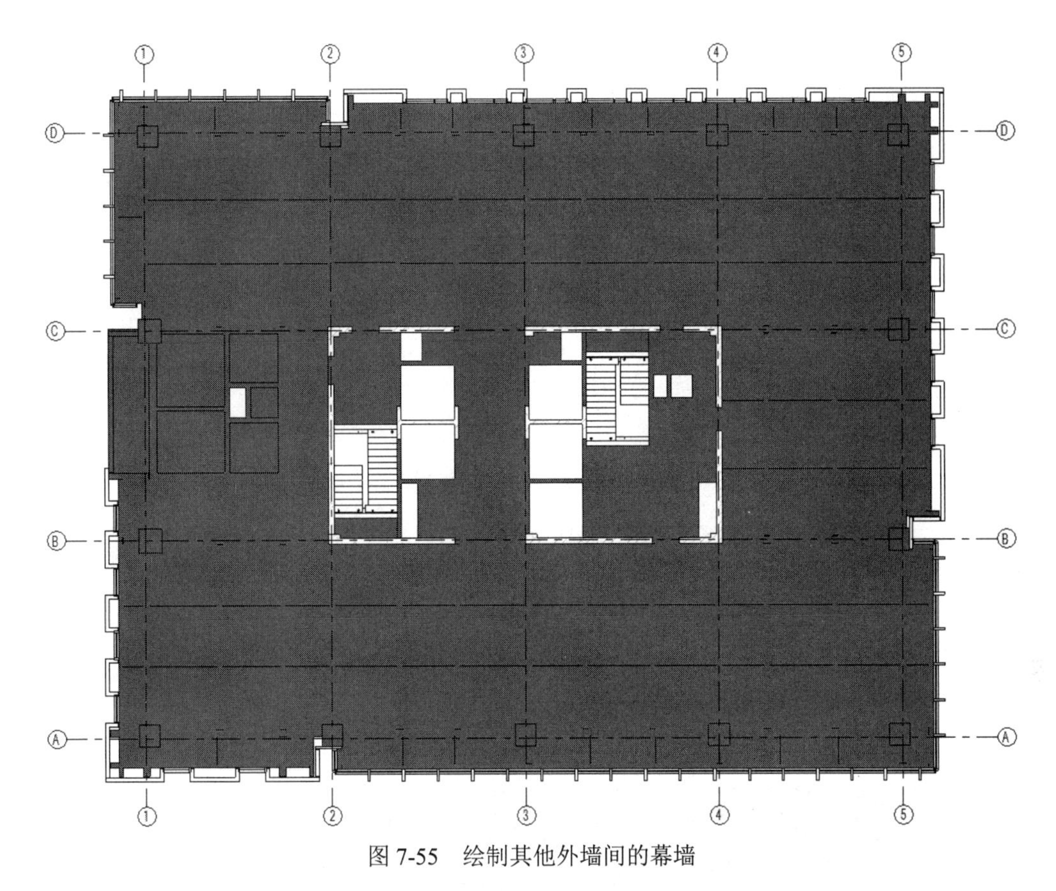

图 7-55　绘制其他外墙间的幕墙

（9）单击“文件”下拉菜单中的“另存为”→“项目”命令，打开“另存为”对话框，指定保存位置并输入文件名，单击“保存”按钮。

7.4　绘制内墙

7.4.1　绘制砌体隔墙

视频：绘制砌体隔墙

砌体隔墙的具体绘制过程如下。

（1）打开 7.3.2 节绘制的项目文件。

（2）单击“建筑”选项卡“构建”面板中的“墙”按钮（快捷键：WA），打开“修改|放置 墙”选项卡和选项栏。

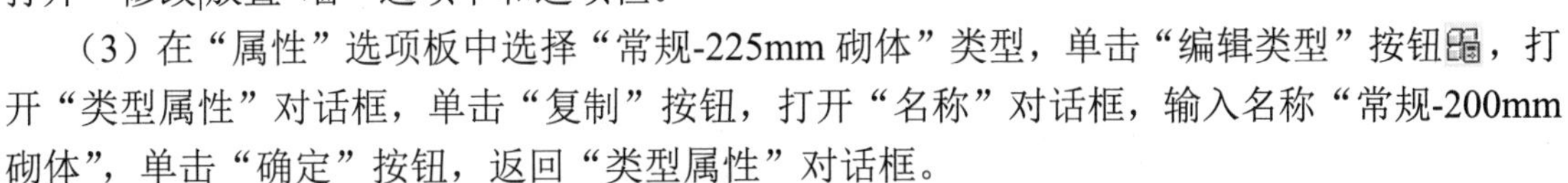

（3）在“属性”选项板中选择“常规-225mm 砌体”类型，单击“编辑类型”按钮，打开“类型属性”对话框，单击“复制”按钮，打开“名称”对话框，输入名称“常规-200mm 砌体”，单击“确定”按钮，返回“类型属性”对话框。

（4）单击“编辑”按钮，打开“编辑部件”对话框，更改结构[1]的厚度为 200，如图 7-56 所示，连续单击“确定”按钮，完成 200mm 砌体墙类型的设置。

（5）在“属性”选项板中设置底部约束为七层，顶部约束为直到标高：八层，根据梁边线和轴线绘制厚度为 200mm 的隔墙，如图 7-57 所示。

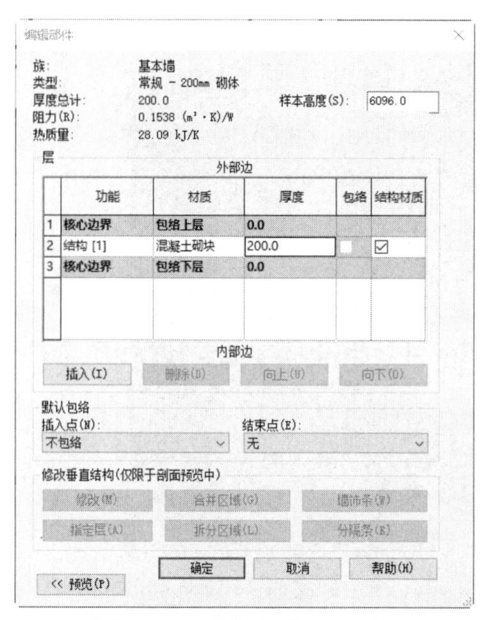

图 7-56 “编辑部件”对话框

（6）单击“建筑”选项卡“构建”面板中的“墙”按钮（快捷键：WA），打开“修改|放置墙”选项卡和选项栏。

（7）在“属性”选项板中选择“常规-200mm 砌体”类型，单击“编辑类型”按钮，打开“类型属性”对话框，单击“复制”按钮，打开“名称”对话框，输入名称“100mm 砌体”，单击“确定”按钮，返回“类型属性”对话框。

（8）单击“编辑”按钮，打开“编辑部件”对话框，更改结构[1]的厚度为 100，如图 7-58 所示，连续单击“确定”按钮，完成 100mm 砌体墙类型的设置。

（9）在“属性”选项板中设置底部约束为七层，顶部约束为直到标高：八层，根据梁边线和轴线绘制厚度为 100mm 的隔墙，如图 7-59 所示。

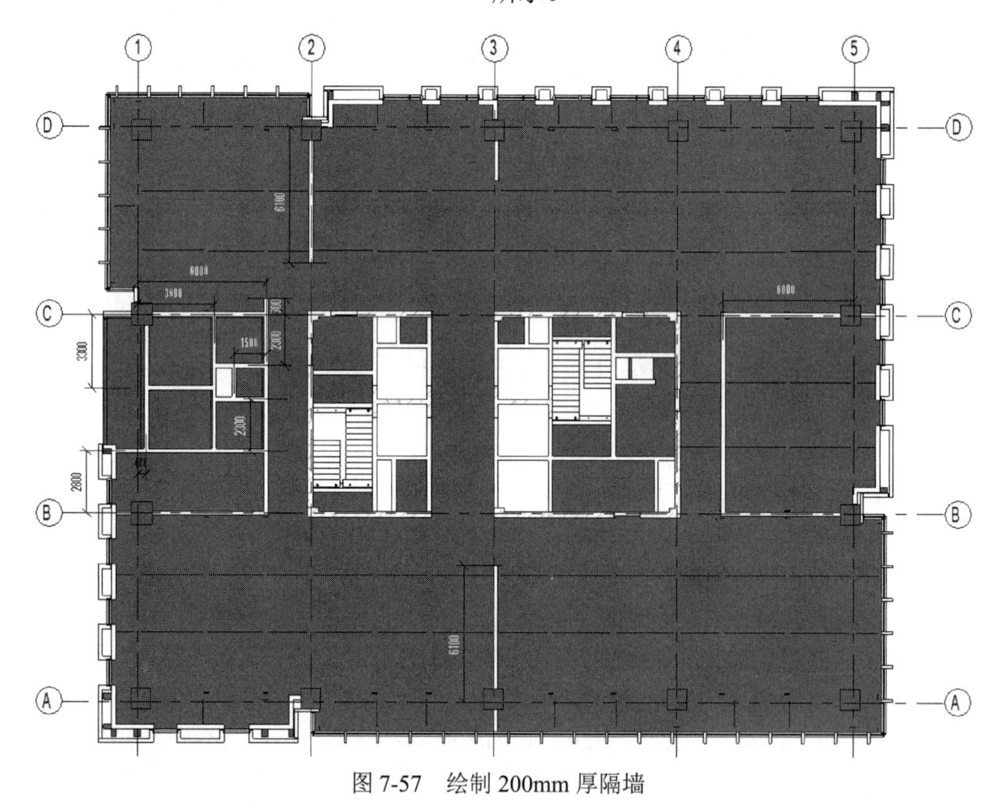

图 7-57 绘制 200mm 厚隔墙

（10）框选所有的图形，在打开的选项卡中单击“过滤器”按钮，打开“过滤器”对话框，勾选“结构框架（其他）”“结构框架（大梁）”“结构框架（托梁）”复选框，如图 7-60 所示，单击“确定”按钮，选取视图中所有的结构框架。

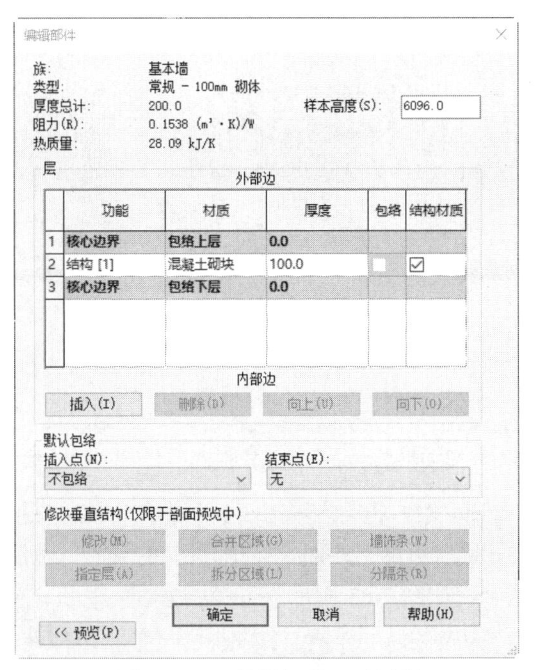

图 7-58　“编辑部件”对话框

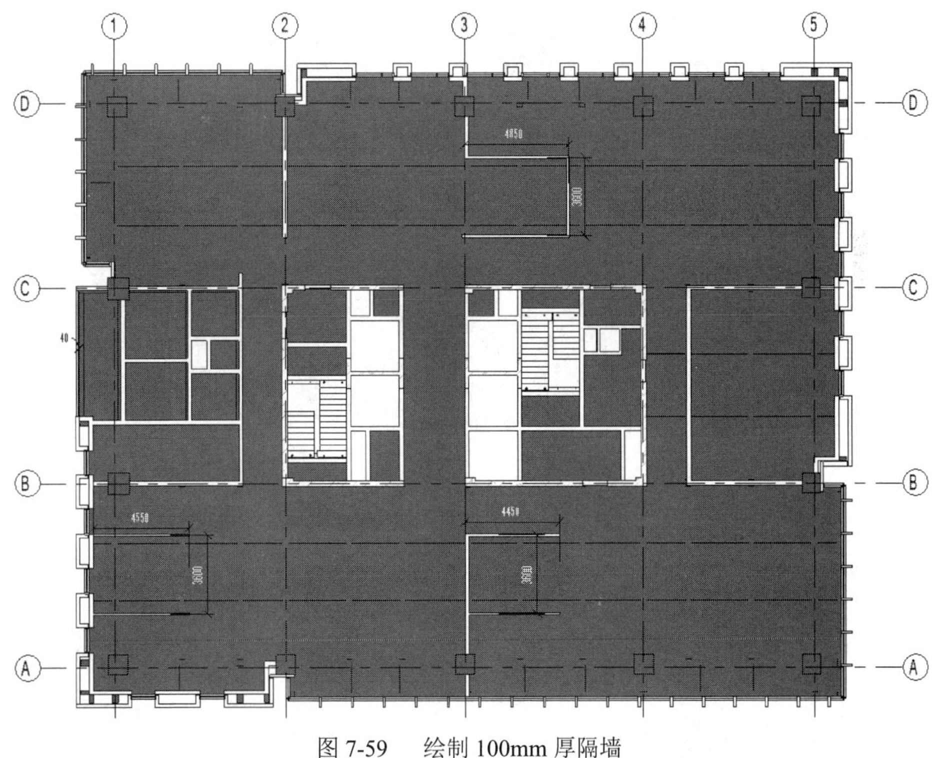

图 7-59　绘制 100mm 厚隔墙

（11）单击“剪贴板”面板中的“复制到剪贴板”按钮（快捷键：Ctrl+C），然后单击“粘贴”按钮下拉列表中的“与选定标高对齐”按钮，打开“选择标高”对话框，选择“八层”，如图 7-61 所示，单击“确定”按钮，将结构框架复制到八层结构楼层，将视图切换至三维视图，如图 7-62 所示。

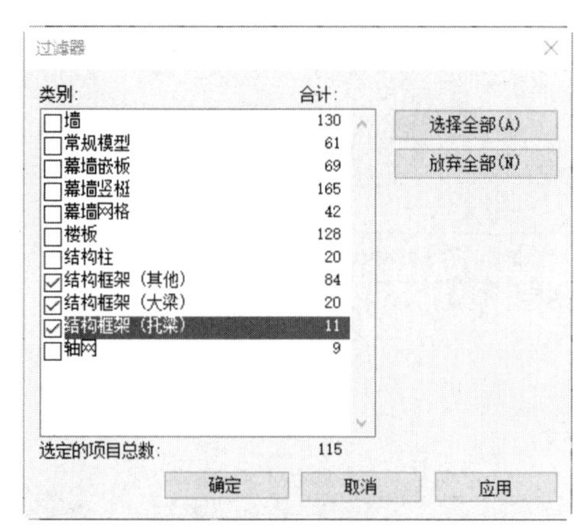

图 7-60 “过滤器”对话框

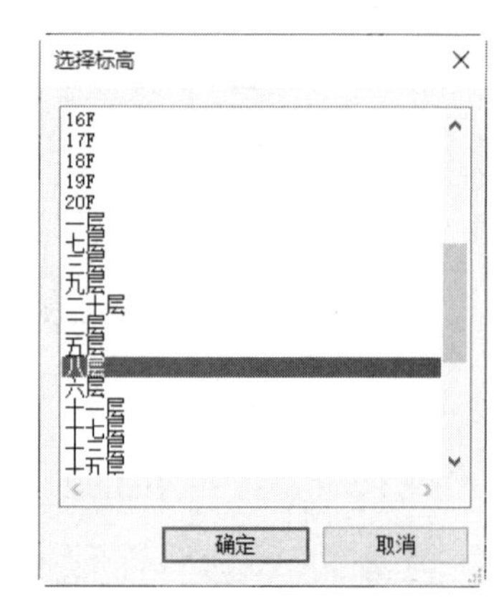

图 7-61 “选择标高”对话框

（12）从图 7-62 中可以看出，墙体和梁之间有干涉。单击“修改”选项卡“修改”面板中的“对齐”按钮（快捷键：AL），选取梁的下端面（按 Tab 键切换面），然后选取墙体的上表面，使墙体的上表面与梁的下端面重合，如图 7-63 所示。

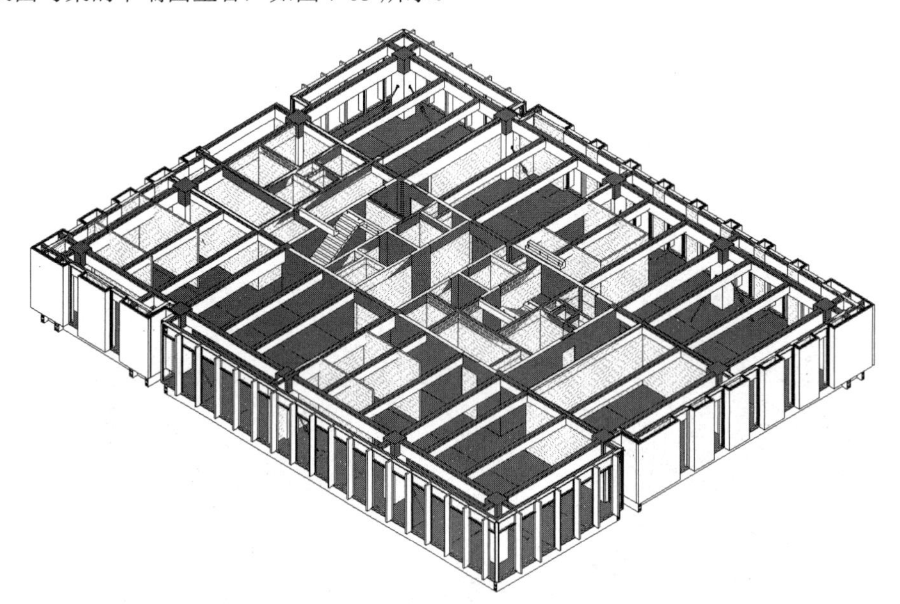

图 7-62 复制结构框架

（a）选取梁的下端面

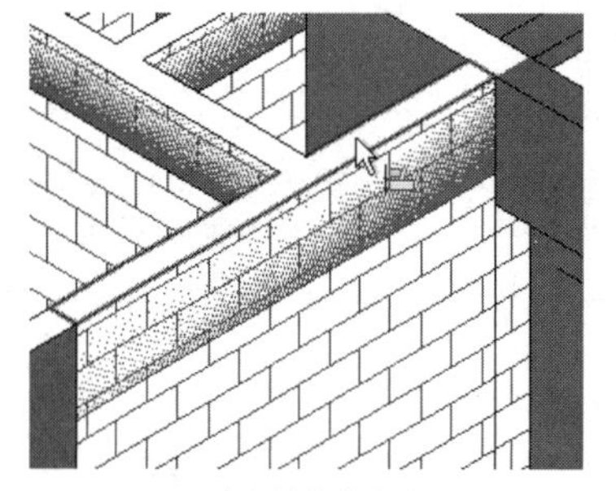

（b）选取墙体的上表面

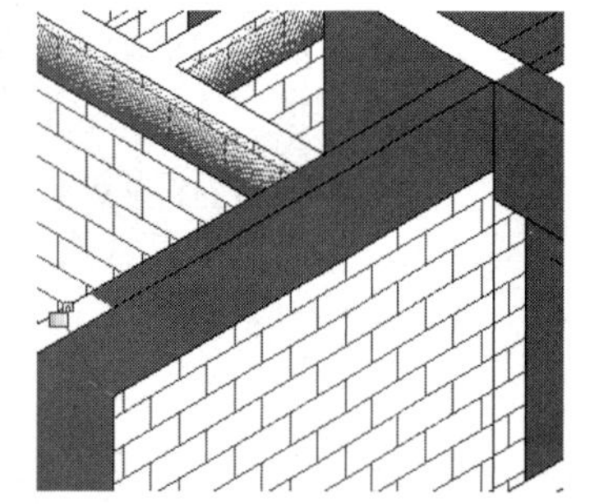

（c）对齐

图 7-63 添加对齐约束

（13）选取墙体，拖动墙体上端控制点，直至与梁下端面重合，调整墙体高度，如图 7-64 所示。

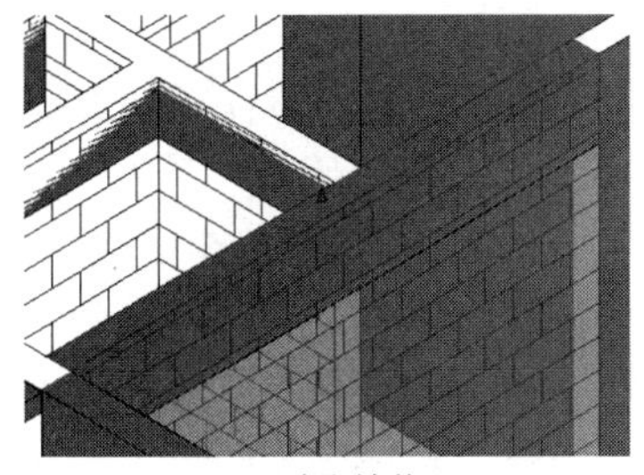
（a）选取墙体

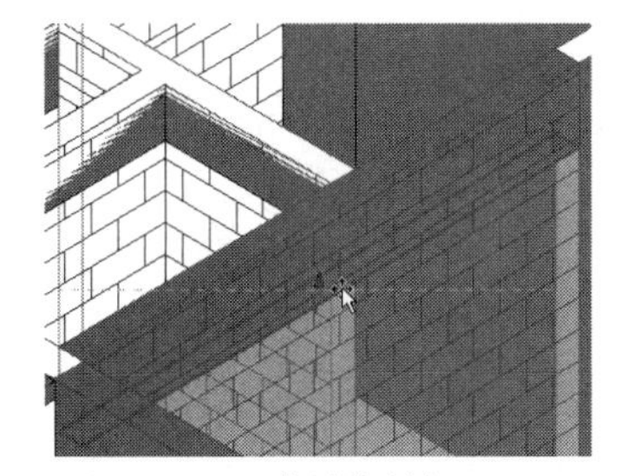
（b）拖动控制点

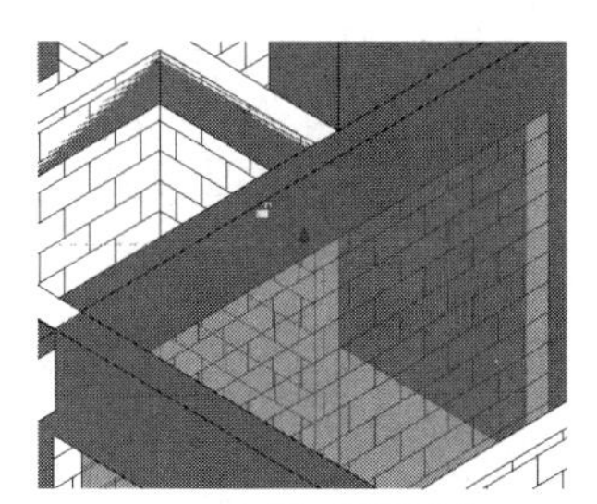
（c）与梁下端面重合

图 7-64　调整墙体高度

（14）采用上述两种方法，调整墙体高度直到梁底，如图 7-65 所示。

（15）单击“文件”下拉菜单中的“另存为”→“项目”命令，打开“另存为”对话框，指定保存位置并输入文件名，单击“保存”按钮。

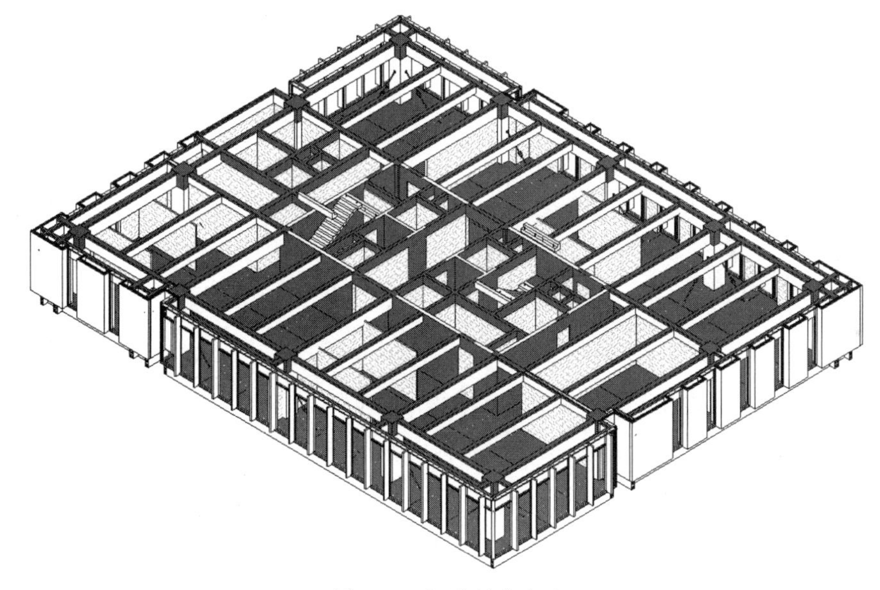

图 7-65　调整墙体高度

7.4.2　绘制幕墙隔墙

视频：绘制幕墙隔墙

（1）打开 7.4.1 节绘制的项目文件，将视图切换至第七层结构平面视图。

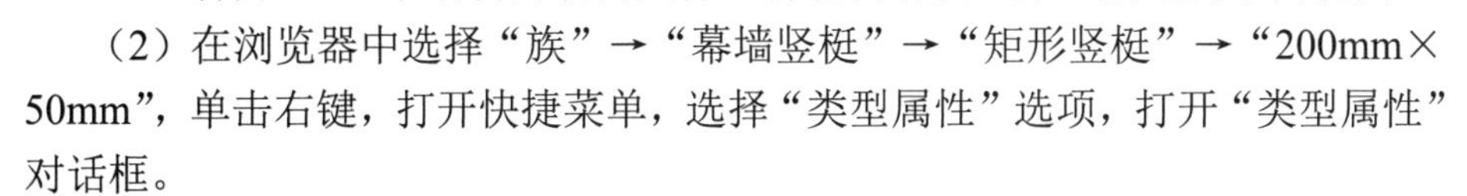
（2）在浏览器中选择“族”→“幕墙竖梃”→“矩形竖梃”→“200mm×50mm”，单击右键，打开快捷菜单，选择“类型属性”选项，打开“类型属性”对话框。

（3）单击“复制”按钮，打开“名称”对话框，输入名称“100mm×50mm”，单击“确定”按钮，返回“类型属性”对话框，更改厚度为 100，其他采用默认设置，如图 7-66 所示，单击“确定”按钮，完成“100mm×50mm”类型的创建。

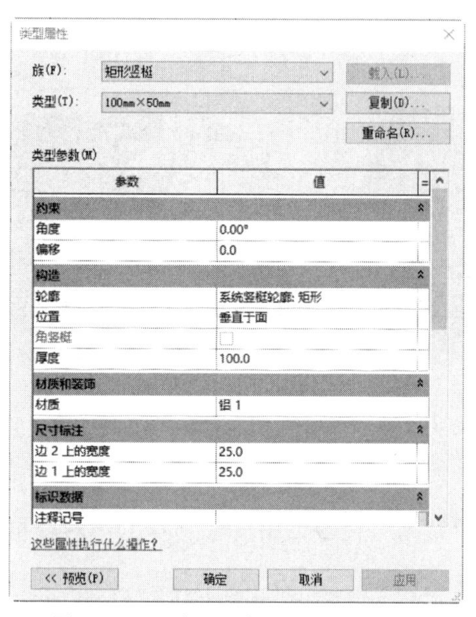

图 7-66 “类型属性”对话框（1）

（4）单击“建筑”选项卡“构建”面板中的“墙”按钮（快捷键：WA），打开“修改|放置墙”选项卡和选项栏。在“属性”选项板中选择“幕墙”类型，单击“编辑类型”按钮，打开“类型属性”对话框，单击“复制”按钮，打开“名称”对话框，输入名称“内幕墙”，单击“确定”按钮，返回“类型属性”对话框，勾选“自动嵌入”复选框，设置幕墙嵌板为系统面板 1：玻璃，垂直网格布局为固定距离，间距为 1000，水平网格布局为固定距离，间距为 2100，水平竖梃和垂直竖梃的内部类型、边界 1 类型和边界 2 类型为矩形竖梃：100mm×50mm，其他采用默认设置，如图 7-67 所示，单击“确定”按钮。

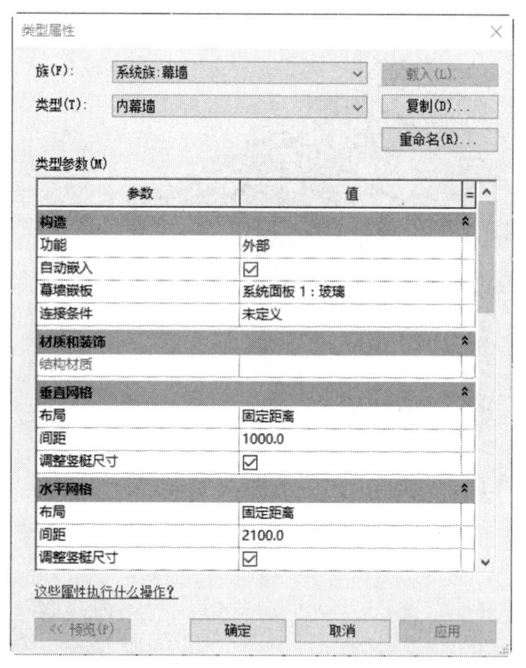

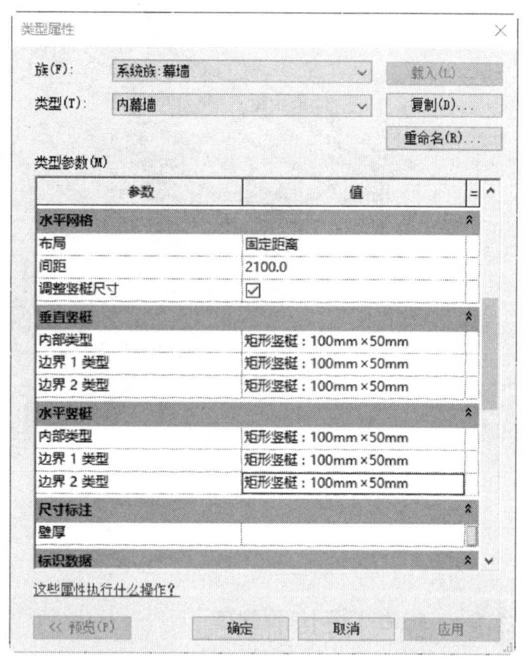

图 7-67 “类型属性”对话框（2）

（5）在“属性”选项板中设置底部约束为七层，底部偏移为 0，顶部约束为直到标高：八层，顶部偏移为-900，其他采用默认设置，如图 7-68 所示。

（6）单击“绘制”面板中的“线”按钮，绘制内幕墙，如图 7-69 所示。

（7）单击“文件”下拉菜单中的“另存为”→“项目”命令，打开“另存为”对话框，指定保存位置并输入文件名，单击“保存”按钮。

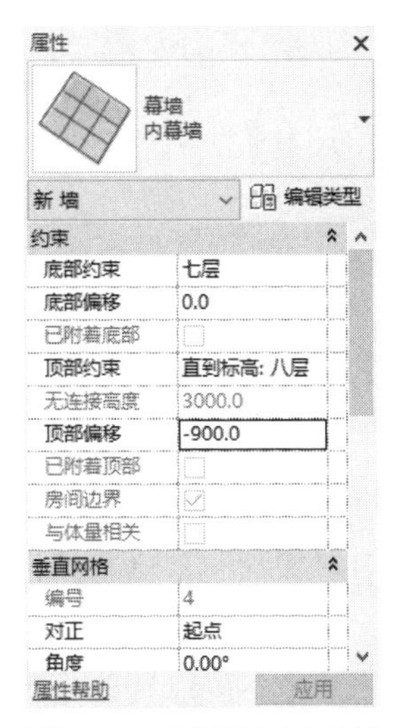

图 7-68　“属性”选项板

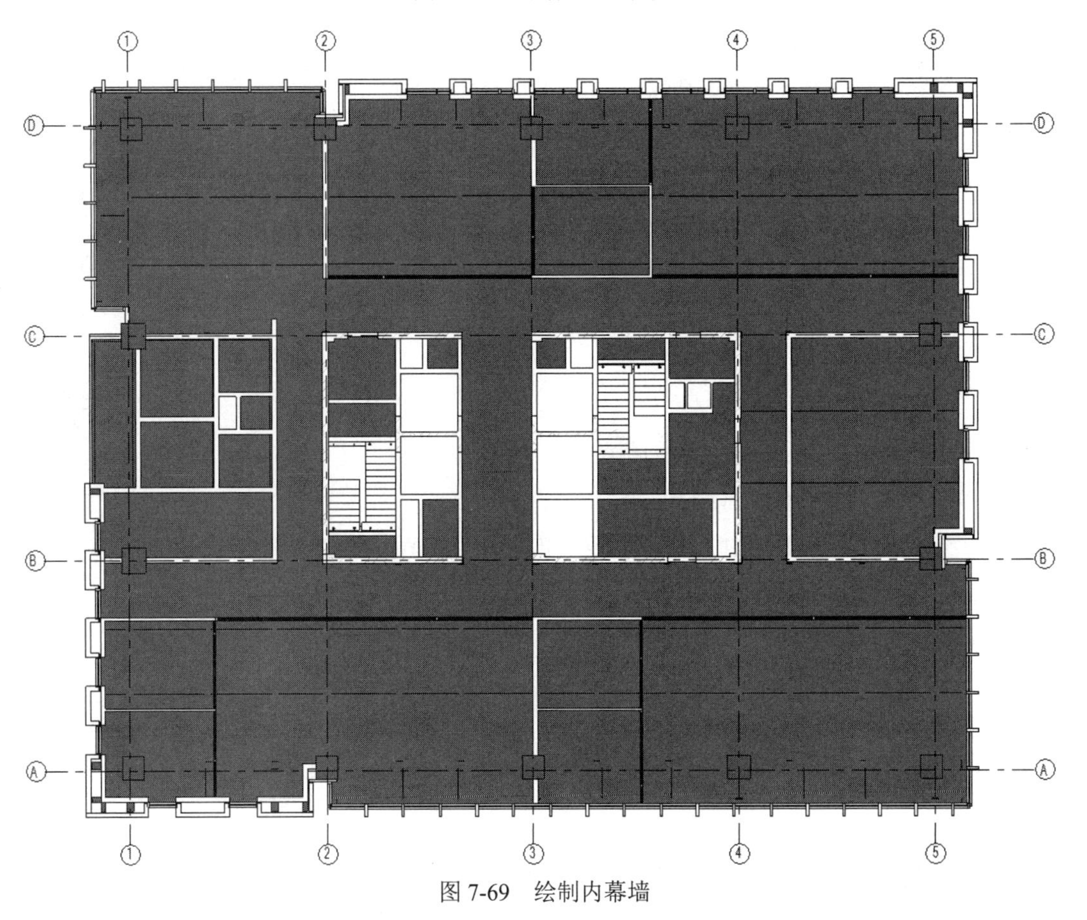

图 7-69　绘制内幕墙

第 8 章

其他构件

知识导引

门窗按其所处的位置不同分为围护构件和分隔构件，是建筑物围护结构系统中重要的组成部分。

门窗是基于墙体放置的，若删除墙体，则门窗也随之被删除。在 Revit 中门窗是可载入族，可以自己创建门窗族，也可以直接载入系统自带的门窗族。

本章主要介绍门、窗及阳台栏杆的创建。

8.1 门

门是基于主体的构件，可以被添加到任何类型的墙内。可以在平面视图、剖面视图、立面视图或三维视图中添加门。选择要添加的门类型，然后指定门在墙上的位置，Revit 将自动剪切洞口并放置门。

8.1.1 布置隔墙上的门

视频：布置隔墙上的门

布置隔墙上的门的具体绘制步骤如下。

（1）打开 7.4.2 节绘制的项目文件。

（2）单击“建筑”选项卡“构建”面板中的“门”按钮（快捷键：DR），打开如图 8-1 所示的“修改|放置门”选项卡。

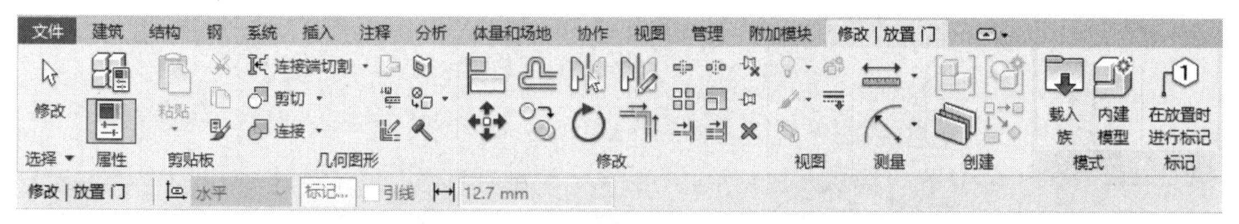

图 8-1 “修改|放置门”选项卡

（3）在“属性”选项板中选择门类型，系统默认的只有“单扇-与墙对齐”类型。

（4）需要在楼梯间前室添加双开乙级防火门。单击“模式”面板中的“载入族”按钮，打开“载入族”对话框，选择“China”→“消防”→“建筑”→“防火门”文件夹中的“双扇防火门.rfa”，如图 8-2 所示。单击“打开”按钮，载入“双扇防火门.rfa”族文件。

（5）在“属性”选项板中选择“双扇防火门 1500mm×2400mm 乙级”类型，其他采用默认设置，如图 8-3 所示。

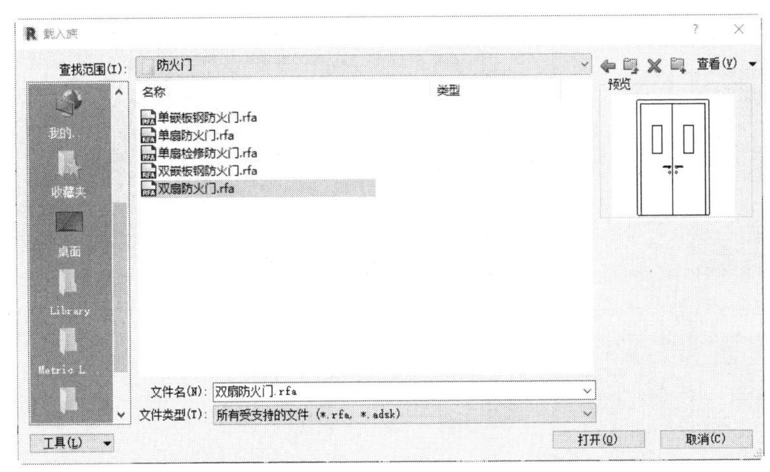

图 8-2　“载入族”对话框

图 8-3　“属性”选项板

“属性”选项板中的选项说明如下。

- 底高度：设置相对于放置比例的标高的底高度。
- 框架类型：门框类型。
- 框架材质：框架使用的材质。
- 完成：应用于框架和门的面层。
- 图像：单击按钮⋯，打开“管理图像”对话框，添加图像作为门标记。
- 注释：显示输入或从下拉列表中选择的注释，输入注释后，便可以为同一类别中图元的其他实例选择该注释，无须考虑类型或族。
- 标记：用于添加自定义标示的数据。
- 创建的阶段：指定创建实例时的阶段。
- 拆除的阶段：指定拆除实例时的阶段。
- 顶高度：指定相对于放置此实例的标高的实例顶高度。修改此值不会修改实例尺寸。
- 防火等级：设定当前门的防火等级。

（6）单击“编辑类型”按钮，打开“类型属性”对话框，单击“复制”按钮，打开“名称”对话框，输入名称“1200mm×2100mm 乙级”，单击“确定”按钮，返回“类型属性”对话框，更改宽度为 1200，高度为 2100，其他采用默认设置，如图 8-4 所示，单击“确定”按钮，完成 1200mm×2100mm 乙级类型的创建。

（7）将光标移到墙上以显示门的预览图像，并显示临时尺寸，如图 8-5 所示。单击放置门，Revit 将自动剪切洞口并放置门，如图 8-6 所示。

（8）采用相同的方法，继续在楼梯间前室放置乙级双扇防火门，如图 8-7 所示。

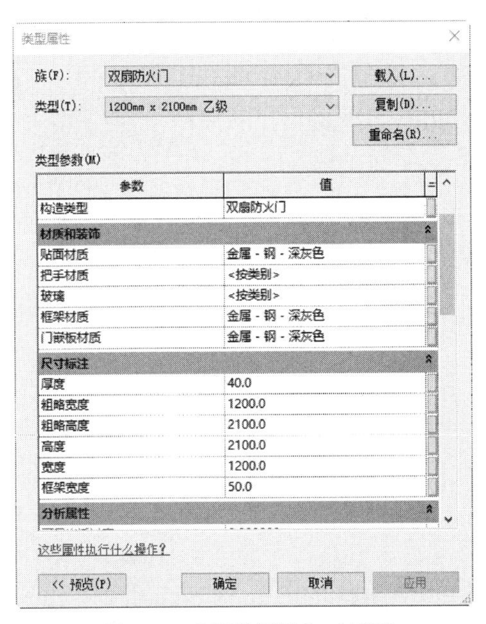

图 8-4　“类型属性”对话框

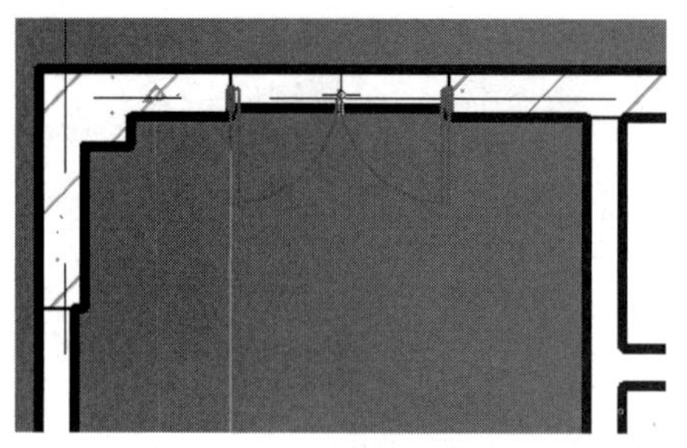

图 8-5　预览门图像

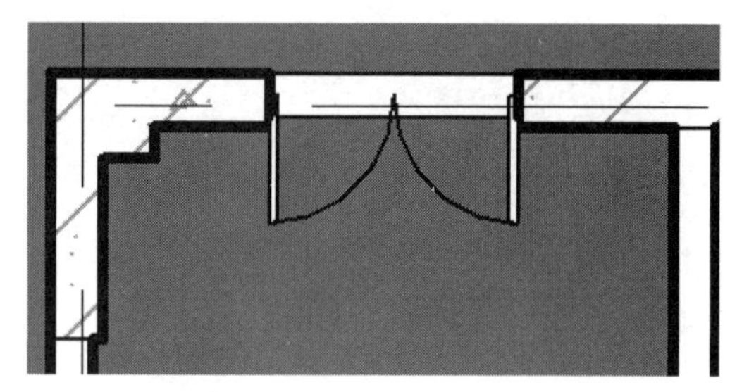

图 8-6　放置乙级双扇防火门（1）

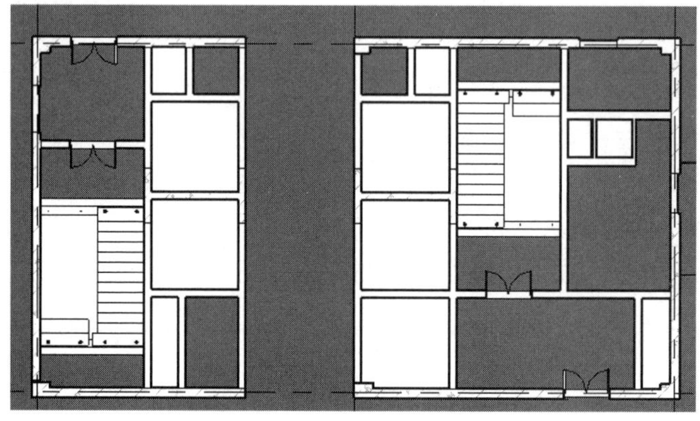

图 8-7　放置乙级双扇防火门（2）

（9）单击“编辑类型”按钮，打开“类型属性”对话框，单击“复制”按钮，打开“名称”对话框，输入名称“1200mm×2100mm 丙级”，单击“确定”按钮，返回“类型属性”对话框，更改防火等级为丙级，类型注释为 GFM-0824 A0.50，其他采用默认设置，如图 8-8 所示，单击“确定”按钮，完成 1200mm×2100mm 丙级类型的创建。

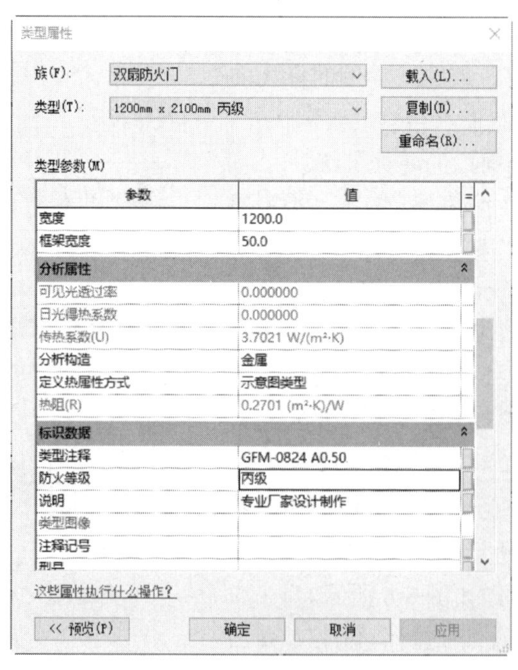

图 8-8　“类型属性”对话框

（10）将光标移到楼梯间的墙上并放置到中间位置，单击放置丙级双扇防火门，如图 8-9 所示。

（11）单击“模式”面板中的“载入族”按钮，打开“载入族”对话框，选择“China”→“消防”→“建筑”→“防火门”文件夹中的“单扇防火门.rfa”。单击“打开”按钮，载入“单扇防火门.rfa”族文件。

（12）在“属性”选项板中选取“单扇防火门 1000mm×2400mm 甲级”类型，单击“编辑类型”按钮，打开“类型属性”对话框，单击“复制”按钮，打开“名称”对话框，输入名称“1000mm×2100mm 甲级”，单击“确定”按钮，返回“类型属性”对话框，更改高度为 2100，其他采用默认设置，如图 8-10 所示，单击“确定”按钮，完成 1000mm×2100mm 甲级类型的创建。

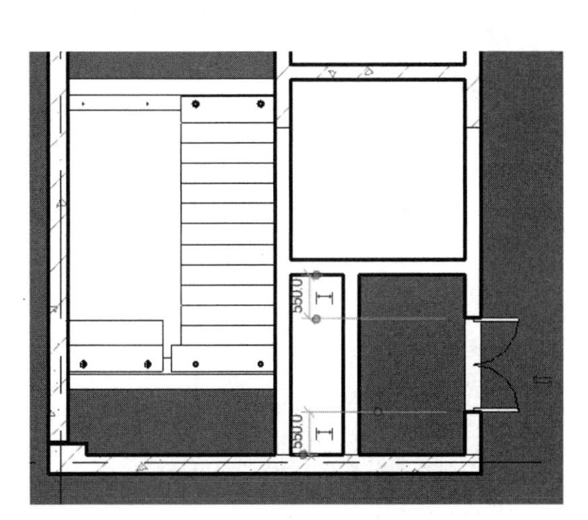

图 8-9　放置丙级双扇防火门

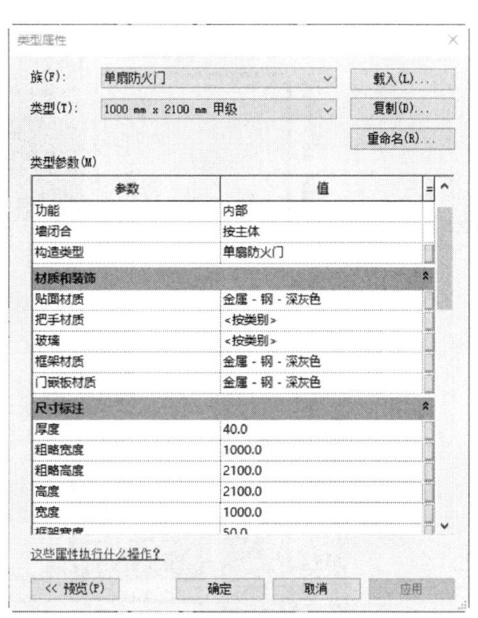

图 8-10　“类型属性”对话框

（13）将光标移到楼梯间的砌体墙上，单击放置甲级单扇防火门，如图 8-11 所示。按空格键可将开门方向从左开翻转为右开。

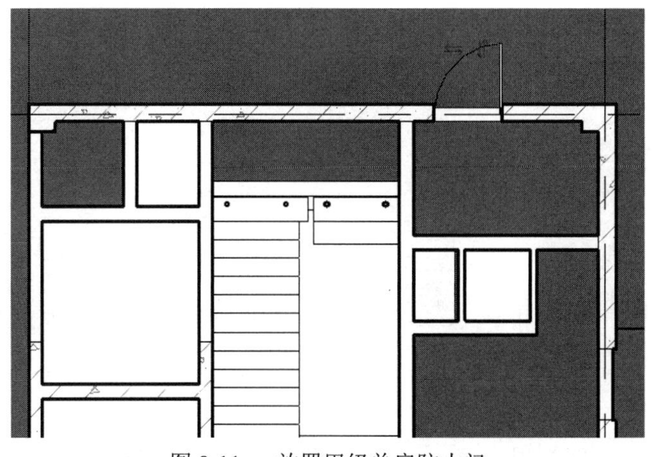

图 8-11　放置甲级单扇防火门

（14）在“属性”选项板中选取“单扇防火门 800mm×2400mm 乙级”类型，单击“编辑类型”按钮，打开“类型属性”对话框，单击“复制”按钮，打开“名称”对话框，输入名称“800mm×2100mm 丙级”，单击“确定”按钮，返回“类型属性”对话框，更改高度为 2100，防火等级为丙级，类型注释为 GFM-0824 A0.50，其他采用默认设置，单击“确定”按钮，完成 800mm×2100mm 丙级类型的创建。

（15）将光标移到楼梯间的墙上适当位置，单击放置丙级单扇防火门，如图 8-12 所示。

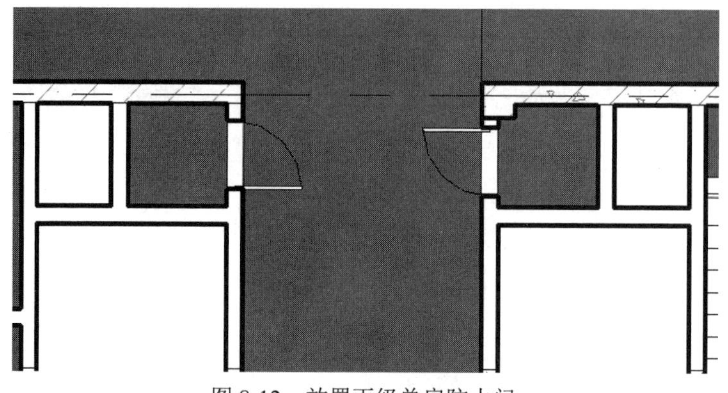

图 8-12　放置丙级单扇防火门

（16）选取右侧楼梯间墙上的丙级单扇防火门，单击“翻转实例开门方向”图标⇵，调整门的开启方向，如图 8-13 所示。

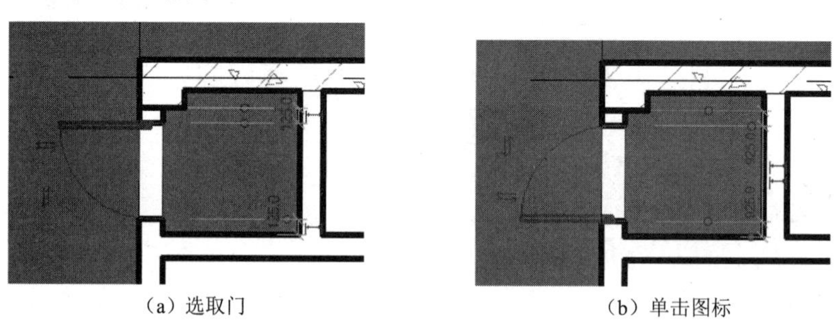

（a）选取门　（b）单击图标

图 8-13　调整门的开启方向

（17）单击图 8-13 中的临时尺寸，使其处于编辑状态，在文本框中输入新的尺寸值 0，按回车键确认，门会根据新的尺寸值调整位置，如图 8-14 所示。

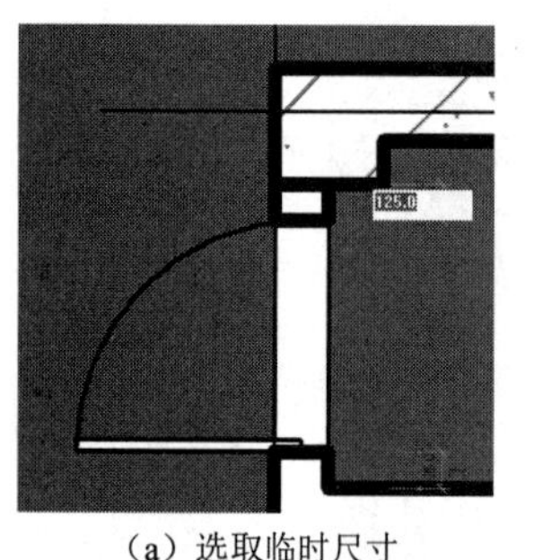

（a）选取临时尺寸

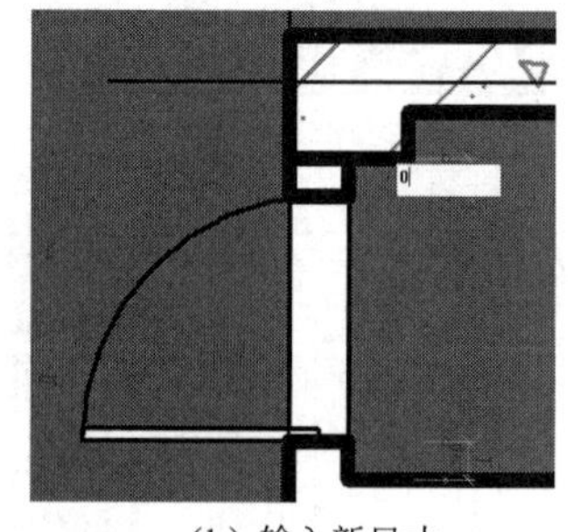

（b）输入新尺寸

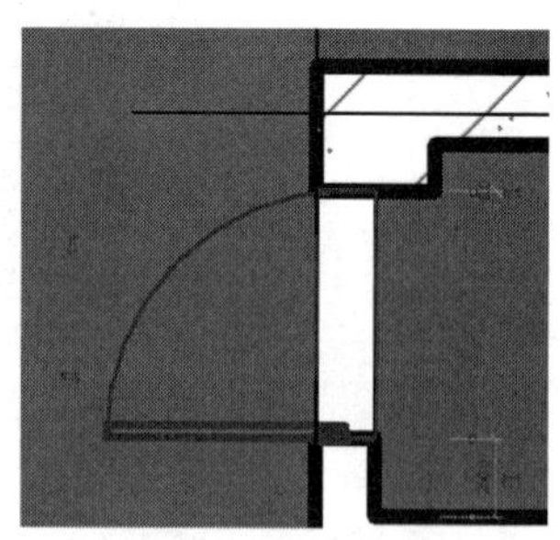

（c）调整门位置

图 8-14　修改门的位置尺寸

（18）单击“模式”面板中的“载入族”按钮，打开“载入族”对话框，选择“China”→

“建筑”→“门”→“普通门”→“平开门”→“单扇”文件夹中的“单嵌板镶玻璃门 1.rfa”，单击“打开”按钮。

（19）在“属性”选项板中选择“单嵌板镶玻璃门 1 900mm×2100mm”类型，单击“编辑类型”按钮，打开“类型属性”对话框，单击“复制”按钮，打开“名称”对话框，输入名称“1000mm×2100mm”，单击“确定”按钮，返回“类型属性”对话框，更改宽度为 1000，其他采用默认设置，如图 8-15 所示，单击“确定”按钮，完成 1000mm×2100mm 类型的创建。

（20）将单扇门放置到隔墙上，并调整位置，使门距离墙 200mm，如图 8-16 所示。

（21）单击“文件”下拉菜单中的“另存为”→“项目”命令，打开“另存为”对话框，指定保存位置并输入文件名，单击“保存”按钮。

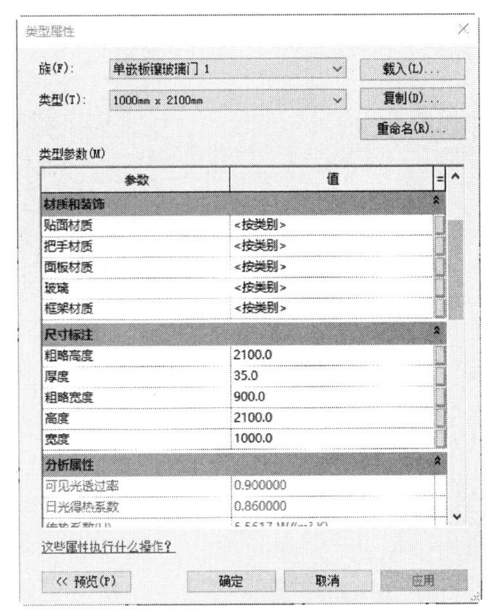

图 8-15　“类型属性”对话框

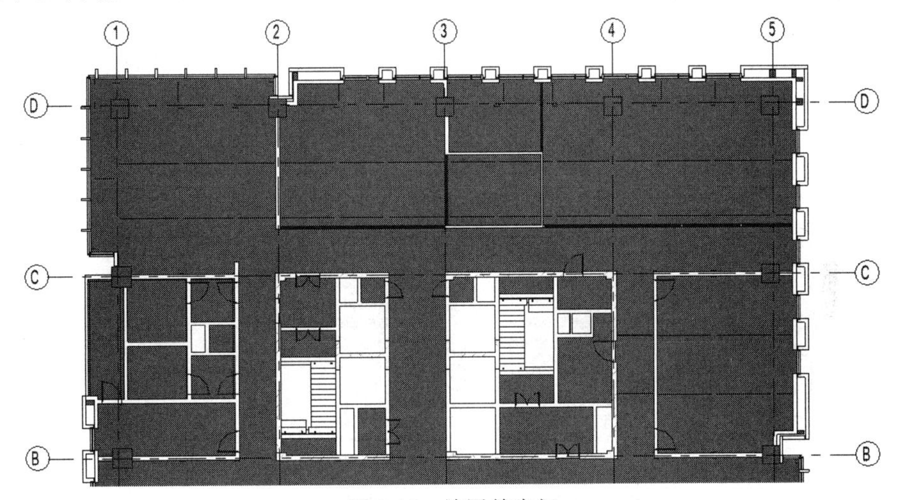

图 8-16　放置单扇门

8.1.2　布置幕墙上的门

视频：布置幕墙上的门

布置幕墙上的门的具体绘制步骤如下。

（1）打开 8.1.1 节绘制的项目文件。

（2）选取如图 8-17 所示的内幕墙，将视图切换至三维视图，单击控制栏中的“临时隐藏/隔离”按钮，打开如图 8-18 所示的下拉菜单，选择“隔离图元”选项，将幕墙隔离，如图 8-19 所示。

（3）单击“插入”选项卡“从库中载入”面板中的“载入族”按钮，打开“载入族”对话框，选择“China”→“建筑”→“幕墙”→“门窗嵌板”文件夹中的“门嵌板_单开门 1.rfa”族文件，如图 8-20 所示，单击“打开”按钮，载入族文件。

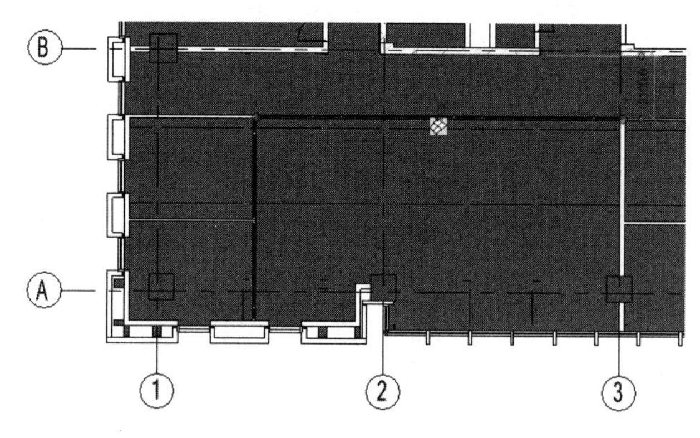

图 8-17　选取幕墙

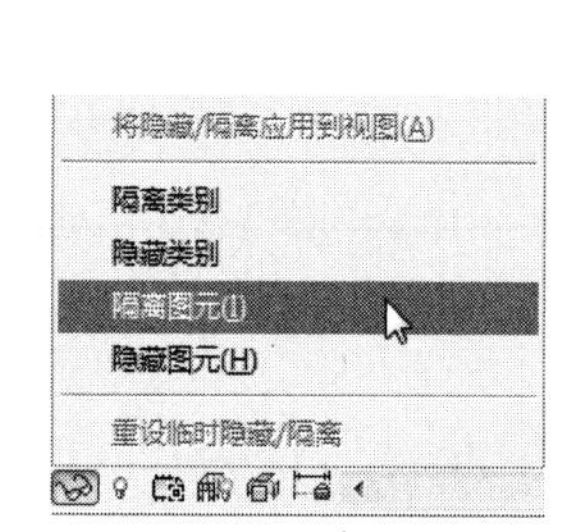

图 8-18　下拉菜单

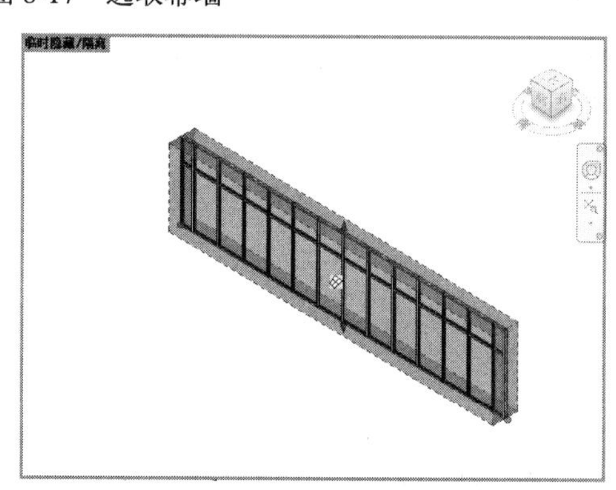

图 8-19　隔离幕墙

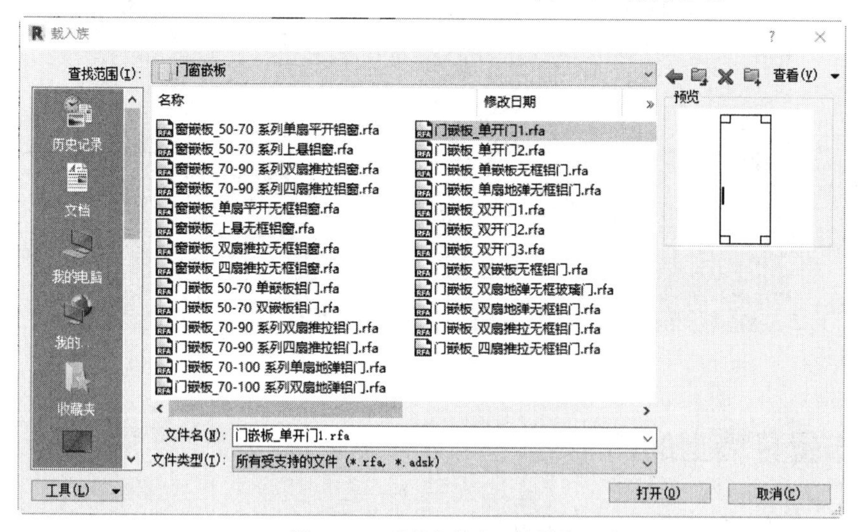

图 8-20　“载入族”对话框

（4）将视图切换至前视图。选取幕墙，单击鼠标右键，打开如图 8-21 所示的快捷菜单，选择“选择主体上的嵌板”选项。单击幕墙上最左侧嵌板上的“禁止或允许改变图元位置”图标使之变成，然后选取幕墙上最左侧嵌板，如图 8-22 所示。

（5）在“属性”选项板中选择 “门嵌板-单开门”类型，将嵌板替换为单开门，如图 8-23 所示。

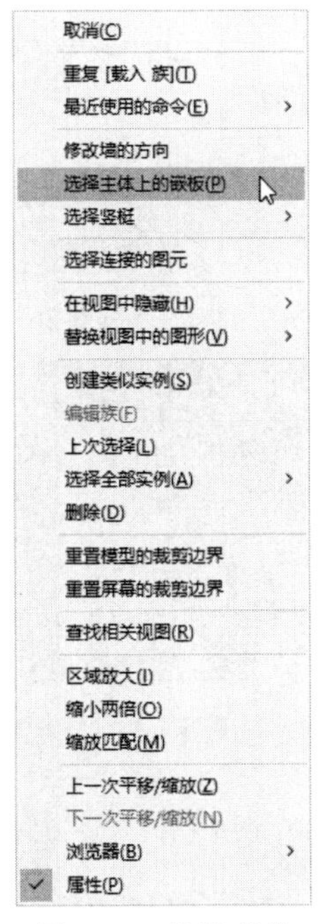

图 8-21　快捷菜单

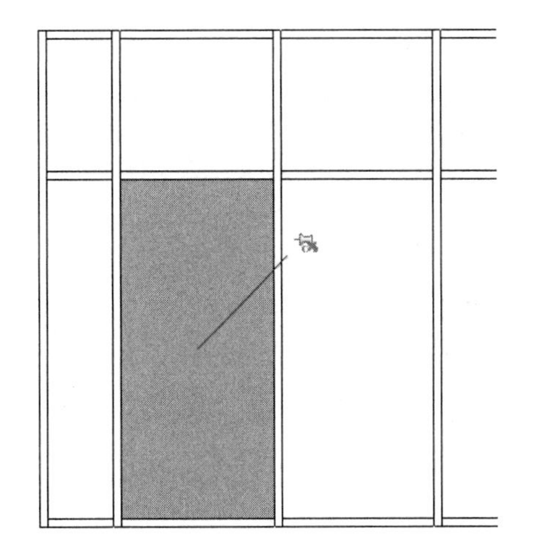

图 8-22　选取嵌板

提示：

如果在三维视图中不显示门把手，将控制栏中的详细程度更改为精细。

（6）选取幕墙，单击鼠标右键，打开如图 8-21 所示的快捷菜单，选择“选择主体上的嵌板”选项。单击幕墙上最右侧嵌板上的“禁止或允许改变图元位置”图标使之变成，然后选取幕墙上最右侧嵌板，如图 8-24 所示。

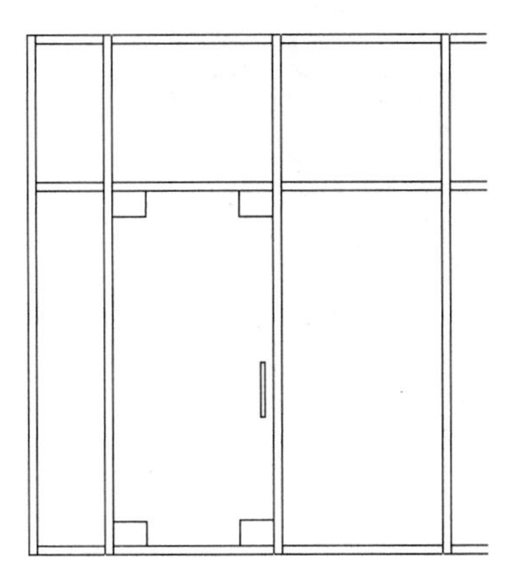

图 8-23　创建单开玻璃门（1）

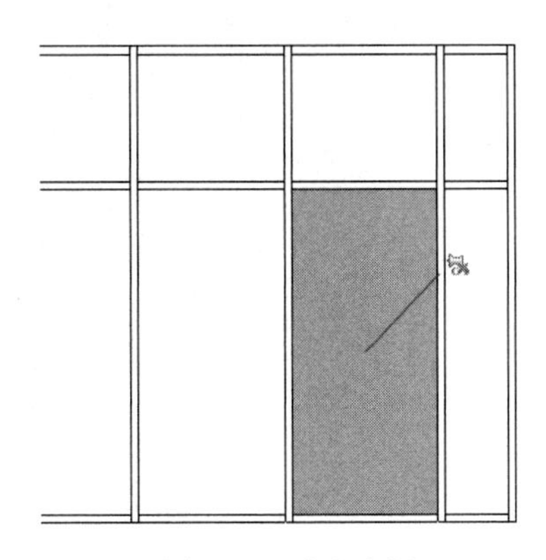

图 8-24　选取嵌板

（7）在“属性”选项板中选择 “门嵌板-单开门”类型，将嵌板替换为单开门，如图 8-25 所示。

（8）单击控制栏中的“临时隐藏/隔离”按钮，打开如图 8-26 所示的下拉菜单，选择“重设临时隐藏/隔离”选项，切换至 7F 楼层平面，如图 8-27 所示。

（9）选取上一步布置的单开玻璃门，单击“翻转实例面”图标⇅，调整门的开启方向，如图 8-28 所示。

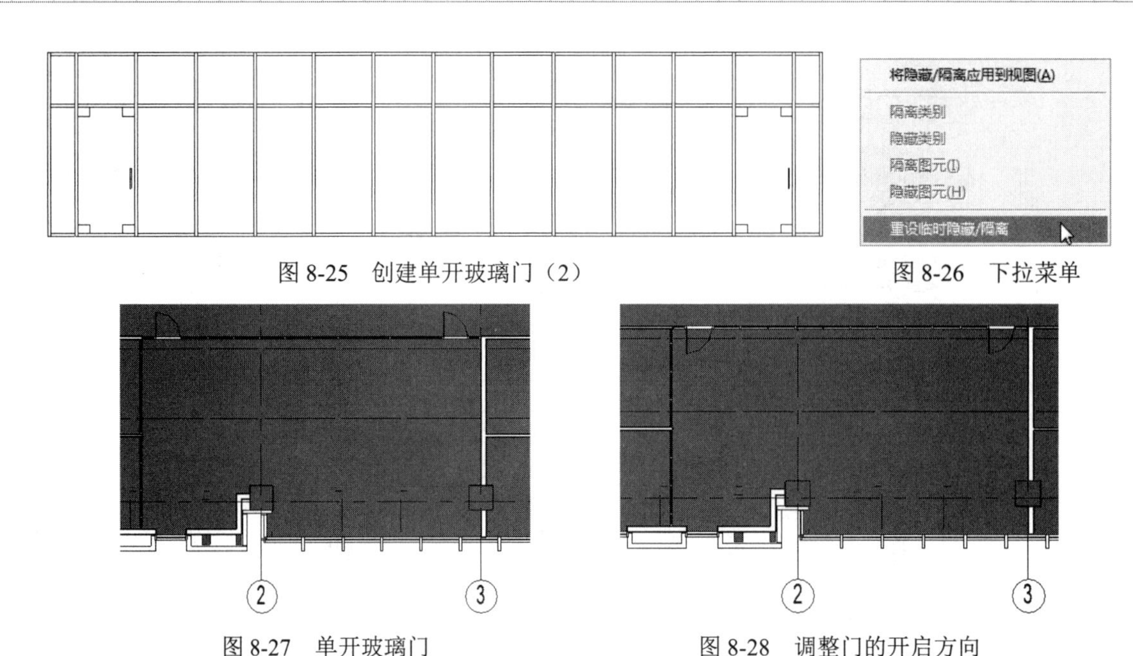

图 8-25 创建单开玻璃门（2）

图 8-26 下拉菜单

图 8-27 单开玻璃门

图 8-28 调整门的开启方向

（10）采用相同的方法，在其他幕墙上创建单开玻璃门，如图 8-29 所示。

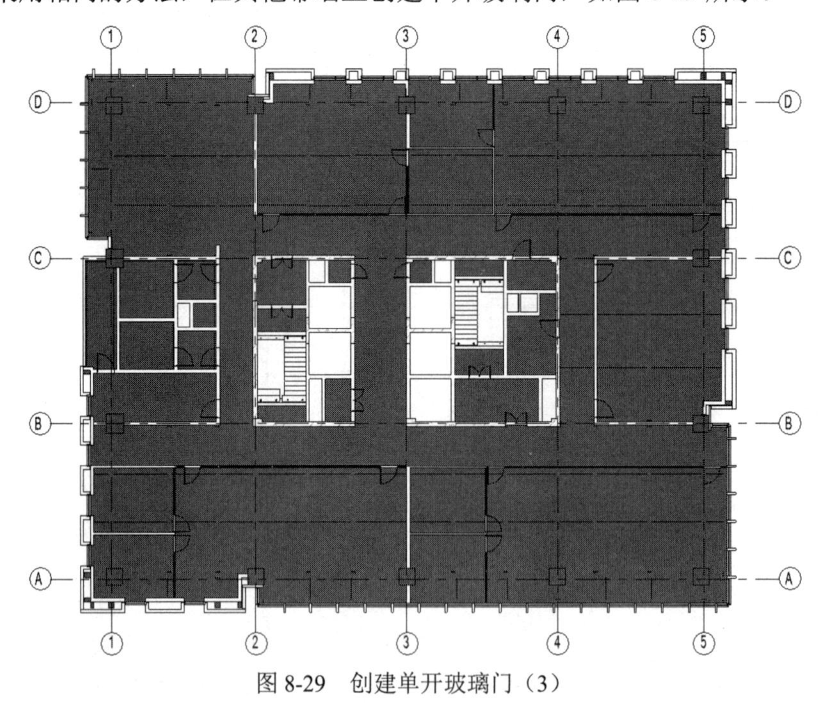

图 8-29 创建单开玻璃门（3）

（11）单击“文件”下拉菜单中的“另存为”→“项目”命令，打开“另存为”对话框，指定保存位置并输入文件名，单击“保存”按钮。

8.2 窗

窗是基于主体的构件，可以被添加到任何类型的墙内（天窗可以被添加到内建屋顶上）。

选择要添加的窗类型，然后指定窗在墙上的位置，Revit 将自动剪切洞口并放置窗。

8.2.1　布置窗

视频：布置窗

布置窗的具体操作步骤如下。

（1）打开 8.1.2 节绘制的项目文件。

（2）单击“建筑”选项卡“构建”面板中的“窗”按钮（快捷键：DN），打开如图 8-30 所示的“修改|放置 窗”选项卡和选项栏。

图 8-30　“修改|放置 窗”选项卡和选项栏

（3）在“属性”选项板中选择窗类型，系统默认的只有固定类型。

（4）单击“模式”面板中的“载入族”按钮，打开“载入族”对话框，选择“China”→“建筑”→“窗”→“普通窗”→“推拉窗”文件夹中的“推拉窗 7-带贴面.rfa”，如图 8-31 所示。单击“打开”按钮，载入“推拉窗 7-带贴面.rfa”族文件。

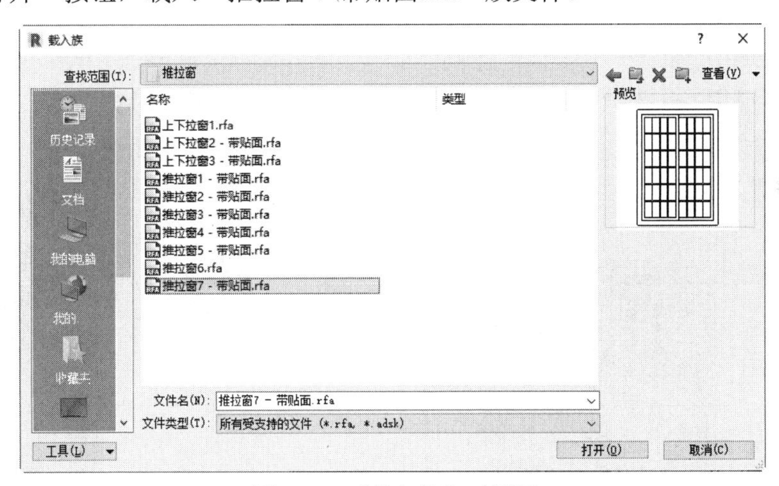

图 8-31　“载入族”对话框

（5）在“属性”选项板中单击“编辑类型”按钮，打开“类型属性”对话框，如图 8-32 所示，单击“复制”按钮，打开“名称”对话框，输入名称“1800mm×1600mm”，单击“确定”按钮，返回“类型属性”对话框，更改宽度为 1800，高度为 1600，其他采用默认设置，单击“确定”按钮。

“类型属性”对话框中的选项说明如下。

- 墙闭合：用于设置窗周围的层包络。选项包括按主体、两者都不、内部、外部和两者。
- 构造类型：设置窗的构造类型。
- 玻璃：设置玻璃的材质，可以单击按钮，打开“材质浏览器”对话框，设置玻璃的材质。
- 框架材质：设置框架的材质。

- 高度：设置窗洞口的高度。
- 宽度：设置窗的宽度。
- 粗略宽度：设置窗的粗略洞口的宽度，可以生成明细表。
- 粗略高度：设置窗的粗略洞口的高度，可以生成明细表。

（6）在“属性”选项板中设置底高度为 1500，其他采用默认设置，如图 8-33 所示。

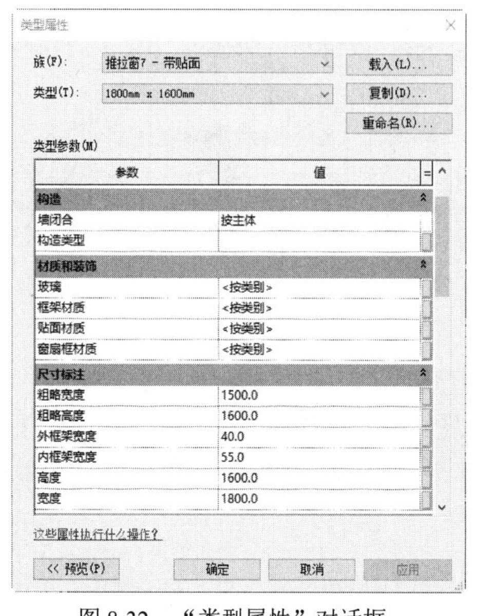

图 8-32 “类型属性”对话框

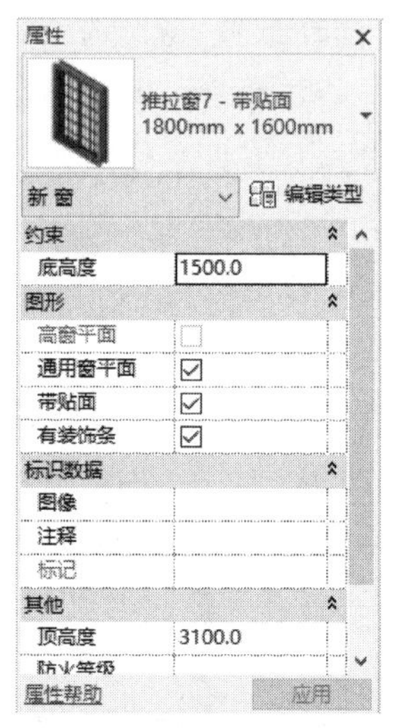

图 8-33 “属性”选项板

（7）将光标移到墙上以显示窗的预览图像，如图 8-34 所示。单击放置窗，Revit 将自动剪切洞口并放置窗，如图 8-35 所示。

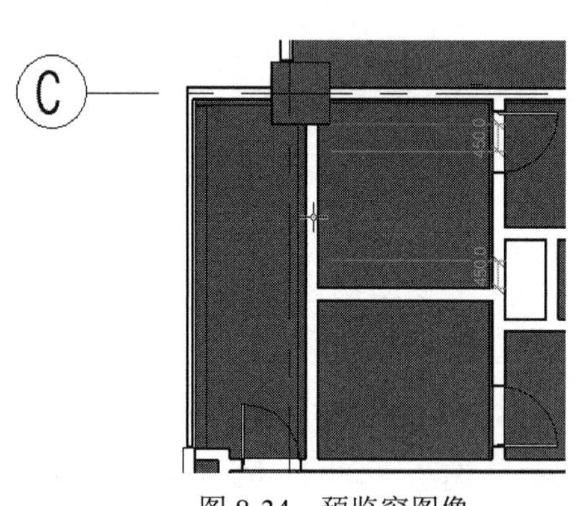

图 8-34 预览窗图像

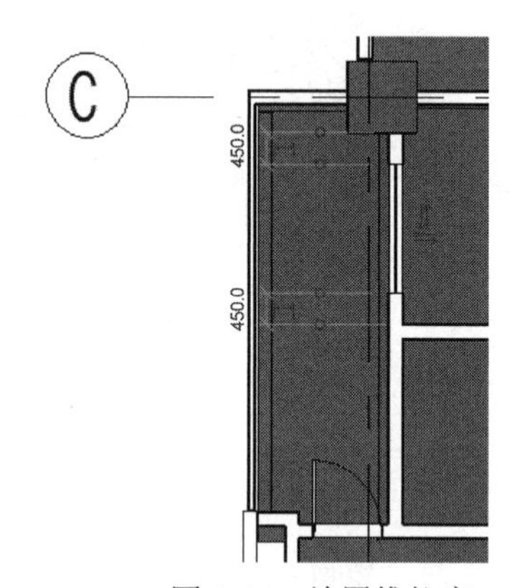

图 8-35 放置推拉窗

（8）单击图 8-35 中的临时尺寸，使其处于编辑状态，在文本框中输入新的尺寸值 300，按回车键确认，窗会根据新的尺寸值调整位置，如图 8-36 所示。

（9）选取上一步布置的推拉窗，单击“修改”面板中的“镜像-拾取轴”按钮（快捷键：MM），拾取水平墙体的中心线作为镜像轴，将推拉窗进行镜像，如图 8-37 所示。

（10）单击“模式”面板中的“载入族”按钮，打开“载入族”对话框，选择“China”→“建筑”→“窗”→“普通窗”→“百叶风口”文件夹中的“百叶风口 4-角度可变.rfa”，如图 8-38 所示。单击“打开”按钮，载入“百叶风口 4-角度可变.rfa”族文件。

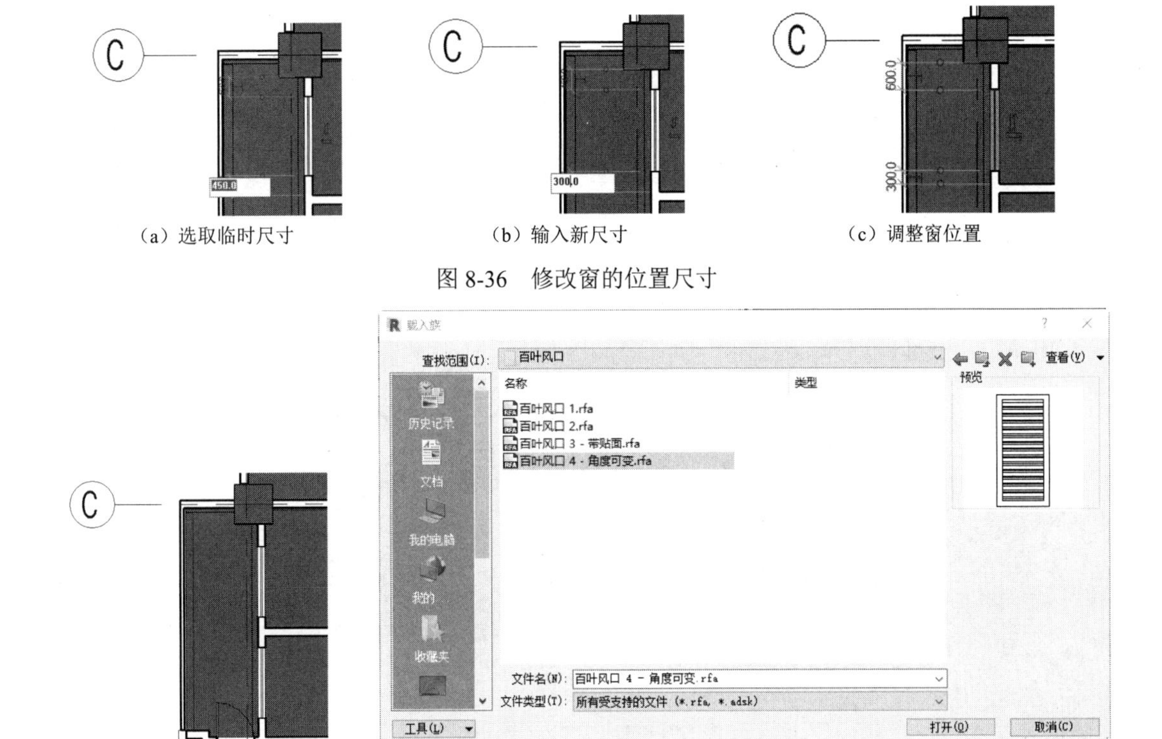

（a）选取临时尺寸　（b）输入新尺寸　（c）调整窗位置

图 8-36　修改窗的位置尺寸

图 8-37　镜像推拉窗　　图 8-38　“载入族”对话框

（11）在“属性”选项板中设置底高度为 0，单击“编辑类型”按钮，打开“类型属性”对话框，单击“复制”按钮，打开“名称”对话框，输入名称“5720mm×3900mm”，单击“确定”按钮，返回“类型属性”对话框，更改高度为 3900，宽度为 5720，其他采用默认设置，如图 8-39 所示，单击“确定”按钮。

（12）在西侧阳台外墙体上放置百叶风口，如图 8-40 所示。

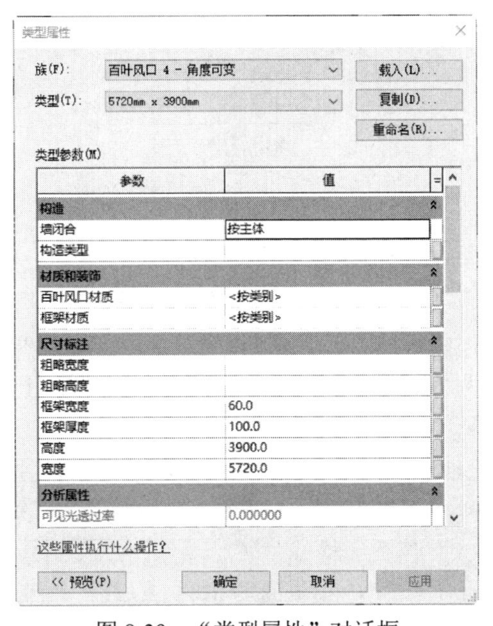

图 8-39　“类型属性”对话框

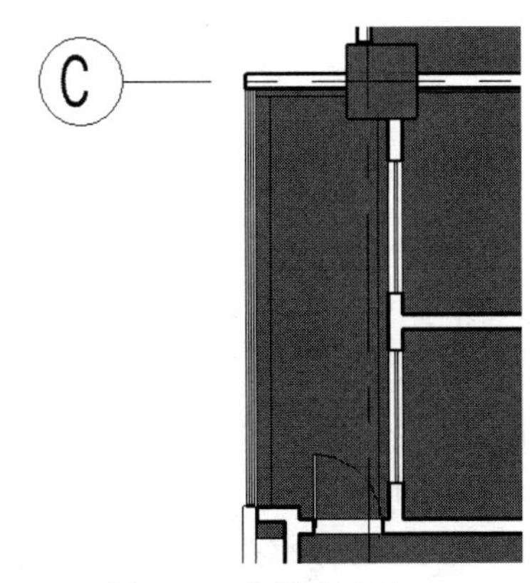

图 8-40　布置百叶风口

（13）单击“文件”下拉菜单中的“另存为”→“项目”命令，打开“另存为”对话框，指定保存位置并输入文件名，单击“保存”按钮。

8.2.2 布置幕墙上的窗

视频：布置幕墙上的窗

（1）打开 8.2.1 节绘制的项目文件。

（2）选取外幕墙，如图 8-41 所示，将视图切换至三维视图，单击控制栏中的“临时隐藏/隔离”按钮，在打开的下拉菜单中选择“隔离图元”选项，将幕墙隔离，如图 8-42 所示。

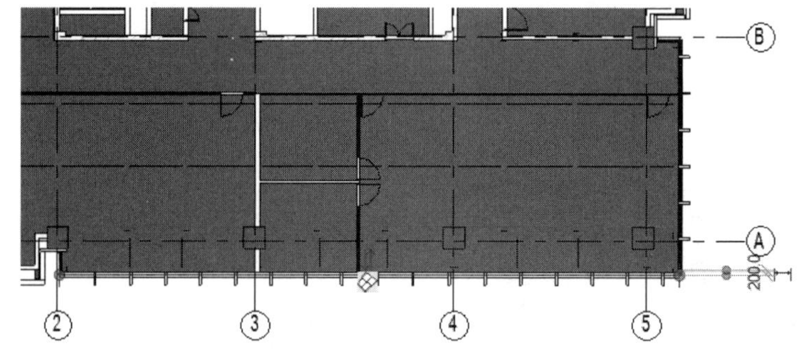

图 8-41 选取外幕墙

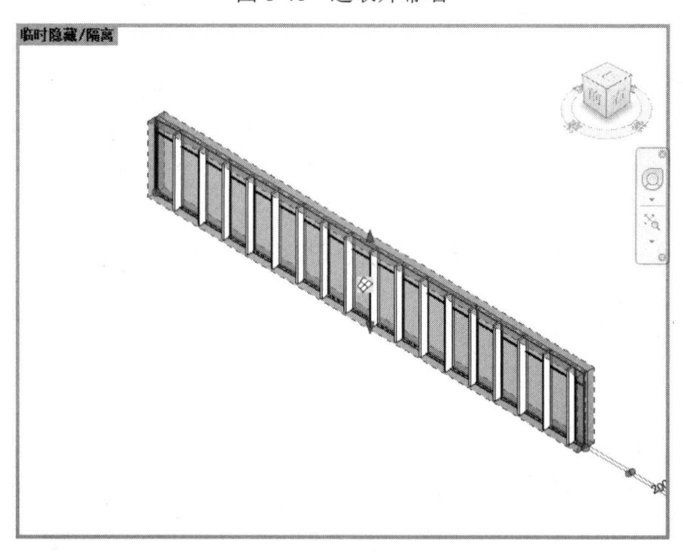

图 8-42 隔离幕墙

（3）单击“插入”选项卡“从库中载入”面板中的“载入族”按钮，打开“载入族”对话框，选择“China”→“建筑”→“幕墙”→“门窗嵌板”文件夹中的“窗嵌板_上悬无框铝窗.rfa”族文件，如图 8-43 所示，单击“打开”按钮，载入族文件。

（4）将视图切换至前视图。单击“建筑”选项卡“构建”面板中的“幕墙 网格”按钮，打开“修改|放置 幕墙网格”选项卡，如图 8-44 所示，单击“全部分段”按钮，放置水平网格线，双击下方的临时尺寸，修改尺寸为 1000，调整网格线位置，系统自动在网格线处生成竖梃；继续在上方绘制水平竖梃，并修改临时尺寸为 1200，如图 8-45 所示。

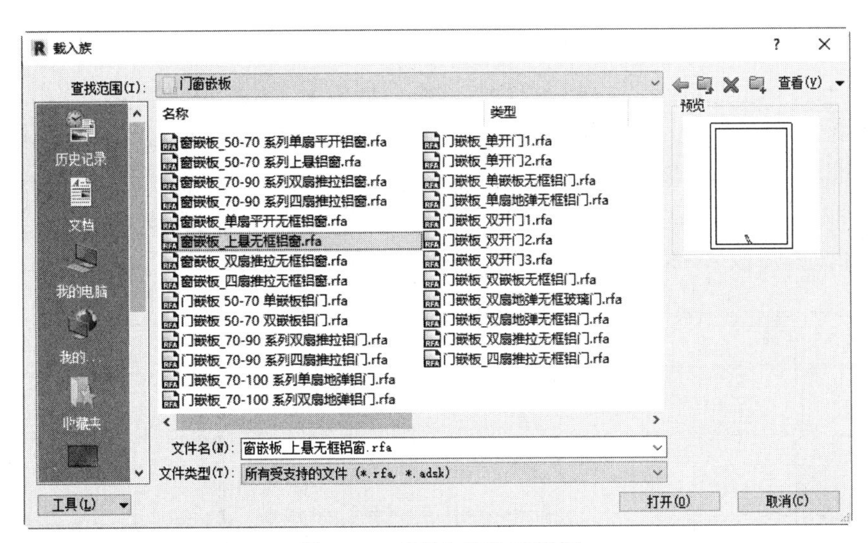

图 8-43　“载入族”对话框

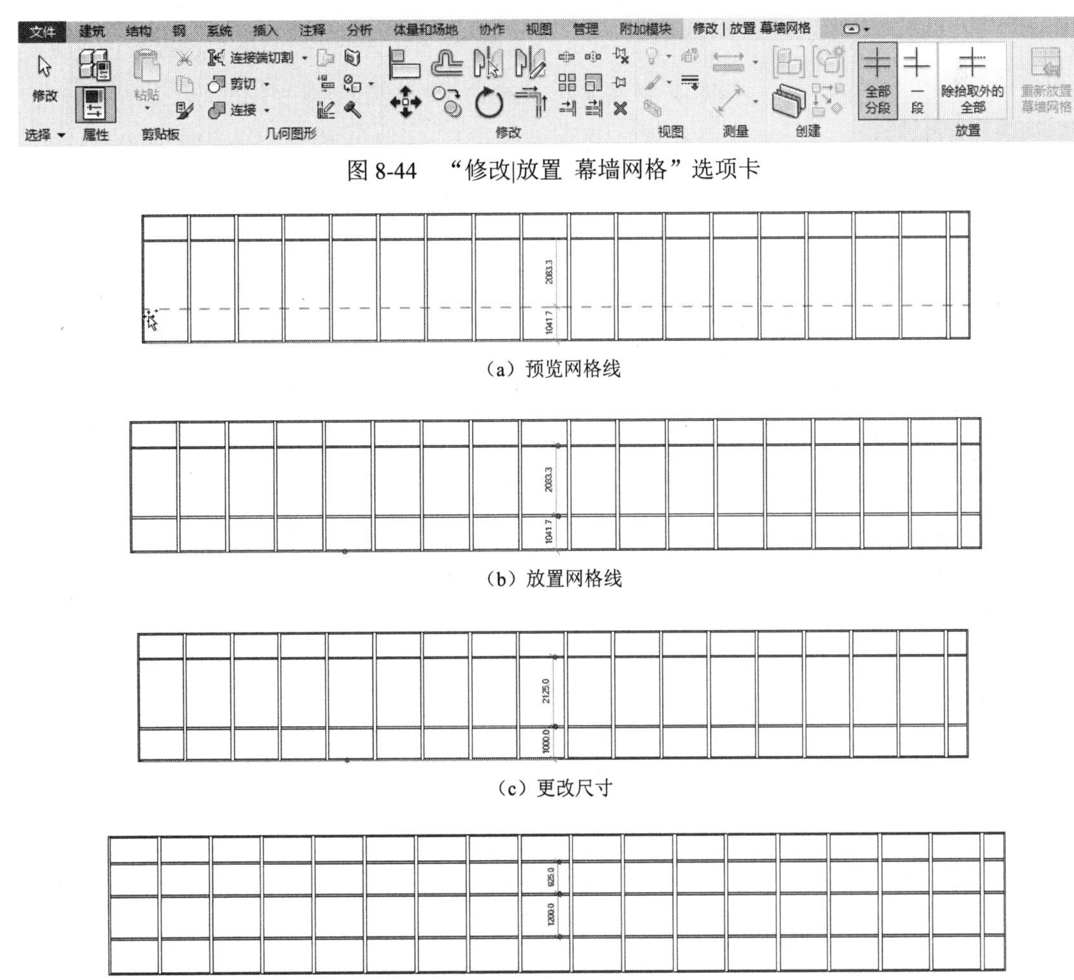

图 8-44　“修改|放置 幕墙网格”选项卡

（a）预览网格线

（b）放置网格线

（c）更改尺寸

（d）绘制其他网格线

图 8-45　放置网格线

“修改|放置 幕墙网格”选项卡中选项说明如下。

- 全部分段：单击此按钮，添加整条网格线。
- 一段：单击此按钮，添加一段网格线细分嵌板。
- 除拾取外的全部：单击此按钮，先添加一条红色的整条网格线，然后单击某段删除，其余的嵌板添加网格线。

（5）选取上一步创建的第一格中的水平竖梃，单击“禁止或允许改变图元位置”图标，使之变成，然后按 Delete 键删除选中的竖梃，如图 8-46 所示。

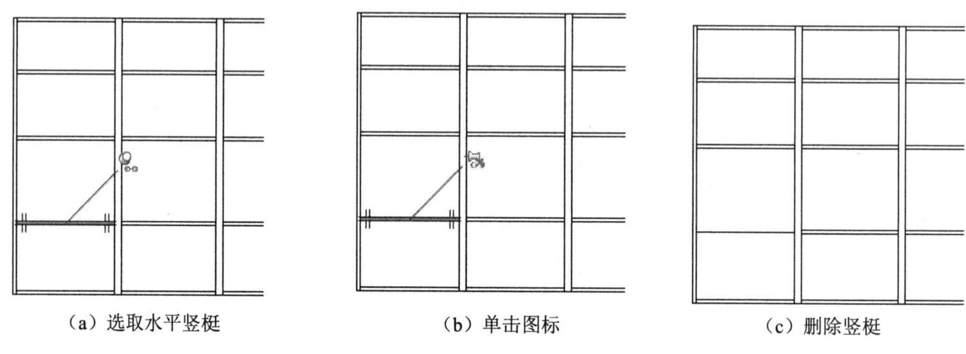

（a）选取水平竖梃　　（b）单击图标　　（c）删除竖梃

图 8-46　删除第一格内的水平竖梃

（6）采用相同的方法，删除其他格中不需要的水平竖梃，如图 8-47 所示。

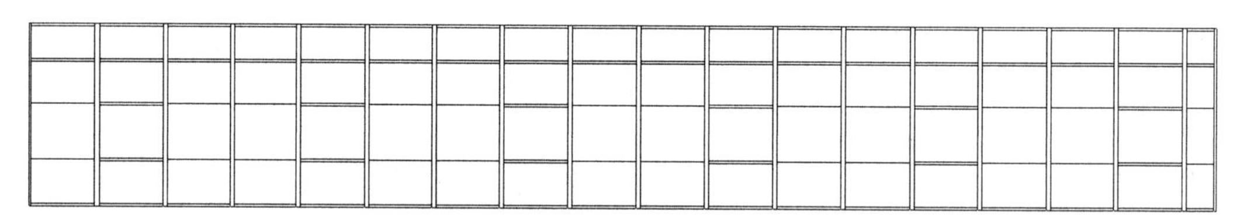

图 8-47　删除水平竖梃

（7）选取网格线，打开如图 8-48 所示的“修改|幕墙网格”选项卡，单击“添加/删除线段”按钮，在视图中单击没有竖梃的网格线将其删除，如图 8-49 所示

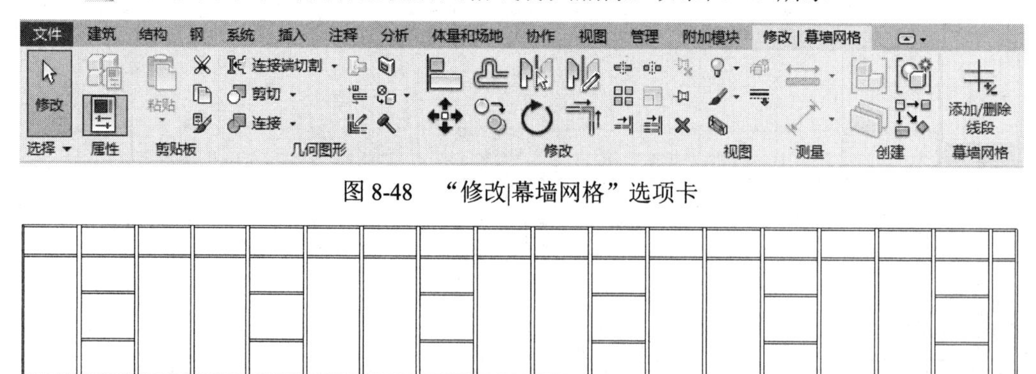

图 8-48　“修改|幕墙网格”选项卡

图 8-49　删除网格线

（8）选取幕墙，单击鼠标右键，在打开的快捷菜单中选择“选择主体上的嵌板”选项。单击嵌板上的“禁止或允许改变图元位置”图标使之变成，然后选取嵌板，如图 8-50 所示。

（9）在“属性”选项板中选择“窗嵌板_上悬无框铝窗”类型，将嵌板替换为窗户，如图 8-51 所示。

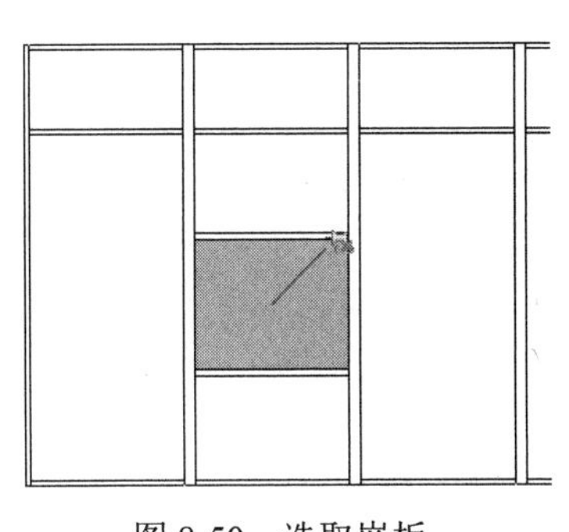

图 8-50　选取嵌板

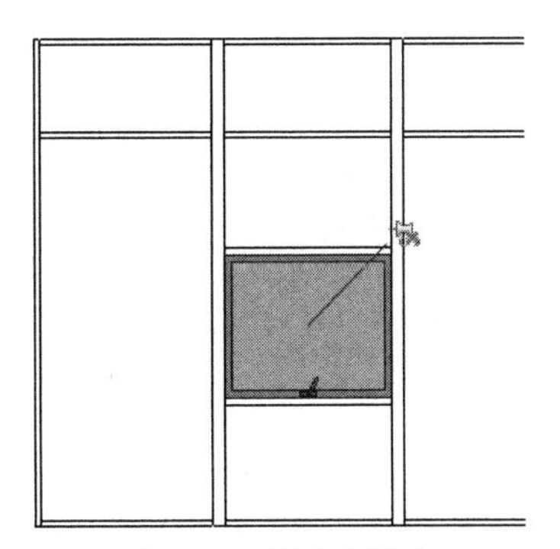

图 8-51　创建上悬窗

（10）采用相同的方法，在此幕墙上创建其他上悬窗，如图 8-52 所示。

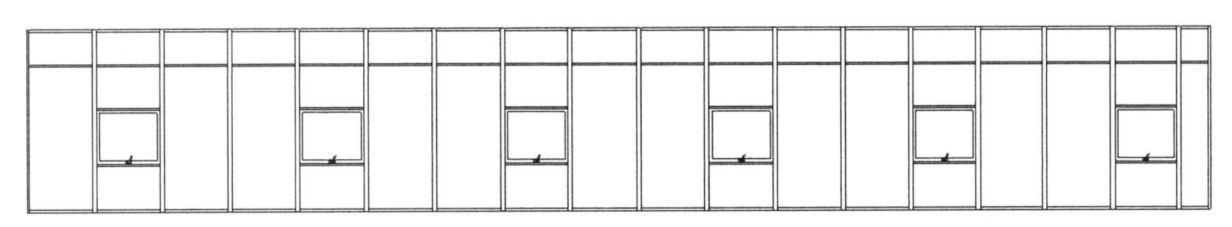

图 8-52　创建其他上悬窗

（11）单击控制栏中的“临时隐藏/隔离”按钮，在打开的下拉菜单中选择“重设临时隐藏/隔离”选项，切换至 7F 楼层平面。

（12）采用相同的方法，在其他外幕墙上布置上悬无框铝窗。

（13）选取如图 8-53 所示的外墙之间的幕墙，将视图切换至三维视图，单击控制栏中的“临时隐藏/隔离”按钮，在打开的下拉菜单中选择“隔离图元”选项，将幕墙隔离。

（14）将视图切换至前视图。单击“建筑”选项卡“构建”面板中的“幕墙 网格”按钮，打开“修改|放置 幕墙网格”选项卡，单击“全部分段”按钮，放置水平网格线，双击下方的临时尺寸，修改尺寸为 1000，调整网格线位置，系统自动在网格线处生成竖梃；继续在上方绘制水平竖梃，并修改临时尺寸为 1500，如图 8-54 所示。

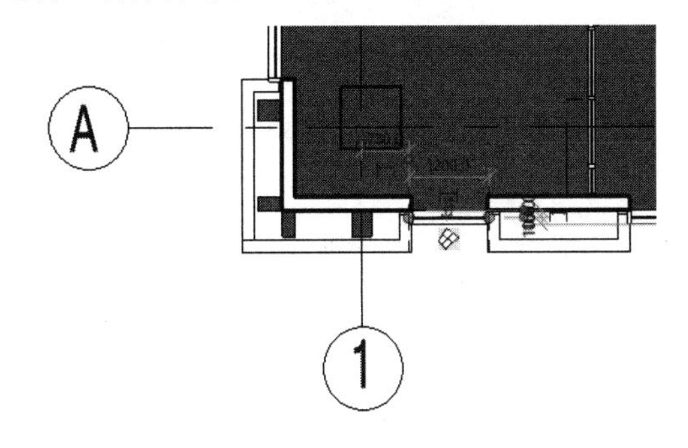

图 8-53　选取幕墙

（15）选取幕墙，单击鼠标右键，在打开的快捷菜单中选择“选择主体上的嵌板”选项。单击中间嵌板上的“禁止或允许改变图元位置”图标使之变成，然后选取嵌板，如图 8-55 所示。

（16）在“属性”选项板中选择 “窗嵌板_上悬无框铝窗”类型，将嵌板替换为窗户，如图 8-56 所示。

（17）单击控制栏中的“临时隐藏/隔离”按钮，在打开的下拉菜单中选择“重设临时隐藏/隔离”选项，切换至 7F 楼层平面。

（18）采用相同的方法，在其他外墙间的幕墙上布置上悬无框铝窗。

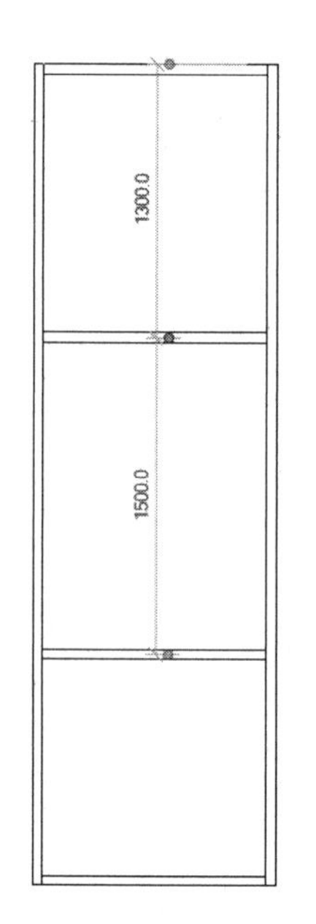

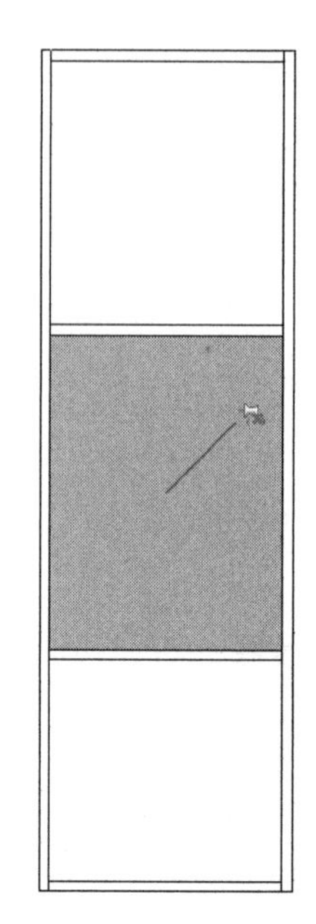

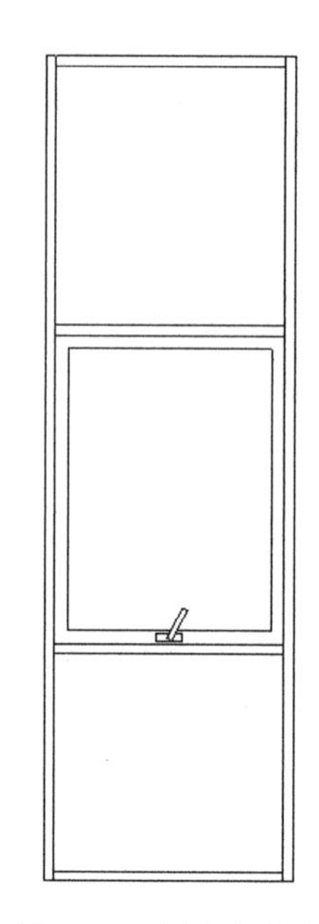

图 8-54　放置网格线（1）　　图 8-55　选取嵌板　　图 8-56　创建上悬窗

（19）选取如图 8-57 所示的外墙之间的幕墙，将视图切换至三维视图，单击控制栏中的“临时隐藏/隔离”按钮，在打开的下拉菜单中选择“隔离图元”选项，将幕墙隔离。

（20）将视图切换至后视图。单击“建筑”选项卡“构建”面板中的“幕墙 网格”按钮，打开“修改|放置 幕墙网格”选项卡，单击“一段”按钮，在右侧格内放置水平网格线，双击下方的临时尺寸，修改尺寸为 1000，调整网格线位置，系统自动在网格线处生成竖梃；继续在上方绘制水平竖梃，并修改临时尺寸为 1500，如图 8-58 所示。

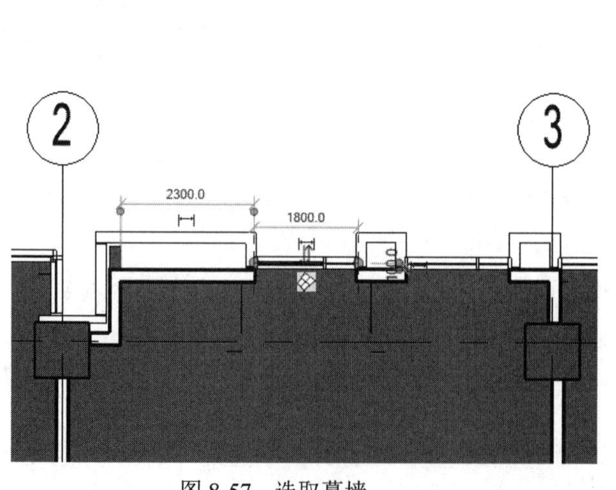

图 8-57　选取幕墙

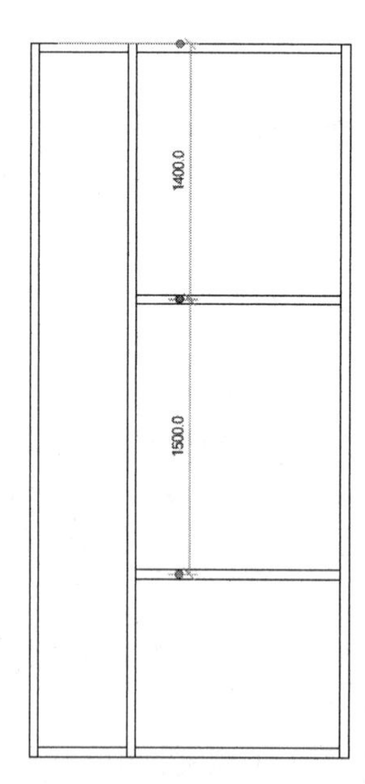

图 8-58　放置网格线（2）

（21）选取幕墙，单击鼠标右键，在打开的快捷菜单中选择“选择主体上的嵌板”选项。单击中间嵌板上的“禁止或允许改变图元位置”图标使之变成，然后选取嵌板，如

图 8-59 所示。

（22）在“属性”选项板中选择“窗嵌板_上悬无框铝窗”类型，将嵌板替换为窗户。

（23）采用相同的方法，在此幕墙上创建其他上悬窗，如图 8-60 所示。

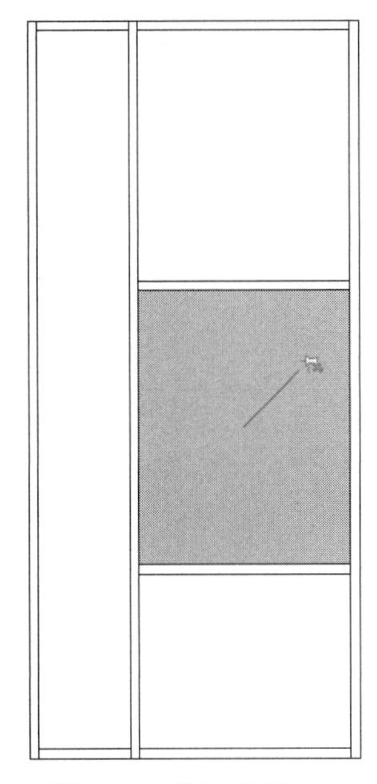

图 8-59　选取嵌板

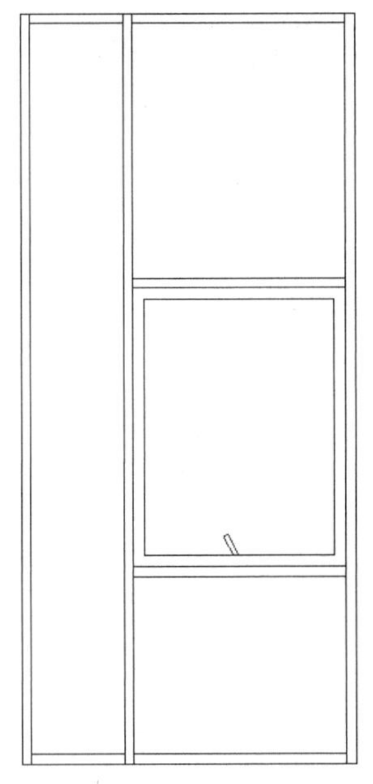

图 8-60　创建上悬窗

（24）单击控制栏中的“临时隐藏/隔离”按钮，在打开的下拉菜单中选择“重设临时隐藏/隔离”选项，切换至 7F 楼层平面。

（25）采用相同的方法，在其他外墙间的幕墙上布置上悬无框铝窗，将视图切换至三维视图，如图 8-61 所示。

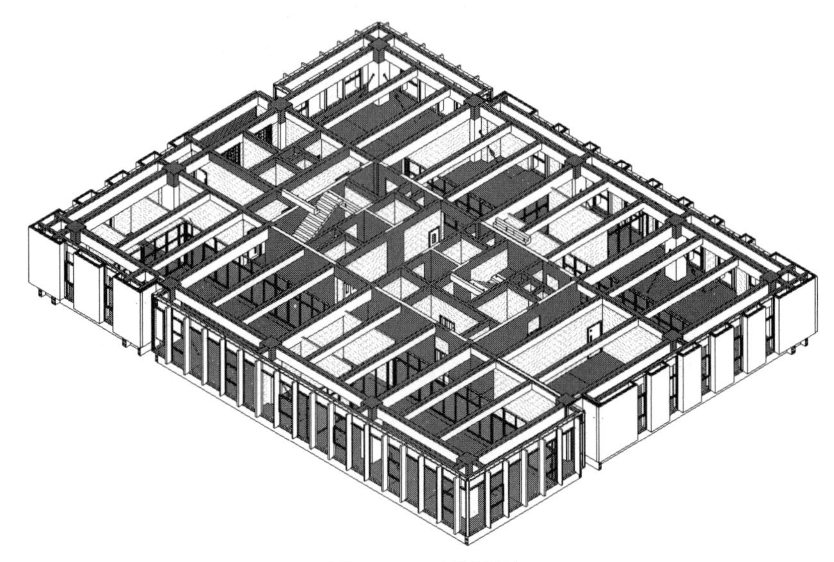

图 8-61　三维视图

（26）单击“文件”下拉菜单中的“另存为”→“项目”命令，打开“另存为”对话框，指定保存位置并输入文件名，单击“保存”按钮。

8.3 创建栏杆

8.3.1 绘制栏杆扶手轮廓

视频：绘制栏杆扶手轮廓

（1）在主视图中单击“族”→“新建”或者单击“文件”→“新建”→“族”命令，打开“新族-选择样板文件”对话框，选择“公制轮廓-扶栏.rft”为样板族，如图 8-62 所示，单击“打开”按钮进入族编辑器。扶栏轮廓界面如图 8-63 所示。

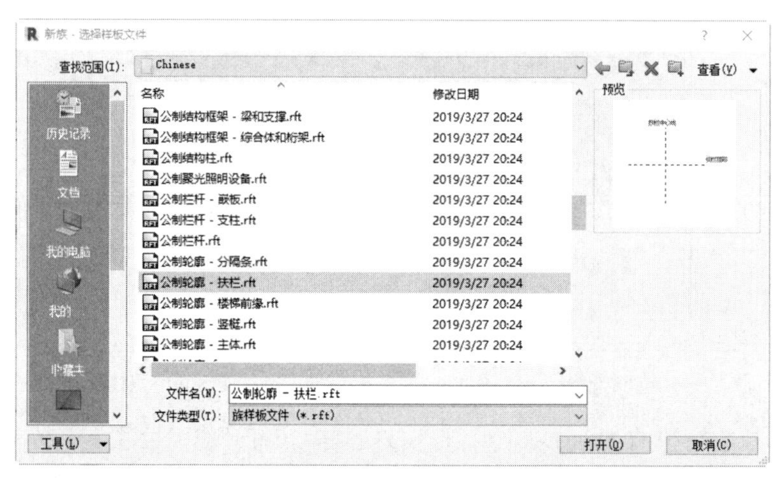

图 8-62 “新族-选择样板文件”对话框

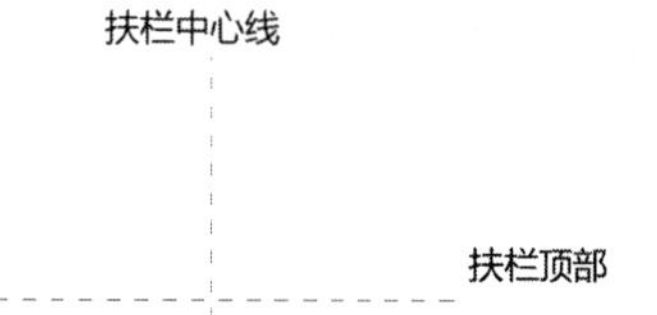

图 8-63 扶栏轮廓界面

（2）单击“创建”选项卡“详图”面板中的“线”按钮（快捷键：LI），打开“修改|放置线”选项卡，单击“线”按钮，绘制轮廓，如图 8-64 所示。

（3）单击“快速访问”工具栏中的“保存”按钮（快捷键：Ctrl+S），打开“另存为”对话框，输入名称“正方形 60mm”，单击“保存”按钮，保存族文件。

（4）在主视图中单击“族”→“新建”或者单击“文件”→“新建”→“族”命令，打开“新族-选择样板文件”对话框，选择“公制轮廓.rft”为样板族，单击“打开”按钮进入族编辑器。

（5）单击“创建”选项卡“详图”面板中的“线”按钮（快捷键：LI），打开“修改|放置线”选项卡，单击“矩形”按钮，绘制轮廓，如图 8-65 所示。

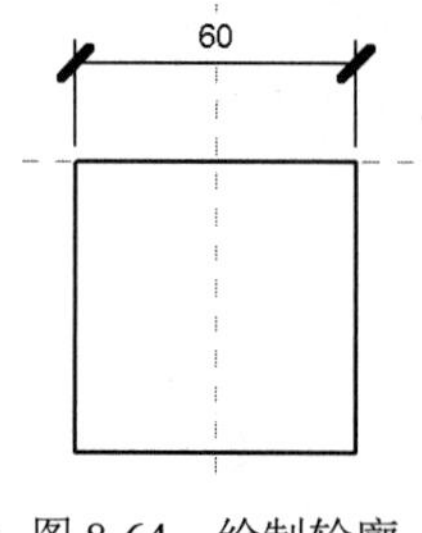

图 8-64 绘制轮廓

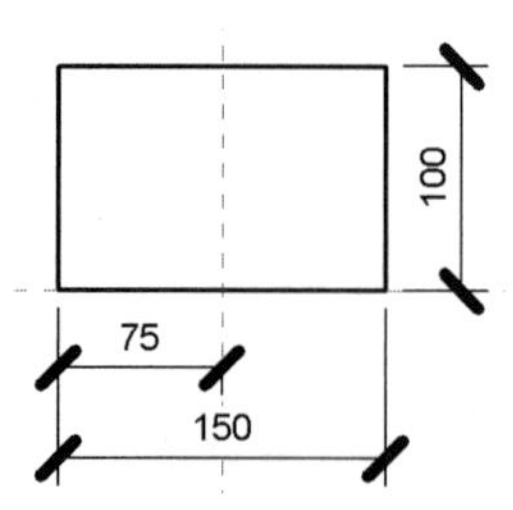

图 8-65 绘制轮廓

（6）单击“快速访问”工具栏中的“保存”按钮（快捷键：Ctrl+S），打开“另存为”对话框，输入名称“矩形 100mm×150mm”，单击“保存”按钮，保存族文件。

8.3.2　绘制阳台栏杆

视频：绘制阳台栏杆

通过绘制栏杆扶手路径来创建栏杆扶手，然后选择一个图元（如楼板或屋顶）作为栏杆扶手主体，具体绘制步骤如下。

（1）打开 8.2.2 节绘制的项目文件，将视图切换至第七层结构平面视图。

（2）单击“插入”选项卡“从库中载入”面板中的“载入族”按钮，打开“载入族”对话框，分别载入 8.3.1 节绘制的“正方形 60mm.rfa”和“矩形 100mm×150mm.rfa”族文件。

（3）单击“建筑”选项卡“构建”面板“栏杆扶手”按钮下拉列表中的“绘制路径”按钮，打开“修改|创建栏杆扶手路径”选项卡和选项栏，如图 8-66 所示。

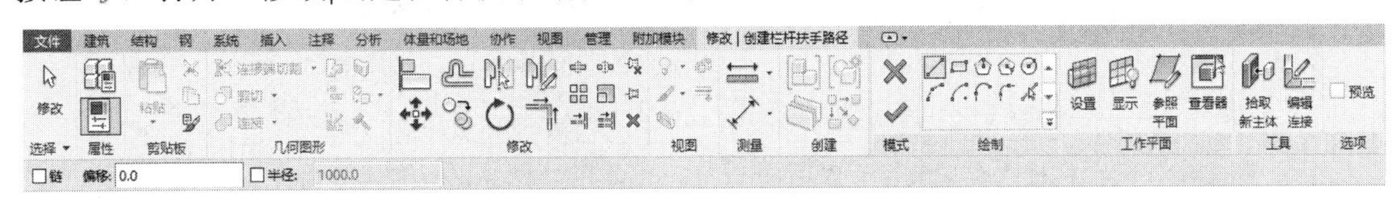

图 8-66　“修改|创建栏杆扶手路径”选项卡和选项栏

（4）在“属性”选项板中选择“栏杆扶手-900mm 圆管”类型，如图 8-67 所示。

“属性”选项板中的选项说明如下。

- 底部标高：指定栏杆扶手系统不位于楼梯或坡道上时的底部标高。如果在创建楼梯时自动放置了栏杆扶手，则此值由楼梯的底部标高决定。
- 底部偏移：如果栏杆扶手系统不位于楼梯或坡道上，则此值是楼板或标高到栏杆扶手系统底部的距离。
- 从路径偏移：指定相对于其他主体上踏板、梯边梁或路径的栏杆扶手偏移。如果在创建楼梯时自动放置了栏杆扶手，可以选择将栏杆扶手放置在踏板或梯边梁上。
- 长度：栏杆扶手的实际长度。
- 图像：单击按钮，打开“管理图像”对话框，添加图像作为栏杆扶手标记。
- 注释：有关图元的注释。
- 标记：应用于图元的标记，如显示在图元多类别标记中的标签。
- 创建的阶段：创建图元的阶段。
- 拆除的阶段：拆除图元的阶段。

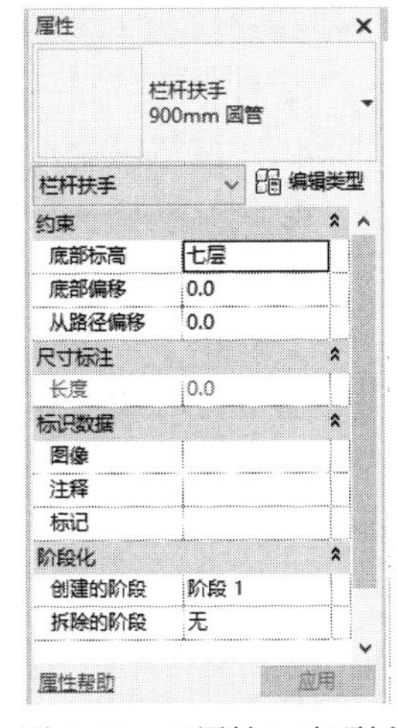

图 8-67　“属性”选项板

（5）单击“编辑类型”按钮，打开“类型属性”对话框，新建“栏杆”类型，勾选“使用顶部栏杆”复选框，设置高度为 1150，如图 8-68 所示。在“顶部扶栏”组中单击“类型”栏，显示并单击，打开“类型属性”对话框，新建“方形-60mm”类型，在轮廓下拉列表中选择“正方形 60mm”，设置材质为“樱桃木”，其他采用默认设置，如图 8-69 所示，单击“确定”按钮。

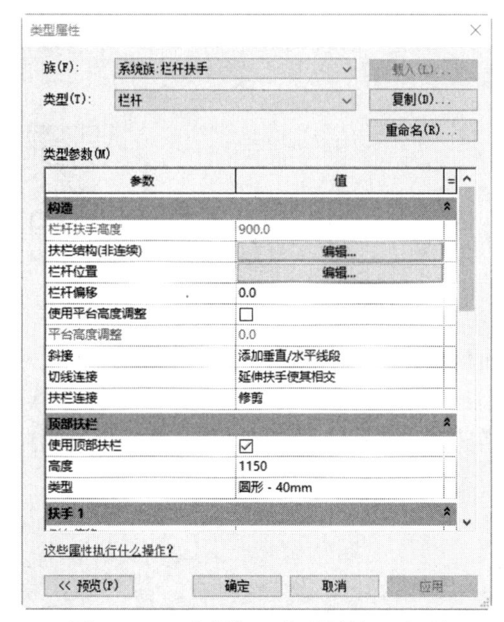

图 8-68　阳台栏杆“类型属性”对话框

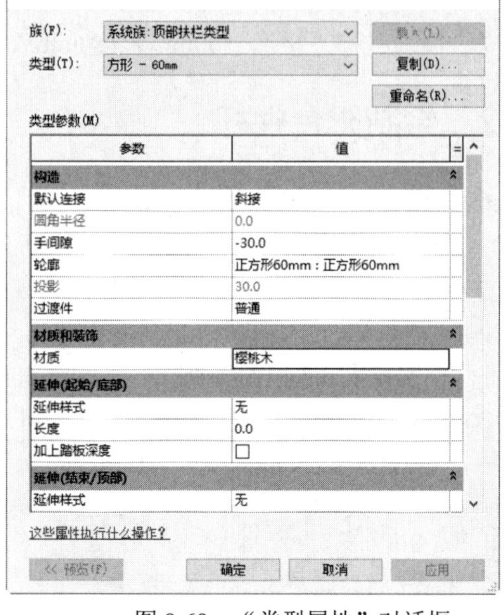

图 8-69　“类型属性”对话框

阳台栏杆“类型属性”对话框中的选项说明如下。

- 栏杆扶手高度：设置栏杆扶手系统中最高扶栏的高度。
- 扶栏结构（非连续）：单击“编辑”按钮，打开“编辑扶手（非连续）”对话框，在此对话框中可以设置每个扶栏的扶栏编号、高度、偏移、材质和轮廓族（形状）。单击“插入”按钮，输入扶栏的名称、高度、偏移、轮廓和材质属性。单击“向上”或“向下”以调整栏杆扶手的位置。
- 栏杆位置：单击“编辑”按钮，打开“编辑栏杆位置”对话框，定义栏杆样式。
- 栏杆偏移：距扶栏绘制线的栏杆偏移。通过设置此属性和扶栏偏移的值，可以创建扶栏和栏杆的不同组合。
- 使用平台高度调整：控制平台栏杆扶手的高度。若选择“否”，则栏杆扶手和平台像在楼梯梯段上一样使用相同的高度。若选择“是”，则栏杆扶手高度会根据“平台高度调整”设置值进行向上或向下调整。
- 平台高度调整：基于中间平台或顶部平台“栏杆扶手高度”参数的指示值提高或降低栏杆扶手高度。
- 斜接：如果两段栏杆扶手在水平面内相交成一定角度，但没有垂直连接，则可以选择“添加垂直/水平线段”或“不添加连接件”来确定连接方法。
- 切线连接：如果两段相切栏杆扶手在平面中共线或相切，但没有垂直连接，则可以选择“添加垂直/水平线段”或“不添加连接件”或“延伸扶栏使其相交”来连接。
- 扶栏连接：如果系统无法在栏杆扶手段之间进行连接时创建斜接连接，则可以通过修剪或焊接来进行连接。
- 修剪：使用垂直平面剪切分段。
- 焊接：以尽可能接近斜接的方式连接分段。接合连接最适合圆形扶栏轮廓。
- 高度：设置栏杆扶手系统中顶部栏杆的高度。
- 类型：指定顶部扶栏的类型。

- 侧偏移：显示栏杆的偏移值。
- 扶手-高度：扶手类型属性中指定的扶手高度。

（6）单击扶栏结构（非连续）栏中的“编辑”按钮 编辑... ，打开“编辑扶手（非连续）”对话框，选取“扶栏 2”“扶栏 3”“扶栏 4”，单击“删除”按钮将其删除，在轮廓下拉列表中选择“矩形 100mm×150mm”，设置高度为 0，材质为“现场浇注混凝土”，如图 8-70 所示。单击“确定”按钮，返回“类型属性”对话框。

（7）单击栏杆位置栏中的“编辑”按钮 编辑... ，打开“编辑栏杆位置”对话框，在常规栏的栏杆族中设置相对前一栏杆的距离为 200，设置转角支柱位置为“每段扶手末端”，其他采用默认设置，如图 8-71 所示。连续单击“确定”按钮，返回绘图区。

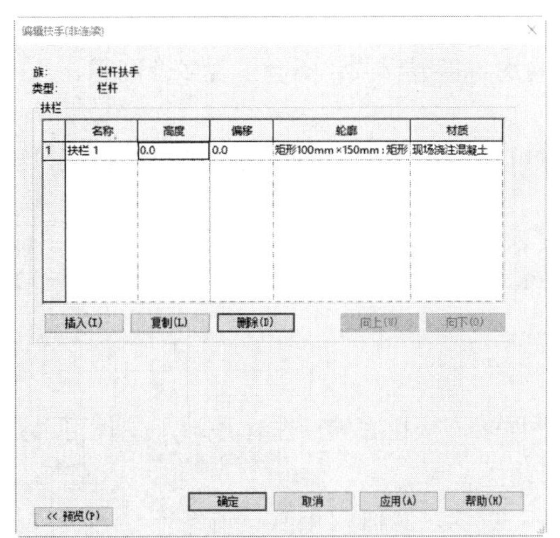

图 8-70　“编辑扶手（非连续）”对话框

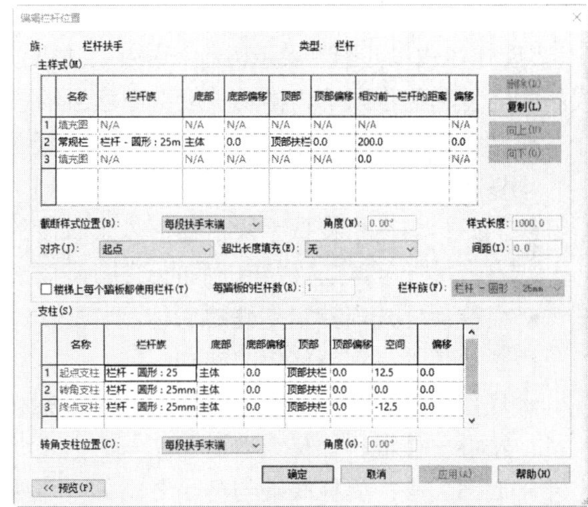

图 8-71　“编辑栏杆位置”对话框

“编辑栏杆位置”对话框中的选项说明如下。

“主样式”栏：自定义栏杆扶手的栏杆。

- 名称：样式内特定栏杆的名称。
- 栏杆族：指定栏杆或支柱族的样式。如果选择“无”，则此样式的相应部分将不显示栏杆或支柱。
- 底部：指定栏杆底端的位置。选项包括扶栏顶端、扶栏底端或主体顶端。主体可以是楼层、楼板、楼梯或坡道。
- 底部偏移：栏杆底端与基面之间的垂直距离，可以是负值或正值。
- 顶部：指定栏杆顶端的位置（常为扶栏）。
- 顶部偏移：栏杆顶端与顶之间的垂直距离，可以是负值或正值。
- 相对前一栏杆的距离：控制样式中栏杆的间距。对于第一个栏杆（主样式表的第 2 行），该属性指定栏杆扶手段起点或样式重复点与第一个栏杆放置位置之间的间距；对于每个后续行，该属性指定新栏杆与上一栏杆的间距。
- 偏移：栏杆相对于栏杆扶手路径内侧或外侧的距离。
- 截断样式位置：栏杆扶手段上的栏杆样式中断点。选项包括每段扶手末端、角度大于和从不。
- 角度：指定某个样式的中断角度。当选择“角度大于”截断样式位置时，此选项可用。

- 样式长度："相对前一栏杆的距离"列出的所有值的和。
- 对齐：各个栏杆沿栏杆扶手段长度方向进行对齐。选项包括起点、终点、中心和展开样式以匹配。

Revit 如何确定起点和终点取决于栏杆扶手的绘制方式是从右至左还是从左至右。

"起点"表示样式始自栏杆扶手段的始端。如果样式长度不是栏杆扶手长度的倍数，则最后一个样式实例和栏杆扶手段末端之间会出现多余间隙。

"终点"表示样式始自栏杆扶手段的末端。如果样式长度不是栏杆扶手长度的倍数，则最后一个样式实例和栏杆扶手段始端之间会出现多余间隙。

"中心"表示第一个栏杆样式位于栏杆扶手段中心，所有多余间隙均匀分布于栏杆扶手段的始端和末端。

"展开样式以匹配"表示沿栏杆扶手段长度方向均匀扩展样式。不会出现多余间隙，且样式的实际位置值不同于"样式长度"中指示的值。

- 超出长度填充：如果栏杆扶手段上出现多余间隙，但无法使用样式对其进行填充，可以指定间隙的填充方式。
- 间距：填充栏杆扶手段上任何多余长度的各个栏杆之间的距离。

"支柱"栏：自定义栏杆扶手的支柱。

- 名称：样式内特定支柱的名称。
- 栏杆族：指定支柱族的样式。
- 底部：指定支柱底端的位置。选项包括扶栏顶端、扶栏底端或主体顶端。主体可以是楼层、楼板、楼梯或坡道。
- 底部偏移：支柱底端与基面之间的垂直距离，可以是负值或正值。
- 顶部：指定支柱顶端的位置。
- 顶部偏移：支柱顶端与顶之间的垂直距离，可以是负值或正值。
- 空间：设置相对于指定位置向左或向右移动支柱的距离。
- 偏移：支柱相对于栏杆扶手路径内侧或外侧的距离。
- 转角支柱位置：指定栏杆扶手段上转角支柱的位置。
- 角度：指定添加支柱的角度。

（8）单击"绘制"面板中的"线"按钮（默认状态下，系统会激活此按钮），捕捉墙体的中点绘制栏杆路径，如图 8-72 所示。单击"模式"面板中的"完成编辑模式"按钮，完成栏杆路径的绘制，生成栏杆，切换至三维视图，如图 8-73 所示。

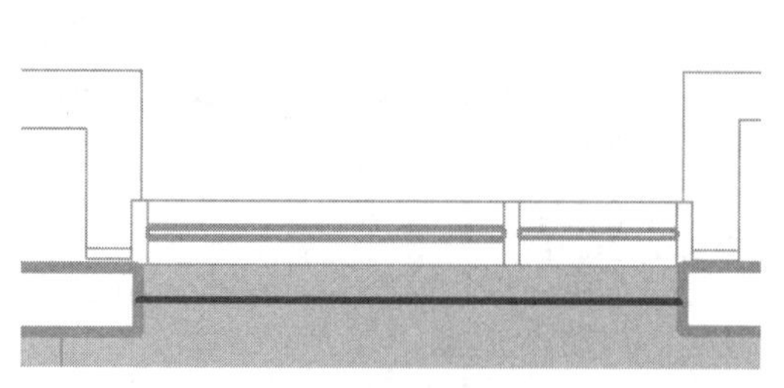

图 8-72　绘制栏杆路径

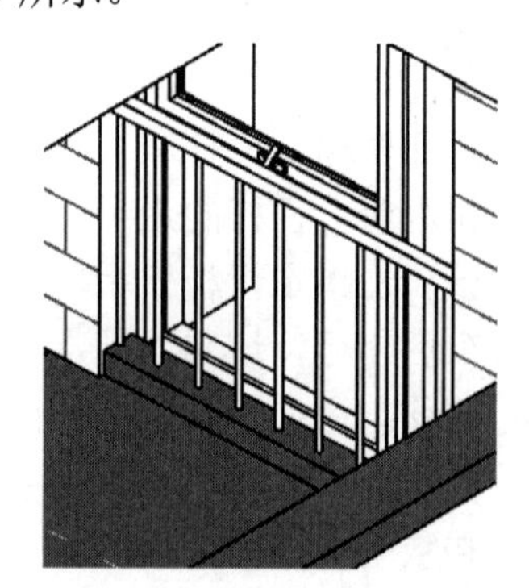

图 8-73　创建栏杆

（9）将视图切换至第七层结构平面视图。重复“栏杆路径”命令，在所有外墙之间的幕墙处创建栏杆，如图 8-74 所示。

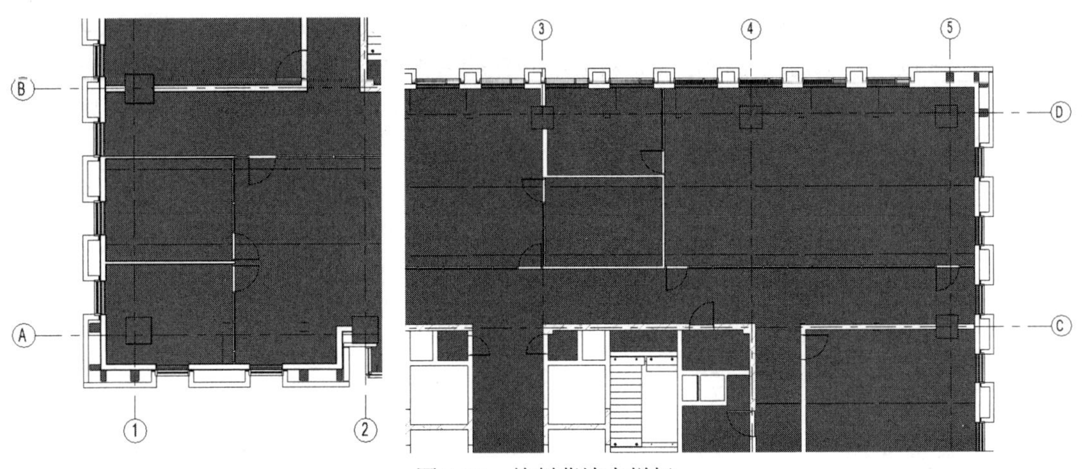

图 8-74　绘制幕墙内栏杆

（10）重复“栏杆路径”命令，在“属性”选项板中选择“栏杆”类型，利用“线”按钮，在左侧阳台楼板上绘制栏杆路径，如图 8-75 所示。单击“完成编辑模式”按钮，完成左侧阳台栏杆的绘制，隐藏百叶窗，如图 8-76 所示。

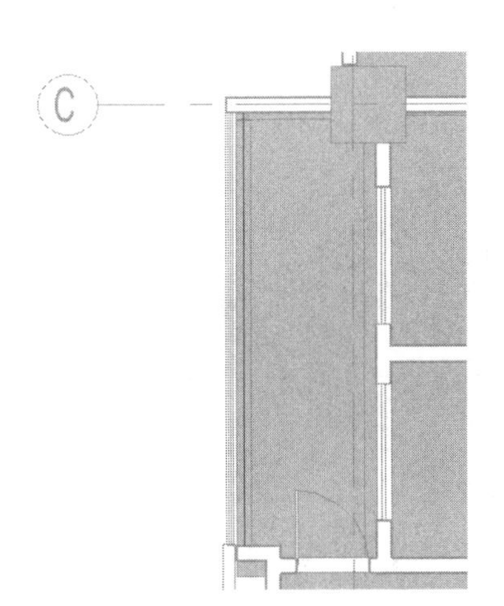

图 8-75　绘制左侧栏杆路径

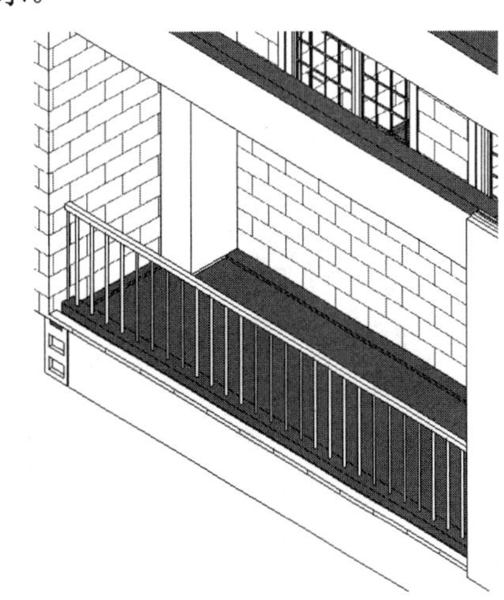
图 8-76　左侧阳台栏杆

（11）单击“文件”下拉菜单中的“另存为”→“项目”命令，打开“另存为”对话框，指定保存位置并输入文件名，单击“保存”按钮。

8.4　创建其他楼层

视频：创建其他楼层

因为第八层的结构与第七层结构完全相同，所以可以直接将第七层结构复制到第八层来创建第八层结构。

（1）打开 8.3.2 节绘制的项目文件。

（2）框选所有的图形，在打开的选项卡中单击“过滤器”按钮，打开“过滤器”对话框，取消勾选“轴网”“结构框架（其他）”“结构框架（大梁）”“结构框架（托梁）”“栏杆扶手：顶部栏杆”复选框，如图 8-77 所示，单击“确定”按钮，选取视图中的构件。

（3）单击“剪贴板”面板中的“复制到剪贴板”按钮（快捷键：Ctrl+C），然后单击“粘贴”按钮下拉列表中的“与选定标高对齐”按钮，打开“选择标高”对话框，选择“八层”，如图 8-78 所示，单击“确定”按钮，将所选构件复制到八层结构楼层，将视图切换至三维视图，如图 8-79 所示。

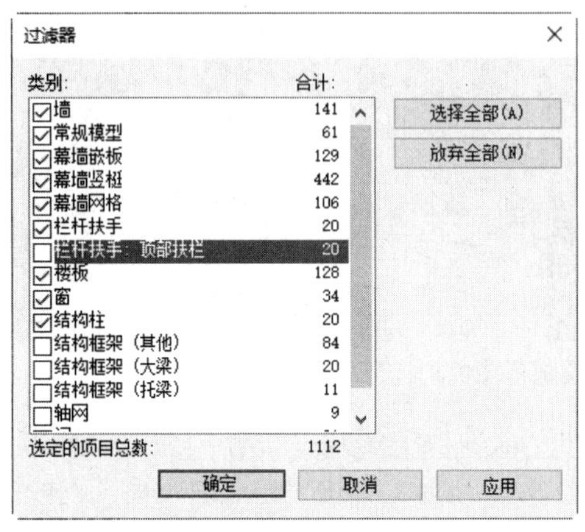

图 8-77 “过滤器”对话框

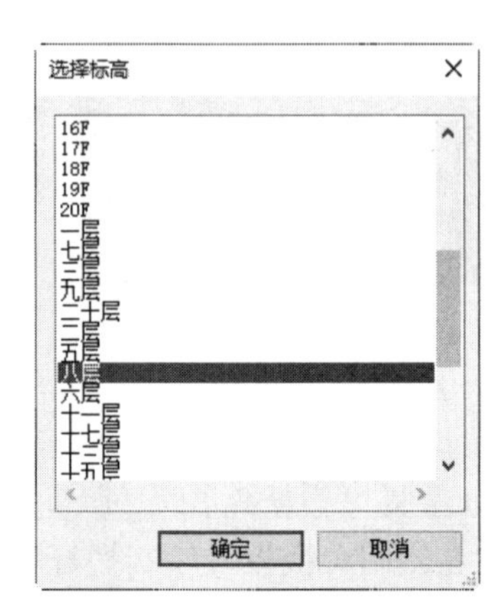

图 8-78 “选择标高”对话框

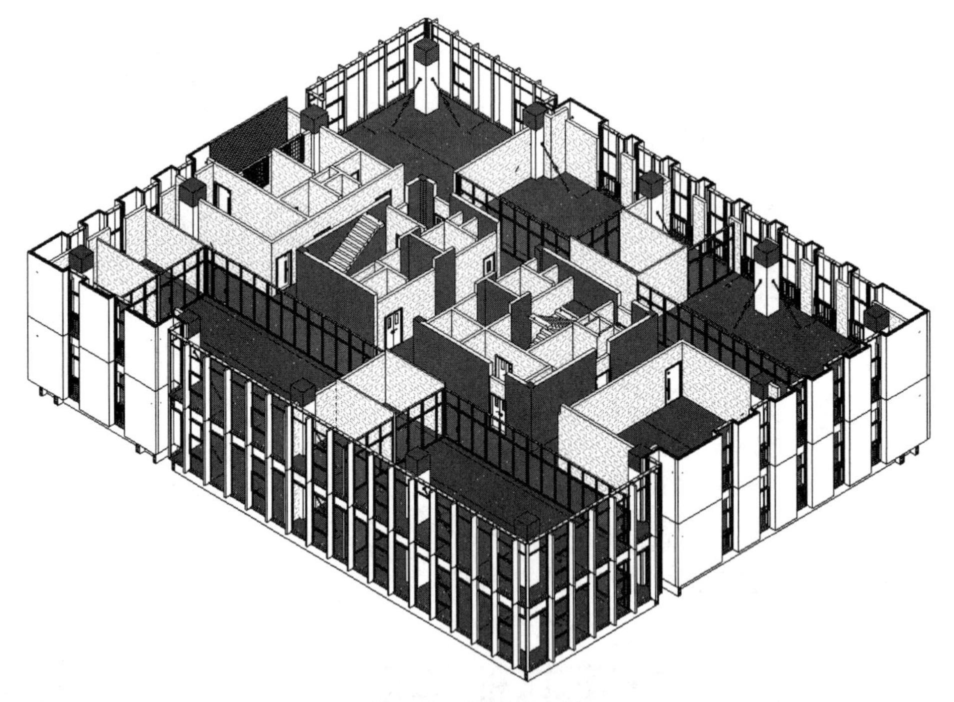

图 8-79 创建第八层

（4）单击“文件”下拉菜单中的“另存为”→“项目”命令，打开“另存为”对话框，指定保存位置并输入文件名，单击“保存”按钮。

根据 CAD 图纸，可将与第七层相同的结构复制到所需图层，不同结构根据前面章节介绍的创建方法进行创建，这里不再一一进行介绍。

第 9 章

工程量统计

知识导引

工程量统计通过明细表来实现。通过定制明细表，用户可以从创建的模型中获取项目应用中所需要的各类项目信息，然后以表格的形式表达。

本章主要介绍标记的添加、统计表的创建及预制率和装配率的计算。

视频：标记

9.1 标记

（1）打开 8.4 节绘制的项目文件，将视图切换至第七层结构平面视图。

（2）单击“注释”选项卡“标记”面板中的“按类别标记”按钮①（快捷键：TG），打开如图 9-1 所示的“修改|标记”选项卡和选项栏，取消勾选“引线”复选框。

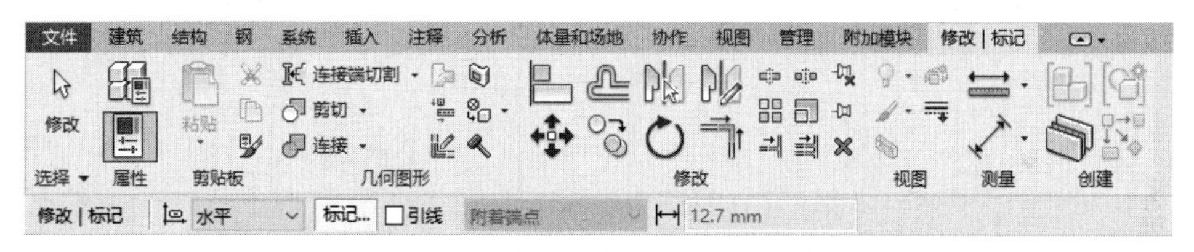

图 9-1 “修改|标记”选项卡和选项栏

（3）在视图中选取预制外墙 7PCQ1，单击放置标记，如图 9-2 所示。

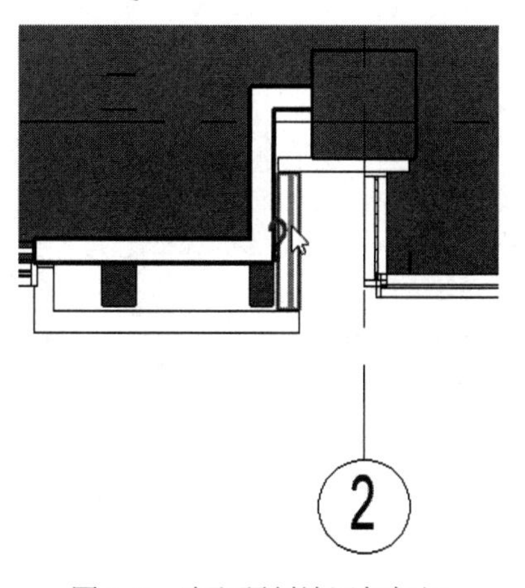

图 9-2 选取预制墙添加标记

（4）在“属性”选项板中选择“标记_常规模型 封闭式”类型，设置方向为垂直，如图 9-3 所示。

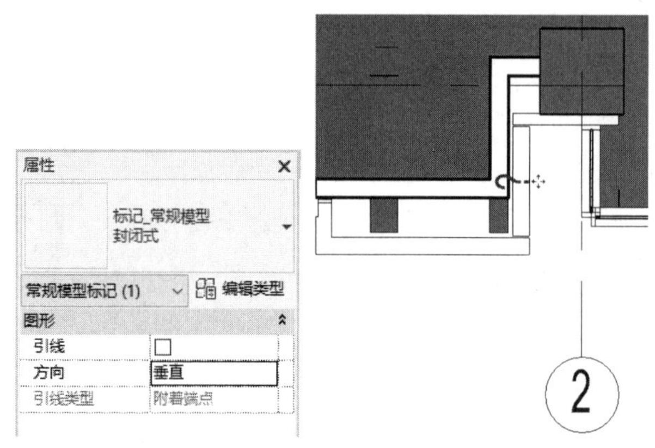

图 9-3　设置标记类型

（5）双击标记，使其处于编辑状态，输入标记内容 7PCQ1，按回车键确认，如图 9-4 所示。

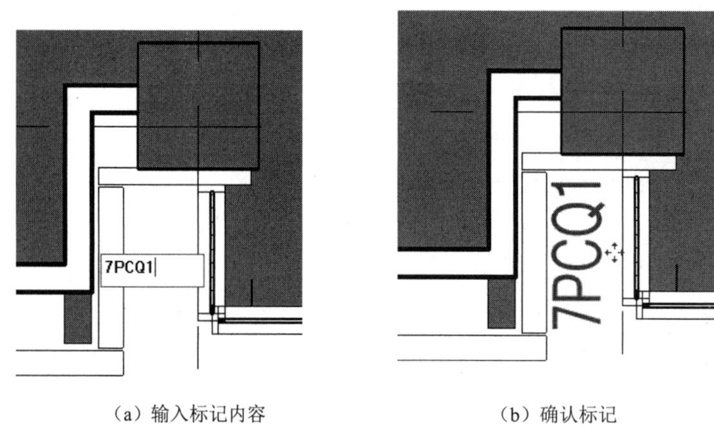

（a）输入标记内容　　（b）确认标记

图 9-4　更改标记内容

（6）也可以选择项目浏览器中“族”→“注释符号”→“标记_常规模型”节点下的“封闭式”，拖曳“标记_常规模型”到视图中的预制墙位置，单击放置标记，然后修改标记内容，如图 9-5 所示。

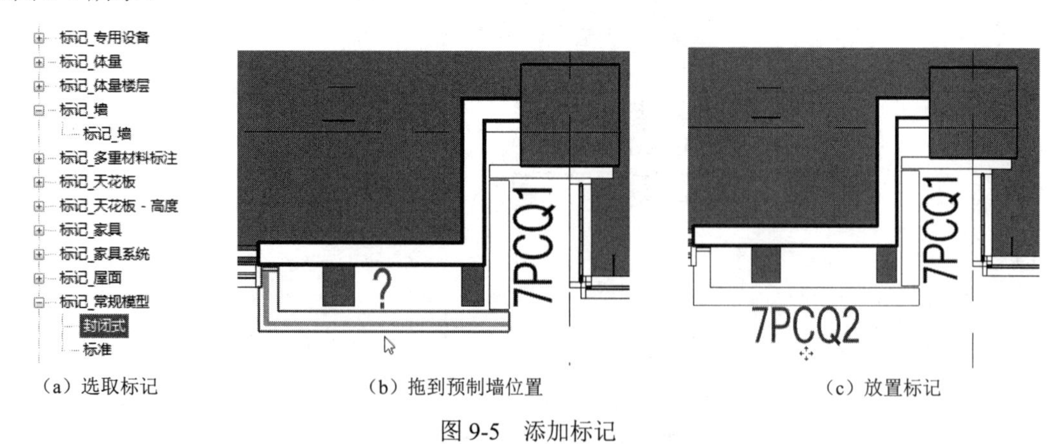

（a）选取标记　　（b）拖到预制墙位置　　（c）放置标记

图 9-5　添加标记

（7）采用上述两种方法，标记其他预制墙，如图 9-6 所示。

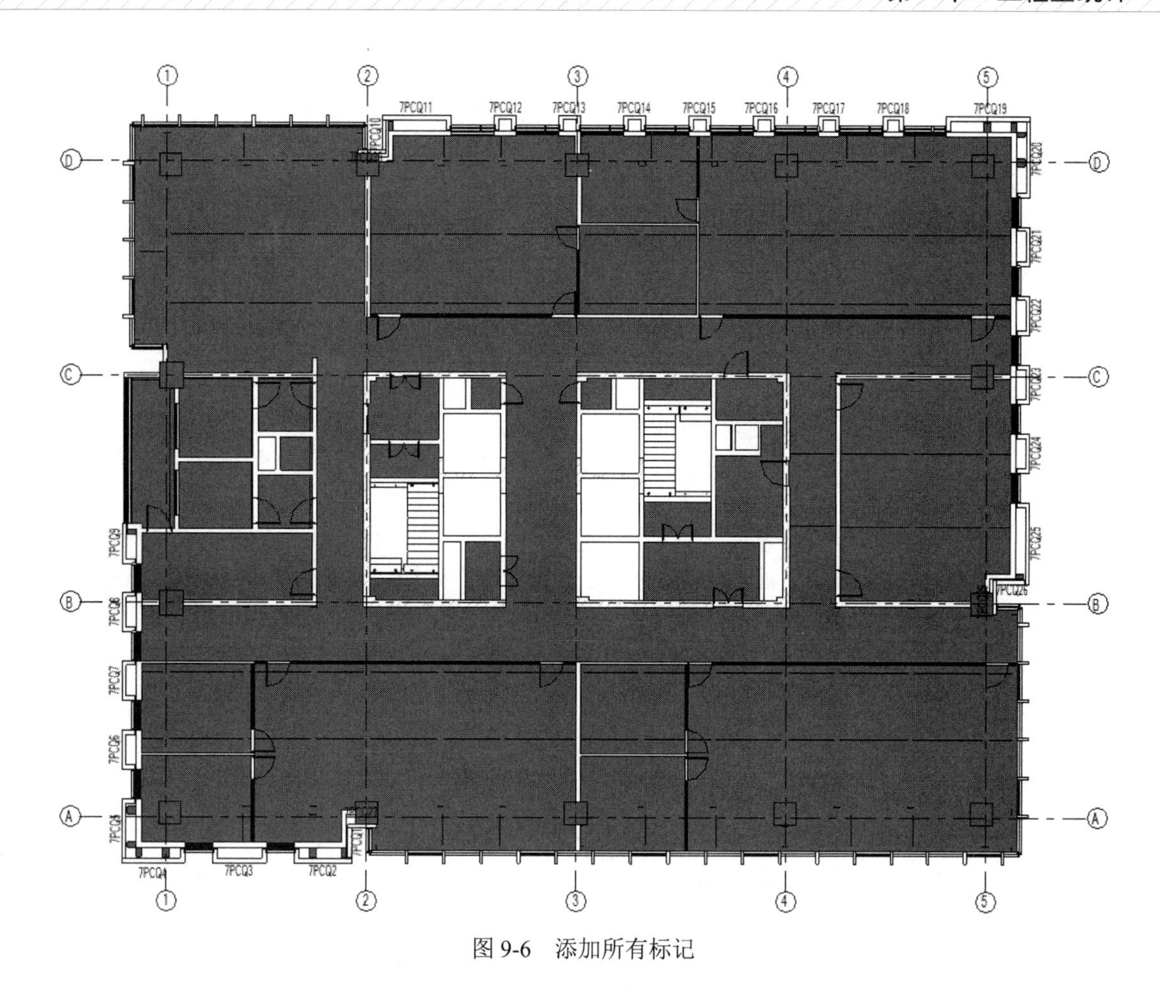

图 9-6 添加所有标记

9.2 创建预制墙统计表

视频：创建预制墙统计表

明细表以表格形式显示信息，这些信息是从项目中的图元属性中提取的。明细表可以列出要编制明细表的图元类型的每个实例，或根据明细表的成组标准将多个实例压缩到一行中。

如果对模型的修改会影响明细表，则明细表将自动更新以反映这些修改。例如，如果移动一面墙，则房间明细表中的面积也会自动更新。

当修改模型中建筑构件的属性时，相关明细表会自动更新。例如，可以在模型中选择一扇门并修改其制造商属性。门明细表将反映制造商属性的变化。

创建预制墙统计表的具体操作步骤如下。

（1）打开 9.1 节绘制的项目文件。

（2）单击“视图”选项卡“创建”面板“明细表”按钮下拉列表中的“明细表/数量”按钮，打开“新建明细表”对话框，如图 9-7 所示。

（3）在“类别”列表中选择“常规模型”对象类型，输入名称“预制墙统计表”，选择“建筑构件明细表”单选项，其他采用默认设置，如图 9-8 所示，单击“确定”按钮。

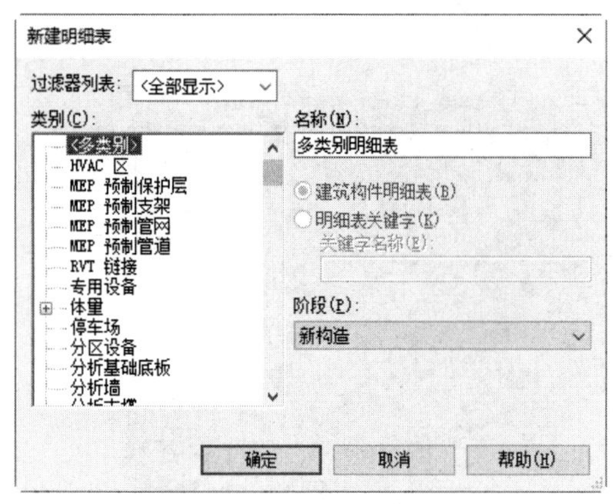

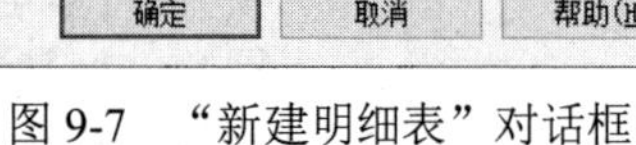

图 9-7 “新建明细表”对话框

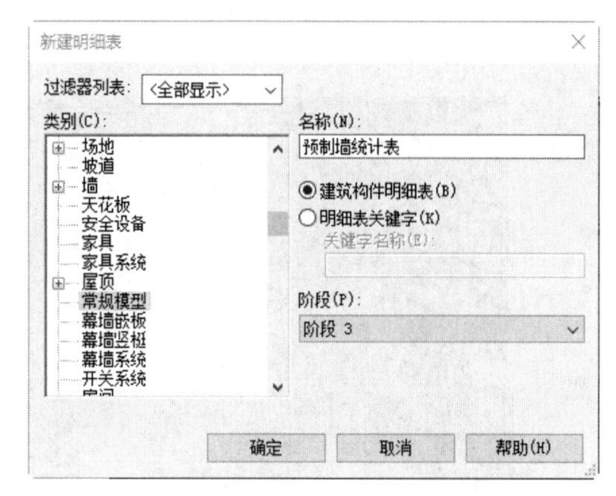

图 9-8 设置参数

（4）打开“明细表属性”对话框，在“选择可用的字段”下拉列表中选择“常规模型”，在“可用的字段”列表框中选择“族”，单击“添加参数”按钮，将其添加到“明细表字段”列表中；采用相同的方法，依次将“类型”“合计”“体积”添加到“明细表字段”列表中，单击“上移”按钮和“下移”按钮，调整“明细表字段”列表中的排序，如图 9-9 所示。

“明细表属性”对话框中的选项说明如下。

- “可用的字段”列表：显示“选择可用的字段”中设置的类别中所有可用在明细表中显示的实例参数和类型参数。
- “添加参数”按钮：将字段添加到“明细表字段”列表中。
- “移除参数”按钮：从“明细表字段”列表中删除字段，当移除合并参数时，合并参数会被删除。
- “上移”按钮和“下移”按钮：将列表中的字段上移或下移。
- “新建参数”按钮：添加自定义字段，单击此按钮，打开“参数属性”对话框，选择添加项目参数还是共享参数。
- “添加计算参数”按钮 f_x：单击此按钮，打开如图 9-10 所示的“计算值”对话框。

图 9-9 “明细表属性”对话框

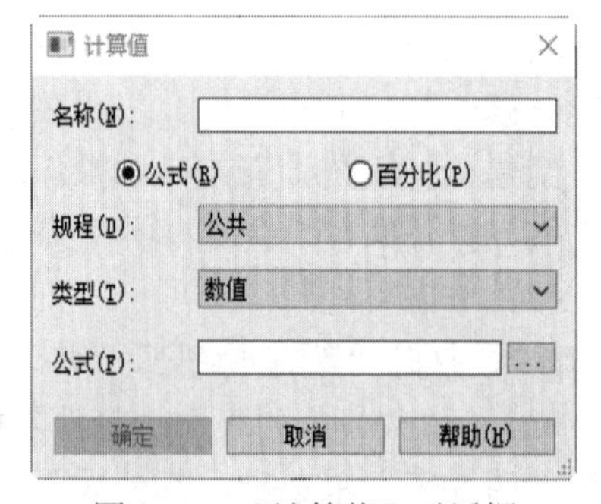

图 9-10 “计算值”对话框

➢ 在对话框中输入字段的名称，设置其类型，然后使用明细表中现有字段输入公式。例如，如果要根据房间面积计算占用负荷，则可以添加一个根据“面积”字段计算而来的称为“占用负荷”的自定义字段。公式支持和族编辑器中一样的数学功能。

➢ 在对话框中输入字段的名称，将其类型设置为百分比，然后输入要取其百分比的字段的名称。例如，如果按楼层对房间明细表进行成组，则可以显示该房间占楼层总面积的百分比。默认情况下，百分比是根据整个明细表的总数计算出来的。如果在“排序/成组”选项卡中设置成组字段，则可以选择此处的一个字段。

- “合并参数”按钮：合并单个字段中的参数。打开如图 9-11 所示的“合并参数”对话框，选择要合并的参数及可选的前缀、后缀和分隔符。

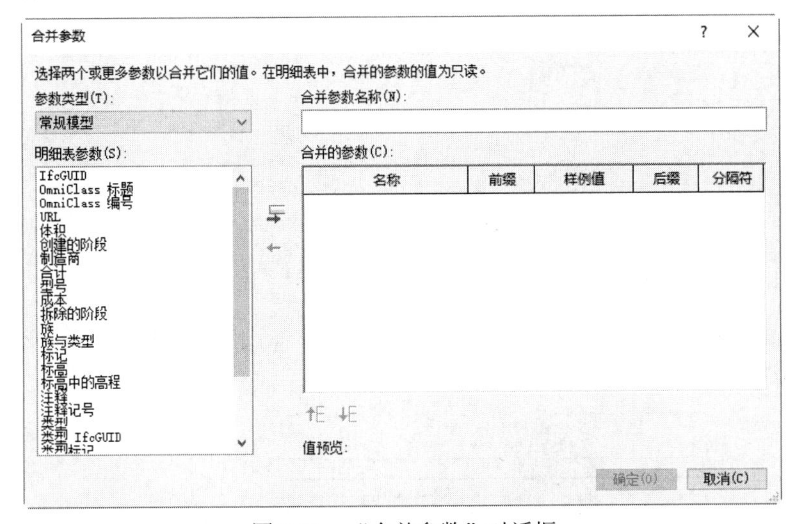

图 9-11　“合并参数”对话框

（5）在“排序/成组”选项卡中设置排序方式为“类型”，选择“升序”选项，其他采用默认设置，如图 9-12 所示。

“排序/成组”选项卡中的选项说明如下。

- 排序方式：选择“升序”或“降序”。
- 页眉：勾选此选项，将排序参数值作为排序组的页眉。
- 页脚：勾选此选项，在排序组下方添加页脚信息。
- 空行：勾选此选项，在排序组间插入一空行。
- 逐项列举每个实例：若勾选此选项，则在单独的行中会显示图元的所有实例。若取消勾选此选项，则多个实例会根据排序参数被压缩到同一行中。

（6）在“外观”选项卡的图形栏中勾选“网格线”和“轮廓”复选框，设置网格线为细线，轮廓为中粗线，勾选“数据前的空行”复选框，在文字栏中勾选“显示标题”和“显示页眉”复选框，分别设置标题文本和标题为“5mm 常规_仿宋”，正文为“3.5mm 常规_仿宋”，如图 9-13 所示。

“外观”选项卡中的选项说明如下。

- 网格线：勾选此选项，在明细表行周围显示网格线。从列表中选择网格线样式。
- 页眉/页脚/分隔符中的网格：将垂直网格线延伸至页眉、页脚和分隔符。
- 数据前的空行：勾选此复选框，在数据行前插入空行。这会影响图纸上的明细表部分和明细表视图。

- 显示标题：显示明细表的标题。
- 显示页眉：显示明细表的页眉。
- 标题文本/标题/正文：在其下拉列表中选择文字类型。

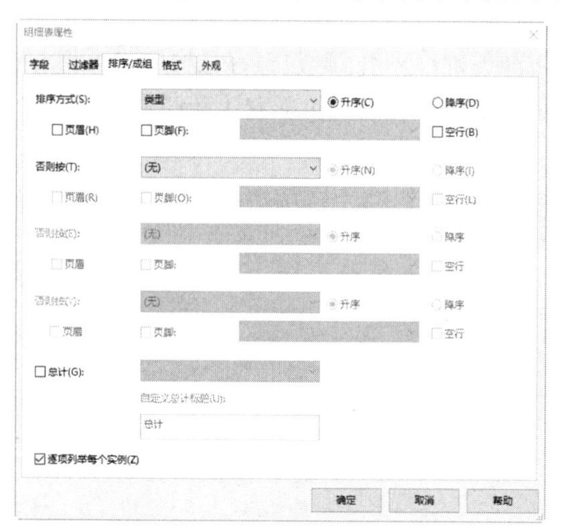

图 9-12 “排序/成组”选项卡

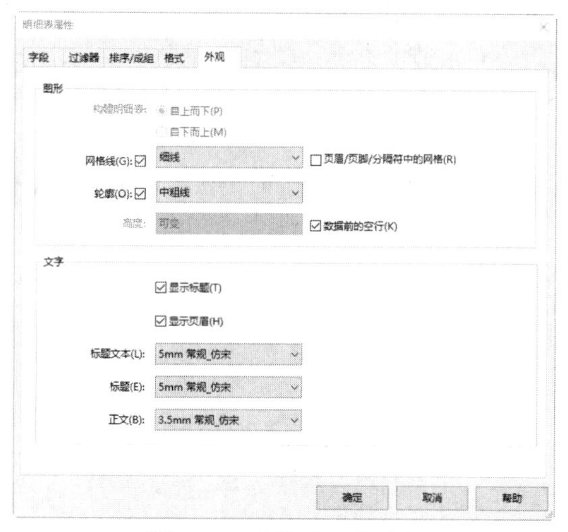

图 9-13 “外观”选项卡

（7）在对话框中单击“确定”按钮，完成明细表属性设置。系统自动生成“预制墙统计表”，如图 9-14 所示。

项目浏览器 - 办公大楼.rvt

- 各部门的房间面积
- 墙数量(按部件)
- 家具数量
- 家具系统数量
- 屋顶数量(按部件)
- 房间面积/面层(按类型)
- 机械设备数量
- 植物数量
- 楼板数量(按部件)
- 橱柜数量
- 照明设备数量
- 电气装置数量
- 电气设备数量
- 窗数量
- 结构框架明细表
- 结构梁和支撑数量
- 门数量
- 预制墙统计表

<预制墙统计表>

A	B	C	D
族	类型	合计	体积
直墙板	7PCQ1	1	0.82 m³
直墙板	7PCQ1	1	0.82 m³
L形外墙板	7PCQ2	1	1.88 m³
L形外墙板	7PCQ2	1	1.88 m³
U形外墙板	7PCQ3	1	2.01 m³
U形外墙板	7PCQ3	1	2.01 m³
L形外墙板	7PCQ4	1	2.04 m³
L形外墙板	7PCQ4	1	2.04 m³
L形外墙板	7PCQ5	1	1.88 m³
L形外墙板	7PCQ5	1	1.88 m³
U形外墙板	7PCQ6	1	1.59 m³
U形外墙板	7PCQ6	1	1.59 m³
U形外墙板	7PCQ7	1	1.59 m³
U形外墙板	7PCQ7	1	1.59 m³
U形外墙板	7PCQ8	1	1.59 m³
U形外墙板	7PCQ8	1	1.59 m³
L形外墙板	7PCQ9	1	1.36 m³
L形外墙板	7PCQ9	1	1.36 m³
直墙板	7PCQ10	1	0.82 m³
直墙板	7PCQ10	1	0.82 m³
L形外墙板	7PCQ11	1	2.19 m³
L形外墙板	7PCQ11	1	2.19 m³
U形外墙板	7PCQ12	1	1.04 m³
U形外墙板	7PCQ12	1	1.04 m³
U形外墙板	7PCQ13	1	1.04 m³
U形外墙板	7PCQ13	1	1.04 m³
U形外墙板	7PCQ14	1	1.04 m³
U形外墙板	7PCQ14	1	1.04 m³
U形外墙板	7PCQ15	1	1.04 m³
U形外墙板	7PCQ15	1	1.04 m³
U形外墙板	7PCQ16	1	1.04 m³
U形外墙板	7PCQ16	1	1.04 m³
斜撑杆组件	斜撑杆组件	1	0.01 m³
斜撑杆组件	斜撑杆组件	1	0.01 m³
斜撑杆组件	斜撑杆组件	1	0.01 m³
斜撑杆组件	斜撑杆组件	1	0.01 m³
斜撑杆组件	斜撑杆组件	1	0.01 m³
斜撑杆组件	斜撑杆组件	1	0.01 m³
斜撑杆组件	斜撑杆组件	1	0.01 m³
斜撑杆组件	斜撑杆组件	1	0.01 m³
斜撑杆组件	斜撑杆组件	1	0.01 m³
斜撑杆组件	斜撑杆组件	1	0.01 m³
斜撑杆组件	斜撑杆组件	1	0.01 m³
斜撑杆组件	斜撑杆组件	1	0.01 m³
斜撑杆组件	斜撑杆组件	1	0.01 m³
斜撑杆组件	斜撑杆组件	1	0.01 m³
斜撑杆组件	斜撑杆组件	1	0.01 m³
斜撑杆组件	斜撑杆组件	1	0.01 m³
斜撑杆组件	斜撑杆组件	1	0.01 m³
斜撑杆组件	斜撑杆组件	1	0.01 m³
斜撑杆组件	斜撑杆组件	1	0.01 m³
斜撑杆组件	斜撑杆组件	1	0.01 m³
预制梯段	预制梯段	1	0.83 m³
预制梯段	预制梯段	1	0.83 m³
预制梯段	预制梯段	1	0.83 m³
预制梯段	预制梯段	1	0.83 m³
预制梯段	预制梯段	1	0.83 m³
预制梯段	预制梯段	1	0.83 m³
预制梯段	预制梯段	1	0.83 m³
预制梯段	预制梯段	1	0.83 m³

图 9-14 预制墙统计表

（8）在“属性”选项板的过滤器栏中单击“编辑”按钮 编辑... ，打开“明细表属性”对话框的“过滤器”选项卡，设置过滤条件为“体积”“大于”“$0.01m^3$”；设置与为“体积”“不等于”“$0.83m^3$”，如图 9-15 所示，单击“确定”按钮，过滤结果如图 9-16 所示。

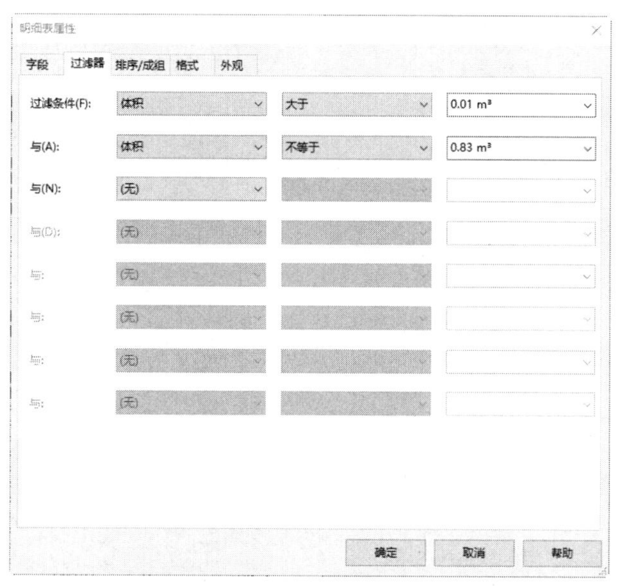

图 9-15 “过滤器”选项卡

<预制墙统计表>			
A	B	C	D
族	类型	合计	体积
直墙板	7PCQ1	1	0.82 m^3
直墙板	7PCQ1	1	0.82 m^3
L形外墙板	7PCQ2	1	1.88 m^3
L形外墙板	7PCQ2	1	1.88 m^3
U形外墙板	7PCQ3	1	2.01 m^3
U形外墙板	7PCQ3	1	2.01 m^3
L形外墙板	7PCQ4	1	2.04 m^3
L形外墙板	7PCQ4	1	2.04 m^3
L形外墙板	7PCQ5	1	1.88 m^3
L形外墙板	7PCQ5	1	1.88 m^3
U形外墙板	7PCQ6	1	1.59 m^3
U形外墙板	7PCQ6	1	1.59 m^3
U形外墙板	7PCQ7	1	1.59 m^3
U形外墙板	7PCQ7	1	1.59 m^3
U形外墙板	7PCQ8	1	1.59 m^3
U形外墙板	7PCQ8	1	1.59 m^3
L形外墙板	7PCQ9	1	1.36 m^3
L形外墙板	7PCQ9	1	1.36 m^3
直墙板	7PCQ10	1	0.82 m^3
直墙板	7PCQ10	1	0.82 m^3
L形外墙板	7PCQ11	1	2.19 m^3
L形外墙板	7PCQ11	1	2.19 m^3
U形外墙板	7PCQ12	1	1.04 m^3
U形外墙板	7PCQ12	1	1.04 m^3
U形外墙板	7PCQ13	1	1.04 m^3
U形外墙板	7PCQ13	1	1.04 m^3
U形外墙板	7PCQ14	1	1.04 m^3
U形外墙板	7PCQ14	1	1.04 m^3
U形外墙板	7PCQ15	1	1.04 m^3
U形外墙板	7PCQ15	1	1.04 m^3
U形外墙板	7PCQ16	1	1.04 m^3
U形外墙板	7PCQ16	1	1.04 m^3
U形外墙板	7PCQ17	1	1.04 m^3
U形外墙板	7PCQ17	1	1.04 m^3
U形外墙板	7PCQ18	1	1.04 m^3
U形外墙板	7PCQ18	1	1.04 m^3
L形外墙板	7PCQ19	1	2.66 m^3
L形外墙板	7PCQ19	1	2.66 m^3
L形外墙板	7PCQ20	1	2.34 m^3
L形外墙板	7PCQ20	1	2.34 m^3
U形外墙板	7PCQ21	1	1.59 m^3
U形外墙板	7PCQ21	1	1.59 m^3
U形外墙板	7PCQ22	1	1.59 m^3
U形外墙板	7PCQ22	1	1.59 m^3
U形外墙板	7PCQ23	1	1.59 m^3
U形外墙板	7PCQ23	1	1.59 m^3
U形外墙板	7PCQ24	1	1.59 m^3
U形外墙板	7PCQ24	1	1.59 m^3
L形外墙板	7PCQ25	1	2.50 m^3
L形外墙板	7PCQ25	1	2.50 m^3
直墙板	7PCQ26	1	0.82 m^3
直墙板	7PCQ26	1	0.82 m^3
直墙板	7PCQ27	1	0.54 m^3
直墙板	7PCQ27	1	0.54 m^3
直墙板	7PCQ28	1	0.54 m^3
直墙板	7PCQ28	1	0.54 m^3
直墙板	7PCQ29	1	0.64 m^3
直墙板	7PCQ29	1	0.64 m^3

图 9-16 过滤结果

提示：

上一步创建的明细表包含了所有的常规模型，需要将不是预制墙的其他常规模型排除，因此要根据明细表中的体积来设置过滤条件。

（9）在“属性”选项板的排序/成组栏中单击“编辑”按钮 编辑... ，打开“明细表属性”对话框的“排序/成组”选项卡，设置排序方式为族，否则按类型，选择“升序”单选项，取消勾选“逐项列举每个实例”复选框，如图 9-17 所示。单击“确定”按钮，明细表按族名称重新排序，采用相同的方法，调整其他列，如图 9-18 所示。

图 9-17 “排序/成组”选项卡

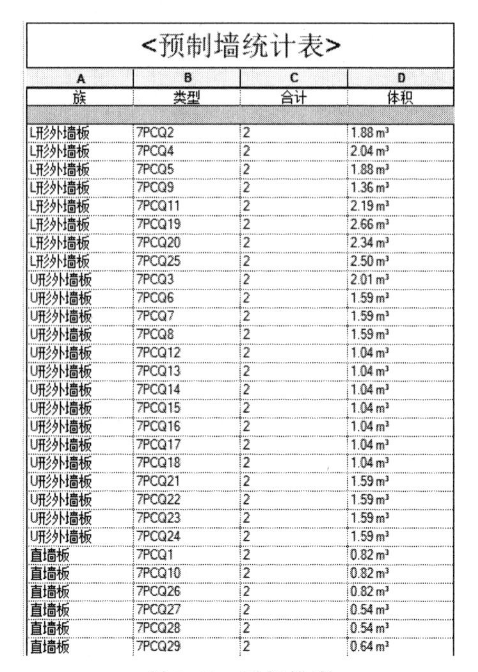

<预制墙统计表>

A	B	C	D
族	类型	合计	体积
L形外墙板	7PCQ2	2	1.88 m³
L形外墙板	7PCQ4	2	2.04 m³
L形外墙板	7PCQ5	2	1.88 m³
L形外墙板	7PCQ9	2	1.36 m³
L形外墙板	7PCQ11	2	2.19 m³
L形外墙板	7PCQ19	2	2.66 m³
L形外墙板	7PCQ20	2	2.34 m³
L形外墙板	7PCQ25	2	2.50 m³
U形外墙板	7PCQ3	2	2.01 m³
U形外墙板	7PCQ6	2	1.59 m³
U形外墙板	7PCQ7	2	1.59 m³
U形外墙板	7PCQ8	2	1.59 m³
U形外墙板	7PCQ12	2	1.04 m³
U形外墙板	7PCQ13	2	1.04 m³
U形外墙板	7PCQ14	2	1.04 m³
U形外墙板	7PCQ15	2	1.04 m³
U形外墙板	7PCQ16	2	1.04 m³
U形外墙板	7PCQ17	2	1.04 m³
U形外墙板	7PCQ18	2	1.04 m³
U形外墙板	7PCQ21	2	1.59 m³
U形外墙板	7PCQ22	2	1.59 m³
U形外墙板	7PCQ23	2	1.59 m³
U形外墙板	7PCQ24	2	1.59 m³
直墙板	7PCQ1	2	0.82 m³
直墙板	7PCQ10	2	0.82 m³
直墙板	7PCQ26	2	0.82 m³
直墙板	7PCQ27	2	0.54 m³
直墙板	7PCQ28	2	0.54 m³
直墙板	7PCQ29	2	0.64 m³

图 9-18 重新排序

（10）在“属性”选项板的格式栏中单击“编辑”按钮 编辑... ，打开“明细表属性”对话框的“格式”选项卡，分别在“字段”列表框中选择“族”“类型”“合计”“体积”，设置对齐为“中心线”，如图 9-19 所示。单击“确定”按钮，预制墙统计表中的数据全部居中显示，如图 9-20 所示。

图 9-19 “格式”选项卡

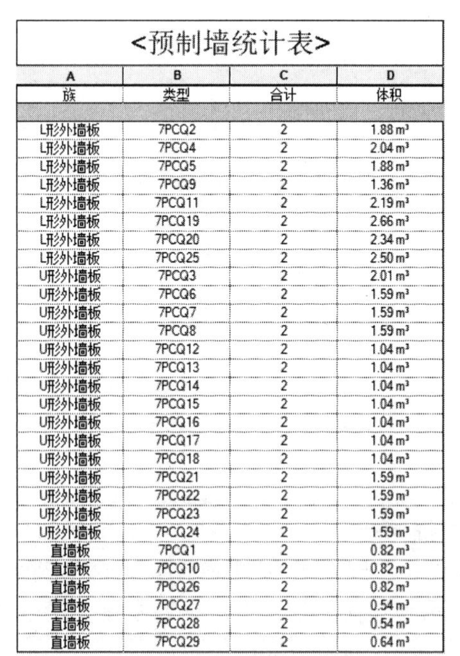

<预制墙统计表>

A	B	C	D
族	类型	合计	体积
L形外墙板	7PCQ2	2	1.88 m³
L形外墙板	7PCQ4	2	2.04 m³
L形外墙板	7PCQ5	2	1.88 m³
L形外墙板	7PCQ9	2	1.36 m³
L形外墙板	7PCQ11	2	2.19 m³
L形外墙板	7PCQ19	2	2.66 m³
L形外墙板	7PCQ20	2	2.34 m³
L形外墙板	7PCQ25	2	2.50 m³
U形外墙板	7PCQ3	2	2.01 m³
U形外墙板	7PCQ6	2	1.59 m³
U形外墙板	7PCQ7	2	1.59 m³
U形外墙板	7PCQ8	2	1.59 m³
U形外墙板	7PCQ12	2	1.04 m³
U形外墙板	7PCQ13	2	1.04 m³
U形外墙板	7PCQ14	2	1.04 m³
U形外墙板	7PCQ15	2	1.04 m³
U形外墙板	7PCQ16	2	1.04 m³
U形外墙板	7PCQ17	2	1.04 m³
U形外墙板	7PCQ18	2	1.04 m³
U形外墙板	7PCQ21	2	1.59 m³
U形外墙板	7PCQ22	2	1.59 m³
U形外墙板	7PCQ23	2	1.59 m³
U形外墙板	7PCQ24	2	1.59 m³
直墙板	7PCQ1	2	0.82 m³
直墙板	7PCQ10	2	0.82 m³
直墙板	7PCQ26	2	0.82 m³
直墙板	7PCQ27	2	0.54 m³
直墙板	7PCQ28	2	0.54 m³
直墙板	7PCQ29	2	0.64 m³

图 9-20 居中显示

（11）在“属性”选项板的外观栏中单击“编辑”按钮 编辑... ，打开“明细表属性”对话框的“外观”选项卡，取消勾选“数据前的空行”，单击“确定”按钮，如图 9-21 所示。

<预制墙统计表>			
A	B	C	D
族	类型	合计	体积
L形外墙板	7PCQ2	2	1.88 m³
L形外墙板	7PCQ4	2	2.04 m³
L形外墙板	7PCQ5	2	1.88 m³
L形外墙板	7PCQ9	2	1.36 m³
L形外墙板	7PCQ11	2	2.19 m³
L形外墙板	7PCQ19	2	2.66 m³
L形外墙板	7PCQ20	2	2.34 m³
L形外墙板	7PCQ25	2	2.50 m³
U形外墙板	7PCQ3	2	2.01 m³
U形外墙板	7PCQ6	2	1.59 m³
U形外墙板	7PCQ7	2	1.59 m³
U形外墙板	7PCQ8	2	1.59 m³
U形外墙板	7PCQ12	2	1.04 m³
U形外墙板	7PCQ13	2	1.04 m³
U形外墙板	7PCQ14	2	1.04 m³
U形外墙板	7PCQ15	2	1.04 m³
U形外墙板	7PCQ16	2	1.04 m³
U形外墙板	7PCQ17	2	1.04 m³
U形外墙板	7PCQ18	2	1.04 m³
U形外墙板	7PCQ21	2	1.59 m³
U形外墙板	7PCQ22	2	1.59 m³
U形外墙板	7PCQ23	2	1.59 m³
U形外墙板	7PCQ24	2	1.59 m³
直墙板	7PCQ1	2	0.82 m³
直墙板	7PCQ10	2	0.82 m³
直墙板	7PCQ26	2	0.82 m³
直墙板	7PCQ27	2	0.54 m³
直墙板	7PCQ28	2	0.54 m³
直墙板	7PCQ29	2	0.64 m³

图 9-21　不显示数据前空行

（12）选取明细表的标题栏，打开如图 9-22 所示的“修改明细表/数量”选项卡，单击“外观”面板中的“着色”按钮，打开如图 9-23 所示的“颜色”对话框，选取颜色，单击“确定”按钮，为标题栏添加背景颜色，如图 9-24 所示。

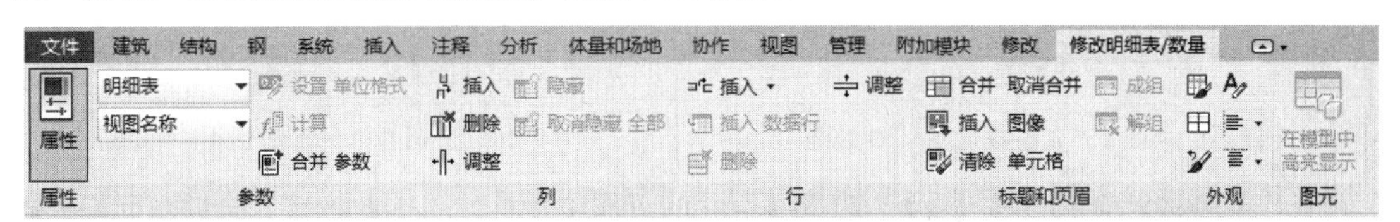

图 9-22　“修改明细表/数量”选项卡

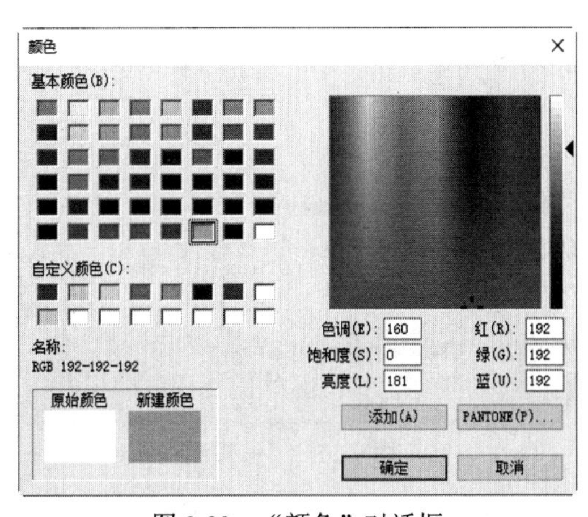

图 9-23　“颜色”对话框

<预制墙统计表>			
A	B	C	D
族	类型	合计	体积
L形外墙板	7PCQ2	2	1.88 m³
L形外墙板	7PCQ4	2	2.04 m³
L形外墙板	7PCQ5	2	1.88 m³
L形外墙板	7PCQ9	2	1.36 m³
L形外墙板	7PCQ11	2	2.19 m³
L形外墙板	7PCQ19	2	2.66 m³
L形外墙板	7PCQ20	2	2.34 m³
L形外墙板	7PCQ25	2	2.50 m³
U形外墙板	7PCQ3	2	2.01 m³
U形外墙板	7PCQ6	2	1.59 m³
U形外墙板	7PCQ7	2	1.59 m³
U形外墙板	7PCQ8	2	1.59 m³
U形外墙板	7PCQ12	2	1.04 m³
U形外墙板	7PCQ13	2	1.04 m³
U形外墙板	7PCQ14	2	1.04 m³
U形外墙板	7PCQ15	2	1.04 m³
U形外墙板	7PCQ16	2	1.04 m³
U形外墙板	7PCQ17	2	1.04 m³
U形外墙板	7PCQ18	2	1.04 m³
U形外墙板	7PCQ21	2	1.59 m³
U形外墙板	7PCQ22	2	1.59 m³
U形外墙板	7PCQ23	2	1.59 m³
U形外墙板	7PCQ24	2	1.59 m³
直墙板	7PCQ1	2	0.82 m³
直墙板	7PCQ10	2	0.82 m³
直墙板	7PCQ26	2	0.82 m³
直墙板	7PCQ27	2	0.54 m³
直墙板	7PCQ28	2	0.54 m³
直墙板	7PCQ29	2	0.64 m³

图 9-24　添加标题栏背景颜色

“修改明细表/数量”选项卡中的选项说明如下。

- “插入”按钮：将列添加到正文中。单击此按钮，打开“选择字段”对话框，其作用类似于“明细表属性”对话框的“字段”选项卡。添加新的明细表字段，并根据需要调整字段的顺序。
- “插入数据行”按钮：将数据行添加到房间明细表、面积明细表、关键字明细表、空间明细表或图纸列表中。新添加的行显示在明细表的底部。
- “在选定位置上方”按钮或“在选定位置下方”按钮：在选定位置的上方或下方插入空行。注意：在“配电盘明细表样板”中插入行的方式有所不同。
- “删除”按钮：选择多个单元格，单击此按钮，删除列。
- “删除”按钮：选择一行或多行中的单元格，单击此按钮，删除行。
- “隐藏”按钮：选择一个单元格或列页眉，单击此按钮，隐藏选中单元格的一列，单击“取消隐藏 全部”按钮，显示隐藏的列。注意：隐藏的列不会显示在明细表视图或图纸中，位于隐藏列中的值可以用于过滤、排序和分组明细表中的数据。
- “调整”按钮：选取单元格，单击此按钮，打开如图 9-25 所示的“调整柱尺寸”对话框，输入尺寸，单击“确定”按钮，根据对话框中的值调整列宽。如果选择多个列，则将它们全部设置为同一个尺寸。
- “调整”按钮：选择标题部分中的一行或多行，单击此按钮，打开如图 9-26 所示的“调整行高”对话框，输入尺寸，单击“确定”按钮，根据对话框中的值调整行高。

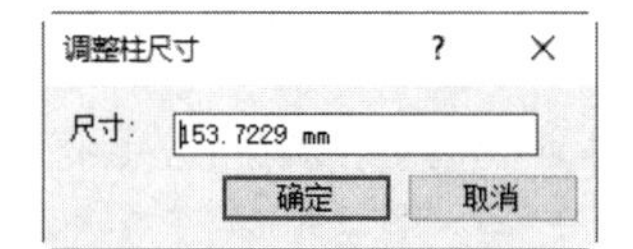

图 9-25 “调整柱尺寸”对话框

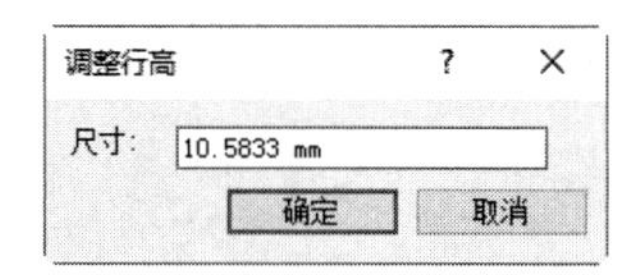

图 9-26 “调整行高”对话框

- “合并/取消合并”按钮：选择要合并的页眉单元格，单击此按钮，合并单元格；再次单击此按钮，分离合并的单元格。
- “插入图像”按钮：将图形插入标题部分的单元格中。
- “清除单元格”按钮：删除标题单元格中的参数。
- “着色”按钮：设置单元格的背景颜色。
- “边界”按钮：单击此按钮，打开如图 9-27 所示的“编辑边框”对话框，为单元格指定线样式和边框。
- “重置”按钮：删除与选定单元格关联的所有格式，条件格式将保持不变。

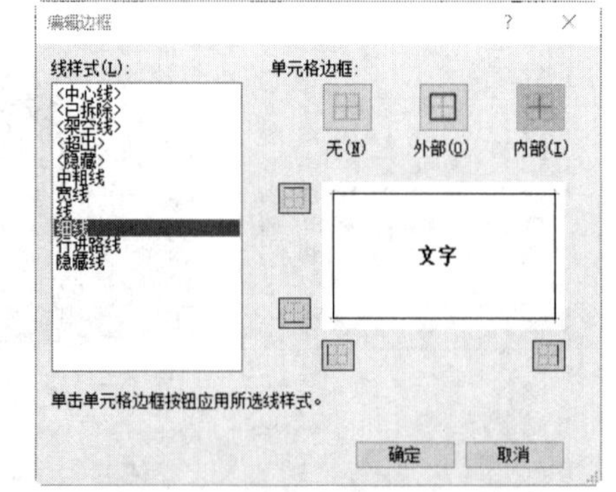

图 9-27 “编辑边框”对话框

（13）选取表头栏，单击“修改明细表/数量”选项卡“外观”面板中的“字体”按钮，打开“编辑字体”对话框，设置字体为宋体，勾选“粗体”复选框，单击“字体颜色”色块，打开“颜色”对话框，选择红色，单击“确定”按钮，返回“编辑字体”对话框，如图 9-28 所示，单击“确定”按钮，更改字体，如图 9-29 所示。

（14）单击“文件”下拉菜单中的“另存为”→“项目”命令，打开“另存为”对话框，指定保存位置并输入文件名，单击“保存”按钮。

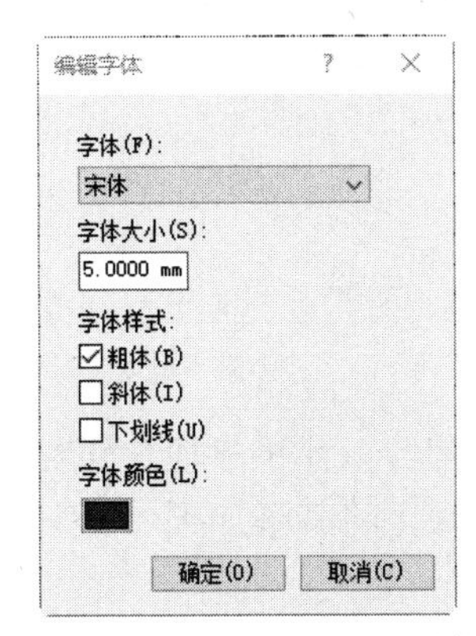

图 9-28　“编辑字体”对话框

<预制墙统计表>			
A	B	C	D
族	类型	合计	体积
L形外墙板	7PCQ2	2	1.88 m³
L形外墙板	7PCQ4	2	2.04 m³
L形外墙板	7PCQ5	2	1.88 m³
L形外墙板	7PCQ9	2	1.36 m³
L形外墙板	7PCQ11	2	2.19 m³
L形外墙板	7PCQ19	2	2.66 m³
L形外墙板	7PCQ20	2	2.34 m³
L形外墙板	7PCQ25	2	2.50 m³
U形外墙板	7PCQ3	2	2.01 m³
U形外墙板	7PCQ6	2	1.59 m³
U形外墙板	7PCQ7	2	1.59 m³
U形外墙板	7PCQ8	2	1.59 m³
U形外墙板	7PCQ12	2	1.04 m³
U形外墙板	7PCQ13	2	1.04 m³
U形外墙板	7PCQ14	2	1.04 m³
U形外墙板	7PCQ15	2	1.04 m³
U形外墙板	7PCQ16	2	1.04 m³
U形外墙板	7PCQ17	2	1.04 m³
U形外墙板	7PCQ18	2	1.04 m³
U形外墙板	7PCQ21	2	1.59 m³
U形外墙板	7PCQ22	2	1.59 m³
U形外墙板	7PCQ23	2	1.59 m³
U形外墙板	7PCQ24	2	1.59 m³
直墙板	7PCQ1	2	0.82 m³
直墙板	7PCQ10	2	0.82 m³
直墙板	7PCQ26	2	0.82 m³
直墙板	7PCQ27	2	0.54 m³
直墙板	7PCQ28	2	0.54 m³
直墙板	7PCQ29	2	0.64 m³

图 9-29　更改字体

9.3　预制率

预制率是指单位建筑±0.000 标高以上，结构构件采用预制混凝土构件的混凝土用量占全部混凝土用量的体积比，按下列公式计算：

$$预制率=V_1/(V_1+V_2)\times 100\%$$

式中，V_1 为建筑±0.000 标高以上，结构构件采用预制混凝土构件的混凝土体积，计入 V_1 计算的预制混凝土构件类型包括剪力墙、延伸墙板、柱、支撑、梁、桁架、屋架、楼板、楼梯、阳台板、空调板、女儿墙、雨棚等；V_2 为建筑±0.000 标高以上，结构构件采用现浇混凝土构件的混凝土体积。

预制率说明：一是预制率最低指标选择的界限是建筑高度 60m，建筑高度是指建筑±0.000 标高至建筑檐口标高，与女儿墙、建筑屋面构架、屋面局部突出物等高度无关。二是建筑±0.000 标高泛指建筑室外地坪以上首层建筑地面标高的部位。三是预制率的计算范围包含结构构件及与结构构件一体化生产的分结构部分。当采用复合夹心剪力墙板或框架柱和梁外侧采用保温装饰一体化方法时，保温层外侧的混凝土外叶板混凝土体积可计入 V_1；当在预制剪力墙板构件中有非结构受力的分隔墙、围护墙时，如窗下墙、窗间墙，该部分的体积可计入 V_1。

9.3.1　创建现浇混凝土统计表

视频：创建现浇混凝土统计表

创建现浇混凝土统计表的具体操作步骤如下。

（1）打开 9.2 节绘制的项目文件。

（2）单击“视图”选项卡“创建”面板“明细表”按钮下拉列表中的“材质提取”按钮，打开“新建材质提取”对话框，如图 9-30 所示。

（3）在“类别”列表中选择“多类别”对象类型，输入名称“现浇混凝土统计表”，其他采用默认设置，如图 9-31 所示，单击“确定”按钮。

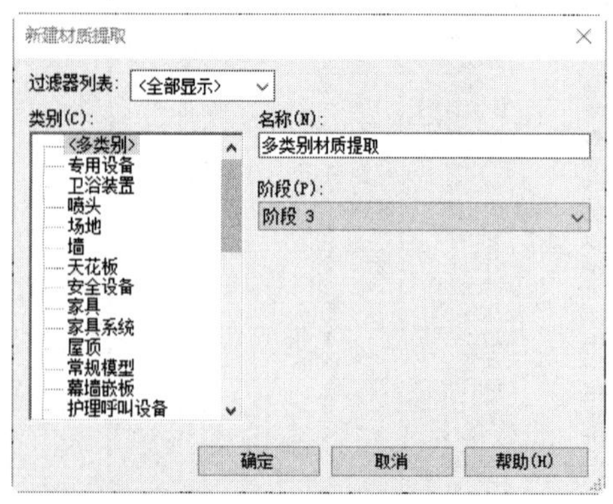

图 9-30 “新建材质提取”对话框

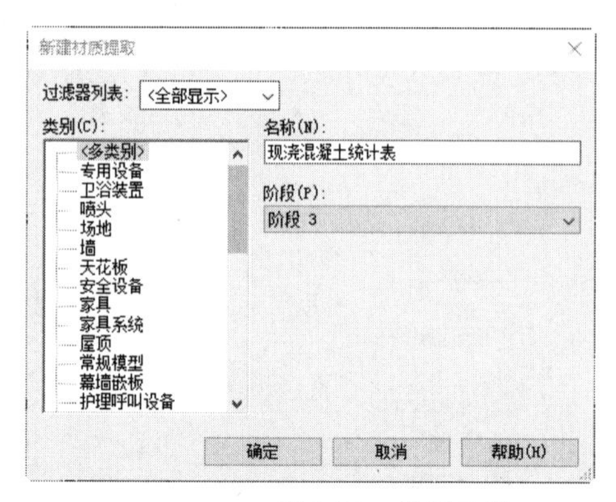

图 9-31 设置参数

（4）打开“材质提取属性”对话框的“字段”选项卡，在“可用的字段”列表框中依次选择“材质：名称”“材质：体积”，单击“添加参数”按钮，将其添加到“明细表字段”列表中，如图 9-32 所示。

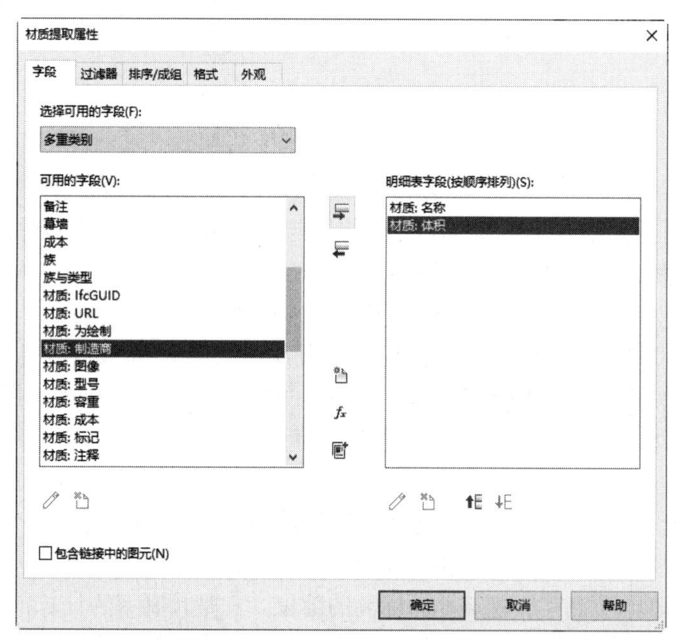

图 9-32 “字段”选项卡

（5）在对话框中单击“确定”按钮，完成明细表属性设置。系统自动生成“现浇混凝土统计表”，如图 9-33 所示。

（6）从图 9-33 中可以看出其中不只有“现场浇注混凝土”一种材质。在“属性”选项板的过滤器栏中单击“编辑”按钮 编辑... ，打开“材质提取属性”对话框的“过滤器”选项卡，设置过滤条件为“材质：名称”“包含”“现场”，如图 9-34 所示。

（7）切换至“排序/成组”选项卡，勾选“总计”复选框，在其下拉列表中选择“标题、合计和总数”选项，取消勾选“逐项列举每个实例”复选框，如图 9-35 所示。

<现浇混凝土统计表>	
A	B
材质: 名称	材质: 体积
混凝土砌块	0.41 m³
混凝土砌块	0.78 m³
混凝土砌块	1.46 m³
混凝土砌块	0.54 m³
混凝土砌块	0.54 m³
混凝土砌块	0.54 m³
混凝土砌块	0.54 m³
混凝土砌块	0.54 m³
混凝土砌块	0.54 m³
混凝土砌块	0.54 m³
混凝土砌块	1.78 m³
混凝土砌块	1.50 m³
混凝土砌块	0.98 m³
混凝土砌块	0.98 m³
混凝土砌块	0.98 m³
混凝土砌块	0.98 m³
混凝土砌块	1.88 m³
混凝土砌块	0.66 m³
混凝土砌块	0.42 m³
混凝土砌块	0.43 m³
混凝土砌块	0.82 m³
混凝土砌块	1.20 m³
混凝土砌块	1.36 m³
混凝土砌块	1.23 m³
混凝土砌块	1.08 m³
混凝土砌块	0.98 m³
混凝土砌块	0.98 m³
混凝土砌块	0.98 m³
混凝土砌块	0.86 m³
混凝土砌块	0.38 m³
混凝土砌块	0.91 m³
混凝土砌块	0.40 m³
混凝土砌块	3.43 m³
混凝土砌块	5.14 m³
混凝土砌块	0.54 m³
混凝土砌块	3.43 m³
混凝土砌块	4.13 m³
混凝土砌块	2.29 m³
混凝土砌块	2.10 m³
混凝土砌块	3.05 m³
混凝土砌块	1.54 m³
混凝土砌块	1.54 m³
混凝土砌块	0.91 m³
现场浇注混凝土	0.73 m³
现场浇注混凝土	0.73 m³
现场浇注混凝土	0.73 m³
现场浇注混凝土	0.73 m³
现场浇注混凝土	0.73 m³
现场浇注混凝土	0.73 m³
现场浇注混凝土	0.73 m³
现场浇注混凝土	0.73 m³
现场浇注混凝土	0.73 m³
现场浇注混凝土	0.73 m³
现场浇注混凝土	0.73 m³
现场浇注混凝土	0.73 m³
现场浇注混凝土	0.90 m³
现场浇注混凝土	0.90 m³
现场浇注混凝土	0.78 m³
现场浇注混凝土	0.78 m³
现场浇注混凝土	0.78 m³
现场浇注混凝土	0.78 m³
现场浇注混凝土	0.78 m³
现场浇注混凝土	0.62 m³
现场浇注混凝土	0.45 m³
现场浇注混凝土	0.37 m³
现场浇注混凝土	0.38 m³
现场浇注混凝土	0.38 m³
现场浇注混凝土	0.38 m³
现场浇注混凝土	0.37 m³
现场浇注混凝土	0.35 m³
现场浇注混凝土	0.36 m³
现场浇注混凝土	0.36 m³
现场浇注混凝土	0.36 m³
现场浇注混凝土	0.35 m³
现场浇注混凝土	0.33 m³
现场浇注混凝土	0.36 m³
现场浇注混凝土	0.36 m³
现场浇注混凝土	0.33 m³
现场浇注混凝土	0.33 m³
现场浇注混凝土	0.36 m³
现场浇注混凝土	0.36 m³
现场浇注混凝土	0.34 m³
现场浇注混凝土	0.38 m³
现场浇注混凝土	0.33 m³
现场浇注混凝土	0.34 m³
现场浇注混凝土	0.33 m³
现场浇注混凝土	0.35 m³
预制混凝土	2.43 m³
预制混凝土	2.43 m³
预制混凝土	2.43 m³
预制混凝土	2.43 m³
预制混凝土	2.43 m³
预制混凝土	2.43 m³
预制混凝土	2.43 m³
预制混凝土	2.43 m³
预制混凝土	2.43 m³
预制混凝土	2.43 m³
预制混凝土	2.43 m³
预制混凝土	2.43 m³
预制混凝土	3.00 m³
预制混凝土	3.00 m³
预制混凝土	1.76 m³
预制混凝土	1.72 m³
预制混凝土	1.80 m³
预制混凝土	1.79 m³
预制混凝土	1.80 m³
预制混凝土	1.73 m³
预制混凝土	1.62 m³
预制混凝土	1.70 m³
预制混凝土	1.70 m³
预制混凝土	1.70 m³
预制混凝土	1.63 m³
预制混凝土	1.35 m³
预制混凝土	1.44 m³
预制混凝土	1.44 m³
预制混凝土	1.35 m³
预制混凝土	1.35 m³
预制混凝土	1.44 m³
预制混凝土	1.44 m³
预制混凝土	1.36 m³
预制混凝土	1.54 m³
预制混凝土	0.96 m³
预制混凝土	0.96 m³
预制混凝土	0.97 m³
预制混凝土	0.97 m³
预制混凝土	0.87 m³
预制混凝土	0.87 m³
预制混凝土	0.87 m³
预制混凝土	0.87 m³
预制混凝土	0.87 m³
预制混凝土	0.87 m³
预制混凝土	0.87 m³
预制混凝土	0.87 m³
预制混凝土	0.90 m³

图 9-33　现浇混凝土统计表

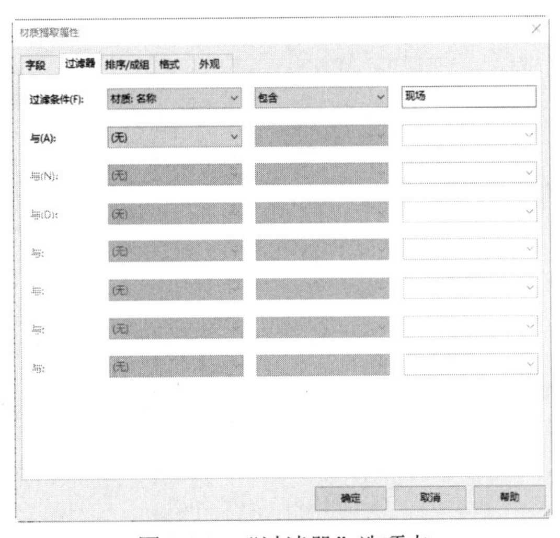

图 9-34　“过滤器”选项卡

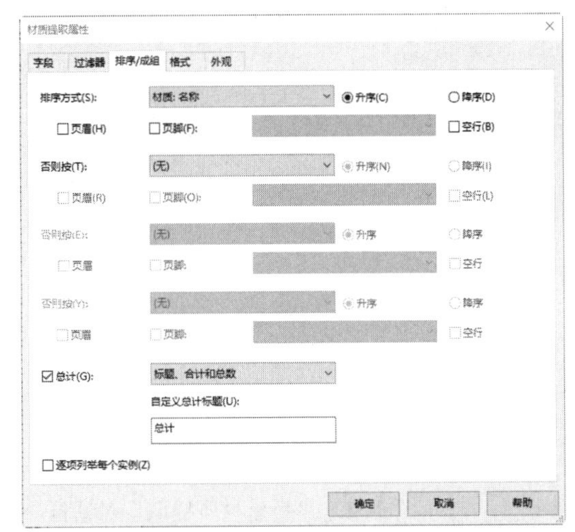

图 9-35　“排序/成组”选项卡

（8）切换至“格式”选项卡，在字段列表中选择“材质：体积”，勾选“在图纸上显示条件格式”复选框，在其下拉列表中选择“计算总数”选项，如图 9-36 所示，单击“确定”按钮，统计总数如图 9-37 所示。

（9）单击“文件”下拉菜单中的“另存为”→“项目”命令，打开“另存为”对话框，指定保存位置并输入文件名，单击“保存”按钮。

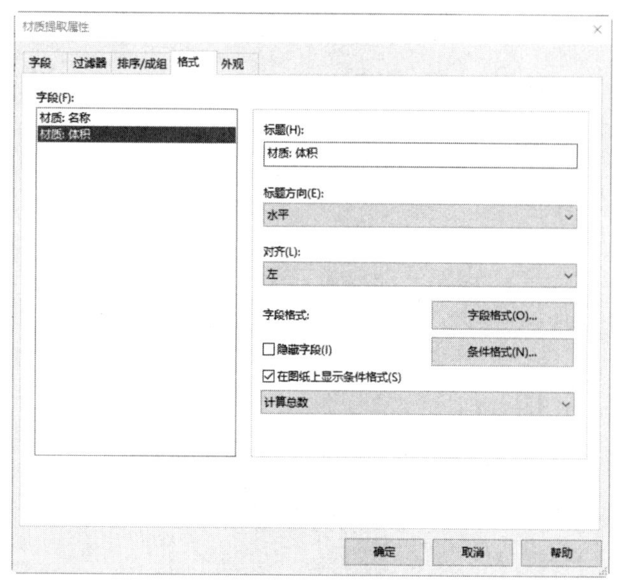

图 9-36 “格式”选项卡

<现浇混凝土统计表>	
A	B
材质: 名称	材质: 体积
现场浇注混凝土	309.25 m³
总计: 552	309.25 m³

图 9-37 统计总数

9.3.2 创建预制混凝土统计表

视频：创建预制混凝土统计表

（1）打开 9.3.1 节绘制的项目文件。

（2）单击“视图”选项卡“创建”面板“明细表”按钮下拉列表中的“材质提取”按钮，打开“新建材质提取”对话框，如图 9-38 所示。

（3）在“类别”列表中选择“多类别”对象类型，输入名称“预制混凝土统计表”，其他采用默认设置，如图 9-39 所示，单击“确定”按钮。

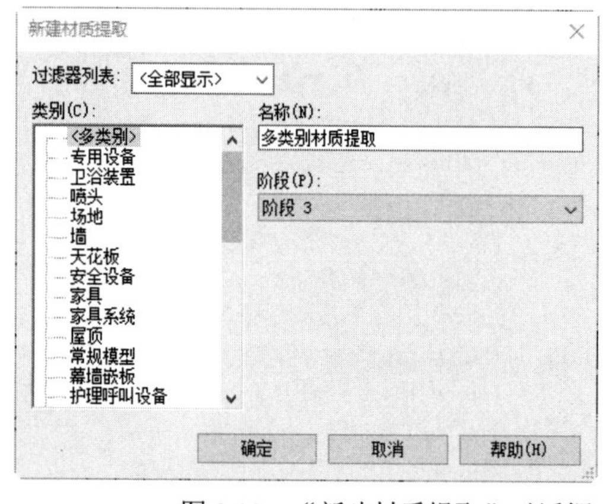

图 9-38 “新建材质提取”对话框

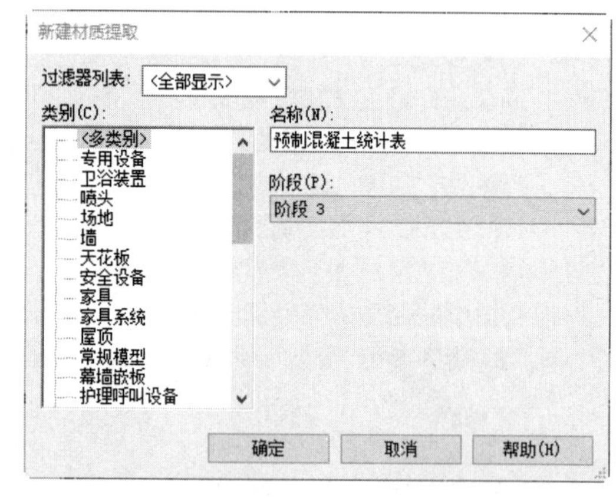

图 9-39 设置参数

（4）打开“材质提取属性”对话框的“字段”选项卡，在“可用的字段”列表框中依次选择“材质：名称”和“材质：体积”，单击“添加参数”按钮，将其添加到“明细表字段”列表中，如图 9-40 所示。

（5）切换至“过滤器”选项卡，设置过滤条件为“材质：名称”“包含”“预制”。

（6）切换至“排序/成组”选项卡，勾选“总计”复选框，在其下拉列表中选择“标题、合计和总数”选项，取消勾选“逐项列举每个实例”复选框。

（7）切换至“格式”选项卡，在字段列表中选择“材质：体积”，勾选“在图纸上显示条件格式”复选框，在其下拉列表中选择“计算总数”选项，单击“确定”按钮，统计总数如图 9-41 所示。

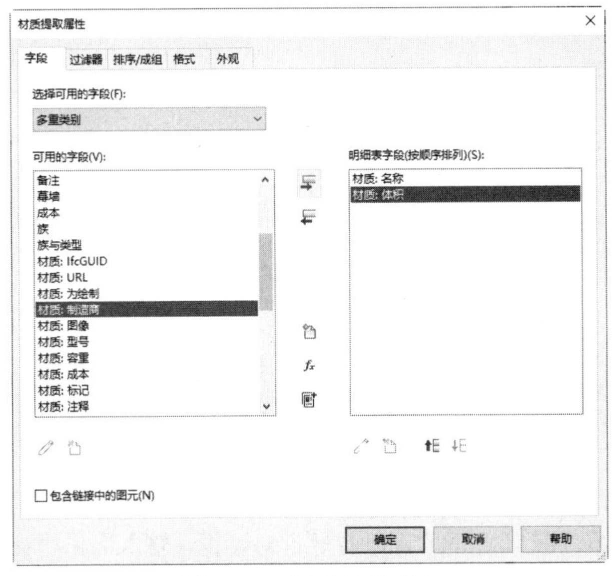

图 9-40　“字段”选项卡

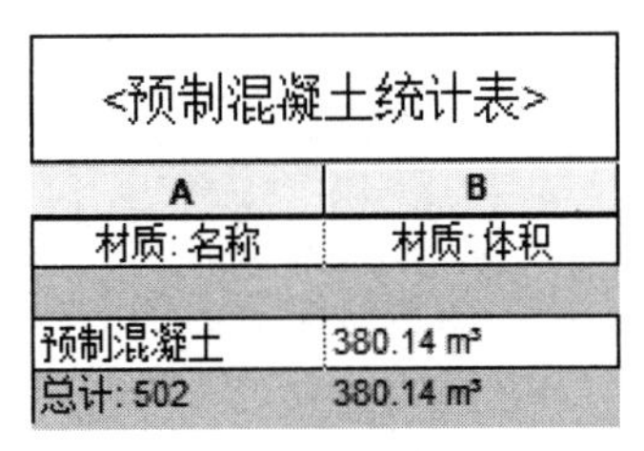

<预制混凝土统计表>	
A	B
材质: 名称	材质: 体积
预制混凝土	380.14 m³
总计: 502	380.14 m³

图 9-41　统计总数

（8）单击“文件”下拉菜单中的“另存为”→“项目”命令，打开“另存为”对话框，指定保存位置并输入文件名，单击“保存”按钮。

9.3.3　生成预制率

视频：生成预制率

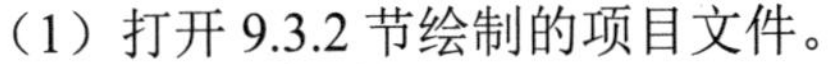

（1）打开 9.3.2 节绘制的项目文件。

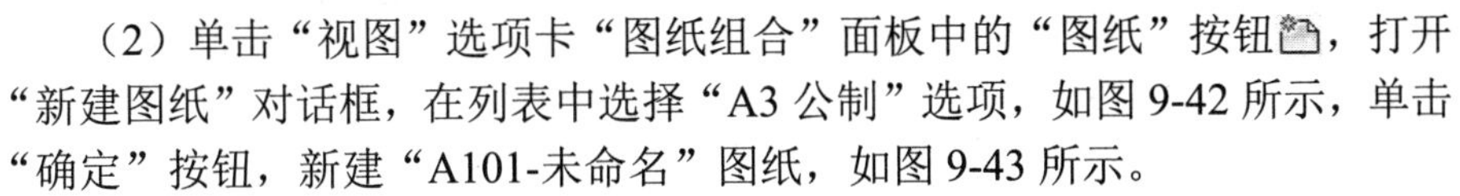

（2）单击“视图”选项卡“图纸组合”面板中的“图纸”按钮，打开“新建图纸”对话框，在列表中选择“A3 公制”选项，如图 9-42 所示，单击“确定”按钮，新建“A101-未命名”图纸，如图 9-43 所示。

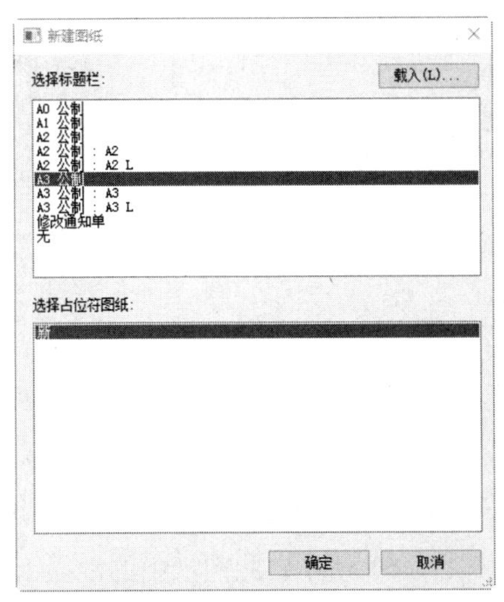

图 9-42　“新建图纸”对话框

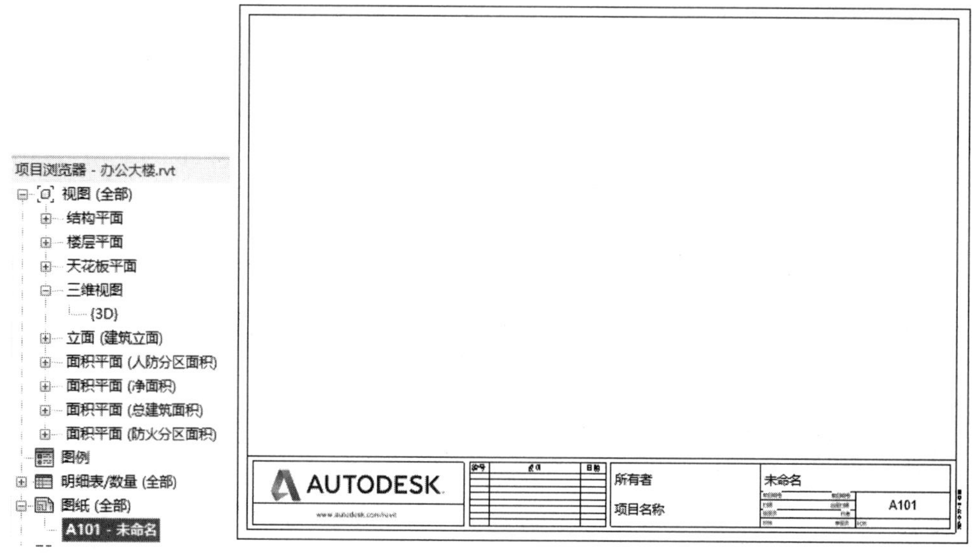

图 9-43 “A101-未命名”图纸

（3）在项目浏览器的“图纸”→“A101-未命名”节点上右击，打开如图 9-44 所示的快捷菜单，选择“重命名”选项，打开如图 9-45 所示的“图纸标题”对话框，输入名称“计算预制率”，单击“确定”按钮，完成标题的重命名。

（4）单击“视图”选项卡“图纸组合”面板中的“放置视图”按钮，打开“视图”对话框，在列表中选择“明细表：现浇混凝土统计表”选项，如图 9-46 所示，然后单击“在图纸中添加视图”按钮，将视图添加到图纸中，如图 9-47（a）所示。

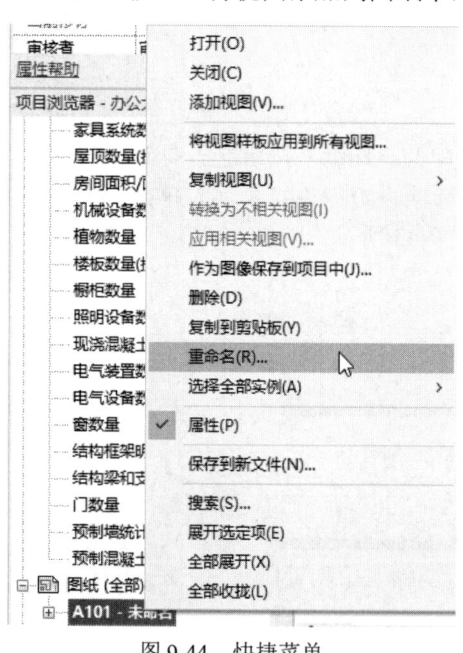

图 9-44 快捷菜单

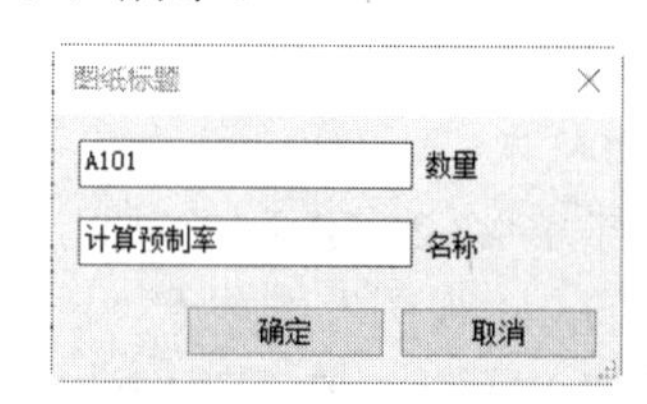

图 9-45 “图纸标题”对话框

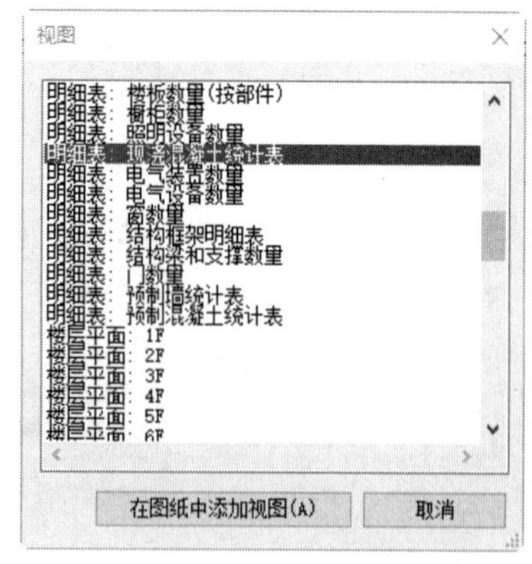

图 9-46 “视图”对话框

（5）也可以直接在项目浏览器的“明细表/数量（全部）”节点中选取“预制混凝土统计表”，将其拖入图纸中，如图 9-47（b）所示。此图纸中的混凝土用量是与模型中实时对应的，当对模型进行修改或创建其他楼层后，此处的数值也会随之变化。

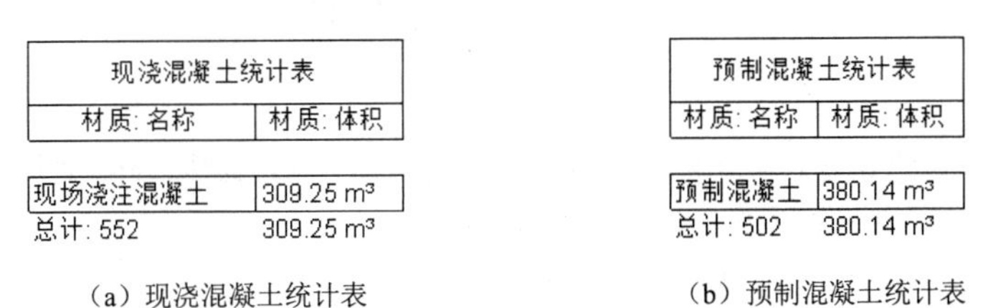

图 9-47 混凝土统计表

(6) 单击“文件”下拉菜单中的“另存为”→“项目”命令，打开“另存为”对话框，指定保存位置并输入文件名，单击“保存”按钮。

(7) 启动 Excel 软件。在 A1 单元格中输入“预制率”，在 B1 单元格中输入“现场浇注混凝土用量”，在 C1 单元格中输入“预制混凝土用量”，如图 9-48 所示。

(8) 根据第 4 步和第 5 步图纸中统计的混凝土用量，在 B2 单元格中输入 309.25（现场浇注混凝土用量），在 C2 单元格中输入 380.14（预制混凝土用量），如图 9-49 所示。

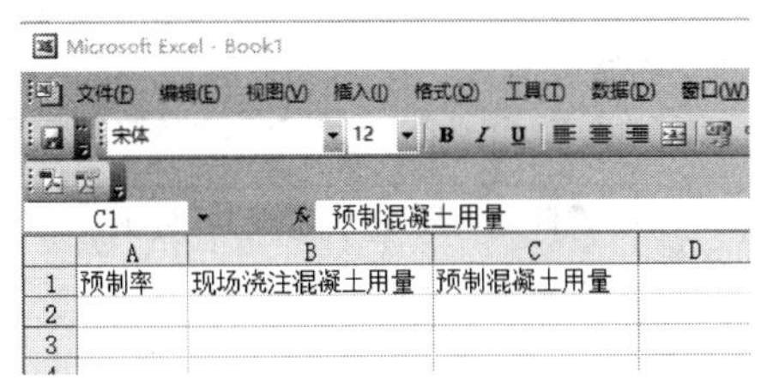

图 9-48 输入文字

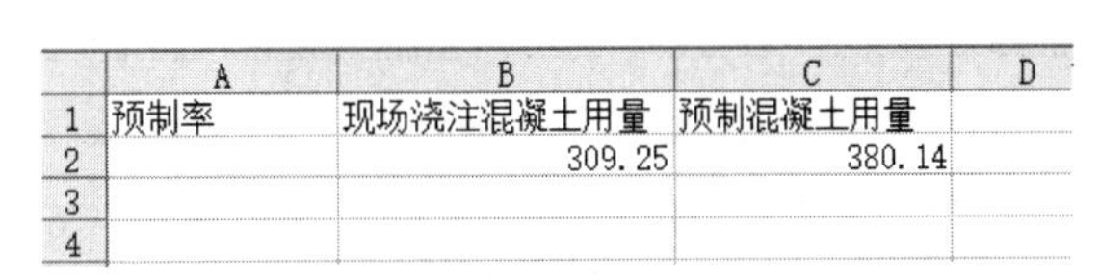

图 9-49 输入混凝土用量

(9) 在 A2 单元格中输入公式“=C2/(B2+C2)”，按回车键确认，系统自动生成预制率 0.551 415 019，如图 9-50 所示。

	A	B	C	D
1	预制率	现场浇注混凝土用量	预制混凝土用量	
2	0.551415019	309.25	380.14	
3				
4				

图 9-50 生成预制率

(10) 单击“文件”→“保存”命令，打开“另存为”对话框，输入文件名“预制率”，其他采用默认设置，如图 9-51 所示，单击“保存”按钮，保存文件以便随时调用。

图 9-51 “另存为”对话框

9.4 装配率

装配率是指单体建筑±0.000 标高以上的主体结构、围护墙和分隔墙体、装修和设备管线采用的预制部品部件的综合比例，按以下公式计算：

$$装配率=\sum Q/(100-q)\times 100\%$$

式中，Q 为各指标实际得分值，具体要求如表 9-1 所示；q 为单位建筑中缺少的评价内容的分值总和（例如，若公共建筑中无厨房和采暖管线，则 q=10+4=14）。

装配率说明：一是缺少的评价内容 q 项是建筑不存在的功能，不是没做的评价内容。例如，在学校教学楼中，无厨房这种建筑功能，则 q=10；卫生间没有采用干施工法地面，则该项评分为 0，但不能在“q”中扣除该项分数。二是外围护和内隔墙中的“非砌筑”部分针对的是非承重的墙体，泛指所有以“干法”施工为主要方式的墙体技术和产品。在剪力墙结构建筑中，当所有外墙均由剪力墙结构受力的预制构件组成时，该项满足要求。

读者可以根据表 9-1 进行装配率的计算。

表 9-1　装配式建筑装配率评分表

<table>
<tr><th colspan="10">办公楼装配率计算</th></tr>
<tr><th colspan="3">评价项</th><th>评价要求</th><th>评价分值</th><th>最低分值</th><th>预制要求</th><th>实际得分</th><th>各项分值</th><th>总分值</th></tr>
<tr><td rowspan="3">主体结构Q1（45分）</td><td rowspan="2">柱、支撑、承重墙、延性墙板等竖向构件</td><td>采用预制构件</td><td>35%≤比例≤80%</td><td>15~25*</td><td rowspan="3">20</td><td></td><td></td><td rowspan="3"></td><td rowspan="15"></td></tr>
<tr><td>采用高精度模板或免拆模板施工工艺</td><td>85%≤比例</td><td>5</td><td></td><td></td></tr>
<tr><td>梁、板、楼梯、阳台、空调板等构件</td><td>采用预制构件</td><td>70%≤比例≤80%</td><td>10~20*</td><td></td><td></td></tr>
<tr><td rowspan="7">围护墙和内隔墙Q2（20分）</td><td colspan="2">非承重围护墙非砌筑</td><td>80%≤比例</td><td>5</td><td rowspan="7">10</td><td></td><td></td><td rowspan="7"></td></tr>
<tr><td rowspan="2">外围护墙体集成化</td><td>围护墙与保温、隔热、装饰一体化</td><td>50%≤比例≤80%</td><td>2~5*</td><td></td><td></td></tr>
<tr><td>围护墙与保温、隔热、窗框一体化</td><td>50%≤比例≤80%</td><td>1.4~3.5*</td><td></td><td></td></tr>
<tr><td colspan="2">内隔墙非砌筑</td><td>50%≤比例</td><td>5</td><td></td><td></td></tr>
<tr><td rowspan="2">内隔墙与管线、装修一体化</td><td>内隔墙与管线、装修一体化</td><td>50%≤比例≤80%</td><td>2~5*</td><td></td><td></td></tr>
<tr><td>内隔墙与管线一体化</td><td>50%≤比例≤80%</td><td>1.4~3.5*</td><td></td><td></td></tr>
<tr><td rowspan="5">装修和设备管线Q3（25分）</td><td colspan="2">全装修</td><td>—</td><td>6</td><td rowspan="5"></td><td></td><td></td><td rowspan="5"></td></tr>
<tr><td colspan="2">干式工法楼面、地面</td><td>70%≤比例</td><td>6</td><td></td><td></td></tr>
<tr><td colspan="2">集成厨房</td><td>70%≤比例≤90%</td><td>3~5*</td><td></td><td></td></tr>
<tr><td colspan="2">集成卫生间</td><td>70%≤比例≤90%</td><td>3~5*</td><td></td><td></td></tr>
<tr><td colspan="2">管线分离</td><td>50%≤比例≤70%</td><td>3~5*</td><td></td><td></td></tr>
</table>

续表

办公楼装配率计算								
评价项		评价要求	评价分值	最低分值	预制要求	实际得分	各项分值	总分值
绿色建筑Q4（10分）	绿色建筑基本要求	满足绿色建筑审查基本要求	4	4				
	绿色建筑评价标识	一星≤星级≤三星	2~6					
加分项Q5	BIM技术应用	设计	1					
		生产	1					
		施工	1					
	采用EPC模式	\	2					

附录A 快捷命令

A

快捷键	命令	路径
AR	阵列	修改→修改
AA	调整分析模型	分析→分析模型工具；上下文选项卡→分析模型
AP	添加到组	上下文选项卡→编辑组
AD	附着详图组	上下文选项卡→编辑组
AT	风管末端	系统→HVAC
AL	对齐	修改→修改

B

快捷键	命令	路径
BM	结构框架：梁	结构→结构
BR	结构框架：支撑	结构→结构
BS	结构梁系统；自动创建梁系统	结构→结构；上下文选项卡→梁系统

C

快捷键	命令	路径
CO/CC	复制	修改→修改
CG	取消	上下文选项卡→编辑组
CS	创建类似	修改→创建
CP	连接端切割：应用连接端切割	修改→几何图形
CL	柱；结构柱	建筑→构建；结构→结构
CV	转换为软风管	系统→HVAC
CT	电缆桥架	系统→电气
CN	线管	系统→电气
Ctrl+Q	关闭文字编辑器	上下文选项卡→编辑文字；文字编辑器

D

快捷键	命令	路径
DI	尺寸标注	注释→尺寸标注；修改→测量；创建→尺寸标注；上下文选项卡→尺寸标注
DL	详图 线	注释→详图
DR	门	建筑→构建
DT	风管	系统→HVAC
DF	风管管件	系统→HVAC
DA	风管附件	系统→HVAC

续表

快捷键	命令	路径
DC	检查风管 系统	分析→检查系统
DE	删除	修改→修改

E

快捷键	命令	路径
EC	检查 线路	分析→检查系统
EE	电气设备	系统→电气
EX	排除构件	关联菜单
EW	弧形导线	系统→电气
EW	编辑 尺寸界线	上下文选项卡→尺寸界线
EL	高程点	注释→尺寸标注；修改→测量；上下文选项卡→尺寸标注
EG	编辑 组	上下文选项卡→成组
EH	在视图中隐藏：隐藏图元	修改→视图
EU	取消隐藏 图元	上下文选项卡→显示隐藏的图元
EOD	替换视图中的图形：按图元替换	修改→视图
EOG	图形由视图中的图元替换：切换假面	
EOH	图形由视图中的图元替换：切换半色调	

F

快捷键	命令	路径
FG	完成	上下文选项卡→编辑组
FR	查找/替换	注释→文字；创建→文字；上下文选项卡→文字
FT	结构基础：墙	结构→基础
FD	软风管	系统→HVAC
FP	软管	系统→卫浴和管道
F7	拼写检查	注释→文字；创建→文字；上下文选项卡→文字
F8/Shift+w	动态视图	
F5	刷新	
F9	系统浏览器	视图→窗口

G

快捷键	命令	路径
GP	创建组	创建→模型；注释→详图；修改→创建；创建→详图；建筑→模型；结构→模型
GR	轴网	建筑→基准；结构→基准

H

快捷键	命令	路径
HH	隐藏图元	视图控制栏
HI	隔离图元	视图控制栏
HC	隐藏类别	视图控制栏

续表

快捷键	命令	路径
HR	重设临时隐藏/隔离	视图控制栏
HL	隐藏线	视图控制栏

I

快捷键	命令	路径
IC	隔离类别	视图控制栏

L

快捷键	命令	路径
LD	荷载	分析→分析模型
LO	热负荷和冷负荷	分析→报告和明细表
LG	链接	上下文选项卡→成组
LL	标高	创建→基准；建筑→基准；结构→基准
LI	模型线；边界线；线形钢筋	创建→模型；创建→详图；创建→绘制；修改→绘制；上下文选项卡→绘制
LF	照明设备	系统→电气
LW	线处理	修改→视图

M

快捷键	命令	路径
MD	修改	创建→选择；插入→选择；注释→选择；视图→选择；管理→选择
MV	移动	修改→修改
MM	镜像	修改→修改
MP	移动到项目	关联菜单
ME	机械 设备	系统→机械
MS	MEP 设置：机械设置	管理→设置
MA	匹配类型属性	修改→剪贴板

N

快捷键	命令	路径
NF	线管配件	系统→电气

O

快捷键	命令	路径
OF	偏移	修改→修改

P

快捷键	命令	路径
PP/Ctrl+1/VP	属性	创建→属性；修改→属性；上下文选项卡→属性
PI	管道	系统→卫浴和管道
PF	管件	系统→卫浴和管道

续表

快捷键	命令	路径
PA	管路附件	系统→卫浴和管道
PX	卫浴装置	系统→卫浴和管道
PT	填色	修改→几何图形
PN	锁定	修改→修改
PC	捕捉到点云	捕捉
PS	配电盘 明细表	分析→报告和明细表
PC	检查管道 系统	分析→检查系统

R

快捷键	命令	路径
RM	房间	建筑→房间和面积
RT	房间标记；标记房间	建筑→房间和面积；注释→标记
RY	光线追踪	视图控制栏
RR	渲染	视图→演示视图；视图控制栏
RD	在云中渲染	视图→演示视图；视图控制栏
RG	渲染库	视图→演示视图；视图控制栏
R3	定义新的旋转中心	关联菜单
RA	重设分析模型	分析→分析模型工具
RO	旋转	修改→修改
RE	缩放	修改→修改
RB	恢复已排除构件	关联菜单
RA	恢复所有已排除成员	上下文选项卡→成组；关联菜单
RG	从组中删除	上下文选项卡→编辑组
RC	连接端切割：删除连接端切割	修改→几何图形
RH	切换显示隐藏 图元模式	上下文选项卡→显示隐藏的图元；视图控制栏
RC	重复上一个命令	关联菜单

S

快捷键	命令	路径
SA	选择全部实例：在整个项目中	关联菜单
SB	楼板；楼板：结构	建筑→构建；结构→结构
SK	喷头	系统→卫浴和管道
SF	拆分面	修改→几何图形
SL	拆分图元	修改→修改
SU	其他设置：日光设置	管理→设置
SI	交点	捕捉
SE	端点	捕捉
SM	中点	捕捉
SC	中心	捕捉
SN	最近点	捕捉
SP	垂足	捕捉

续表

快捷键	命令	路径
ST	切点	捕捉
SW	工作平面网格	捕捉
SQ	象限点	捕捉
SX	点	捕捉
SR	捕捉远距离对象	捕捉
SO	关闭捕捉	捕捉
SS	关闭替换	捕捉
SD	带边缘着色	视图控制栏

T

快捷键	命令	路径
TL	细线	视图→图形；快速访问工具栏
TX	文字标注	注释→文字；创建→文字
TF	电缆桥架 配件	系统→电气
TR	修剪/延伸	修改→修改
TG	按类别标记	注释→标记；快速访问工具栏

U

快捷键	命令	路径
UG	解组	上下文选项卡→成组
UP	解锁	修改→修改
UN	项目单位	管理→设置

V

快捷键	命令	路径
VV/VG	可见性/图形	视图→图形
VR	视图 范围	上下文选项卡→区域；“属性”选项卡
VH	在视图中隐藏类别	修改→视图
VU	取消隐藏 类别	上下文选项卡→显示隐藏的图元
VOT	图形由视图中的类别替换：切换透明度	
VOH	图形由视图中的类别替换：切换半色调	
VOG	图形由视图中的图元替换：切换假面	

W

快捷键	命令	路径
WF	线框	视图控制栏
WA	墙	建筑→构建；结构→结构
WN	窗	建筑→构建
WC	层叠窗口	视图→窗口
WT	平铺窗口	视图→窗口

Z

快捷键	命令	路径
ZZ/ZR	区域放大	导航栏
ZX/ZF/ZE	缩放匹配	导航栏
ZC/ZP	上一次平移/缩放	导航栏
ZV/ZO	缩小两倍	导航栏
ZA	缩放全部以匹配	导航栏
ZS	缩放图纸大小	导航栏

数字

快捷键	命令	路径
32	二维模式	导航栏
3F	飞行模式	导航栏
3W	漫游模式	导航栏
3O	对象模式	导航栏